化学分析

陈海燕　栾崇林　陈燕舞　主编

内容简介

本教材以典型化工产品分析案例为情境内容，范围涵盖化工、食品、医药等多领域，涉及酸碱滴定、配位滴定、沉淀滴定、氧化还原滴定等常见化学分析方法，注重多种教学资源的同步开发。针对常见的岗位需求，适当淡化和删减理论性偏深或者实用性不强的内容，降低课程的起点和难度。同时结合紧密型实训基地常见岗位的分析操作，突出强化分析检验的基本操作训练，强调实验操作的规范性与熟练性，教材的内容和知识既具备一定的理论层次又与职业岗位和技能标准相衔接，教材内容有效实现课程体系和未来职业岗位的衔接，既要求学生掌握基础理论和专业知识，又能掌握职业岗位的高新技术和基本技能，达到理论知识和职业技能的"双掌握"。项目评价分为多个模块，分别给出了各操作模块的评分细则与总体评价表，可根据需要灵活组合，各模块操作要领描述详细、准确，总评价有自我评价、同学评价与老师评价，评价更全面、更客观。

本教材是"十四五"职业教育国家规划教材，有机融入了党的二十大报告中的"坚持安全第一、预防为主""推动绿色发展，促进人与自然和谐共生"等课程思政元素，帮助学生在学习专业技能的同时，树立安全意识和环保意识。

本教材是高职高专分析检验技术专业学生的一门非常重要的必修专业课程教材，也可作为相关专业分析化学课程的入门教材，以及从事分析检验人员的学习材料。

图书在版编目（CIP）数据

化学分析/陈海燕，栾崇林，陈燕舞主编. —北京：化学工业出版社，2018.12（2025.2重印）
ISBN 978-7-122-33535-7

Ⅰ.①化⋯ Ⅱ.①陈⋯②栾⋯③陈⋯ Ⅲ.①化学分析-高等职业教育-教材 Ⅳ.①O65

中国版本图书馆 CIP 数据核字（2018）第 287445 号

责任编辑：蔡洪伟　刘心怡　王　芳　　　　　装帧设计：王晓宇
责任校对：王鹏飞

出版发行：化学工业出版社（北京市东城区青年湖南街13号　邮政编码100011）
印　　装：三河市航远印刷有限公司
787mm×1092mm　1/16　印张17¾　字数459千字　2025年2月北京第1版第9次印刷

购书咨询：010-64518888　　　　　　　　　售后服务：010-64518899
网　　址：http://www.cip.com.cn
凡购买本书，如有缺损质量问题，本社销售中心负责调换。

定　　价：48.00元　　　　　　　　　　　　　　　　　　　版权所有　违者必究

前言

《化学分析》是职业教育分析检验技术专业教学资源库（国家级）配套教材的核心课程"化学分析"配套的理实一体化教材，是按照高职高专分析检验技术专业人才培养方案的要求，遵循"院校强强联合、校企合作"的开发理念，总结近几年国家示范性高职院校分析检验技术专业教学改革经验编写而成的。此外，本书为江苏省青蓝工程工业分析技术核心课程教学团队建设成果。

本教材2023年被立项为"十四五"职业教育国家规划教材，教材在讲授专业知识的同时，有机融入了党的二十大报告中的"坚持安全第一、预防为主""推动绿色发展，促进人与自然和谐共生"等课程思政元素，将党的二十大报告中体现的新思想、新理念与专业知识、技能有机融合，帮助学生在学习专业技能的同时，树立安全意识和环保意识。

本教材依据"工作过程系统化导向"原则，面向化工、制药、建材、冶金、食品、医疗卫生和环境监测等行业，以分析与检验职业岗位需求为导向，针对化学分析检验岗位完成相关典型工作任务的实际工作过程，参照分析检验岗位职业资格标准和技能要求，按照"教学内容职业化，实践教学技能化"原则，合理进行知识、技能的解构与重构，突出岗位专项能力的培养。

本书由全国高职高专分析检验技术专业骨干教师联合编写，扬州工业职业技术学院陈海燕、深圳职业技术学院栾崇林、顺德职业技术学院陈燕舞为主编，学习情境一由深圳职业技术学院李双保、丁文捷编写；学习情境二由深圳职业技术学院蒋晓华编写；学习情境三由陕西工业职业技术学院尚华、纪惠军编写；学习情境四由顺德职业技术学院彭琦、陈燕舞编写；学习情境五由顺德职业技术学院彭琦、江苏扬农化工集团有限公司高级工程师刘平编写；学习情境六由中山职业技术学院赵文华、扬州工业职业技术学院钱琛编写；学习情境七由深圳职业技术学院栾崇林、扬州工业职业技术学院丁邦东编写；评价表由扬州工业职业技术学院徐洁、张文英编写。全书由扬州工业职业技术学院陈海燕统稿，北京华夏力鸿商品检验有限公司李向利主审。在编写过程中得到了化学工业出版社的大力支持和帮助，在此表示诚挚的谢意。

限于编者水平，书中疏漏之处在所难免，敬请读者批评指正。

编者

目录

学习情境一　化学分析基本技能

【学习引导】 …………………………… 001
任务一　认识化学分析实验室 ………… 001
　【任务要求】 ………………………… 001
　【任务实施】 ………………………… 002
　　☞ 工作准备 …………………… 002
　　☞ 工作过程 …………………… 002
　　☞ 数据记录与处理 …………… 002
　　☞ 注意事项 …………………… 002
　【相关知识】 ………………………… 002
　　一、化学分析实验目的及要求 …… 002
　　二、实验室基本安全知识 ………… 003
　　三、分析用水一般知识 …………… 006
　　四、化学试剂的规格及分类 ……… 008
　　五、分析人员的环保意识 ………… 009
　【学习小结】 ………………………… 011
　【想一想】 …………………………… 011
　【练一练测一测】 …………………… 011
任务二　电子分析天平操作 …………… 012
　【任务要求】 ………………………… 012
　【任务实施】 ………………………… 012
　　☞ 工作准备 …………………… 012
　　☞ 工作过程 …………………… 012
　　☞ 数据记录与处理 …………… 013
　　☞ 注意事项 …………………… 013
　【相关知识】 ………………………… 014
　　一、分析天平的分类 ……………… 014
　　二、电子天平的结构及操作技术 … 014
　【学习小结】 ………………………… 018
　【拓展链接】 ………………………… 018

【想一想】 …………………………… 018
【练一练测一测】 …………………… 018
**任务三　化学分析常用玻璃器皿的洗涤及
　　　　　操作** …………………………… 020
　【任务要求】 ………………………… 020
　【任务实施】 ………………………… 020
　　☞ 工作准备 …………………… 020
　　☞ 工作过程 …………………… 020
　【相关知识】 ………………………… 020
　　一、玻璃仪器的洗涤 ……………… 020
　　二、玻璃仪器的干燥 ……………… 021
　　三、滴定管、容量瓶、移液管等玻璃
　　　　仪器的操作技术 ……………… 021
　【学习小结】 ………………………… 026
　【想一想】 …………………………… 026
　【练一练测一测】 …………………… 026
任务四　滴定分析仪器的校准 ………… 027
　【任务要求】 ………………………… 027
　【任务实施】 ………………………… 027
　　☞ 工作准备 …………………… 027
　　☞ 工作过程 …………………… 028
　【相关知识】 ………………………… 028
　　一、容量仪器的允差 ……………… 028
　　二、容量仪器的校准方法 ………… 029
　　三、溶液体积的校准 ……………… 031
　【学习小结】 ………………………… 033
　【想一想】 …………………………… 033
　【练一练测一测】 …………………… 033
　【知识要点】 ………………………… 033

学习情境二　滴定分析

【学习引导】 …………………………… 035
任务一　认识定量分析 ………………… 035
　【任务要求】 ………………………… 035

【相关知识】 ………………………… 036
　一、分析化学的任务和作用 ……… 036
　二、分析方法的分类 ……………… 036

三、分析化学的发展 …………… 038
　　【学习小结】 …………………… 039
任务二　认识定量分析的误差 ……… 039
　　【任务要求】 …………………… 039
　　【相关知识】 …………………… 039
　　　一、误差的分类及其来源 ……… 039
　　　二、误差的表示 ………………… 040
　　　三、提高分析结果准确度的方法 … 043
　　【学习小结】 …………………… 045
　　【想一想】 ……………………… 046
　　【练一练测一测】 ……………… 046
任务三　分析结果的数据处理 ……… 047
　　【任务要求】 …………………… 047
　　【相关知识】 …………………… 047
　　　一、有效数字 …………………… 047
　　　二、分析结果的表示及数据处理 … 049
　　【学习小结】 …………………… 052
　　【想一想】 ……………………… 053
　　【练一练测一测】 ……………… 053
任务四　实验结果的表述及实验报告的书写 …………………………… 054
　　【任务要求】 …………………… 054
　　【相关知识】 …………………… 054
　　　一、实验数据的记录 …………… 054
　　　二、分析结果的表述 …………… 055
　　　三、实验报告的书写 …………… 055
　　【学习小结】 …………………… 056
　　【想一想】 ……………………… 056
　　【练一练测一测】 ……………… 056
任务五　认识滴定分析 ……………… 057

　　【任务要求】 …………………… 057
　　【相关知识】 …………………… 057
　　　一、滴定分析法的常用术语 …… 057
　　　二、滴定分析法对化学反应的要求 … 058
　　　三、滴定分析法的分类 ………… 058
　　　四、滴定分析法的特点 ………… 059
　　【学习小结】 …………………… 059
　　【想一想】 ……………………… 059
　　【练一练测一测】 ……………… 059
任务六　标准溶液的配制 …………… 061
　　【任务要求】 …………………… 061
　　【相关知识】 …………………… 062
　　　一、基准物质 …………………… 062
　　　二、标准溶液浓度的表示方法 … 062
　　　三、标准溶液浓度大小选择的依据 … 062
　　　四、配制标准溶液的方法 ……… 063
　　　五、标准溶液的保存 …………… 064
　　【学习小结】 …………………… 064
　　【想一想】 ……………………… 064
　　【练一练测一测】 ……………… 064
任务七　滴定分析结果的计算 ……… 066
　　【任务要求】 …………………… 066
　　【相关知识】 …………………… 066
　　　一、等物质的量的反应规则 …… 066
　　　二、计算示例 …………………… 067
　　【学习小结】 …………………… 069
　　【想一想】 ……………………… 069
　　【练一练测一测】 ……………… 069
　　【知识要点】 …………………… 071

学习情境三　酸碱滴定分析

　　【学习引导】 …………………… 074
任务一　认识酸碱溶液 ……………… 074
　　【任务要求】 …………………… 074
　　【相关知识】 …………………… 075
　　　一、酸碱质子理论 ……………… 075
　　　二、酸碱溶液 pH 值的计算 …… 079
　　　三、缓冲溶液及其 pH 值的计算 … 083
　　【学习小结】 …………………… 086
　　【想一想】 ……………………… 086
　　【练一练测一测】 ……………… 087
任务二　认识酸碱指示剂 …………… 088

　　【任务要求】 …………………… 088
　　【任务实施】 …………………… 088
　　　➢ 工作准备 …………………… 088
　　　➢ 工作过程 …………………… 088
　　【相关知识】 …………………… 088
　　　一、酸碱指示剂的变色原理 …… 089
　　　二、酸碱指示剂的变色范围 …… 089
　　　三、混合指示剂 ………………… 091
　　　四、酸碱指示剂的选择 ………… 092
　　【学习小结】 …………………… 092

| 【想一想】 | 092 |
| 【练一练测一测】 | 093 |

任务三 混合碱含量的测定 … 094
  【任务要求】 … 094
  【任务实施】 … 094
  ☞ 工作准备 … 094
  ☞ 工作过程 … 095
  ☞ 数据记录与处理 … 095
  ☞ 注意事项 … 096
  【相关知识】 … 096
  一、酸碱滴定的基本原理 … 096
  二、酸碱滴定法的应用 … 104
  【学习小结】 … 108
  【想一想】 … 108
  【练一练测一测】 … 108

任务四 食用白醋总酸度的测定 … 110
  【任务要求】 … 110
  【任务实施】 … 110
  ☞ 工作准备 … 110
  ☞ 工作过程 … 111
  ☞ 数据记录与处理 … 111
  ☞ 注意事项 … 111
  【相关知识】 … 111
  一、测定原理 … 112
  二、分析结果的计算 … 112
  【学习小结】 … 112
  【想一想】 … 112
  【练一练测一测】 … 112
  【知识要点】 … 113

学习情境四 配位滴定分析

【学习引导】 … 115

任务一 认识配位滴定 … 115
  【任务要求】 … 115
  【相关知识】 … 116
  一、配位滴定法概述 … 116
  二、EDTA 的配位平衡 … 119
  【学习小结】 … 123
  【想一想】 … 123
  【练一练测一测】 … 123

任务二 认识金属指示剂 … 124
  【任务要求】 … 124
  【相关知识】 … 124
  一、金属指示剂的作用原理 … 124
  二、金属指示剂必须具备的条件 … 125
  三、金属指示剂选择原则 … 126
  四、常用的金属指示剂 … 126
  五、使用指示剂可能存在的问题 … 128
  【学习小结】 … 128
  【想一想】 … 129
  【练一练测一测】 … 129

任务三 自来水硬度的测定 … 130
  【任务要求】 … 130
  【任务实施】 … 130
  ☞ 工作准备 … 130
  ☞ 工作过程 … 131
  ☞ 数据记录与处理 … 131
  ☞ 注意事项 … 133
  【相关知识】 … 133
  一、配位滴定曲线 … 133
  二、单一金属离子准确滴定的条件 … 136
  三、混合离子的选择性滴定 … 138
  四、EDTA 标准溶液的配制与标定 … 142
  五、水硬度的测定 … 143
  【学习小结】 … 144
  【想一想】 … 144
  【练一练测一测】 … 145

任务四 铝盐中铝含量的测定 … 146
  【任务要求】 … 146
  【任务实施】 … 146
  ☞ 工作准备 … 146
  ☞ 工作过程（置换滴定法） … 147
  ☞ 数据记录与处理 … 147
  ☞ 注意事项 … 147
  【相关知识】 … 148
  一、配位滴定的滴定方式 … 148

二、铝盐中铝含量的测定 …………… 149
　　三、硅酸盐物料中三氧化二铁、氧化
　　　　铝、氧化钙和氧化镁的测定 …… 150
【学习小结】 ……………………………… 150
【想一想】 ………………………………… 150
【练一练测一测】 ………………………… 150
任务五　镍盐中镍含量的测定 ………… 151
【任务要求】 ……………………………… 151
【任务实施】 ……………………………… 151
　　☞ 工作准备 ……………………… 152
　　☞ 工作过程（返滴定法） ……… 152
　　☞ 数据记录与处理 ……………… 152
【相关知识】 ……………………………… 153
　　一、实验原理 ………………………… 153
　　二、镍含量的计算 …………………… 153
【学习小结】 ……………………………… 154
【想一想】 ………………………………… 154
【练一练测一测】 ………………………… 154
【知识要点】 ……………………………… 154

学习情境五　氧化还原滴定分析

【学习引导】 ……………………………… 157
任务一　认识氧化还原滴定 …………… 157
【任务要求】 ……………………………… 157
【相关知识】 ……………………………… 158
　　一、氧化还原滴定法简介 …………… 158
　　二、标准电极电位和条件电极
　　　　电位 ………………………………… 158
　　三、氧化还原平衡常数 ……………… 161
　　四、氧化还原反应进行的方向及影响
　　　　因素 ………………………………… 162
　　五、氧化还原反应的速率及其影响
　　　　因素 ………………………………… 164
【学习小结】 ……………………………… 165
【想一想】 ………………………………… 166
【练一练测一测】 ………………………… 166
任务二　认识氧化还原指示剂 ………… 167
【任务要求】 ……………………………… 167
【相关知识】 ……………………………… 167
　　一、氧化还原滴定中指示剂的
　　　　分类 ………………………………… 167
　　二、氧化还原滴定中指示剂的
　　　　选择 ………………………………… 168
【学习小结】 ……………………………… 168
【想一想】 ………………………………… 168
【练一练测一测】 ………………………… 168
任务三　过氧化氢含量的测定 ………… 170
【任务要求】 ……………………………… 170
【任务实施】 ……………………………… 170
　　☞ 工作准备 ……………………… 170
　　☞ 工作过程 ……………………… 171
　　☞ 数据记录与处理 ……………… 171
　　☞ 注意事项 ……………………… 172
【相关知识】 ……………………………… 172
　　一、氧化还原滴定曲线 ……………… 172
　　二、滴定突跃的讨论 ………………… 175
　　三、高锰酸钾法 ……………………… 175
【学习小结】 ……………………………… 178
【想一想】 ………………………………… 178
【练一练测一测】 ………………………… 178
任务四　铁矿石中全铁含量的测定 …… 179
【任务要求】 ……………………………… 179
【任务实施】 ……………………………… 179
　　☞ 工作准备 ……………………… 179
　　☞ 工作过程 ……………………… 179
　　☞ 数据记录与处理 ……………… 180
【相关知识】 ……………………………… 181
　　一、重铬酸钾法 ……………………… 181
　　二、重铬酸钾标准溶液的配制 ……… 181
　　三、铁矿石中全铁含量的测定 ……… 182
【学习小结】 ……………………………… 183
【想一想】 ………………………………… 184
【练一练测一测】 ………………………… 184
**任务五　胆矾中 $CuSO_4 \cdot 5H_2O$ 含量的
　　　　　测定** …………………………… 184
【任务要求】 ……………………………… 184
【任务实施】 ……………………………… 184
　　☞ 工作准备 ……………………… 184
　　☞ 工作过程 ……………………… 185

    ◎ 数据记录与处理 …………… 186
    ◎ 注意事项 ………………… 187
  【相关知识】 …………………… 187
    一、碘量法 ………………… 187
    二、碘量法标准溶液的配制与
      标定 …………………… 189
    三、碘量法的应用及计算示例 ……… 190
  【学习小结】 …………………… 192
  【拓展链接】 …………………… 192
  【想一想】 ……………………… 193
  【练一练测一测】 ……………… 193
  【知识要点】 …………………… 194

学习情境六　沉淀滴定分析

【学习引导】 ……………………… 196
任务一　认识沉淀滴定 ………… 196
  【任务要求】 …………………… 196
  【相关知识】 …………………… 197
    一、沉淀反应 ……………… 197
    二、溶度积规则 …………… 197
    三、沉淀滴定法 …………… 197
  【学习小结】 …………………… 198
  【想一想】 ……………………… 198
  【练一练测一测】 ……………… 198
任务二　水中氯含量测定 ……… 200
  【任务要求】 …………………… 200
  【任务实施】 …………………… 200
    ◎ 工作准备 ………………… 200
    ◎ 工作过程 ………………… 201
     一、配制标定硝酸银标准溶液 …… 201
     二、测定水样中氯离子含量 ……… 202
    ◎ 数据记录与处理 …………… 202
    ◎ 注意事项 ………………… 203
  【相关知识】 …………………… 203
    一、摩尔法——铬酸钾作指示剂法 … 203
    二、硝酸银滴定液的配制和标定 …… 205
  【学习小结】 …………………… 205
  【想一想】 ……………………… 205
  【练一练测一测】 ……………… 205
任务三　酱油中氯化钠含量测定 … 208
  【任务要求】 …………………… 208
  【任务实施】 …………………… 208
    ◎ 工作准备 ………………… 208
    ◎ 工作过程 ………………… 208
    ◎ 数据记录与处理 …………… 210
  【相关知识】 …………………… 210
    佛尔哈德法 ………………… 210
  【学习小结】 …………………… 211
  【想一想】 ……………………… 212
  【练一练测一测】 ……………… 212
任务四　碘化钠纯度测定 ……… 214
  【任务要求】 …………………… 214
  【任务实施】 …………………… 215
    ◎ 工作准备 ………………… 215
     一、任务描述 ……………… 215
     二、仪器和试剂 …………… 215
    ◎ 工作过程 ………………… 215
    ◎ 数据记录与处理 …………… 215
    ◎ 注意事项 ………………… 216
  【相关知识】 …………………… 216
    一、吸附指示剂法的原理和条件 …… 216
    二、应用范围 ……………… 218
  【学习小结】 …………………… 218
  【想一想】 ……………………… 218
  【练一练测一测】 ……………… 218
  【知识要点】 …………………… 221

学习情境七　重量分析

【学习引导】 ……………………… 222
任务一　认识重量分析法 ……… 222
  【任务要求】 …………………… 222
  【相关知识】 …………………… 223
    一、重量分析法概述 ……… 223
    二、沉淀重量分析法对沉淀的要求 … 223
    三、沉淀的完全程度及其影响因素 … 225
    四、影响沉淀纯度的因素 …… 228

五、沉淀的形成与沉淀条件的选择 … 231
　【学习小结】 … 233
　【想一想】 … 233
　【练一练测一测】 … 233
任务二　重量分析法的基本操作 … 235
　【任务要求】 … 235
　【任务实施】 … 236
　　☞ 工作准备 … 236
　　☞ 工作过程 … 236
　　☞ 数据记录与处理 … 236
　　☞ 注意事项 … 236
　【相关知识】 … 236
　　一、样品的称取及溶解 … 237
　　二、沉淀的产生 … 237
　　三、沉淀的过滤与洗涤 … 237
　　四、沉淀的烘干、灼烧 … 242
　【学习小结】 … 246

　【想一想】 … 246
　【练一练测一测】 … 246
任务三　氯化钡含量的测定 … 248
　【任务要求】 … 248
　【任务实施】 … 248
　　☞ 工作准备 … 248
　　☞ 工作过程 … 248
　　☞ 数据记录与处理 … 249
　　☞ 注意事项 … 249
　【相关知识】 … 250
　　一、$BaSO_4$ 重量法应用 … 250
　　二、重量分析的计算 … 250
　【学习小结】 … 251
　【想一想】 … 251
　【练一练测一测】 … 251
　【知识要点】 … 252

附　录

参考文献

学习情境一
化学分析基本技能

 学习引导

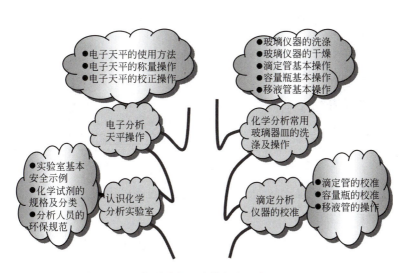

化学分析基本技能知识树

任务一　认识化学分析实验室

任务要求

1. 掌握化学分析实验室的用水规格、储存条件及选用依据。
2. 掌握化学试剂的选用依据及使用注意事项。
3. 了解实验室"三废"排放标准。

▶ 任务实施

▶ 工作准备

1. 实验室灭火练习

准备泡沫灭火器、二氧化碳灭火器、干粉灭火器等各类灭火器及使用说明。

2. 化学试剂分类

准备一批化学试剂实物展示并分类。

▶ 工作过程

1. 参观分析实验室

参观实验室、实训基地，了解化学实验室规则，实验室安全防护及"三废"处理方法。熟悉各个实验室的名称和功能，初步认识分析化学实验室。

2. 化学试剂分类和保存

将学生分成若干小组，根据化学试剂的品种、规格、性质，在老师的指导下，每组按照各自的任务进行归类，并存放在试剂柜中的相应位置。

3. 常用灭火器材操作

（1）火场准备

① 在远离建筑物的安全空地上准备好麦草、干柴等可燃物代替火场。

② 将钢板焊成的燃烧槽放在安全位置，喷洒适量柴油，再加少量汽油模拟火场。

（2）灭火操作训练

① 基础知识训练。对照灭火器介绍其型号、规格、灭火原理、操作方法、使用范围和性能等，指出灭火器各组成部分的位置，讲述各部件的作用。

② 灭火操作训练。将火场可燃物点燃后，按照灭火器的使用方法进行灭火操作练习。

▶ 数据记录与处理

试剂整理记录单见表1-1。

表1-1 试剂整理记录单

试剂名称	规格	存放位置	整理人	备注

▶ 注意事项

① 使用灭火器时，灭火器的筒底和筒盖不能对着人，以防喷嘴堵塞导致机体爆炸，使灭火人员受伤。

② 泡沫灭火器不能和水一起灭火，因为水能破坏泡沫，使其失去覆盖燃烧物的作用。

③ 使用二氧化碳灭火器时，不能直接用手抓住喇叭筒外壁或金属连接管，防止手被冻伤。

④ 使用二氧化碳灭火器时，在室外使用的，应选择上风方向喷射；在室内窄小空间使用的，灭火后操作者应迅速离开，以防窒息。

相关知识

一、化学分析实验目的及要求

化学分析实验的目的是巩固和加深学生对分析化学基本概念和基本理论的理解，使学生正确熟练地掌握化学分析的基本操作和技能，学会正确合理地选择实验条件和实验仪器，仔细观察实验现象和进行实验记录，正确处理数据和表达实验结果。经过严格的实验训练，使学生养成准确、细致、节约、整洁、敬业的工作习惯，培养学生独立思考、分析问题、解决问题的能力，了解实验室的有关知识，如实验室的各项规则、工作程序及实验室可能发生的一般事故及简单的处理方法。

微课 1-1　绪论

为了正确地掌握化学分析的基本操作和技能，必须做到以下几点：

（1）进入实验室必须穿工作服，熟悉实验室环境和安全通道。

（2）实验课前必须认真预习，明确实验目的及要求，理解分析方法和基本原理，熟悉实验内容、操作步骤及注意事项，对每个实验做到心中有数。

（3）实验时仔细观察，如实记录。实验过程中，认真学习有关分析方法的基本操作技术，并在老师的指导下正确使用仪器，严格按规范进行操作。仔细观察实验现象，及时将实验条件和现象以及分析测定的原始数据如实记录在实验记录本上，不要等实验结束后再补记录，更不得随意修改实验原始数据。

（4）在实验中严格遵守操作规程，但切忌"按方抓药"，要深入思考每一步操作的目的和作用。熟悉所用仪器的性能，发现异常情况时，应探究原因并及时找出解决办法。

（5）严格遵守实验室规则，注意安全，保持实验室内安静、整洁。实验台保持清洁，仪器和试剂按照规定摆放整齐。

（6）爱护实验仪器和设备，实验中如出现仪器工作不正常，应及时报告老师处理，注意节约用水，安全使用电、煤气和有毒或腐蚀性的试剂。

（7）对于不熟悉的仪器设备应仔细阅读使用说明，听从教师指导，切不可随意动手，以防损坏仪器或发生事故。使用精密仪器时，应严格遵守操作规程，不得任意拆装或搬动，用毕，应及时登记，并请指导老师检查、签字。

（8）按规定量取药品，注意节约；称取药品后，及时盖好瓶盖；配好的试剂要贴上标签，注明试剂名称、浓度及配制日期。

（9）实验完毕，根据实验记录进行整理、分析、归纳、计算，并及时完成实验报告，同时总结实验中存在的问题。

（10）实验结束后，应将所用的试剂及仪器复原，清洗用过的器皿，整理好实验室，最后检查门、窗、水、电等是否关闭后方可离开。

二、实验室基本安全知识

进行化学实验时，经常要用到各种仪器、药品和水、电等，如果粗心大意，不遵守操作规则，不但会造成实验失败和药品损失，更重要的是还可能发生安全事故。因此，重视安全操作，熟悉有关安全知识，学会对意外事故的处理方法非常重要。

（一）实验室安全规则

（1）熟悉实验室环境，熟悉实验室水、电、阀门及消防用品等的位置及使用方法。

（2）不允许随意将各种化学药品任意混合，以免发生意外事故。

（3）凡进行有刺激性气味、有恶臭、有毒物质的实验，均须在通风橱里或在室外通风的空地上进行。

（4）易挥发、易燃物质的实验，要远离明火。

（5）不能用手接触药品，更不能品尝药品的味道；闻物质的气味时，用手扇动气体入鼻。

（6）加热试管时，不要将试管口对着别人或自己，也不要俯视正在加热的液体。

（7）浓酸、浓碱具有强腐蚀性，勿溅在衣服或皮肤上。

（8）使用电器时，应注意安全，用毕应将电器的电源切断。

（9）严禁在实验室饮食、吸烟。

（10）实验进行时，不得擅自离开岗位，必须离开时要委托能负责任者看管。

（11）实验中用过的废物、废液切不可乱扔，应分别回收，按照环保要求妥善集中处理。

（12）实验结束后要及时洗手，离开实验室时，应认真检查水、电、煤气及门、窗是否关好，进行安全登记后方可锁门。

（二）实验室消防常识

在化学分析实验室，经常需要使用一些易燃物质，如乙醇、甲醇、苯、甲苯、丙酮、煤油等。这些易燃物质挥发性强、着火点低，在明火、电火花、静电放电、雷击等因素的影响下极易引燃起火，造成严重损失，因此使用易燃物品时应严格遵守操作规程。

1. 灭火原则

一旦发生火灾，实验人员应临危不惧，沉着冷静，及时采取灭火措施。若局部起火，应立即切断电源，关闭通气阀门，用湿布或湿棉布覆盖熄灭，若火势较猛，应根据具体情况选用适当的灭火器灭火，并及时拨打火警电话，请求救援。

一般燃烧需要足够的氧气来维持，因此一般灭火方法主要遵循两条原则：冷却燃烧物质使其温度降低到它的着火点以下；燃烧物空气隔绝。

2. 火源（火灾）分类

我国对火灾分类采用国际标准化组织的分类方法，依据燃烧物的性质，将火灾分为 A、B、C、D 四类，我国火灾的分类及可使用的灭火器见表 1-2。

表 1-2 我国火灾的分类及可使用的灭火器

分类	产生原因	可使用的灭火器	注意事项
A类	固体物质燃烧	水、酸碱式和泡沫灭火器	—
B类	可燃性液体燃烧如石油化工产品、食品油脂	泡沫灭火器、二氧化碳灭火器、干粉灭火器	
C类	可燃性气体燃烧，如煤气、石油液化气	干粉灭火器	用水、酸碱式、泡沫灭火器均无作用
D类	可燃性金属燃烧，如钾、钠、钙、镁等	干沙土、"7150"灭火器	严禁用水、酸碱式和泡沫灭火器、二氧化碳灭火器、干粉灭火器

3. 灭火器的使用

常用灭火器有：泡沫灭火器、二氧化碳灭火器、干粉灭火器等。下面介绍这几种灭火器的使用方法：

（1）泡沫灭火器。泡沫灭火器喷出的是一种体积较小、相对密度较轻的泡沫群，它可以漂浮在液体表面，使燃烧物与空气隔绝开，达到窒息灭火的目的。

钢筒内几乎装满浓的碳酸氢钠（或碳酸钠）溶液，并掺入少量能促进起泡沫的物质。钢筒的上部装有一个玻璃瓶，内装硫酸（或硫酸铅）与碳酸氢钠接触，立即作用产生二氧化碳气体。被二氧化碳气体所饱和的液体受到高压，掺着泡沫形成一股强烈的激流喷出，覆盖住火焰，使火焰隔绝空气；另外，由于水的蒸发使燃烧物的温度降低，因此火焰会被扑灭。泡沫灭火器适用于有机溶剂、油类着火，因为稳定的泡沫能将液体覆盖住使之与空气隔绝。

（2）二氧化碳灭火器。二氧化碳灭火器是将气态二氧化碳压缩在钢制容器中，气体喷出时经过一扁平喇叭状扩散器，又名造雪器，使部分二氧化碳凝为雪花，喷出的雪花状二氧化碳温度可降至－78℃左右；雪花状二氧化碳在燃烧区直接气化吸收大量热而使燃烧物温度急降，同时产生二氧化碳气体覆盖在燃烧物表面，以达到灭火目的。由于二氧化碳灭火器具有绝缘性好、灭火后不留痕迹的特点，因此适于扑灭贵重仪器和设备、图书资料、仪器仪表及600V以下的带电物体的初始起火。

二氧化碳灭火器在90s内喷射完毕。因此，使用时应尽量靠近燃烧区。打开开关后将喷流对准火焰，由于化雪时的强冷却作用，可能使手冻伤，应尽量注意防护。此种灭火器保存时应防止受热，如有漏气且质量减轻1/10时，即应充气。

（3）干粉灭火器。干粉灭火器以二氧化碳为动力，将粉末喷到着火物体上，达到灭火目的。由于筒内的干粉是一种细而轻的泡沫，所以能覆盖在燃烧的物体上，隔绝燃烧物与空气而灭火的。使用时，要拆除铅封，拔掉安全销，手提灭火器喷射体，手捏胶管，在离火面有效距离内，将喷嘴对准火焰根部，按下压把，推动喷射。此时应不断摆动喷嘴，使氮气流及载出的干粉横扫整个火焰区，可迅速把火扑灭。这种灭火器具有灭火速度快、效率高、质量轻、使用灵活方便等特点，适用于扑救固体有机物、油漆、易燃液体、图书文件、精密仪器、气体和电器设备的初起火灾，已在各种部门中得到广泛应用。

以前还经常用有机物（如四氟化碳、溴代甲烷等）灭火器，由于灭火剂有毒，遇火分解成烟和卤化氢，有时还会产生有毒的光气，所以现在不再使用。

4. 灭火器的维护

（1）应经常检查灭火器的内装药品是否变质和零件是否损坏，药品不够，应及时添加，压力不足，应及时加压，尤其要经常检查喷口是否被堵塞，如果喷口被堵塞，使用时灭火器将发生严重爆炸事故。

（2）灭火器应挂在固定的位置，不得随意移动。

（3）使用时不要慌张，应以正确的方法开启阀门，才能使内容物喷出。

（4）灭火器一般只适用于熄灭刚刚产生的火苗或火势较小的火灾，对于已蔓延成大火的情况，应采用其他灭火方式灭火。不要正对火焰中心喷射，以防着火物溅出使火焰蔓延，而应从火焰边缘开始喷射。

（5）灭火器一次使用后，可再次装药品加压，以备后用。

5. 实验室灭火注意事项

（1）用水灭火注意事项。水是常用的灭火物质。在常用的固体和液体物质中，水的比热容（使1g物质温度升高1℃所吸收的热量）最大，水的汽化热（液体在一定温度时转化为气体时所吸收的热量）很大。因此，水有优良的冷却能力，可以有效地降低燃烧区域的温度，而使火焰熄灭。其次，水蒸发成水蒸气时体积大为膨胀，可增加至原体积1500倍以上，可以大大降低燃烧区可燃气体及助燃气体的含量，有利于扑灭火焰。

但是在下列情况下，严禁以水灭火：

① 由比水轻且与水不相溶的液体燃烧而引起的火灾，如石油、汽油、煤油、苯等。这些可燃性液体的密度比水低，能浮在水面上继续燃烧，并且随着水的流散，使燃烧面积扩展。

② 由电气设备引起的火灾。消防用水中含有各种盐类，是良好的电解质。因此，在电气设备区域（特别是高压区）使用时可能会造成更大的损失。

③ 火灾地区存有钾、钠等金属。钾、钠与水发生强烈作用并放出氢气，氢气逸散于空气中即成为爆炸性的混合物，极易爆炸。

④ 火灾地区存有电石时，水与电石反应放出乙炔，同时放出大量热，且能使乙炔着火爆炸。

大气中的水蒸气含量高于35%时即可遏止燃烧，因此在装有锅炉设备的场所应用过热蒸汽灭火具有显著的效果。但使用时必须注意安全，小心烫伤。

(2) 电器设备及电器着火时,首先应切断电源,其次才能用水扑救。

(3) 回流加热时,如因冷凝管效果不好,易燃蒸气在冷凝管顶端着火,应先切断加热源,再行扑救。

(4) 若敞口的器皿中发生燃烧,应尽量先切断加热源,设法盖住器皿口,隔绝空气使火熄灭。

(5) 扑灭产生有毒蒸气的火灾时,要特别注意防毒。

(三) 实验室意外的处理

实验过程中,如果发生意外,重伤者应立即送往医院,轻伤者可采用下列方法进行处理。

(1) 割伤:伤口内若有玻璃片,需先取出,然后抹上红药水并包扎。

(2) 烫伤:切莫用水冲洗。可用高锰酸钾或苦味酸溶液洗伤处,再擦上凡士林或烫伤油膏。必要时送往医院救治。

(3) 皮肤或眼睛溅上强酸或强碱:应立即擦干再用大量清水冲洗,然后,强酸用稀碳酸氢钠溶液冲洗,强碱用硼酸稀溶液冲洗,最后再用清水冲洗。

(4) 吸入有毒或刺激性气味:可立即吸入少量酒精和乙醚使之解毒。吸入硫化氢、一氧化碳等气体而感到不适时,应立即到室外呼吸新鲜空气。

(5) 有毒物进入口内:可将 5~10mL 稀硫酸铜溶液加入一杯温水中,内服后,用手指伸入咽喉部,促使呕吐,然后立即送往医院。

(6) 注意防火:一般的小火用湿布、防火布或沙子覆盖物灭火。若因不溶于水的有机溶剂以及能与水起反应的物质,如金属钠引起着火,绝不能用水浇,应用沙土压灭火。

(7) 触电时:首先立即切断电源,必要时进行人工呼吸。

三、分析用水一般知识

化学分析实验室用水不同于一般生活用水,有相应的国家标准,具有一定的级别。不同的分析方法,要求使用不同级别的分析实验用水。

自来水是将天然水经过初步净化处理制得的,它仍然含有各种杂质,只能用于初步洗涤仪器或水浴加热等,不能用于配制标准溶液及分析工作。为此必须将水纯化,制备成能满足分析工作要求的纯水,这种纯水称为"分析实验用水"。

(一) 分析实验用水规格

我国国家标准 GB/T 6682—2008《分析实验用水规格和试验方法》将适用于化学分析和无机痕量分析的实验用水分为三个级别。一级水:基本不含溶解或胶态离子杂质及有机物;二级水:可含有微量的无机、有机或胶态杂质;三级水:最常用的纯水。各级分析实验室用水的规格见表 1-3。

表 1-3 各级分析实验室用水的规格

名称	一级	二级	三级
pH 值范围(25℃)	—	—	5.0~7.5
电导率(25℃)/(mS/m)	≤0.01	≤0.10	≤0.50
可氧化物质(以 O 计)/(mg/L)	—	≤0.08	≤0.4
吸光度(254nm,1cm 光程)	≤0.001	≤0.01	—
蒸发残渣(105℃±2℃)/(mg/L)	—	≤1.0	≤2.0
可溶性硅(以 SiO_2 计)/(mg/L)	≤0.01	≤0.02	—

注:1. 在一级水、二级水条件下,难以测定其 pH 值,因此,对一级水、二级水的 pH 值不做规定。
2. 一级水、二级水的电导率必须用新制备的水"在线"测定。
3. 在一级水的纯度下,难以测定可氧化物和蒸发残渣,对其限量不做规定。

（二）分析用水的储存和用途

1. 储存

各级用水均使用密闭的、专用的聚乙烯容器。三级水也可用密闭的专用玻璃容器。

新容器在使用前需用盐酸溶液浸泡2～3d，再用待测水反复冲洗，并注满待测水浸泡6h以上。

各级用水在储存期间，其污染的主要来源是容器的可溶性成分溶解，空气中的二氧化碳和其他杂质。因此一级水不可储存，应使用前制备。二级水、三级水可适量制备，分别储存在预先经同级水清洗过的相应容器中。

2. 用途

一级水用于有严格分析要求的分析实验，包括对颗粒有要求的实验。如高效液相色谱分析用水。一级水可用二级水经过石英设备蒸馏或离子交换混床处理后，再经0.2μm滤膜过滤来制取。二级水用于无机痕量分析等实验，如原子吸收光谱分析用水。二级水可用多次离子交换等方法来制取。三级水用于一般化学分析实验，如普通化学分析用水。三级水可用蒸馏或离子交换等方法来制取。

（三）分析用水的制备方法

1. 蒸馏法

蒸馏法制备纯水是根据水与杂质的沸点不同，将自来水用蒸馏器蒸馏而得到的。用此法制备纯水操作简便、成本低，能除去水中非蒸发性杂质，但不能除去易溶于水的气体。

目前使用的蒸馏器由玻璃、铜、石英等材料制作而成的，由于蒸馏器的材质不同，带入蒸馏水中室温杂质也不同，用玻璃蒸馏器制得的水中会有钠离子、硅酸根离子等；用铜蒸馏器制得的蒸馏水中含有铜离子等，故蒸馏一次所得的蒸馏水只能用于定性分析或一般工业分析。

2. 离子交换法

离子交换法是利用离子交换树脂的具有特殊网状结构的人工合成有机高分子化合物净化水的一种办法。常用于自来水的离子交换树脂有两种，一种是强酸性阳离子交换树脂，另一种是强碱性阴离子交换树脂。当水流过两种交换树脂时，阳离子和阴离子交换树脂分别将水中的杂质阳离子和阴离子交换为H^+和OH^-，

微课1-2 离子交换法制备纯水

从而达到净化水的目的。由于离子交换法方便有效且较经济，故在化工、冶金、环保、医药、食品等行业得到广泛应用。

与蒸馏法相比，离子交换法生成设备简单，节约燃料和冷却水，并且水质化学纯度高，因此是目前各类实验室中最常用的方法，但其局限性是不能完全除去非电解质和有机物。

3. 电渗析法

电渗析法是一种固膜分离技术。电渗析纯化水是除去原水中的电解质，故又称为电渗析脱盐，是常用的脱盐技术之一。它是利用离子交换膜的选择透过性，即阳离子交换膜只允许阳离子透过，阴离子交换膜仅允许阴离子透过，在外加直流电的作用下，使一部分水中的离子透过离子交换膜移到另一部分水中，造成一部分淡化，另一部分浓缩，收集淡水即为所需的纯化水。此纯化水能满足一般工业用水的需要。

4. 反渗透法

反渗透法的原理是让水分子在压力的作用下，通过反渗透膜成为纯水，水中的杂质被反渗透膜截留排出。反渗水克服了蒸馏水和去离子水的许多缺点，利用反渗透技术可以有效地

除去水中的溶解盐、胶体、细菌、病毒内毒素和大部分有机物等杂质。

四、化学试剂的规格及分类

化学试剂种类很多，世界各国对化学试剂的分类和分级的标准各不相同，各国都有自己的国家标准及其他标准（如行业标准、学会标准等）。我国化学试剂有国家标准（GB）、化工部标准（HG）及行业标准（QB）三级。

（一）化学试剂的分类

将化学试剂进行科学的分类，以适应化学试剂的生产、科研、进出口等需要，是化学试剂标准化研究的内容之一。

化学试剂产品众多，有分析试剂、仪器分析专用试剂、指示剂、有机合成试剂、电子工业专用试剂、医用试剂等。随着科学技术和生产的发展，新的试剂种类还将不断产生。常见的化学试剂分类方法有：按试剂用途和学科分类，按试剂包装和标志分类，按化学试剂的标准分类等。现将化学试剂分为标准试剂、一般试剂、高纯试剂、专用试剂四大类，并分别进行简单介绍。

1. 标准试剂

标准试剂是用于衡量其他（欲测）物质化学量的标准物质。标准试剂的特点是主体含量高，而且准确可靠。其产品一般由大型试剂厂生产，并严格按照国家标准检验。

2. 一般试剂

一般试剂是实验室最常用的试剂，指示剂也属于一般试剂，一般可分为四个等级。其规格、等级和用途见表 1-4。

表 1-4　一般试剂的规格、等级和用途

试剂级别	中文名称	英文名称	标签颜色	用途
一级试剂	优级纯	G. R.	绿色	精密分析实验及科学研究
二级试剂	分析纯	A. R.	红色	一般分析实验及科学研究
三级试剂	化学纯	C. P.	蓝色	一般化学实验
四级试剂	实验试剂	L. R.	黄色	一般化学实验辅助试剂

3. 高纯试剂

高纯试剂的特点是杂质含量低（比优级纯基准试剂低），主体含量与优级纯相当，而且规定检验的杂质项目比同种优级纯或基准试剂多。高纯试剂主要用于微量分析中试样的分解及制备。

高纯试剂多属于通用试剂，如 HCl、$HClO_4$、$NH_3 \cdot H_2O$、Na_2CO_3、H_3BO_3 等。目前只有八种高纯试剂颁布了国家标准，其他产品执行企业标准，在产品标签上标有"特优"或"超优"字样。

4. 专用试剂

专用试剂是指具有特殊用途的试剂。其特点是不仅主体含量高，而且杂质含量低。与高纯试剂的区别是，在特定用途中有干扰的杂质成分只需控制在不致产生明显干扰的限度以下。

专用试剂种类很多，如紫外及红外光谱法试剂、色谱分析试剂、气相色谱载体及固定液、液相色谱填料、薄层色谱试剂、核磁共振分析用试剂等。

（二）化学试剂的选用

化学试剂的纯度越高，其生产或提纯的过程就越复杂，且价格越高，如基准试剂和高纯试剂的价格要比普通试剂高数倍乃至数十倍。故应根据所做实验的具体情况，如分析方法的灵敏度和选择性、分析对象的含量及结果的准确度要求,合理选用不同级别的试剂。

化学试剂的选用原则是在满足实验要求的前提下,选择试剂的级别应就低不就高,这样既不会超级别造成浪费,又不会随意降低试剂级别而影响分析结果。通常滴定分析配制标准溶液时用分析纯试剂,仪器分析一般用专用试剂或优级试剂,而微量、超微量分析应用高纯试剂。

(三) 化学试剂的保管

化学试剂如保管不妥,试剂会变质,若分析测定使用了变质试剂不仅会导致分析误差,还会造成分析工作失败,甚至引起事故,因此了解试剂变质的原因,妥善保管化学试剂是分析实验室中一项十分重要的工作。

1. 影响化学试剂变质的因素

影响化学试剂变质的因素主要有:空气、温度、光照、杂质及储存期等。

(1) 空气的影响:空气中的氧易使还原性试剂氧化而破坏,强碱性试剂易吸收空气中的二氧化碳变成碳酸盐,空气中的水分可以使某些试剂潮解、结块;纤维、灰尘能使某些试剂还原、变色等。

(2) 温度的影响:夏季高温会加快有些试剂的分解,冬季低温会使甲醛聚合而沉淀变质。

(3) 光照的影响:日光中的紫外线能加速某些试剂的化学反应而使其变质。

(4) 杂质的影响:某些杂质会引起不稳定试剂的变质。

(5) 储存期的影响:不稳定试剂在长期储存过程中可能会发生歧化聚合、分解或沉淀等变化。

2. 化学试剂的储存方法

化学试剂一般存放在通风、干净和干燥的环境中,要远离火源、并防止水分、灰尘和其他物质污染。

(1) 固体试剂应保存在广口瓶中,液体试剂盛放在细口瓶或滴瓶中,见光易分解的试剂(如硝酸银、高锰酸钾、草酸、双氧水等)应盛放在棕色瓶中并置于暗处;容易腐蚀玻璃而影响试剂纯度的(如氢氧化钾、氢氟酸、氟化钠等)应保存在塑料瓶中或涂有石蜡的玻璃瓶中。盛放碱性的试剂瓶要用橡皮塞,不能用玻璃磨口塞,以防瓶口被碱液溶解而粘在一起。

(2) 吸水性强的试剂,如无水碳酸钠、苛性碱、过氧化钠等应用蜡密封。

(3) 剧毒试剂,如氰化物、砒霜、氢氟酸、氯化汞等应由专人保管,要经一定手续取用,以免发生事故。

(4) 易相互作用的试剂,如挥发性的酸与氨、氧化剂与还原剂应分开存放。易燃试剂,如乙醇、乙醚、苯、丙酮等易爆炸的试剂,应分开放在阴凉通风、不受阳光直射的地方。

(5) 特种试剂,如金属钠应该浸在煤油中保存;白磷应在水中保存。

(四) 常用试剂的制备

常用试剂的制备方法可参考国家标准 GB/T 603—2002《化学试剂 试验方法中所用制剂及制品的制备》。

微课 1-3 滴定分析常用试剂的配制方法

五、分析人员的环保意识

在化学实验过程中,常有废液、废水、废气,即"三废"的排放,大量的有害物质会对环境造成污染,威胁人们的健康。如 SO_2、NO、Cl_2 等气体对人的呼吸道有强烈的刺激作用，对植物也有伤害作用；As、Pb、Hg 等化合物进入人体后，不易分解和排出，长期累积会引起胃疼、皮下出血、肾功能损伤等；氯仿、四氯化碳等能致肝癌，多环芳烃能致膀胱癌和皮肤癌，某些铬的化合物触及皮肤破伤处会引起其溃烂不止等。为了保证实验人员的健康，防止污染环境，必须对实验过程中产生的毒害物质进行必要的处理后再排放。

现代分析实验室应当是无污染实验室，所以分析工作者应当具备环境保护知识。

1. 了解化学物质的性质，正确使用和储存

在化学分析实验室里有着种类繁多的化学试剂，同时在科研开发中有可能合成一些新的化学产品。因此作为分析工作者应当经常学习，了解所用化学试剂、新合成的化学物质所用的原料及产品的毒性等有关知识，以便于确定实验室是否具备使用、合成、储存这些物质的条件。

同时在储存化学药品时，还要注意化学物质毒性的协同、促进作用。如盐酸是实验室常用的试剂，具有挥发性，但如果将盐酸与甲醛储存在一个药品柜里，就会在空气中合成氯甲醚，而氯甲醚就是一种致癌物质。

2. 及时了解有毒化学药品新的名单及危害分级

随着现代科学技术的发展，人们对于现存的和新合成的化学物质的毒性的研究日益深入，有毒化学药品的新名单不断补充，所以作为分析实验人员应当及时掌握这一信息，在常规分析及研究中做好预防工作，对于环境保护有着重要意义。

3. 对实验室的"三废"进行简单的无害化处理

实验室"三废"通常指实验过程中所产生的一些废气、废液、废渣。这些废弃物中许多是有毒有害物质，其中有些还是剧毒物质和强致癌物质，虽然在数量与强度方面不及工业、企业单位，但是如果不及时处理也会给环境造成很大的污染。

同时，在实验教学中重视减少"三废"的产生和无害化处理工作，既可培养学生良好的实验习惯，又能为学生提供体验处理环境问题的机会，使学生将学到的化学理论知识应用于实验室环境污染治理的实践中，从而获得环境保护知识和掌握处理环境问题的技能，形成对待环境的正确态度，提高环保意识，最终具有解决一般环境问题的能力。

实验室所用的化学药品种类多，"三废"成分复杂，应分别进行排放或处理。

(1) 实验室废液的处理。对不含有毒害离子的稀酸和稀碱废水，在实验时应随时收集于相应的桶中，达到一定数量时相互中和并调节 pH 值达到 6.5~8.5 后，直接排入污水管道。

一般盐溶液直接排放，含有有害离子的盐溶液用化学方法转化处理并稀释后再排放，含有贵重金属离子的盐溶液，采用还原法处理后回收。

对于某些数量较少、浓度较高确实无法回收使用的有机废液，可采用活性炭吸附法、过氧化氢氧化法处理，或在燃烧炉中供给充分的氧气使其完全燃烧。

含有有机溶液的废液进行蒸馏回收或焚烧处理。

毒害性的废液，采用深埋处理（1m 以下）。

(2) 实验室废气的处理。化学反应产生废气应在排入大气前做简单的处理。对可能产生毒害性较小或少量的有毒气体的实验，放在通风橱内操作、废气通过排气管道排放到室外，利用室外大量的空气来稀释有毒废气。通风管道内应有一定高度使排出的气体易被空气稀释，对于可能产生毒害性较大或大量有毒的气体实验，有毒气体应通过转化处理后（吸收处理或与氧充分燃烧），然后再稀释才能排到室外，如氮、硫、磷等酸性氧化物气体，可用导管通入碱液中，使其被吸收后排出。

(3) 实验室废渣的处理。化学实验室废渣量相对较少，主要为实验剩余的固体原料、固

体生成物和废纸、碎玻璃仪器等无毒杂物。对环境无污染、无毒害的固体废弃物按一般垃圾处理，易于燃烧的固体有机废物焚烧处理。

学习小结

（1）化学分析实验的目的是巩固和加深学生对分析化学基本概念和基本理论的理解，使学生正确熟练地掌握化学分析的基本操作和技能，学会正确合理地选择实验条件和实验仪器，仔细观察实验现象和进行实验记录，正确处理数据和表达实验结果。

（2）进行化学实验时，经常要用到各种仪器、药品和水、电等，如果粗心大意，不遵守操作规则，不但会造成实验失败和药品损失，更重要的是还可能发生安全事故。因此，重视安全操作，熟悉有关安全知识，学会对意外事故的处理方法非常重要。

（3）化学分析实验室用水不同于一般生活用水，有相应的国家标准，具有一定的级别。不同的分析方法，要求使用不同级别的分析实验用水。

（4）化学试剂种类很多，世界各国对化学试剂的分类和分级的标准各不相同，各国都有自己的国家标准及其他标准（如行业标准、学会标准等）。我国化学试剂有国家标准（GB）、化工部标准（HG）及行业标准（QB）三级。

（5）化学试剂产品众多，有分析试剂、仪器分析专用试剂、指示剂、有机合成试剂、电子工业专用试剂、医用试剂等。随着科学技术和生产的发展，新的试剂种类还将不断产生。常见的化学试剂分类方法有：按试剂用途和学科分类，按试剂包装和标志分类，按化学试剂的标准分类等。现将化学试剂分为标准试剂、一般试剂、高纯试剂、专用试剂四大类。

想一想

分析人员如何提高环保意识？

练一练测一测

一、名词解释

1. 标准试剂
2. 高纯试剂
3. 三级水

二、选择题

1. 化学试剂根据（　　）可分为一般试剂和特殊试剂。
   A. 用途　　　　　　B. 性质　　　　　　C. 规格　　　　　　D. 使用常识
2. 与有机物或易氧化的无机物接触时会发生剧烈爆炸的酸是（　　）。
   A. 热的浓高氯酸　　B. 硫酸　　　　　　C. 硝酸　　　　　　D. 盐酸
3. 应该放在远离有机物及还原物质的地方，使用时不能戴橡皮手套的是（　　）。
   A. 浓硫酸　　　　　B. 浓盐酸　　　　　C. 浓硝酸　　　　　D. 浓高氯酸
4. 称量易挥发的液体样品用（　　）。
   A. 称量瓶　　　　　B. 安瓿球　　　　　C. 锥形瓶　　　　　D. 滴瓶
5. 下列情况导致试剂质量增加的是（　　）。
   A. 盛浓硝酸的瓶口敞开　　　　　　　　B. 盛浓盐酸的瓶口敞开
   C. 盛固体苛性钠的瓶口敞开　　　　　　D. 盛胆矾的瓶口敞开
6. 盐酸和硝酸以（　　）的比例混合而成的混酸称为"王水"。
   A. 1∶1　　　　　　B. 1∶3　　　　　　C. 3∶1　　　　　　D. 3∶2

7. 红色标签试剂适应范围为（　　）。
A. 精密分析实验　　　　　　　　　B. 一般分析实验
C. 一般化学实验　　　　　　　　　D. 生化及医用化学实验
8. 进行有危险性的工作应（　　）。
A. 穿着工作服　　B. 戴手套　　C. 有第二者陪伴　　D. 自己独立完成
9. 若电器着火不宜选用（　　）灭火。
A. "1211"灭火器　　B. 泡沫灭火器　　C. 二氧化碳灭火器　　D. 干粉灭火器
10. 在实验室，电器着火应采取的措施是（　　）。
A. 用水灭火　　　　　　　　　　　B. 用沙土灭火
C. 及时切断电源　　　　　　　　　D. 用二氧化碳灭火器灭火

三、判断题

1. 优级纯化学试剂的标签为深蓝色。（　　）
2. 指示剂属于一般试剂。（　　）
3. 凡是优级纯的物质都可以用于直接配制标准溶液。（　　）
4. 实验中应根据分析任务、分析方法及分析结果准确度等要求选用不同等级的试剂。（　　）
5. 实验中应优先使用纯度较高的试剂以提高测定的准确度。（　　）
6. 分析结果要求不是很高的实验，可用优级纯或分析纯试剂代替基准试剂。（　　）
7. 选用化学试剂纯度越高越好。（　　）
8. 取出的液体试剂不可倒回原瓶，以免沾污。（　　）
9. 化学试剂选择原则是在满足试验要求前提下，选择试剂级别就低不就高。（　　）
10. 我国化学试剂一般分为优级纯、分析纯、化学纯和实验试剂四个级别，分别用 G.R.、A.R.、C.R.、C.P. 表示。（　　）

任务二　电子分析天平操作

任务要求

1. 掌握分析天平的称量方法、使用规则及注意事项。
2. 熟悉电子天平的构造原理、使用规则及注意事项。
3. 掌握测定数据的记录方法。

任务实施

☞ 工作准备

1. 仪器

分析天平、小烧杯、表面皿、称量瓶、托盘天平等。

2. 试剂

碳酸钙固体、五水合硫酸铜、分析纯磷酸等。

☞ 工作过程

1. 观察电子天平的结构
2. 电子天平的使用方法

① 直接称量法练习：用直接称量法称量表面皿、称量瓶质量，并记录。

② 固定称量法练习：准确称量一定质量的碳酸钙固体。
③ 减量法称量练习：用减量法准确称量 3 份规定质量的 $CuSO_4 \cdot 5H_2O$ 固体，并记录。
④ 液体样品的称量法：准确称取一定质量的磷酸样品并记录数据。

☞ 数据记录与处理

1. 直接称量法

称量表面皿、称量瓶，见表 1-5。

表 1-5　直接称量法

记录项目	1	2	3	平均值
表面皿质量/g				
称量瓶质量/g				

2. 固定称量法

称量 5.000g 碳酸钙固体 3 份，见表 1-6。

表 1-6　固定称量法

记录项目	1	2	3
表面皿质量/g			
表面皿质量＋试样质量/g			
试样质量/g			

3. 减量称量法

称量 0.5000g $CuSO_4 \cdot 5H_2O$ 固体，见表 1-7。

表 1-7　减量称量法

记录项目	1	2	3
称量瓶及试样质量(倾出前)m_1/g			
倾出部分试样后称量瓶及试样质量 m_2/g			
倾出试样质量 $m(m=m_1-m_2)$/g			

4. 液体样品的称量法

称量 0.5000g 磷酸液体样品，见表 1-8。

表 1-8　液体样品的称量法

记录项目	1	2	3
滴瓶及试样质量(倾出前)m_1/g			
倾出部分试样后滴瓶及试样质量 m_2/g			
倾出试样质量 $m(m=m_1-m_2)$/g			

☞ 注意事项

① 称量前要检查滴管的胶帽是否完好。
② 滴瓶的外壁必须干净、干燥。
③ 从滴瓶中取出滴管时，必须将下端所挂溶液靠去，否则会造成磷酸样品溶液的浓度不准确。
④ 加磷酸样品到容量瓶时，注意滴管不要插入容量瓶里，更不能碰容量瓶的瓶口或瓶内壁。
⑤ 不能将滴管倒置，否则会污染样品。

相关知识

一、分析天平的分类

（1）根据天平的构造，可分为机械天平和电子天平。
（2）根据天平的使用目的，可分为通用天平和专用天平。
（3）根据天平的分度值大小，可分为常量天平（0.1mg）、微量天平（0.01mg）、超微量天平（0.001mg）等。
（4）根据天平的精度等级，分为四级：
Ⅰ．特种准确度（精细天平）；
Ⅱ．高准确度（精密天平）；
Ⅲ．中等准确度（商用天平）；
Ⅳ．普通准确度（粗糙天平）。
（5）根据天平的平衡原理可分为杠杆式天平、电磁力式天平、弹力式天平和液体静力平衡式天平四大类。

常用分析天平的型号和规格见表1-9。目前，国内使用最广泛的是电子天平。

表1-9 常用分析天平的型号和规格

种 类	型 号	名 称	规 格
双盘天平	TG328A	全机械加码电光天平	200g/0.1mg
	TG328B	半机械加码电光天平	200g/0.1mg
	TG332A	半微量天平	20g/0.01mg
单盘天平	DT-100	单盘精密天平	100g/0.1mg
	DTG-160	单盘精密天平	160g/0.1mg
	BWT-1	单盘半微量天平	20g/0.01mg
电子天平	MD110-2	上皿电子天平	110g/0.1mg
	MD 200-3	上皿电子天平	200g/0.1mg

二、电子天平的结构及操作技术

电子天平是最新一代的天平，它是根据电磁力平衡原理，直接称量，全量程不需要砝码，放上被测物质后，在几秒内达到平衡，直接显示读数，具有称量速度快、精度高的特点。它的支撑点采取弹性簧片代替机械天平的玛瑙刀口，用差动变压器取代升降枢装置，用数字显示代替指针刻度。因此具有体积小、使用寿命长、性能稳定、操作简便和灵敏度高的特点。

此外，电子天平还具有自动校正、自动去皮、超载指示、故障报警等功能，且可与打印机、计算机联用，进一步拓展其功能，如统计称量的最大值、最小值、平均值和标准偏差等。由于电子天平具有机械天平无法比拟的优点，尽管其价格偏高，但还是越来越广泛地应用于各个领域，并逐步取代机械天平。

（一）基本结构及称量原理

随着现代科学技术的不断发展，电子天平的结构设计一直在不断改进和提高，向着功能多、平衡快、体积小、重量轻和操作简便的趋势发展，但就其基本结构和称量原理而言,各种型号的电子天平都大同小异。常见电子分析天平的基本结构如图1-1所示。

(二) 电子天平的使用方法

常用电子天平的外形如图1-1所示。

一般情况下,只使用开/关键、去皮/清零键和校准/调整键。使用的操作步骤如下:

(1) 取下天平防尘罩,叠好,放于天平后,检查天平盘内是否干净,必要的话予以清扫。

(2) 检查天平是否水平,若不水平,调节底座螺丝,使气泡位于水平仪中心。

(3) 接通电源,预热30min后方可开启显示屏。

(4) 轻按开关键(ON/OFF键),显示屏全亮,天平先显示型号,稍后显示为"0.0000g",即可开始使用。

(5) 如果显示不是"0.0000g",则需按一下"清零"键。

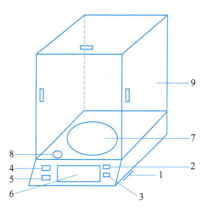

图1-1 电子分析天平的基本结构
1—水平调节螺丝;2—ON键;3—OFF键;
4—CAL键;5—TAR清零键;6—显示屏;
7—称量盘;8—气泡式水平仪;9—侧门

(6) 称量:将容器(或被称物)轻轻放在称量盘上,待显示数字稳定并出现质量单位"g"后,即可读数,并记录称量结果。若需清零、去皮重,轻按TAR键,显示消隐,随即出现全零状态,容器质量显示值已除去,即为除去皮重;可继续在容器中加入药品进行称量,显示出的是药品质量;当拿走称量物后,就出现容器质量的负值。可根据实验要求选用一定的称量方法进行称量。

(7) 称量完毕,取下被称物,按一下OFF键(如不久还要称量,可不拔电源),让天平处于待命状态;再次称量时按一下ON键即可使用。最后使用完毕,应拔下电源插头,盖上防尘罩。

(8) 如果天平长期没有使用,或天平移动过位置,应进行一次校正。按校正键(CAL键),天平将显示所需校正的砝码重量(如100g),放上100g标准砝码,直至显示100.0g,校正完毕,取下标准砝码。

(三) 电子天平的使用规则

(1) 使用前检查天平是否正常,是否水平,称量盘是否洁净,硅胶(干燥剂)是否变色失效。

(2) 称量物的总质量不能超过天平的称量范围。

(3) 只能在同一天平上完成实验的全部称量。

(4) 不得随意开启天平前门,被称物只能从侧门取放。

(5) 不能用手直接放取物体。

(6) 被称物外形不能过大,重物应位于称量盘中央。

(7) 严禁将化学品直接放在天平称量盘上称量,对于过热或过冷的称量物,应使其回到室温后方可称量。

(8) 在开关门放取称量物时,动作必须轻缓,切不可用力过猛或过快,以免造成天平损坏。

(9) 读数前要关闭天平两边侧门,防止气流影响读数。

(10) 称量结束后,应将天平复原并核对一次零点。关闭天平,进行登记。盖好天平罩,切断电源。

（四）电子天平的称量方法

视频1-1 托盘天平的使用

视频1-2 电子天平的使用

视频1-3 电子天平的校正

1. 称量的一般步骤

（1）取下天平防尘罩叠好放于天平右前方。
（2）检查天平是否水平。
（3）检查天平各部件是否正常（干燥剂、天平盘）。
（4）清扫天平。
（5）调零点。
（6）称量。
（7）读数并记录。
（8）天平复原。
（9）关闭天平，进行登记、切断电源、罩上天平防尘罩。

2. 称量方法

用电子天平进行称量，根据不同的称量对象，需采用以下方法。

（1）直接称量法。天平零点调定后，用一干净的纸条套住（也可采用戴一次性手套或专用手套、用镊子或钳子等方法）将称量物直接放置于秤盘上（试剂应装入称量瓶、称量纸或烧杯中），所得读数即被称物质量。称量记录完毕，取出被称物，关闭侧门，盖上防尘罩。

微课1-4 分析天平的使用

直接称量法适用于称量洁净干燥的器皿或棒状或块状的金属及其他整块的不易潮解或升华的固体样品，如小烧杯、表面皿、称量瓶等。

（2）固定质量称量法（增量法）。固定质量称量法用于称量指定质量的是试剂或试样。如称量基准物质，来配置一定浓度和体积的标准溶液。此方法称量速度很慢，适用于称量不吸水，在空气中性质稳定，颗粒细小或粉末状样品，其操作过程如下：

① 调节零点。
② 准备一个干燥洁净的表面皿，放在电子天平称量盘中央，按下"TAR"去皮键，使屏幕显示为零。
③ 用药匙将试样慢慢加入盛放试样的表面皿或其他器皿中。直到屏幕显示 0.5000g，此时称得试剂的质量正好 0.5000g。重复操作三次，记录数据。

（3）减量称量法。取适量待称样品置于一洁净干燥的容器（称固体、粉状样品用称量瓶，称液体可用小滴瓶）中，在天平上准确称量后，转移出称量的样品置于实验器皿中，再次准确称量，两次称量读数之差，即所称样品的质量。如此重复操作，可连续称取若干份样品。该方法适于一般的颗粒状、粉状及液态样品的称量。由于称量瓶

视频1-4 固定质量称量法

和滴瓶都有磨口瓶塞，有利于称量易吸湿、氧化、挥发的试样。

称量瓶是减量称量粉末状、颗粒状样品最常用的容器。用前要洗净烘干或自然晾干，称量方法如下：

① 用小纸条夹住已干燥好的装有试样的称量瓶，在电子天平上称出其准确质量，记录为 m_1。

② 打开天平侧门用纸条套住称量瓶并取出。

视频 1-5　差减法称量

③ 在事先准备好的接收器上方，倾斜瓶身，打开瓶盖，用称量瓶盖轻敲瓶口上部，使试样慢慢落入接收器中，当倾出的试样接近所需量时，一边用瓶盖继续轻敲瓶口，一边将瓶身竖直，使黏附在瓶口上的试样落下回到瓶底（注意：切勿让试样撒出接收器外）。

④ 盖好称量瓶盖，把称量瓶放回天平托盘，再次准确称量其质量，记录为 m_2。

倾出试样的质量 m 为两次称量之差（$m_1 - m_2$）。

若敲出试样恰好在所需范围，记录此时的数据。若一次倾出的试样量不到所需量，可再次倾倒直到倾出试样质量满足要求（在欲称质量的 ±10% 以内为宜）后，再记录天平读数，但添加试样不得超过三次，否则应重称。若敲出试样重量超出上限 0.5g，需要弃去重称。如此操作称取三份试样分别于三个器皿中，记录实验数据。

操作时注意事项：

① 试样决不能洒落在秤盘上和天平内。

② 称好的试样必须定量的转入接收的容量瓶中。

③ 称量完毕后要仔细检查是否有试样洒落在天平箱的内外，必要时加以清除。

（4）液体样品的称量。液体样品的称量，根据不同样品的性质，有多种称量方法，其中主要有以下三种：

视频 1-6　液体的称量（滴瓶）

视频 1-7　安瓿球称量法

① 性质较稳定、不易挥发的样品可装在干燥的小滴瓶中用减量法称量，最好预先粗测每滴样品的大致质量。

② 较易挥发的样品可用增量法称量。如称量浓盐酸时，可先在 100mL 具塞锥形瓶中加入 20mL 水，准确称取后快速加入浓盐酸样品，立即盖上瓶塞，再进行准确称量，随后即可进行测定（例如用氢氧化钠滴定盐酸）。

③ 易挥发或与水作用强烈的样品需要采用特殊的方法进行称量。例如冰醋酸样品的称量，可用小称量瓶准确称量，然后连称量瓶一起放入已装有适量水的具塞锥形瓶，摇动使称量瓶盖打开，样品与水混合均匀后进行测定。发烟硫酸及硝酸样品一般采用直径约为 10mm、带毛细管的安瓿管称取。先准确称取空安瓿管，然后将球形部分经火焰微热后，迅速将其毛细管插入样品中，球泡冷却后可吸入 1~2mL 样品，注意勿将毛细管部分碰断。再用吸水纸将毛细管擦干并用火焰封住毛细管尖，准确称量后将安瓿管放入盛有适量试剂的具塞锥形瓶，摇碎安瓿球，若摇不碎可用玻璃棒击碎。断开的毛细管可用玻璃棒碾碎。待样品与试剂混合并冷却后即可进行测定。

学习小结

（1）电子天平是最新一代的天平，它是根据电磁力平衡原理，直接称量，全程不需要砝码，放上被测物质后，在几秒内达到平衡，直接显示读数，具有称量速度快、精度高的特点。

（2）用电子天平进行称量，根据不同的称量对象，需采用以下方法：①直接称量法；②固定质量称量法（增量法）；③减量称量法；④液体样品的称量。

拓展链接

热天平介绍

热天平（图1-2）是一种在程序控温条件下自动连续记录物质重量与温度（或时间）函数关系的仪器，由记录天平、天平加热炉、程序控温系统和记录仪构成，可用来研究材料的热稳定性和组分。

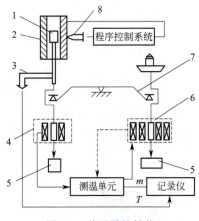

图 1-2　热天平的结构
1—试样支持器；2—炉子；3—测温热电偶；
4—传感器；5—平衡锤；6—阻尼和天平
复位器；7—天平；8—阻尼信号

热天平的基本原理是样品重量变化所引起的天平位移量转化成电磁量，这个微小的电量经过放大器放大后，送入记录仪记录；而电量的大小正比于样品的重量变化量。当被测物质在加热过程中有升华、汽化、分解出气体或失去结晶水时，被测的物质质量就会发生变化。这时热重曲线就不是直线而是有所下降。通过分析热重曲线，就可以知道被测物质在多少度时产生变化，并且根据失重量，可以计算失去了多少物质（如 $CuSO_4 \cdot 5H_2O$ 中的结晶水）。从热重曲线上我们就可以知道 $CuSO_4 \cdot 5H_2O$ 中的 5 个结晶水是分三步脱去的。（具体实验内容可参考学习情境七中微课 7-1 五水硫酸铜结晶水含量测定）

影响热天平测定结果的因素主要有仪器因素、实验条件、参数的选择、试样用量、粒度、热性质及装填方式等。可以研究晶体性质的变化，如熔化、蒸发、升华和吸附等物质的物理现象；研究物质的热稳定性、分解过程、脱水、解离、氧化、还原、成分的定量分析、添加剂与填充剂影响、水分与挥发物、反应动力学等化学现象。被广泛应用于塑料、橡胶、涂料、药品、催化剂、无机材料、金属材料与复合材料等各领域的研究开发、工艺优化与质量监控。

想一想

电子分析天平的称量方法、使用规则及注意事项。

练一练测一测

一、名词解释

1. 直接称量法
2. 固定质量称量法
3. 减量称量法

二、选择题

1. 钠着火引起的火灾种类属于（　　）火灾。
   A. D 类　　　　　　　B. C 类　　　　　　　C. B 类　　　　　　　D. A 类
2. 能用水扑灭的火灾种类是（　　）。
   A. 石油　　　　　　　B. 钠、钾等金属　　　C. 木材　　　　　　　D. 煤气
3. 下列中毒急救方法错误的是（　　）。
   A. 呼吸系统急性中毒，应使中毒者离开现场，使其呼吸新鲜空气或做抗休克处理
   B. H_2S 中毒立即进行洗胃，使之呕吐
   C. 误食重金属盐溶液立即洗胃，使之呕吐
   D. 皮肤、眼、鼻受有毒物质侵害时应用大量自来水冲洗
4. 实验室常用的铬酸洗液是由哪两种物质配成的（　　）。
   A. $K_2Cr_2O_7$ 和浓 H_2SO_4　　　　　　　　B. K_2CrO_4 和浓 HCl
   C. $K_2Cr_2O_7$ 和浓 HCl　　　　　　　　　　D. K_2CrO_4 和浓 H_2SO_4
5. 使用标准磨口仪器时错误的做法是（　　）。
   A. 磨口处一般都要涂润滑剂，防止磨口处被腐蚀　　　B. 磨口处必须洁净
   C. 安装时避免磨口连接歪斜　　　　　　　　　　　　D. 用后立即洗净
6. 制备好的试剂应储存于（　　）中。
   A. 广口瓶　　　　　　B. 烧杯　　　　　　　C. 称量瓶　　　　　　D. 干燥器
7. 打开浓盐酸、浓硝酸、浓氨水等试剂瓶时，应在（　　）中进行。
   A. 冷水浴　　　　　　B. 走廊　　　　　　　C. 通风橱　　　　　　D. 药品库
8. 下面有关废渣的处理正确的是（　　）。
   A. 毒性小、稳定、难溶的废渣可深埋地下　　　B. 汞盐沉淀残渣可用烘烤法回收汞
   C. 有机废渣可以倒掉　　　　　　　　　　　　D. AgCl 废渣可送回国家回收银部门
9. 实验室安全守则中规定，严禁任何（　　）入口或接触伤口，不能用（　　）代替餐具。
   A. 食品、烧杯　　　　B. 药品、玻璃器皿　　C. 药品、烧杯　　　　D. 食品、玻璃器皿
10. 化学烧伤中，酸的蚀伤应用大量的水冲洗，然后用（　　）冲洗，再用水冲洗。
    A. 0.3mol/L HAc 溶液　　　　　　　　B. 2% $NaHCO_3$ 溶液
    C. 0.3mol/L HCl 溶液　　　　　　　　D. 2% NaOH 溶液

三、判断题

1. 实验室中油类引起的火灾可用二氧化碳灭火器进行灭火。　　　　　　　　　　　　（　）
2. 普通分析用水的 pH 值应为 5.0~7.0。　　　　　　　　　　　　　　　　　　　　（　）
3. 水的电导率小于 10^{-6} S/cm 时，可满足一般化学分析要求。　　　　　　　　　　（　）
4. 分析用水的质量要求中，不用进行检验的指标是密度。　　　　　　　　　　　　　（　）
5. 原始记录数据应体现真实性、原始性、科学性，出现差错允许更改，而检验报告出现差错不能更改应重新填写。　　　　　　　　　　　　　　　　　　　　　　　　　　（　）
6. 化验室内可以用干净的器皿处理食物。　　　　　　　　　　　　　　　　　　　　（　）
7. 使用二氧化碳灭火器时，应注意勿顺风使用。　　　　　　　　　　　　　　　　　（　）
8. 灭火时必须根据火源类型选择合适的灭火器。　　　　　　　　　　　　　　　　　（　）
9. 药品储藏室最好向阳，以保证室内干燥、通风。　　　　　　　　　　　　　　　　（　）
10. 在实验室里，倾注和使用易燃、易爆物时，附近不得有明火。　　　　　　　　　（　）

任务三 化学分析常用玻璃器皿的洗涤及操作

任务要求

1. 了解分析化学常用玻璃仪器的规格、用途及使用注意事项。
2. 掌握滴定管、容量瓶、移液管的使用方法。
3. 掌握常用玻璃仪器的保管方法。

任务实施

☞ 工作准备

1. 仪器
① 容器类：洗瓶、试管、表面皿、锥形瓶、试剂瓶、滴瓶、称量瓶等。
② 量器类：量筒、吸量管、移液管、容量瓶、滴定管等。
③ 其他器皿：洗耳球、水浴锅、药匙、毛刷等。
④ 干燥设备：电热恒温干燥箱、电吹风机、气流烘干器等。
2. 试剂
铬酸洗液、肥皂水、盐酸、乙醇等。

☞ 工作过程

1. 认识各种仪器的名称和规格。
2. 玻璃仪器的洗涤和干燥。

一、玻璃仪器的洗涤

在滴定分析中容量瓶、移液管、滴定管等玻璃仪器是分析化学实验中必不可少的常用仪器，实验前后对玻璃仪器的洗涤是分析化学实验的必要环节，干净的玻璃仪器既是对实验室环境及实验者素质的展示，又是实验成功和数据准确的关键。正确和规范的使用滴定管、容量瓶和移液管等玻璃仪器对于获得准确的分析结果减少误差，具有很重要的意义，所以玻璃器皿在使用前必须洗净，一般要求内外壁被水均匀润湿而不挂水珠。

视频1-8 锥形瓶的洗涤

一般的器皿，如烧杯、量筒、锥形瓶、量杯等，可用毛刷蘸去污粉或合成洗涤剂刷洗，再用自来水洗净、蒸馏水润洗（本着"少量、多次"的原则）三次。对于滴定管、移液管、吸量管、容量瓶等，有精确刻度，为了避免容器内壁受损而影响测量的准确度，一般用0.2%~0.5%的合成洗涤剂或铬酸洗液浸泡几分钟（铬酸洗液收回），再用自来水洗净、蒸馏水润洗三次，不能用刷子刷洗。

常用洗涤剂有下列几种。

铬酸洗液：具有强酸性、强氧化性，对有机物、油污等的去污能力特别强。配制时，用10g $K_2Cr_2O_7$ + 20mL 水，加热搅拌溶解、冷却后慢慢加入200mL 浓硫酸即成。一般储存于玻璃瓶中。铬酸洗液有效时呈暗红色，失效时呈绿色。

碱性高锰酸钾洗涤液：用于洗涤油污及有机物。配制时，将 4g $KMnO_4$ 溶于少量水中，再缓缓加入 100mL 10% NaOH 溶液。

此外，还有有机溶剂洗涤剂等。

二、玻璃仪器的干燥

使用前根据不同的情况采用不同的方法。

（1）空气烘干，又叫风干：将洗净的仪器倒立放置在仪器架上，让其在空气中自然干燥。

（2）烤干：将仪器外壁擦干后用小火烘烤，烘烤时不停转动仪器，使其受热均匀，管口必须朝下倾斜，以免水珠倒流引起炸裂。

（3）烘干：将洗净的仪器放在烘箱中，控制温度在 105℃ 左右烘干，但不能用于精密度高的容量仪器烘干。

（4）吹干：用吹风机或玻璃仪器气流干燥器吹干。

一般带有刻度的仪器不得用明火或电炉加热的方法进行干燥，以免影响仪器的精密度。

三、滴定管、容量瓶、移液管等玻璃仪器的操作技术

在滴定分析中，常用滴定管、容量瓶和吸量管等仪器来准确测量溶液体积。溶液体积测量的准确度不仅取决于所用量器是否准确，更重要的是取决于准备和使用量器是否正确。因此，对于这类仪器的正确使用，将直接影响分析结果的准确性，下面分别介绍这些常用仪器的基本操作方法。

（一）滴定管

滴定管是滴定时用来准确测量所流出的标准溶液体积的量器，是滴定分析最基本的仪器之一，常用的滴定管有 50mL 和 25mL，最小刻度为 0.1mL，读数可估读到 0.01mL，一般读数误差为 ±0.02mL。滴定管一般分为两种：一种是酸式滴定管，另一种是碱式滴定管。

微课 1-5 滴定管的使用

酸式滴定管用来盛放酸性溶液及氧化性溶液，不宜盛放碱液，因磨口玻璃活塞会被碱液腐蚀，放置久了，活塞就打不开。碱式滴定管的下端连接一橡胶管，内放一玻璃珠，以控制溶液的流出，下面再连一尖嘴玻管，这种滴定管可盛放碱液及无氧化性溶液，而不能盛放与橡胶起反应的溶液，如 $K_2Cr_2O_7$ 等。

1. 滴定前的准备

首先要对滴定管做初步检查，酸式滴定管检查活塞是否转动灵活，是否漏水。碱式滴定管检查乳胶管径与玻璃球大小是否合适，乳胶管是否有孔洞、硬化等现象，若胶管已老化，玻璃珠过大（不易操作）或过小和不圆滑（漏水），应予以更换。

（1）洗涤。使用滴定管前先用自来水冲洗，再用少量蒸馏水荡洗 2~3 次，洗净后，管壁上不应附着有水珠；最后用少量待装溶液洗涤 2~3 次，溶液从滴定管下端放出，以除去管内残留水分。

（2）涂凡士林。酸式滴定管，为了使旋转活塞灵活而不漏水，必须给旋塞涂一层凡士林。

涂凡士林时，将活塞取出，用滤纸擦干活塞及活塞套，在活塞粗端和活塞套细端分别涂一层薄层凡士林，也可在玻璃活塞孔的两端涂上一层凡士林，小心不要涂在孔边上以防堵塞孔眼，然后将活塞放入活塞套内，沿一个方向旋转，直至透明为止，最后应在活塞末端套一

橡胶圈以防使用时将活塞顶出。

若活塞孔或玻璃尖嘴被凡士林堵塞时，可将滴定管充满水后，将活塞打开，用洗耳球在滴定管上部挤压、鼓气，一般可将凡士林排出，若还不能把凡士林排出，可将滴定管尖端插入热水中温热片刻，然后打开旋塞，此时管内的水突然流下，将软化的凡士林冲出，再重新涂油、试漏。

滴定管除无色的外，还有棕色的，用以盛放见光易分解或有色的溶液，如 $AgNO_3$、$Na_2S_2O_3$、$KMnO_4$ 等溶液。

（3）滴定剂的装入。将滴定剂加入滴定管中至刻度"0"以上，开启旋塞或挤压玻璃球，将滴定管下端的气泡逐出，然后把管内液面的位置调节到"0"刻度。管内若有气泡应将其排出。

排气时，对于酸式滴定管，可使溶液急速下流驱去气泡。对于碱式滴定管，可将橡皮管向上弯曲，并在稍高于玻璃珠所在处用两手指挤压，使溶液从尖嘴口喷出，气泡即被溶液挤出，如图1-3所示。

在装入标准溶液时，应直接倒入，不得借助其他容器（如烧杯、漏斗等），以免标准溶液浓度改变或造成污染。

2. 滴定管的操作

滴定开始前，先把悬挂在滴定管尖端的液滴除去。

图1-3 碱式滴定管排气方法

使用酸式滴定管时，用左手控制活塞，注意手心不要顶住活塞，以免将活塞顶住，造成漏液，右手持锥形瓶，边滴边摇，使溶液均匀混合，反应进行完全。临近滴定终点时，滴定速度应十分缓慢，应一滴一滴地加入，防止过量，并且用洗瓶挤入少量蒸馏水洗锥形瓶内壁，以免有残留的液滴未能参与反应，然后再加半滴，直至终点为止，如图1-4(a)所示。半滴的滴法是将滴定管活塞稍稍转动，使半滴溶液悬于管口，将锥形瓶内壁与管口接触，使溶液靠入锥形瓶中并用蒸馏水冲下，滴定操作最后，必须待液面完全稳定后，方可读数。

使用碱式滴定管时，左手拇指在前，食指在后，捏住乳胶管中的玻璃珠所在部位稍靠上处，向外侧捏挤乳胶管，使乳胶管和玻璃珠之间形成一条缝隙，溶液即可流出，但注意不能捏挤玻璃珠下方的乳胶管，否则空气进入形成气泡，如图1-4(b)所示。无论使

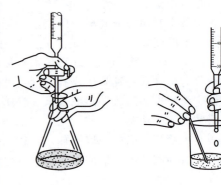

(a)酸式滴定管的操作　　　　(b)碱式滴定管的操作

图1-4 滴定管的操作

用哪种滴定管，都必须掌握三种加液方法：逐滴加入、加一滴、加半滴。

3. 滴定管读数

滴定管读数不准确是滴定分析误差的主要来源之一，应掌握正确的读数方法。滴定管读数应遵守下列原则：

（1）读数时，滴定管应保持垂直。

（2）读数时，眼睛视线与溶液弯月面下缘最低点应在同一水平面上，读出与弯月面相切的刻度，视线高于液面，读数偏低；视线低于液面，读数偏高。

（3）对于无色或浅色溶液，应读取弯月面的下缘的最低点，若溶

视频1-9　碱式滴定管使用

液颜色太深而不能观察到弯月面时,可读两侧最高点,也可用白色卡片作为背景,如图 1-5 所示。

(4) 读数必须读到小数点后两位,即要求估计到 0.01mL。滴定管上相邻两个刻度之间为 0.1mL。

(5) 每次滴定前将液面调节在"0.00"mL 刻度,由于滴定管的刻度不可能绝对均匀,所以在同一实验中,溶液的体积应控制在滴定管刻度的相同部位,这样由于刻度不准引起的误差可以抵消。

(6) 对于初学者可在滴定管后衬一读数卡,读数卡可用黑纸或涂有黑长方形的白纸制成,如图 1-6 所示。读数时,将读数卡紧贴在滴定管后,使黑色部分在弯月面下 1mm 处,此时即可看到弯月面的反射层呈现黑色,然后读此黑色弯月下缘的最低点。

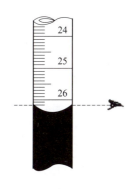

图 1-5　深色溶液的读数

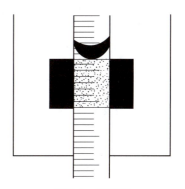

图 1-6　读数卡

(二) 容量瓶

视频 1-10　容量瓶的洗涤和试漏

视频 1-11　容量瓶的操作方法

容量瓶是细颈梨形平底玻璃瓶,由无色或棕色玻璃制成,带有磨口玻璃塞,颈上有一标线,瓶上标有它的体积和标定时的温度。

容量瓶主要是用来配制准确浓度的溶液或定量的稀释溶液。

常用的容量瓶有 50mL、250mL、500mL、1000mL 等多种规格。容量瓶常与移液管联合使用,容量瓶磨口塞需原配,不可在烘干箱中烘干。

1. 容量瓶使用前的检查

使用前要检查瓶口是否漏水。检查方法是,加入自来水至标线的附近,盖好瓶塞,瓶外水珠用布擦拭干净。左手按住瓶塞,右手拿住瓶底,颠倒 10 次左右(每次要停留在倒置状态 10s),观察瓶塞周围是否有水渗出。如果不漏,将瓶直立,把瓶塞转动约 180°后,再检查一次,合格后用橡皮筋将瓶塞系在瓶颈上,以防摔碎或与其他瓶塞弄混。

2. 容量瓶的洗涤

用铬酸洗液清洗内壁,然后用自来水和蒸馏水洗净。

3. 容量瓶的操作方法

用固体物质（基准物质或被测样品）配制溶液时，先将固体物质在烧杯中溶解后，再将溶液转移至容量瓶中。转移时，要使玻璃棒的下端靠近瓶颈内壁，使溶液沿玻璃棒缓缓流入瓶中，如图1-7所示，溶液全部流完后将烧杯沿玻璃棒上移，同时直立，使附着在玻璃棒与烧杯之间的溶液流回烧杯中。然后用蒸馏水洗涤烧杯及玻璃棒2～3次，洗涤液一并转入容量瓶。然后用蒸馏水稀释至容积3/4处，摇动容量瓶（不要盖瓶塞，不能颠倒，水平转动摇匀），使溶液混合均匀，继续加蒸馏水至距离刻度线1～2cm时，等待1～2min时，再用滴管慢慢滴加，直至溶液的弯月面最低点与标线上缘相切为止，塞紧瓶塞，用左手食指按住瓶塞，右手拿住瓶底将容量瓶倒转15～20次直到溶液混匀为止，如图1-8所示。

图1-7 转移溶液至容量瓶

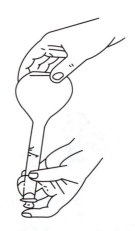

图1-8 检查漏水及混匀溶液操作

浓溶液的定量稀释，用移液管吸取一定体积的浓溶液移入容量瓶中，按上述方法稀释至标线，摇匀。

需避光的溶液应使用棕色容量瓶配制，热溶液冷却至室温后，才能转入容量瓶否则会造成体积误差。

容量瓶不能长期存放溶液，不可将容量瓶作为试剂瓶使用，尤其是碱性溶液会侵蚀瓶塞，使之无法打开。也不能用火直接加热及烘烤。使用完毕后应立即洗净。如长时间不用，磨口处应洗净擦干，并用纸片将磨口隔开。

（三）移液管和吸量管

移液管是用于准确移取一定体积溶液的量出式玻璃器皿。通常有两种形状，一种移液管中间有膨大部分，称为胖肚移液管，管径上部刻有一标线，用来控制所吸取溶液的体积。常用的有5mL、10mL、20mL、25mL、50mL等规格。由于读数部分管径小，其准确性高。另一种是直形的，管上有分刻度，称为吸量管。移液管的使用方法如下：

微课1-6 移液管的使用

1. 洗涤

移液管在使用前应洗净。通常先用自来水，再用铬酸洗液洗涤，再依次用自来水、蒸馏水润洗干净。

2. 移液管的润洗

使用时，应先用滤纸将尖端内外的水吸净，否则会因水滴引入改变溶液的浓度。然后，用少量所要移取的溶液，将移液管润洗 2～3 次，以保证移取的溶液浓度不变。润洗的方法是先从试剂瓶中倒出少许溶液至一干燥的小烧杯中，然后用左手持洗耳球，将食指或拇指放在洗耳球的上方，其余手指自然地握住洗耳球，用右手的拇指和中指拿住移液管或吸量管标线以上的部分，无名指和小指辅助拿住移液管，将管尖伸入小烧杯的溶液或洗液中吸取，待吸液吸至球部的 1/4～1/3 处（注意，勿使溶液流回，即溶液只能上升不能下降，以免稀释溶液）时，立即用右手食指按住管口并移出。

视频 1-12　移液管的洗涤

将移液管横过来，用两手的拇指及食指分别拿住移液管的两端，边转动边使移液管中的溶液浸润内壁，当溶液流至标度刻线以上且距上口 2～3cm 时，将移液管直立，使溶液由尖嘴放出、弃去。如此反复润洗 2～3 次。润洗这一步骤很重要，可以保证使移液管的内壁及有关部位与待吸溶液处于同一浓度。吸量管的润洗操作与此相同。

3. 移取溶液

移液管经润洗后，移取溶液时，将移液管直接插入待吸液面下约 1～2cm 处。管尖不应伸入太浅，以免液面下降后造成吸空；也不应伸入太深，以免移液管外部附有过多的溶液。吸液时，应注意容器中液面和管尖的位置，应使管尖随液面下降而下降。当洗耳球慢慢放松时，管中的液面徐徐上升，当液面上升至标线以上 5mm（不可过高、过低）时，迅速移去洗耳球。与此同时，用右手食指堵住管口，并将移液管往上提起，使之离开小烧杯，用吸水纸擦拭管的下端原伸入溶液的部分，以除去管壁上的溶液。

视频 1-13　移液管移取溶液

左手改拿一干净的小烧杯，然后使烧杯倾斜成 30°，其内壁与移液管尖紧贴，停留 30s 后右手食指微微松动，使液面缓慢下降，直到视线平视时弯月面与标线相切，这时立即将食指按紧管口。移开小烧杯，左手改拿接收溶液的容器，并将接收容器倾斜，使内壁紧贴移液管尖，成 30°左右。然后放松右手食指，使溶液自然地顺壁流下，如图 1-9 所示。待液面下到管尖后，等 15s 左右，移出移液管。这时，尚可见管尖部位仍留有少量溶液，对此，除特别注明"吹"字的以外，一般管尖部位留存的溶液是不能吹入接收容器中的，因为在工厂生产检定移液管时是没有把这部分体积算进去的。但必须指出，由于一些管口尖部做得不够圆滑，因此可能会由于随靠接收容器内壁的管尖部位不同而留存在管尖部位的体积有大小的变化，为此，可在等 15s 后，将管身往左右旋动一下，这样管尖部分每次留存的体积将会基本相同，不会导致平行测定时的过大误差。

图 1-9　吸量管放出溶液操作

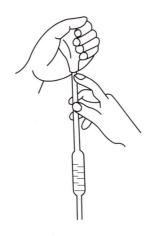

图 1-10　吸量管吸取溶液操作

用吸量管吸取溶液时，大体与上述操作相同。但吸量管上常标有"吹"字，特别是1mL以下的吸量管尤其是如此，对此，要特别注意。同时，吸量管中，如图1-10的形式，它的分度刻到离管尖尚差1～2cm，放出溶液时也应注意。实验中，要尽量使用同一支吸量管，以免带来误差。

移液管、吸量管使用后，应洗净放在移液管架上。移液管和吸量管都不能放在烘箱中烘烤，以免引起容积变化而影响测量的准确度。

学习小结

（1）一般的器皿，如烧杯、量筒、锥形瓶、量杯等，可用毛刷蘸去污粉或合成洗涤剂刷洗，再用自来水洗净、蒸馏水润洗（本着"少量、多次"的原则）三次。

（2）对于滴定管、移液管、吸量管、容量瓶等，有精确刻度，为了避免容器内壁受损而影响测量的准确度，一般用0.2%～0.5%的合成洗涤剂或铬酸洗液浸泡几分钟（铬酸洗液收回），再用自来水洗净、蒸馏水润洗三次，不能用刷子刷洗。

（3）滴定管是滴定时用来准确测量所流出的标准溶液体积的量器，是滴定分析最基本的仪器之一，常用的滴定管有50mL和25mL，最小刻度为0.1mL，读数可估读到0.01mL，一般读数误差为±0.02mL。滴定管一般分为两种：一种是酸式滴定管，另一种是碱式滴定管。

（4）容量瓶是细颈梨形平底玻璃瓶，由无色或棕色玻璃制成，带有磨口玻璃塞，颈上有一标线，瓶上标有它的体积和标定时的温度。容量瓶主要是用来配制准确浓度的溶液或定量的稀释溶液。常用的容量瓶有50mL、250mL、500mL、1000mL等多种规格。

（5）移液管是用于准确移取一定体积溶液的量出式玻璃器皿。通常有两种形状，一种移液管中间有膨大部分，称为胖肚移液管，管径上部刻有一标线，用来控制所吸取溶液的体积。常用的有5mL、10mL、20mL、25mL、50mL等规格。由于读数部分管径小，其准确性高。另一种是直形的，管上有分刻度，称为吸量管。

想一想

分析化学常用玻璃仪器的规格、用途及使用注意事项。

练一练测一测

一、名词解释

1. 铬酸洗液
2. 碱性高锰酸钾洗涤液

二、选择题

1. 下列不宜加热的仪器是（　　）。
   A. 试管　　　　　　B. 坩埚　　　　　　C. 蒸发皿　　　　　　D. 移液管
2. 下列容量瓶使用方法不正确的是（　　）。
   A. 使用前应检查是否漏水　　　　　　B. 瓶塞与其应配套使用
   C. 使用前在烘箱中烘干　　　　　　　D. 容量瓶不宜代替试剂瓶使用
3. 控制碱式滴定管正确的操作方法是（　　）。
   A. 左手捏挤于玻璃珠上方胶管　　　　B. 左手捏挤于玻璃珠稍靠下处
   C. 左手捏挤于玻璃珠稍靠上处　　　　D. 右手捏挤于玻璃珠稍靠上处
4. 进行滴定时，事先不应该用所盛溶液润洗的仪器是（　　）。

A. 酸式滴定管　　　　B. 碱式滴定管　　　　C. 锥形瓶　　　　D. 移液管
5. 放出移液管中的溶液时，当液面降至管尖后，应等待（　　）。
A. 5s　　　　　　　B. 10s　　　　　　　C. 15s　　　　　　D. 30s
6. 容量瓶的用途为（　　）。
A. 储存标准溶液　　　　　　　　B. 取一定体积的溶液
C. 装某溶液　　　　　　　　　　D. 取准确体积的浓溶液稀释为准确体积的稀溶液
7. 准确量取 25.00mL 高锰酸钾溶液，可选择的仪器是（　　）。
A. 50mL 量筒　　　　　　　　　B. 10mL 量筒
C. 50mL 酸式滴定管　　　　　　D. 50mL 碱式滴定管
8. 使用吸量管时，以下操作正确的是（　　）。
A. 将洗耳球紧接在管口上方再排出其中的空气
B. 将润洗溶液从上口放出
C. 放出溶液时，使管尖与容器内壁紧贴，且保持管垂直
D. 深色溶液按弯月面上缘读数
9. 下列对天平室条件叙述错误的是（　　）。
A. 避光、清洁、窗户朝南　　　　B. 防震、防腐蚀
C. 温度控制在 20～24℃　　　　　D. 湿度保持在 65%～75%
10. 使用分析天平时，增减砝码和取放称量物必须关闭天平，这是为了（　　）。
A. 防止天平盘的摆动　　　　　　B. 减少玛瑙刀口的磨损
C. 增加天平的稳定性　　　　　　D. 加快称量速度

三、判断题

1. 锥形瓶可以用去污粉直接刷洗。　　　　　　　　　　　　　　　　　（　）
2. 实验室所用的玻璃仪器都要经过国家计量基准器具鉴定。　　　　　　（　）
3. 电子天平每次使用前，都应进行校正。　　　　　　　　　　　　　　（　）
4. 不可以用玻璃瓶盛装碱液，但可以盛装除氢氟酸以外的酸溶液。　　　（　）
5. 进行滴定操作前，要将滴定管尖处的液滴靠进锥形瓶中。　　　　　　（　）
6. 滴定管、容量瓶、移液管在使用前都需要用试剂溶液进行润洗。　　　（　）
7. 移液管移取溶液经过转移后，残留于移液管管尖处的溶液应该用洗耳球吹入容器中。
　　　　　　　　　　　　　　　　　　　　　　　　　　　　　　　　（　）

任务四　滴定分析仪器的校准

🔥 任务要求

1. 熟悉滴定分析仪器的允差范围。
2. 掌握滴定分析仪器的误差来源及校准方法。

🔥 任务实施

☞ 工作准备

1. 仪器

滴定管、容量瓶、移液管、锥形瓶、温度计、分析天平。

2. 试剂

蒸馏水。

☞ 工作过程

1. 滴定管的校准（称量法）

（1）取已洗净且干燥的 50mL 磨口锥形瓶，在分析天平上称其质量，准确至小数点后两位数字。

（2）将 50mL 滴定管洗净，装入已测温度的水。

（3）将滴定管的液面调节至 0.00 刻度处。按滴定时常用速度将水放入已称重的锥形瓶中，使其体积至 10mL 左右时盖紧瓶塞，用分析天平称其质量准确至 0.00g。用上述方法继续校正，直至放出 50mL 水。

（4）前后两次质量之差，即为放出的水的质量，记录称量水的质量，并计算出滴定管各部分的实际容积，最后求其校正值。

（5）重复校正一次。两次校正所得同一刻度的体积相差不应大于 0.01mL，求其平均值。

在水温 25℃时校准 50mL 滴定管的实验数据列于表 1-10。

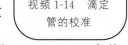

视频 1-14 滴定管的校准

表 1-10 在水温 25℃时校准 50mL 滴定管的实验数据

滴定管读数/mL	读出的总容积/mL	瓶与水的质量/g	总水重/g	总实际容积/mL	总校准值/mL

2. 移液管和容量瓶的相对校准

将 25mL 移液管和 250mL 容量瓶洗净晾干，然后用 25mL 移液管移取蒸馏水于 250mL 容量瓶中，到第 10 次后，观察液面最低点是否与标线相切。若不相切，重新作一记号为标线，然后实验中，此容量瓶与该移液管要相配使用，并以新记号作为容量瓶的标线。

微课 1-7 移液管的校准

一、容量仪器的允差

国家规定的容量仪器容量允差见表 1-11（摘自国家标准 GB/T 12805—2011、GB/T 12806—2011、GB/T 12808—2011 等）。

表 1-11 国家规定的容量仪器容量允差

滴定管			移液管			容量瓶		
容积/mL	容量允差(±)/mL		容积/mL	容量允差(±)/mL		容积/mL	容量允差(±)/mL	
	A	B		A	B		A	B
5	±0.010	±0.020	1	±0.007	±0.015	1	±0.010	±0.020
10	±0.025	±0.050	2	±0.010	±0.020	25	±0.03	±0.06
25	±0.04	±0.08	5	±0.015	±0.030	50	±0.05	±0.10

续表

滴定管			移液管			容量瓶		
容积/mL	容量允差(±)/mL		容积/mL	容量允差(±)/mL		容积/mL	容量允差(±)/mL	
	A	B		A	B		A	B
50	±0.05	±0.10	10	±0.020	±0.040	100	±0.10	±0.20
100	±0.10	±0.20	25	±0.030	±0.060	250	±0.15	±0.30
			50	±0.050	±0.100	500	±0.25	±0.50
			100	±0.080	±0.160	1000	±0.40	±0.80

二、容量仪器的校准方法

在实际分析工作中对滴定管、容量瓶和移液管的校准，通常采用绝对校准和相对校准两种办法。

（一）绝对校准法（称量法）

1. 原理

分别称量量入式或量出式玻璃器中水的表观质量，再根据该温度下水的密度，计算出该玻璃器皿在20℃时的容量。

绝对校准即测定容量仪器的实际容积，常采用称量法，用分析天平称量容量仪器中所容纳或放出的水的质量，再根据该温度下纯水的密度 ρ_t，将水的质量换算成体积的方法。其换算公式为：

$$V_t = \frac{m_t}{\rho_t}$$

式中　V_t——t℃时水的体积，mL；

　　　m_t——t℃时在空气中称得水的质量，g；

　　　ρ_t——t℃时在空气中称得水的密度，g/mL。

测量体积的基本单位是"升（L）"，1L是指在真空中质量为1kg的纯水，在3.98℃时所占的体积。滴定分析中常用"毫升（mL）"作为基本单位，即在3.98℃时，1mL纯水在真空中的质量为1.000g。如果校正工作不可能在真空环境中称量，也不可能在3.98℃时进行分析测定，而是在空气中称量，在室温下进行分析测定。国产的分析仪器，其体积都是在以20℃为标准温度进行标定的。如一个标有20℃，体积为1L的仪器容量瓶，表示在20℃时，它的体积为1L，即真空中1kg纯水在3.98℃时所占有的体积。

由于称量是在空气中进行的，所以将称出的纯水质量换算成体积时，必须考虑下列三种因素的影响：

① 水的密度随温度而改变。水在3.98℃的真空中相对密度为1，高于或低于此温度，其相对密度均小于1。

② 空气浮力对称量水质量的影响。校准时，在空气中称量，由于空气浮力的影响，水在空气中称得的质量必须小于在真空中称得的质量，此减轻的质量应加以校准。

③ 温度对玻璃仪器热胀冷缩的影响。温度改变时，因玻璃膨胀或收缩，容量器皿的容积也随之改变。因此，在不同的温度校准时，必须以标准温度为基础加以校准。

在一定温度下，上述三种因素的校准值是一定的，所以可将其合并为一个总的校准量。此值表示在20℃时玻璃容器中，1mL纯水在不同温度下，于空气中用黄铜砝码称得的质量列于表1-12中。

表 1-12　不同温度下 1mL 纯水在空气中的质量（用黄铜砝码称量）

温度/℃	质量/g	温度/℃	质量/g	温度/℃	质量/g
10	0.99839	17	0.99765	24	0.99638
11	0.99832	18	0.99751	25	0.99617
12	0.99823	19	0.99734	26	0.99593
13	0.99814	20	0.99718	27	0.99569
14	0.99804	21	0.99700	28	0.99544
15	0.99793	22	0.99680	29	0.99518
16	0.99780	23	0.99660	30	0.99491

利用此值可将不同温度下水的质量换算成 20℃时的体积，换算公式为：

$$V_{20} = \frac{m_t}{\rho_t}$$

式中　m_t——t℃时在空气中用砝码称得玻璃仪器中放出或装入的纯水的质量，g；

ρ_t——1mL 纯水在 t℃时用黄铜砝码称得的质量，g；

V_{20}——20℃时水的实际体积，mL。

2. 滴定管校准

(1) 取已洗净且干燥的 50mL 磨口锥形瓶，在分析天平上称其质量，准确至小数点后两位数字。

(2) 将 50mL 滴定管洗净，并向滴定管中装入与室温达平衡的蒸馏水。

(3) 将滴定管的液面调节至 0.00 刻度处。按滴定时常用速度（每秒 3 滴）将一定体积的蒸馏水放入已称重的锥形瓶中，注意勿将水沾到瓶口上，盖紧瓶塞，用分析天平称其质量准确至 0.00g。

(4) 两次质量之差即为滴定管放出水的质量。测定水温后从表 1-12 中查出该温度下的质量，并计算该体积下滴定管的实际容积。

(5) 重复检定一次，两次检定所得同一刻度的体积相差不应大于 0.01mL（至少检定两次），算出各个体积处的校准值（两次平均），以滴定管读数为横坐标，校准值为纵坐标，用直线连接各点，绘出校准曲线。

一般 50mL 滴定管每 10mL 测得一个校准值，25mL 滴定管每隔 5mL 测得一个校准值，3mL 微量滴定管每隔 0.5mL 测得一个校准值。

【例 1-1】　校准滴定管时，在 21℃时由滴定管中放出 0.00～10.03mL 水，称其质量为 9.981g，计算该段滴定管在 20℃时的实际体积及校准值。

解　查表 1-12 得，21℃时 $\rho_{21} = 0.99700$g/mL

$$V_{20} = 9.981/0.99700 = 10.01\text{mL}$$

因此，该滴定管在 20℃时的实际体积 10.01mL

体积校准值 $\Delta V = 10.01 - 10.03 = -0.02$mL

该段滴定管在 20℃时的体积校准值为 -0.02mL。

3. 容量瓶校准

将洗涤合格并倒置沥干的容量瓶放在天平上称量。取蒸馏水充入已称重的容量瓶中至刻度（注意容量瓶的瓶颈壁不得沾水），称量并测水温（准确至 0.5℃）。根据该温度下的密度，计算真实体积。

【例 1-2】　15℃时，称得 250mL 容量瓶中至刻度线时容纳纯水的质量为 249.520g，计算该容量瓶在20℃时的校准值是多少？

解 查表1-12得，15℃时 $\rho_{15}=0.99793$g/mL

$$V_{20}=249.520/0.99793=250.04\text{mL}$$

体积校准值 $\Delta V=250.04-250.00=+0.04\text{mL}$

该容量瓶在20℃时的校准值为 $+0.04\text{mL}$。

4. 移液管校准

移液管洗净至内壁不挂水珠，按移液管使用方法吸取已测温度的纯水，放入已称重的锥形瓶中，在分析天平上称量水的锥形瓶，根据水的质量计算在实验室温度下移液管的实际体积。重复校准一次，两次校准值之差不得超过0.02mL，否则重新校准。

【例1-3】 24℃时，称得25mL移液管中至刻度线时放出纯水的质量为24.902g，计算该移液管在20℃时的真实体积及校准值。

解 查表1-12得，24℃时 $\rho_{24}=0.99638$g/mL

$$V_{20}=24.902/0.99638=24.99\text{mL}$$

该移液管在20℃时的实际体积24.99mL

体积校准值 $\Delta V=24.99-25.00=-0.01\text{mL}$

该移液管在20℃时的校准值为 -0.01mL。

（二）相对校准法

相对校准法是相对比较两容器所盛液体体积的比例关系。在定量分析中，许多实验需要用容量瓶配制溶液，再用移液管移取一定比例的试样供测试用。为了保证移出的试样比例准确，就必须进行容量瓶与移液管的相对校准。因此，当两种容量仪器平行使用时，则它们之间的容积比例是否正确，比校准它们的绝对容积更为重要。如用25mL移液管从250mL容量瓶中移出的体积是否是容量瓶体积的1/10，一般只需要做容量瓶与移液管的相对校准就可以了。

例如，用已校准的25mL移液管移取蒸馏水于干净且干燥的250mL容量瓶中，平行移取10次，观察容量瓶的水的弯月面下缘是否刚好与标线上缘相切，这种校正方法称为相对校正法。若正好相切，说明移液管与容量瓶的体积比例为1∶10；若不相切，说明有误差，记下弯液面位置，待容量瓶沥干后再校准一次；连续两次相符后，用一平直的窄纸条贴在与弯月液面相切处，并在纸条上刷蜡或贴胶布来保护标记。经过相互校准后的移液管与容量瓶应配套使用。

在分析工作中，滴定管一般采用绝对校准法，对于配套使用的移液管和容量瓶，可采用相对校准法；用作取样的移液管，则必须采用绝对校准法。绝对校准法准确，但操作比较麻烦；相对校准法操作简单，但必须配套使用。

三、溶液体积的校准

滴定分析仪器上标示的数值都是在20℃时的容积，而在实际生产中，温度是不断变化的，当温度不是20℃时，会引起仪器容积和液体体积的变化，如果在某一温度下配制溶液，并在同一温度下使用，就不必校准，因为这时所引起的误差在计算时可以抵消。如果在不同温度下使用，则需要校准。当温度变化不大时，玻璃容器变化数值很小，可以忽略不计，但溶液体积变化则不能忽略。溶液体积变化是由于溶液密度的变化所致，稀溶液密度的变化和水相近。表1-13列出在不同温度下1000mL水或稀溶液换算成20℃时，其体积的补正值。

表 1-13　不同温度下标准溶液的体积的补正值（1000mL 水或溶液由 t℃换算为 20℃时的补正值）/(mL/L)

温度/℃ 标准溶液	水和 0.05mol/L 以下的各种 水溶液	0.1mol/L 和 0.2mol/L 的 各种水溶液	盐酸溶液 $c_{HCl}=$ 0.5mol/L	盐酸溶液 $c_{HCl}=$ 1mol/L	硫酸溶液 $c_{1/2H_2SO_4}=$ 0.5mol/L,氢氧化钠 $c_{NaOH}=0.5$mol/L	硫酸溶液 $c_{1/2H_2SO_4}=1$mol/L, 氢氧化钠 $c_{NaOH}=1$mol/L
5	+1.38	+1.7	+1.9	+2.3	+2.4	+3.6
6	+1.38	+1.7	+1.9	+2.2	+2.3	+3.4
7	+1.36	+1.6	+1.8	+2.2	+2.2	+3.2
8	+1.33	+1.6	+1.8	+2.1	+2.2	+3.0
9	+1.29	+1.5	+1.7	+2.0	+2.1	+2.7
10	+1.23	+1.5	+1.6	+1.9	+2.0	+2.5
11	+1.17	+1.4	+1.5	+1.8	+1.8	+2.3
12	+1.10	+1.3	+1.4	+1.6	+1.7	+2.0
13	+0.09	+1.1	+1.2	+1.4	+1.5	+1.8
14	+0.88	+1.0	+1.1	+1.2	+1.3	+1.6
15	+0.77	+0.9	+0.9	+1.0	+1.1	+1.3
16	+0.64	+0.7	+0.8	+0.8	+0.9	+1.1
17	+0.50	+0.6	+0.6	+0.6	+0.7	+0.8
18	+0.34	+0.4	+0.4	+0.4	+0.5	+0.6
19	+0.18	+0.2	+0.2	+0.2	+0.2	+0.3
20	+0.00	0.00	0.00	0.00	0.00	0.00
21	−0.18	−0.2	−0.2	−0.2	−0.2	−0.3
22	−0.38	−0.4	−0.4	−0.5	−0.5	−0.6
23	−0.58	−0.6	−0.7	−0.7	−0.8	−0.9
24	−0.80	−0.9	−0.9	−1.0	−1.0	−1.2
25	−1.03	−1.1	−1.1	−1.2	−1.3	−1.5
26	−1.26	−1.4	−1.4	−1.4	−1.5	−1.8
27	1.51	−1.7	−1.7	−1.7	−1.8	−2.1
28	−1.76	−2.0	−2.0	−2.0	−2.1	−2.4
29	−2.01	−2.3	−2.3	−2.3	−2.4	−2.8
30	−2.30	−2.5	−2.5	−2.6	−2.8	−3.2
31	−2.58	−2.7	−2.7	−2.9	−3.1	−3.5
32	−2.86	−3.0	−3.0	−3.2	−3.4	−3.9
33	−3.04	−3.2	−3.3	−3.5	−3.7	−4.2
34	−3.47	−3.7	−3.6	−3.8	−4.1	−4.6
35	−3.78	−4.0	−4.0	−4.1	−4.4	−5.0
36	−4.10	−4.3	−4.3	−4.4	−4.7	−5.3

注：1. 本表数值是以 20℃为标准温度，用实测法测出。
2. 表中带有"+""−"号的数值是以 20℃为分界。室温低于 20℃的补正值均为"+"，高于 20℃的补正值均为"−"。

【例 1-4】 在 10℃时，滴定用去 26.00mL 0.1mol/L 标准溶液，计算在 20℃时该溶液的体积。

解　查表 1-13 得，10℃时 0.1mol/L 标准溶液的补正值为+1.5，则在 20℃时该溶液的体积为：

$$26.00+\frac{1.5}{1000}\times 26.00=26.04\text{mL}$$

学习小结

(1) 在实际分析工作中对滴定管、容量瓶和移液管的校准，通常采用绝对校准和相对校准两种办法。

(2) 绝对校准法为称量量入式或量出式玻璃器中水的表观质量，再根据该温度下水的密度，计算出该玻璃器皿在20℃时的容量。

(3) 相对校准法是相对比较两容器所盛液体体积的比例关系。

想一想

分析化学实验中常用玻璃仪器的误差来源都有哪些？要采用怎样的校准方法？

练一练测一测

名词解释

1. 绝对校准法
2. 相对校准法

知识要点

一、认识化学分析实验室

1. 化学分析实验目的及要求

化学分析实验的目的是巩固和加深学生对分析化学基本概念和基本理论的理解，使学生正确熟练地掌握化学分析的基本操作和技能，学会正确合理地选择实验条件和实验仪器，仔细观察实验现象和进行实验记录，正确处理实验数据和表达实验结果。

2. 实验室基本安全知识

熟悉实验室安全规则和消防常识，重视安全操作，学会对意外事故的处理方法非常重要。

3. 分析用水一般知识

(1) 化学分析实验室用水不同于一般生活用水，有相应的国家标准，具有一定的级别。不同的分析方法，要求使用不同级别的分析实验用水。

(2) 分析实验用水规格

一级水：基本不含溶解或胶态离子杂质及有机物。二级水：可含有微量的无机、有机或胶态杂质。三级水：最常用的纯水。

(3) 分析实验用水制备方法：蒸馏法；离子交换法；电渗析法；反渗透法。

4. 化学试剂的规格及分类

(1) 化学试剂的分类：标准试剂、一般试剂、高纯试剂、专用试剂。

(2) 化学试剂的选用原则：在满足实验要求的前提下，选择试剂的级别应就低不就高，这样既不会超级别造成浪费，又不会随意降低试剂级别而影响分析结果。

(3) 化学试剂的保管：化学试剂一般存放在通风、干净和干燥的环境中，要远离火源、并防止水分、灰尘和其他物质污染。

5. 分析人员的环保意识

(1) 了解化学物质的性质，正确使用和储存。

(2) 及时了解有毒化学药品新的名单及危害分级。

(3) 对实验室的"三废"进行简单的无害化处理。

二、电子分析天平操作

1. 分析天平的分类

根据天平的构造、使用目的、分度值大小、精度等级以及平衡原理等有不同的分类。

2. 电子天平的结构

电子天平是根据电磁力平衡原理,直接称量。放上被测物质后,在几秒内达到平衡,直接显示读数,具有称量速度快、精度高的特点。同时电子天平还具有自动校正、自动去皮、超载指示、故障报警等功能。

3. 电子天平的称量方法

根据不同的称量对象,可采用多种方法:直接称量法;固定质量称量法(增量法);减量称量法;液体样品称量。

三、化学分析常用玻璃器皿的洗涤及操作

1. 玻璃仪器的洗涤

一般的器皿,如烧杯、量筒、锥形瓶、量杯等,可用毛刷蘸去污粉或合成洗涤剂刷洗,再用自来水洗净、蒸馏水润洗(本着"少量、多次"的原则)三次。对于滴定管、移液管、吸量管、容量瓶等有精确刻度,为了避免容器内壁受损而影响测量的准确度,一般用 $0.2\%\sim0.5\%$ 的合成洗涤剂或铬酸洗液浸泡几分钟(铬酸洗液收回),再用自来水洗净、蒸馏水润洗三次,不能用刷子刷洗。

2. 玻璃仪器的干燥

玻璃仪器的干燥方法包括:风干;烤干;烘干;吹干。

3. 滴定管、容量瓶、移液管等玻璃仪器的操作规范

(1)滴定管:检查、试漏、洗涤、待装液润洗、赶气泡、调零、滴定、读数。

(2)容量瓶:检查、试漏、洗涤、定量转移、初步摇匀、定容、摇匀。

(3)移液管:检查、试漏、洗涤、待装液润洗、吸取溶液、调刻线、放溶液。

四、滴定分析仪器的校准

(1)绝对校准法(称量法)即测定容量仪器的实际容积,常采用称量法。用分析天平称量容量仪器中所容纳或放出的水的质量,再根据该温度下纯水的密度,将水的质量换算成体积的方法。

(2)相对校准法是相对比较两容器所盛液体体积的比例关系。

(3)在分析工作中,滴定管一般采用绝对校准法。对于配套使用的移液管和容量瓶,可采用相对校准法;用作取样的移液管,则必须采用绝对校准法。绝对校准法准确,但操作比较麻烦;相对校准法操作简单,但必须配套使用。

学习情境二
滴定分析

学习引导

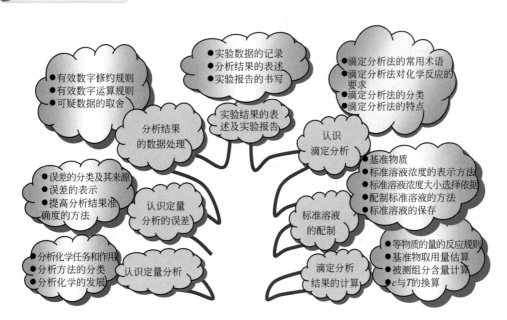

滴定分析知识树

任务一　认识定量分析

任务要求

1. 了解分析化学的任务和作用。
2. 掌握分析方法的分类。
3. 了解分析化学的发展。

相关知识

分析化学是人们认识、了解和探索物质世界的一把金钥匙，是一门人们获得物质的组成、含量和结构形态等信息的科学，而这些信息对于药品、食品、精细化学品和材料等产品的生产管理、质量监控和科学研究上都是必不可少的，是人们进行生命科学、材料科学、环境科学和能源科学等研究的基础。因此，分析化学被称为科学技术的眼睛，是化学及相关专业非常重要的一门基础课程。

一、分析化学的任务和作用

分析化学（analytical chemistry）是一门关于研究物质的组成、含量、结构和形态等化学信息的分析方法及理论的科学。欧洲化学联合会的分析化学部将分析化学定义为"建立和应用各种方法、仪器和策略获取有关物质在空间和时间方面的组成和性质信息的科学"。

分析化学的任务就是采用各种方法和手段、获取分析数据、确定物质体系的化学组成、测定其中有关成分的含量和鉴定体系中物质的结构和形态、解决关于物质体系构成及其性质的问题。因此，分析化学要回答"物质世界是如何组成的"这样一个问题。

分析化学在国民经济的发展，国防力量的壮大，自然资源的开发及科学技术的进步等各方面的作用是举足轻重的。

分析化学作为化学学科的一个重要分支，对化学学科本身的发展有着突出的贡献。化学学科中元素的发现、相对原子量的测定、元素周期律的建立、许多化学定理和理论的发现及确证都有分析化学的贡献。分析化学在现代化学的各个领域有着更加至关重要的作用。例如，化学家为了研究化学反应的机制，需要对反应物和产物进行周期性的定量测定；化学家和生物化学家进行科学研究时，需要获得所研究体系的定性和定量信息。

在科学技术方面，分析化学的作用已远远超过化学领域，在生命科学、材料科学、环境科学、资源和能源科学等众多领域，都需要知道物质的组成、含量、结构和形态等各种信息。例如，高新技术对材料的要求，不仅需要掌握其痕量杂质元素组成的变化，而且还要了解元素及其形态的空间分布。因此，分析化学实际上已经成为"从事科学研究的科学"。

在经济建设方面，分析化学的应用非常广泛。例如，从工业原料的选择、工艺流程的控制直至成品质量检测；从土壤成分、化肥、农药到作物生长过程的研究；从武器装备的生产和研制到刑事犯罪活动的侦破；从资源勘探、矿山开发到三废的处理和综合利用，无不依赖分析化学的配合。

总之，分析化学与很多学科息息相关，其应用范围涉及经济和社会发展的各个方面。当代科学技术和经济建设及社会发展向分析化学提出了严峻的挑战，也为分析化学的发展创造了良好的机遇，拓展了分析化学的研究领域。

二、分析方法的分类

分析化学的方法可根据分析任务、分析对象、测定原理、操作方法和试样用量的不同进行分类。

1. 按分析任务分类

按照分析任务，分为定性分析、定量分析、结构分析和形态分析。

定性分析（qualiative analysis）的任务是鉴定物质由哪些元素、离子、基团或化合物所组成，即确定物质的组成；定量分析（quantitive analysis）的任务是测定物质中某一或某些组分的量，有时是测定所有组分的量，即全分析（total analysis）；结构分析（structural analysis）的任务是研究物质的分子结构或晶体结构；形态分析（speciation analysis）的任务是研究物质的价态、晶态、结合态等存在状态及其含量。

一般情况下，需先进行定性分析，搞清楚试样是什么，然后进行定量分析。在试样的成分已知时，可以直接进行定量分析。对于结构未知的化合物试样，需要进行结构分析，确定化合物的分子结构。随着现代科学技术、仪器联用技术和计算机、信息学的发展，常常可以同时进行定性、定量和结构分析。

2. 按分析对象分类

按照分析对象，分为无机分析和有机分析。

无机分析（inorganic chemistry）的对象是无机物，在无机分析中，组成无机物的元素种类较多，通常要求鉴定试样是由哪些元素、离子、原子团或化合物组成以及测定各成分的含量。

有机分析（organic chemistry）的对象是有机物，在有机分析中，组成有机物的元素种类不多，主要是碳、氢、氧、氮、硫和卤素元素，但有机物的化学结构相当复杂，化合物的种类达数百万之多，因此，有机分析不仅需要元素分析（elemental analysis），更重要的是进行官能团分析和结构分析。

按照被分析的对象或者试样，还可将分析方法进一步分类。例如：分析对象为食品的则称为食品分析，还有水分分析、岩石分析、钢铁分析等。此外，根据研究领域，还可将分析方法分为药物分析、环境分析和临床分析等。

3. 按测定原理分类

按照测定原理，分为化学分析和仪器分析。

化学分析（chemical analysis）是根据物质的化学反应及其计量关系确定被测物质的组成及其含量的分析方法。化学分析法历史悠久，是分析化学的基础，又称经典分析法。被分析的物质称为试样（或样品），与试样（sample）反应的物质称为试剂（reagent）。试剂与试样发生的化学变化称为分析化学反应。根据分析化学反应的现象和特征鉴定物质的化学成分的，称为化学定性分析；根据分析化学反应中试剂和试样的用量，测定试样中各组分的相对含量，称为化学定量分析。化学定量分析又分为重量分析法和滴定分析（容量分析）法，其中滴定分析法包括酸碱滴定法、配位滴定法、氧化还原滴定法和沉淀滴定法。

化学分析法所用的仪器简单、结果准确，因而应用范围广泛。但它只适用于常量组分的分析，且灵敏度较低、分析速度较慢。

仪器分析（instrument analysis）是使用较特殊的仪器，以物质的物理和物理化学性质为基础的分析方法。根据物质的某些物理性质；例如相对密度、相变温度、折射率和旋光度及光谱特征等，不经化学反应，直接进行定性、定量、结构和形态分析方法，称为物理分析法（physical analysis），如光谱分析等；根据物质在化学变化中的某种物理性质，进行定性分析或定量分析的方法称为物理化学分析法（physicochemical analysis），如电位分析法（potential analysis）等。

仪器分析法具有灵敏、快速、准确的特点，发展很快、应用很广，主要适用于微量和痕量组分的分析。仪器分析主要包括：光学分析法、电化学分析法、色谱分析法、质谱分析法和放射化学分析法等。

4. 按操作方法和试样用量的不同分类

根据试样的用量及操作规模不同，可分为常量、半微量、微量和超微量分析，分类的大概情况如表2-1所示。

表 2-1 分析方法按试样用量分类

分析方法	试样质量/mg	试液体积/mL	分析方法	试样质量/mg	试液体积/mL
常量分析	>100	>10	微量分析	0.1～10	0.01～1
半微量分析	10～100	1～10	超微量分析	<0.1	<0.01

根据待测组分含量高低不同,又可粗略分为常量组分(质量分数>1%)、微量组分(质量分数0.01%～1%)和痕量组分(质量分数<0.01%)的测定,分类的大概情况如表2-2所示。要注意的是,这种分类方法与试样用量分类法不同,两种概念不可混。例如,痕量组分的分析不一定是微量分析,为了测定痕量成分,有时取样千克以上。

表 2-2 分析方法按待测成分含量分类

分析方法	被测组分在试样中的含量
常量组分分析	>1%
微量组分分析	0.01%～1%
痕量组分分析	<0.01%

通常,化学分析适用于常量分析或常量组分的分析,而仪器分析适用于微量和痕量分析或微量和痕量组分的分析。

5. 例行分析和仲裁分析

一般化验室日常生产中的分析,称为例行分析。不同单位对分析结果有争论时,请权威的单位进行裁判的分析工作,称为仲裁分析。

三、分析化学的发展

分析化学有悠久的历史,它的起源可以追溯到古代炼金术。拉瓦锡(AL. Lavoisier)在由汞和氧形成氧化汞的实验中引入了定量测定,从而诞生了分析化学。在科学史上,分析化学曾经是研究化学的开路先锋。它对元素的发现、原子量的测定、定比定律、倍比定律等化学基本定律的确立、矿产资源的勘察利用等,都曾做出重要贡献。

分析化学随着科学技术和其他相关学科的发展而不断地发展,进入20世纪,其发展经历了三次巨大的变革。

第一次在20世纪初到20世纪30年代,由于物理化学溶液理论的发展,为分析化学提供了理论基础,建立了溶液中四大平衡理论,使分析反应中的各种平衡的状态、各成分浓度的变化和反应的完全程度有了较高的预见性,化学分析法迅速发展成为系统理论和方法并得以完善,从而使分析化学由一种技术发展为一门科学。

第二次变革发生在第二次世界大战前后,即20世纪40～60年代,物理学和电子学的发展促进了分析化学中物理和物理化学分析方法的建立和发展,出现了以光谱分析、极谱分析为代表的简便、快速的各种仪器分析方法,同时丰富了分析方法的理论体系,分析化学从以化学分析为主的经典分析化学,发展成为以仪器分析为主的现代分析化学。

第三次变革时期是自20世纪70年代以来至今,以计算机应用为主要标志的信息时代的到来,促使分析化学进入一个崭新的阶段,为分析化学建立高灵敏度、高选择性、高准确性、自动化或智能化的新方法创造了良好的条件,极大丰富了分析化学的内容。由于生命科学、环境科学、新材料科学发展的需要,基础理论及测试手段的完善,现代分析化学完全可能为各种物质提供组成、含量、结构、分布、形态等全面的信息,使得微区分析、薄层分析、无损分析、瞬时追踪、在线监测及过程控制等过去的难题都迎刃而解。分析化学广泛吸取了当代的各项科学技术的最新成就,与各学科紧密结合,成为当代一门最富活力的、多学科性的综合性的学科。

学习小结

（1）分析化学是一门关于研究物质的组成、含量、结构和形态等化学信息的分析方法及理论的科学。

（2）分析化学的方法可根据分析任务、分析对象、测定原理、操作方法和试样用量的不同进行分类。按照分析任务，分为定性分析、定量分析、结构分析和形态分析；按照分析对象，分为无机分析和有机分析；按照测定原理，分为化学分析和仪器分析；按照试样的用量多少，分为常量分析、半微量分析、微量分析和超微量分析。

任务二　认识定量分析的误差

任务要求

1. 掌握定量分析中误差的来源及分类。
2. 能正确计算误差与偏差。
3. 熟知提高分析结果准确度的方法。

相关知识

定量分析的任务是准确测定试样中组分的含量，希望获得准确的分析结果，但是由于各种原因，分析结果总包含一定的不准确性即误差。由于分析结果总是存在误差，先要对误差性质、产生原因、规律性以及如何减免进行研究，以尽可能减小误差。然后用适当方法把误差表示出来，以评价分析结果的好坏。

一、误差的分类及其来源

（一）系统误差——可测误差

由于某种确定的原因引起的误差叫系统误差。其特点是具有重复性、恒定性（一定条件下不变）、单向性、可定性（大小可测出并校正，故又称为可定误差或可测误差），影响测定的准确度。系统误差的主要来源有以下几个方面。

微课 2-1　误差的分类及来源

1. 方法误差

由于分析方法本身不够完美所造成的误差。如：反应不能定量完成；有副反应发生；滴定终点与化学计量点不一致；干扰组分存在等。

2. 仪器误差

主要是仪器本身不够准确或未经校准引起的。如：天平两臂不等、量器（容量瓶、滴定管等）和仪表刻度不准。

3. 试剂误差

由于试剂不纯和蒸馏水中含有微量杂质所引起的。

4. 操作误差

分析工作者实际操作与正确操作稍有出入，如滴定管读数总是偏高或偏低，坩埚灼烧后没有冷却到室温就称量。还有一类是因人的生理条件限制而引起的，如对某种颜色变化不敏感，滴定时导致稍微过量。

对于系统误差，查明了原因后可设法消除，或测出其大小后对结果加以校正。

（二）随机误差（偶然误差）——不可测误差

随机误差是由于很多不可避免且无法控制的偶然因素引起的误差。偶然因素来自测定时环境的温度、湿度和气压的微小波动等。随机误差具有以下特点：不可定性（时正时负，时大时小，难控制）；在同样条件下进行多次测定时其服从正态分布（见图2-1）；影响测定的精密度。

正态分布曲线反映随机误差具有以下的规律：

① 绝对值相等的正误差和负误差出现的概率相同，呈对称性。

② 绝对值小的误差出现的概率大，绝对值大的误差出现的概率小，绝对值很大的误差出现的概率非常小。亦即误差有一定的实际极限。

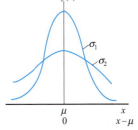

图 2-1　正态分布曲线

由上可知，若测定次数较多，计算分析结果的算术平均值时正负误差可以相互抵消，因此偶然误差可以通过增加测定次数来减免。

在定量分析中，除系统误差和随机误差外，还有一类"过失误差"，是指工作中的差错，一般是因粗枝大叶或违反操作规程所引起的。例如溶液溅失、沉淀穿滤、加错试剂、读错刻度、记录和计算错误等，往往引起分析结果有较大的"误差"。这种"过失误差"不能算作随机误差，如证实是过失引起的，应弃去此结果。

二、误差的表示

（一）真值（μ）

某一物质本身具有的客观存在的真实数值，即为该量的真值。一般说来，真值是未知的，但下列情况的真值可以认为是知道的。

1. 理论真值

如某化合物的理论组成等。

2. 计量学约定真值

如国际计量大会上确定的长度、质量、物质的量单位等。

3. 相对真值

认定精度高一个数量级的测定值作为低一级的测量值的真值，这种真值是相对比较而言的。如厂矿实验室中标准试样及管理试样中组分的含量等可视为真值。

（二）准确度与误差

准确度是测量值（x）与真值（μ）之间的符合程度。测量值（x）与真值（μ）之间的差别越小，则测量值越准确。

它说明测定结果的可靠性，用误差值来衡量，误差可用绝对误差（E_a）和相对误差（E_r）两种方法表示。

绝对误差（E_a）表示测量值（x）与真值（μ）之差。即

$$绝对误差 = 测量值 - 真值$$

$$E_a = x - \mu$$

但绝对误差不能完全地说明测定的准确度。例如被称量物质的质量分别为 1g 和 0.1g，若称量的绝对误差同样是 +0.0001g，则其含义就不同了，故分析结果的准确度常用相对误差（E_r）表示。

相对误差（E_r）是指绝对误差（E_a）在真值（μ）中所占的百分率。即

$$相对误差 = \frac{绝对误差}{真值} \times 100\%$$

$$E_r = \frac{x - \mu}{\mu} \times 100\%$$

绝对误差和相对误差都有正值和负值。当误差为正值时，表示测定结果偏高；误差为负值时，表示测定结果偏低。相对误差能反映误差在真值中所占的比例，用来比较在各种情况下测定结果的准确度比较合理，因此最常用。相对误差会随着测量值的增大而减小。但应注意，有时为了说明一些仪器测量的准确度，用绝对误差更清楚。例如分析天平的称量误差为 $\pm 0.0001g$，常量滴定管的读数误差为 $\pm 0.01mL$ 等，这些都是用绝对误差来说明的。

（三）精密度与偏差

精密度是在受控条件下多次测定结果的相互符合程度，表达了测定结果的重复性和再现性。用偏差表示。

1. 绝对偏差与相对偏差

（1）绝对偏差。绝对偏差（d_i）表示某次测量值（x_i）与平均值（$\bar{x}$）的差值。

$$d_i = x_i - \bar{x}$$

（2）相对偏差。相对偏差（d_r）表示绝对偏差在平均值（$\bar{x}$）中所占的比例。

$$d_r = \frac{d_i}{\bar{x}} \times 100\%$$

因为测量是多次的，一组 n 次测定有 n 个偏差，所以某次测量值的偏差无多大意义，为了说明各次测量之间相互符合的程度，通常用平均偏差表示精密度。

2. 平均偏差和相对平均偏差

（1）平均偏差

① 总体。研究对象的全体称为总体。如对一个样品测定无限次，这无限多次测定数据的集合叫作总体（实际上 >30 次即可认为是总体）。

② 样本。从总体中随机抽出一部分称为样本。如对样品作有限的 n 次重复测定，这组数据就叫容量为 n 的样本。

③ 总体平均偏差（δ）

$$\delta = \frac{\sum\limits_{i=1}^{n} |x_i - \mu|}{n}$$

④ 平均偏差（样本，$\bar{d}$）

$$\bar{d} = \frac{\sum\limits_{i=1}^{n} |x_i - \bar{x}|}{n}$$

（2）相对平均偏差（样本，$\bar{d}_r$）

$$\bar{d}_r = \frac{\bar{d}}{\bar{x}} \times 100\%$$

用平均偏差表示精密度仍不够理想，特别是当一组数据分散程度较大时，平均偏差不一定能反映精密度的好坏。

【例 2-1】 有甲、乙两组数据，其各次测定的偏差如下。

甲组 d_i：+0.1，+0.4，0.0，-0.3，+0.2，+0.3，+0.2，-0.2，-0.4，+0.3；

各偏差彼此接近，$\bar{d}_甲 = 0.24$。

乙组 d_i：-0.1，-0.2，$+0.9$，0.0，$+0.1$，$+0.1$，$+0.0$，$+0.1$，-0.7，-0.2；各偏差之间相差较大，$\overline{d}_乙=0.24$。

两组数据虽平均偏差相同，但乙组数据中有两个大偏差，很明显其离散程度大些。由此可见，用平均偏差表示精密度不尽满意。因此，在数理统计中，常用标准偏差表示精密度。

3. 标准偏差和相对标准偏差

（1）总体标准偏差。当测定次数为无限多次时（>30次），测定的平均值接近真值μ，此时各测量值对总体平均值的偏离用标准偏差（σ）表示。

$$\sigma = \sqrt{\frac{\sum_{i=1}^{n}(x_i-\mu)^2}{n}}$$

实际工作中大多数测定次数都少于30次，所以真值μ是不知道的，而是用平均值代替真值，用样本的标准偏差（s）来衡量分析数据的分散程度。

（2）样本标准偏差

$$s = \sqrt{\frac{\sum_{i=1}^{n}(x_i-\overline{x})^2}{n-1}}$$

式中 $(n-1)$——自由度，以f表示，它说明在n次测定中，只有$(n-1)$个可变偏差，引入$(n-1)$，主要是为了校正以样本平均值代替总体平均值所引起的误差。

即

$$\lim_{n\to\infty}\frac{\sum_{i=1}^{n}(x_i-\overline{x})^2}{n-1} \approx \frac{\sum_{i=1}^{n}(x_i-\mu)^2}{n} \quad (s \to \sigma)$$

利用标准偏差衡量精密度时，由于将单次测量值的偏差加以平方，可以更好地将较大偏差对精密度的影响表示出来。上例中甲乙两组数据的标准偏差分别为：$s_甲=0.28$，$s_乙=0.40$，可见甲组精密度好些，而用平均偏差不能显示这点。用标准偏差衡量数据的分散程度比平均偏差更为恰当。

（3）样本的相对标准偏差（变异系数，s_r）

$$s_r = \frac{s}{\overline{x}} \times 100\%$$

4. 极差

一组测量数据中，最大值（x_{max}）与最小值（x_{min}）之差称为极差（R）。

$$R = x_{max} - x_{min}$$

用该法表示误差十分简单，适用于少数几次测定中估计误差的范围，它的不足之处是没有利用全部测量数据。

测量结果的相对极差为

$$\text{相对极差} = \frac{R}{\overline{x}} \times 100\%$$

5. 公差

公差是生产部门对于分析结果允许误差的一种表示方法。它表示某项分析所允许的平行测定之间的绝对偏差。在例行分析中可以用公差作为判断分析结果是否合适的依据。若平行测定数据的偏差不超过公差，则测定结果有效。否则称为"超差"，此项分析应重做。

【例 2-2】 用酸碱滴定法测定某混合物中乙酸含量，得到下列结果。计算单次分析结果的平均偏差，相对平均偏差，标准偏差。

x	$|d_i|$	d_i^2
10.48%	0.05%	2.5×10^{-7}
10.37%	0.06%	3.6×10^{-7}
10.47%	0.04%	1.6×10^{-7}
10.43%	0.00%	0
10.40%	0.03%	0.9×10^{-7}
$\bar{x} = 10.43\%$	$\sum_{i=1}^{n}|d_i| = 0.18\%$	$\sum_{i=1}^{n}d_i^2 = 8.6 \times 10^{-7}$

平均偏差 $\bar{d} = \dfrac{\sum_{i=1}^{n}|d_i|}{n} = \dfrac{0.18\%}{5} = 0.036\%$

相对平均偏差 $\dfrac{\bar{d}}{\bar{x}} \times 100\% = \dfrac{0.036\%}{10.43\%} \times 100\% = 0.35\%$

标准偏差 $s = \sqrt{\dfrac{\sum_{i=1}^{n}d_i^2}{n-1}} = \sqrt{\dfrac{8.6 \times 10^{-7}}{4}} = 4.6 \times 10^{-4} = 0.046\%$

答：这组数据的平均偏差为 0.036%；相对平均偏差为 0.35%；标准偏差为 0.046%。

（四）准确度与精密度的关系

精密度高，不一定准确度高；准确度高，一定要精密度好。精密度是保证准确度的先决条件，精密度高的分析结果才有可能获得高准确度。

定量分析工作中要求测量值或分析结果应达到一定的准确度与精密度。值得注意的是，并非精密度高者准确度就高。例如，甲、乙、丙三人同时测定一铁矿石中 Fe_2O_3 的含量（真实含量以质量分数表示为 50.36%），各分析四次，测定结果如下：

微课 2-2　准确度与精密度的关系

项目	1	2	3	4	平均值
甲	50.30%	50.30%	50.28%	50.29%	50.29%
乙	50.40%	50.30%	50.25%	50.23%	50.30%
丙	50.36%	50.35%	50.34%	50.33%	50.35%

由表可知，甲的分析结果的精密度很好，但平均值与真实值相差较大，说明准确度低；乙的分析结果精密度不高，准确度也不高；只有丙的分析结果的精密度和准确度都比较高。

由动画 2-1 可见，精密度高的不一定准确度就高，但准确度高一定要求精密度高，如果一组数据精密度很差，自然失去了衡量准确度的前提。

动画 2-1　精密度和准确度关系

三、提高分析结果准确度的方法

（一）选择合适的分析方法

为了使测定结果达到一定的准确度，满足实际分析工作的需要，先要选择合适的分析方法。各种分析方法的准确度和灵敏度是不相同的。例如重量分析和滴定分析，灵敏度虽不高，但对于高含量组分的测定，能获得比较准确的结果，相对误差一般是千分之几。例如用 $K_2Cr_2O_7$ 滴定法测得铁的含量为 40.20%，若方法的相对误差为 0.2%，则铁的含量范围是 40.12%～40.28%。这一试样如果用光度法进行测定，按其相对误差约 2% 计，可测得的铁的含量范围将在

微课 2-3　误差的减免

39.4%～41.0%之间，显然这样的测定准确度太差。如果是含铁为0.50%的试样，尽管2%的相对误差大了，但由于含量低，其绝对误差小，仅为0.02×0.50%＝0.01%，这样的结果是满足要求的。相反，这么低含量的样品，若用重量法或滴定法则又是无法测量的。此外，在选择分析方法时还要考虑分析试样的组成。

(二) 减小测量误差

在测定方法选定后，为了保证分析结果的准确度，必须尽量减小测量误差。例如，在重量分析中，测量步骤是称量，就应设法减少称量误差。一般分析天平的称量误差是±0.0001g，用减量法称量两次，可能引起的最大误差是±0.0002g，为了使称量时的相对误差在0.1%以下，试样质量就不能太小，从相对误差的计算中可得到：

$$相对误差 = \frac{绝对误差}{试样质量} \times 100\%$$

因此

$$试样质量 = \frac{绝对误差}{相对误差} = \frac{\pm 0.0002}{\pm 0.001} = 0.2g$$

可见试样质量必须在0.2g以上才能保证称量的相对误差在0.1%以内。

在滴定分析中，滴定管读数常有±0.01mL的误差。在一次滴定中，需要读数两次，这样可能造成±0.02mL的误差。所以，为了使测量时的相对误差小于0.1%，消耗滴定剂体积必须在20mL以上。一般常控制在30～40mL左右，以保证误差小于0.1%。

应该指出，对不同测定方法，测量的准确度只要与该方法的准确度相适应就可以了。例如用比色法测定微量组分，要求相对误差为2%，若称取试样0.5g，则试样的称量误差小于 $0.5 \times \frac{2}{100} = 0.01g$ 就行了，没有必要像重量法和滴定分析法那样，强调称准至±0.0002g。不过实际工作中，为了使称量误差可以忽略不计，一般将称量的准确度提高约一个数量级。如在上例中，宜称准至±0.001g左右。

(三) 增加平行测定次数，减小随机误差

如前所述，在消除系统误差的前提下，平行测定次数越多，平均值越接近真实值。因此，增加测定次数可以减小随机误差。

(四) 消除测量过程中的系统误差

由于造成系统误差有多方面的原因，因此应根据具体情况，采用不同的方法来检验和消除系统误差。

1. 改善方法本身

方法本身的缺陷是系统误差最重要来源，应尽可能找出原因，使其减免。如重量分析中，设法增加沉淀的完全程度，减小杂质的吸附；避免称量时吸潮等。滴定分析中选择更合适的指示剂，减小终点误差，消除干扰离子的影响等。

2. 对照试验

对照试验是检验系统误差的有效方法。进行对照试验时，常用已知准确结果的标准试样与被测试样一起进行对照试验，或用其他可靠的分析方法进行对照试验，也可由不同人员、不同单位进行对照试验。

用标样进行对照试验时，应尽量选择与试样组成相近的标准试样进行对照分析。根据标准试样的分析结果，采用统计检验方法确定是否存在系统误差。

由于标准试样的数量和品种有限，所以有些单位又自制一些所谓的"管理样"，以此代

替标准试样进行对照分析。"管理样"事先经过反复多次分析,其中各组分的含量也是比较可靠的。

如果没有适当的标准试样和管理试样,有时可以自己制备"人工合成试样"来进行对照分析。人工合成试样是根据试样的大致成分由纯化合物配制而成,配制时,要注意称量准确,混合均匀,以保证被测组分的含量是准确的。

进行对照试验时,如果对试样的组成不完全清楚,则可以采用"加入回收法"进行试验。这种方法是向试样中加入已知量的被测组分,然后进行对照试验,以加入的被测组分是否能定量回收,来判断分析过程是否存在系统误差。

用国家颁布的标准分析方法和所选的方法同时测定某一试样进行对照试验也是经常采用的一种办法。

在许多生产单位中,为了检查分析人员之间是否存在系统误差和其他问题,常在安排试样分析任务时,将一部分试样重复安排在不同分析人员之间,相互进行对照试验,这种方法称为"内检"。有时又将部分试样送交其他单位进行对照分析,这种方法称为"外检"。

3. 空白试验

由试剂和器皿带入杂质所造成的系统误差,一般可用空白试验来扣除。所谓空白试验就是在不加试样的情况下,按照试样分析同样的操作步骤和条件进行试验。试验所得结果称为空白值。从试样分析结果中扣除空白值后,就得到比较可靠的分析结果。

空白值一般不应很大,否则扣除空白时会引起较大的误差。当空白值较大时,就只好提纯试剂和改用其他适当的器皿来解决问题。

4. 校准仪器

仪器不准确引起的系统误差,可以通过校准仪器来减小其影响。例如砝码、移液管和滴定管等,在精确的分析中,必须进行校准,并在计算结果时采用校正值。在日常分析工作中,因仪器出厂时已进行过校准,只要仪器保管妥善,通常可以不再进行校准。

5. 分析结果的校正

分析过程中的系统误差,有时可采用适当的方法进行校正。例如重量法测硅时,分离硅酸后的滤液中含有少量硅,可用比色法测出,然后把这部分硅加到重量分析结果中,以校正因沉淀不全而带来的负误差。

学习小结

1. 误差的分类及其来源

由于某种确定的原因引起的误差叫系统误差,其特点是具有重复性、恒定性、单向性、可定性,影响测定的准确度。主要来源有方法误差、仪器误差、试剂误差、操作误差等几个方面。

由不可避免且无法控制的偶然因素引起的误差叫随机误差。随机误差具有不可定性的特点:时正时负,时大时小,难控制;在同样条件下进行多次测定时其服从正态分布;影响测定的精密度。

2. 准确度与精密度

准确度是测量值(x)与真值(μ)之间的符合程度。它说明测定结果的可靠性,用误差值来量度,误差可用绝对误差(E_a)和相对误差(E_r)两种方法表示。

精密度是在受控条件下多次测定结果的相互符合程度,表达了测定结果的重复性和再现性。用偏差表示。

精密度高,不一定准确度高;准确度高,一定要精密度好。精密度是保证准确度的先决条件，精密度高的分析结果才有可能获得高准确度。

3. 提高分析结果准确度的方法

可以通过选择合适的分析方法，减小测量误差；增加平行测定次数，减小随机误差；通过对照试验、空白试验、校准仪器、分析结果的校正、改善方法本身等途径消除测量过程中的系统误差来提高分析结果准确度。

想一想

1. 用哪些方法可以减少测定过程中系统误差？
2. 系统误差有什么特点？
3. 准确度和精密度之间有什么关系？

练一练测一测

一、选择题

1. 滴定分析中，若怀疑试剂在放置中失效可通过（　　）方法检验。
   A. 仪器校正　　B. 对照分析　　C. 空白试验　　D. 无合适方法

2. 分析测定中出现的下列情况，何种属于随机误差。（　　）
   A. 滴定时所加试剂中含有微量的被测物质
   B. 滴定管读取的数偏高或偏低
   C. 所用试剂含被测组分
   D. 室温升高

3. 检验分析方法是否可靠的可用（　　）。
   A. 校正仪器　　B. 增加测定次数　　C. 加标回收率　　D. 空白试验

4. 可用下述哪种方法减少滴定过程中的随机误差。（　　）
   A. 对照试验　　B. 空白试验　　C. 校正仪器　　D. 增加测定次数

5. 分析天平的称量误差在±0.0001g，如使测量时的相对误差在0.1%以下，试样质量应（　　）。
   A. 0.2g以上　　B. 0.2g以下　　C. 0.1g以上　　D. 0.1g以下

6. 分析方法的准确度是反映该方法（　　）的重要指标，它决定着分析结果的可靠性。
   A. 系统误差　　B. 随机误差　　C. 标准偏差　　D. 平均偏差

7. 在容量分析中，由于存在副反应而产生的误差称为（　　）。
   A. 公差　　B. 系统误差　　C. 随机偏差　　D. 相对偏差

8. 测量结果与被测量真值之间的一致程度，称为（　　）。
   A. 重复性　　B. 再现性　　C. 准确性　　D. 精密性

9. 标准偏差的大小说明（　　）。
   A. 数据的分散程度　　B. 数据与平均值的偏离程度
   C. 数据的大小　　D. 数据的集中程度

10. 定量分析工作要求测定结果的误差（　　）。
    A. 越小越好　　B. 等于零　　C. 在允许误差范围内　　D. 略大于允许误差

11. 对某试样进行对照测定，获得其中硫的平均含量为3.25%，则其中某个测定值与此平均值之差为该测定的（　　）。
    A. 绝对误差　　B. 相对误差　　C. 相对偏差　　D. 绝对偏差

12. 在生产单位中，为检验分析人员之间是否存在系统误差，常用以下哪种方法进行校

正。（　　）

　　A. 空白实验　　　B. 校准仪器　　　C. 对照试验　　　D. 增加测定次数

二、判断题

1. 方法误差属于系统误差。　　　　　　　　　　　　　　　　　　　　　（　　）
2. 系统误差包括操作失误。　　　　　　　　　　　　　　　　　　　　　（　　）
3. 系统误差呈现正态分布。　　　　　　　　　　　　　　　　　　　　　（　　）
4. 随机误差具有单向性。　　　　　　　　　　　　　　　　　　　　　　（　　）
5. 准确度高一定需要精密度高。　　　　　　　　　　　　　　　　　　　（　　）
6. 分析测量的过失误差是不可避免的。　　　　　　　　　　　　　　　　（　　）
7. 精密度高则系统误差一定小。　　　　　　　　　　　　　　　　　　　（　　）
8. 精密度高准确度一定高。　　　　　　　　　　　　　　　　　　　　　（　　）
9. 精密度高则没有随机误差。　　　　　　　　　　　　　　　　　　　　（　　）
10. 精密度高表明方法的重现性好。　　　　　　　　　　　　　　　　　　（　　）
11. 存在系统误差则精密度一定不高。　　　　　　　　　　　　　　　　　（　　）

三、计算题

1. 测定铁矿石中铁的质量分数 [以 $w(Fe_2O_3)$ 表示]，5 次测定结果分别为：67.48%，67.37%，67.47%，67.43% 和 67.40%。计算：（1）平均值；（2）平均偏差；（3）相对平均偏差；（4）标准偏差；（5）相对标准偏差；（6）极差。

2. 测定酒中乙醇含量，4 次测定结果分别为：50.20%、50.25%、50.18% 和 50.17%，真值为 50.22%，计算：（1）平均值；（2）绝对误差；（3）相对误差；（4）极差。

3. 重量法测定硅酸盐中 SiO_2 的含量，测定结果分别为：37.40%，37.20%，37.32%，37.52%，37.34%，平均偏差和相对平均偏差分别是多少？

4. 对同一样品分析，采取同样的方法，测得的结果为：37.44%，37.20%，37.30%，37.50%，37.30%，则此次分析的相对平均偏差是多少？

5. 配位滴定法测得某样品中 Al 含量分别为：33.64%，33.83%，33.40%，33.50%，则这组测量值的变异系数是多少？

任务三　分析结果的数据处理

1. 掌握有效数字的概念及运算规则。
2. 能对分析数据进行正确计算及对可疑值正确取舍。

在定量分析中，为了得到准确的分析结果，不仅要准确地进行各种测量，而且还要正确地记录和计算分析数据。分析结果所表达的不仅是试样中待测组分的含量，而且还反映了测量的准确程度。

微课 2-4　有效数字的读取与记录

相关知识

一、有效数字

有效数字是指在分析工作中实际能够测量得到的数字。

(一) 有效数字的读取与记录

在读取有效数字时应估读一位,且只能估读一位,估读的一位是可疑的,其余都是准确的,即在保留的有效数字中,只有最后一位数字是可疑的(有±1的误差),其余数字都是准确的。例如滴定管的最小刻度是0.1mL,读数25.31mL中,25.3是确定的,0.01是估出的,是可疑的,可能为(25.31±0.01)mL。有效数字的位数由所使用的仪器决定,不能任意增加或减少。如前例中滴定管的读数不能写成25.310mL,也不能写成25.3mL。

有效数字的读取与记录的原则是:必须有一位可疑且只有一位可疑。

(二) 有效数字位数的确定

1. 数字"0"

在第一个非"0"数字前的所有的"0"都不是有效数字,因为它只起定位作用,与精度无关,例如0.0382中的"0"不是有效数字;第一个非"0"数字后的所有的"0"都是有效数字,例如:1.0008、7.200中的"0"是有效数字。

2. 倍数、分数

在分析化学中,常遇到倍数、分数关系,如1000、2、3、$\frac{1}{3}$、$\frac{1}{5}$等,是非测量所得,可视为无限多位有效数字。

3. 对数

含有对数的有效数字,如pH、pK_a、lgK等,其有效数字的位数等于小数部分的位数,整数部分只说明这个数的方次。如pH=9.32为两位有效数字而不是三位有效数字。

4. $K \times 10^n$

$K \times 10^n$有效数字位数决定于K。如101×10^3或1.01×10^{-5}都是三位有效数字。

【例2-3】 确定下列几组数据的有效数字位数。

2.1	1.0	两位有效数字
1.98	0.0382	三位有效数字
18.79%	7.200	四位有效数字
43219	1.0008	五位有效数字
100	1000	有效数字位数为无限多位

(三) 有效数字修约规则

在处理数据过程中,涉及的各测量值的有效数字位数可能不同,因此需要按下面所述的计算规则确定各测量值的有效数字位数。各测量值的有效数字位数确定后,就要将它后面多余的数字舍弃。舍弃多余的数字的过程称为"数字修约",它所遵循的规则称为"数字修约规则"。可归纳如下口诀:"四舍六入五取舍"。五取舍的含义是五后非零就进一,五后皆零成双(五后皆零视奇偶,五前为偶应舍去,五前为奇则进一)。

【例2-4】 将下列数据修约到保留两位有效数字。

(1) 1.43426 (2) 1.4631 (3) 1.4507 (4) 1.4500 (5) 1.3500

解:按上述修约规则

(1) 1.43426修约为1.4。

保留两位有效数字,第三位小于等于4时舍去。

(2) 1.4631修约为1.5。

第三位大于等于6时进1。

(3) 1.4507 修约为 1.5。

第三位为 5，但其后面并非全部为 0 应进 1。

(4) 1.4500 修约为 1.4。

第三位为 5，五后皆零，五前为偶应舍去。

(5) 1.3500 修约为 1.4。

第三位为 5，五后皆零，五前为奇则进一。

注意，若拟舍弃的数字为两位以上，应按规则一次修约，不能分次修约。例如将 7.5491 修约为 2 位有效数字，不能先修约为 7.55，再修约为 7.6，而应一次修约到位即 7.5。在用计算器（或计算机）处理数据时，对于运算结果，亦应按照有效数字的计算规则进行修约。

二、分析结果的表示及数据处理

（一）有效数字运算规则

在进行结果运算时，应遵循下列规则。

1. 加减法

几个数据相加减时，最后结果的有效数字保留，应以小数点后位数最少的数据为准。

【例 2-5】 $0.12+0.0354+42.716=42.8714\approx 42.87$

2. 乘除法

几个数据相乘或相除时，它们的积或商的有效数字位数的保留必须以各数据中有效数字位数最少的数据为准。

【例 2-6】 $1.54\times 31.76=1.54\times 31.8=49.0$

3. 乘方和开方

对数据进行乘方或开方时，所得结果的有效数字位数保留应与原数据相同。

【例 2-7】 $6.72^2=45.1584$ 保留三位有效数字则为 45.2。

【例 2-8】 $\sqrt{9.65}=3.10644$ 保留三位有效数字则为 3.11。

4. 对数计算

所取对数的小数点后的位数（不包括整数部分）应与原数据的有效数字的位数相等。

【例 2-9】 $\lg 102=2.00860017$ 保留三位有效数字则为 2.009。

在有效数字运算时应注意以下问题：

(1) 在计算中常遇到分数、倍数等，可视为无限多位有效数字。

(2) 在乘除运算过程中，首位数为"8"或"9"的数据，有效数字位数可以多取一位。

(3) 在混合计算中，有效数字的保留以最后一步计算的规则执行。

(4) 表示分析方法的精密度和准确度时，大多数取 1~2 位有效数字。

(5) 有效数字不因单位的改变而改变。如 101kg，不应写成 101000g，而应写为 101×10^3 g 或 1.01×10^5 g。

5. 有效数字运算规则在分析测试中的应用

在分析化学中，常涉及大量数据的处理及计算工作。下面是分析化学中记录数据及计算分析结果的基本规则。

(1) 记录测定结果时，只应保留一位可疑数字。在分析测试过程中，几个重要物理量的测量误差一般为：

质量，$\pm 0.000x$ g；容积，$\pm 0.0x$ mL；pH，$\pm 0.0x$ 单位；电位，$\pm 0.000x$ V；吸光度，$\pm 0.00x$ 单位等。由于测量仪器不同，测量误差可能不同，因此，应根据具体试验情况正确记录测量数据。

(2) 有效数字位数确定以后,按"四舍六入五取舍"规则进行修约。

(3) 几个数相加减时,以绝对误差最大的数为标准,使所得数只有一位可疑数字。几个数相乘时,一般以有效数字位数最少的数为标准,弃去过多的数字,然后进行乘除。在计算过程中,为了提高计算结果的可靠性,可以暂时多保留一位数字。再多保留就完全没有必要了,而且会增加运算时间。但是,在得到最后结果时,一定要注意弃去多余的数字。在用计算器(或计算机)处理数据时,对于运算结果,应注意正确保留最后计算结果的有效数字位数。

(4) 对不同含量的组分,有效数字要求不同。对于高含量组分(例如>10%)的测定,一般要求分析结果有 4 位有效数字;对于中含量组分(例如 1%~10%),一般要求 3 位有效数字;对于微量组分(<1%),一般只要求 2 位有效数字。通常以此为标准,得出分析结果。

(5) 在分析化学的许多计算中,当涉及各种常数时,一般视为准确的,不考虑其有效数字的位数。对于各种误差的计算,一般只要求 2 位有效数字。对于各种化学平衡的计算(如计算平衡时某离子的浓度),根据具体情况,保留 2 位或 3 位有效数字。

此外,在分析化学的有些计算过程中,常遇到 pH=4,pK=8 等这样的数值,有效数字位数未明确指出,这种表示方法不恰当,应当避免。

(二) 可疑数据的取舍

在定量分析中,得到的测定数据中有个别数据会严重偏离其他数据,这些数据称为可疑数据或可疑值或异常值或极端值,可疑数据的取舍应依据相关统计规律,否则会影响测定结果的准确性。下面介绍几种取舍的方法。

1. 四倍法 ($4\bar{d}$) 法

对少量测定数据,可粗略认为偏差超过 $4\bar{d}$ 的个别测定值可舍去,其步骤如下:

(1) 先求出除可疑值外的其余数值的平均值 $\bar{x}_{n-1}$ 与绝对平均偏差 $\bar{d}_{n-1}$;

(2) 若 $|x_{可疑} - \bar{x}_{n-1}| \geq 4\bar{d}_{n-1}$;则应舍弃可疑数据,否则应保留。

四倍法简单,但误差较大,适用于 4~8 次平行测定数据。

【例 2-10】 分析某组分含量,平行测定五次的结果为 39.10%、39.16%、39.17%、39.20% 和 39.23%,确定 39.10% 是否能弃去。

解 $\bar{x}_{n-1}=39.19\%$ $\bar{d}_{n-1}=0.025\%$

$$|x_{可疑} - \bar{x}_{n-1}| = |39.10\% - 39.19\%| = 0.09\%$$

$$4\bar{d}_{n-1} = 4 \times 0.025\% = 0.10\%$$

因为 $|x_{可疑} - \bar{x}_{n-1}| < 4\bar{d}_{n-1}$,所以,39.10% 不能弃去。

2. Q 检验法

当测定数据在 3~10 次时,用 Q 检验法比较合理,也比较方便。Q 检验法是根据所要求的置信度按下列步骤进行检验,置信度为测定值落在某一区间的概率,用"P"表示,落在此范围以外的概率为 1-P,称为显著性水平,用 α 表示。

(1) 将各数据从小到大排列:$x_1, x_2, x_3, \cdots, x_n$;

(2) 根据测定次数,按表 2-3 中计算公式计算 $Q_{计}$;

(3) 在表 2-3 中查得 Q_α;

(4) 比较 Q_α 与 $Q_{计}$:

若 $Q_计 \leqslant Q_{0.05}$，可疑值为正常值，应保留；
若 $Q_{0.05} < Q_计 \leqslant Q_{0.01}$，可疑值为偏离值，可保留；
若 $Q_计 > Q_{0.01}$，可疑值应舍去。

【例 2-11】 某一试验的 5 次测量值分别为：2.63、2.50、2.65、2.63、2.65，试用 Q 检验法检验测定值 2.50 是否为离群值？

解 从表 2-3 中可知，当 $n=5$ 时，用下式计算：

$$Q_计 = \frac{x_2 - x_1}{x_n - x_1} = \frac{2.63 - 2.50}{2.65 - 2.50} = 0.867$$

查表 2-3，$n=5$、$\alpha=0.05$ 时，$Q_{(5,0.05)} = 0.642$；$Q_{(5,0.01)} = 0.780$，$Q_计 > Q_{(5,0.01)}$，故 2.50 应予舍弃。

Q 检验的缺点是，没有充分利用测定数据，仅将可疑值与相邻数据比较，可靠性差。
在测定次数少时，如 3～5 次测定，误将可疑值判为正常值的可能性较大。Q 检验可以重复检验至无其他可疑值为止。但要注意，Q 检验法检验公式，随 n 不同略有差异，在使用时应予注意。

表 2-3 Q 检验的统计量与临界值

统计量	n	显著性水平 α	
		0.01	0.05
$Q = \dfrac{x_n - x_{n-1}}{x_n - x_1}$（检验 x_n） $Q = \dfrac{x_2 - x_1}{x_n - x_1}$（检验 x_1）	3	0.988	0.941
	4	0.889	0.765
	5	0.780	0.642
	6	0.698	0.560
	7	0.637	0.507
$Q = \dfrac{x_n - x_{n-1}}{x_n - x_2}$（检验 x_n） $Q = \dfrac{x_2 - x_1}{x_{n-1} - x_1}$（检验 x_1）	8	0.683	0.554
	9	0.635	0.512
	10	0.597	0.477
$Q = \dfrac{x_n - x_{n-2}}{x_n - x_2}$（检验 x_n） $Q = \dfrac{x_3 - x_1}{x_{n-1} - x_1}$（检验 x_1）	11	0.679	0.576
	12	0.642	0.546
	13	0.615	0.521
$Q = \dfrac{x_n - x_{n-2}}{x_n - x_2}$（检验 x_n） $Q = \dfrac{x_3 - x_1}{x_{n-2} - x_1}$（检验 x_1）	14	0.641	0.546
	15	0.616	0.525
	16	0.595	0.507
	17	0.577	0.490
	18	0.561	0.475
	19	0.547	0.462
	20	0.535	0.450
	21	0.524	0.440
	22	0.514	0.430
	23	0.505	0.421
	24	0.497	0.413
	25	0.489	0.406

3. G 检验法（Grubbs 法或 T 检验法）

采用格鲁布斯检验法判断可疑值时，要将样本的平均值 $\bar{x}$ 和实验标准偏差 s 引入算式，

样本的平均值 $\bar{x}$ 和实验标准偏差 s 是正态分布中的两个最重要的样本参数，利用了所有的测量数据作为判断依据，因此判断的准确性要比 Q 检验法好，但缺点是计算量较大，手续稍麻烦。具体步骤如下：

(1) 将各数据从小到大排列：$x_1, x_2, x_3, \cdots, x_n$；其中 x_1 或 x_n 为可疑数据；

(2) 计算 $\bar{x}$（包括可疑值 x_1、x_n 在内），$|x_{可疑} - \bar{x}|$ 及 s；

(3) 计算 $G_{计}$，$G_{计} = \dfrac{|x_{可疑} - \bar{x}|}{s}$；

(4) 查表 2-4 得 $G_{f,\alpha}$；

(5) 比较 $G_{计}$ 与 $G_{f,\alpha}$，若 $G_{计} \geqslant G_{f,\alpha}$ 则舍去可疑值；$G_{计} < G_{f,\alpha}$ 则保留可疑值。

表 2-4　$G_{f,\alpha}$ 值表

测量次数 n	自由度 f	$G_{f,\alpha}$ 值		
		显著性水平 $\alpha=0.05$	显著性水平 $\alpha=0.025$	显著性水平 $\alpha=0.01$
3	2	1.15	1.15	1.15
4	3	1.46	1.48	1.49
5	4	1.67	1.71	1.75
6	5	1.82	1.89	1.94
7	6	1.94	2.02	2.10
8	7	2.03	2.13	2.22
9	8	2.11	2.21	2.32
10	9	2.18	2.29	2.41
11	10	2.23	2.36	2.48
12	11	2.29	2.41	2.55
13	12	2.33	2.46	2.61
14	13	2.37	2.51	2.63
15	14	2.41	2.55	2.71
20	19	2.56	2.71	2.88
21	20	2.58	2.74	2.91
31	30	2.76	2.93	3.12
51	50	2.96	3.14	3.34
101	100	3.21	3.39	3.60

【例 2-12】　一组数据 6.12、6.82、6.22、6.30、6.02、6.32 中有无离群值？是舍是留？（置信度 95%）

解　6.82 为可疑值（离群值）。平均值为 $\bar{x} = 6.30$，$s = 0.28$

$$G_{计} = \frac{|x_{可疑} - \bar{x}|}{s} = \frac{6.82 - 6.30}{0.28} = 1.86$$

查 95% 置信度表知 $G_{计} > G_{5,0.05} = 1.82$（$n=6$），故离群值 6.82 应舍去。

学习小结

1. 有效数字

有效数字是指在分析工作中实际能够测量得到的数字。有效数字修约规则为"四舍六入五取舍"。

2. 分析结果的表示及数据处理

有效数字运算规则：几个数据相加减时，最后结果的有效数字保留，应以小数点后位数最少的数据为准；几个数据相乘或相除时，它们的积或商的有效数字位数的保留必须以各数据中有效数字位数最少的数据为准。对数据进行乘方或开方时，所得结果的有效数字位数保

留应与原数据相同；所取对数的小数点后的位数（不包括整数部分）应与原数据的有效数字的位数相等。

3. 可疑数据的取舍

主要有四倍法（$4\bar{d}$）、Q 检验法、G 检验法（Grubbs 法或 T 检验法）。

想一想

1. 两位分析者同时测定某一试样中硫的质量分数，称取试样均为 3.5g，报告结果如下，甲：0.042%，0.041%；乙：0.04099%，0.04201%。谁的报告是合理的？

2. 用 $Na_2C_2O_4$ 标定 $KMnO_4$ 溶液得到 4 个结果，分别为：0.1015mol/L，0.1012mol/L，0.1019mol/L 和 0.1013mol/L，用 Q 检验法来确定 0.1019mol/L 是否应舍去？

练一练测一测

一、选择题

1. 滴定管在记录读数时，小数点后应保留（　　）位。
   A. 1　　　　　　B. 2　　　　　　C. 3　　　　　　D. 0

2. 分析工作中实际能够测量到的数字称为（　　）。
   A. 精密数字　　B. 准确数字　　C. 可靠数字　　D. 有效数字

3. 有效数字是指实际上能测量得到的数字，只保留末一位（　　）数字，其余数字均为准确数字。
   A. 可疑　　　　B. 准确　　　　C. 不可读　　　D. 可读

4. 欲测某水泥熟料中的 SO_3 含量，由五人分别进行测定。试样称取量皆为 2.2g，五人获得五份报告如下，哪一份报告是合理的。（　　）
   A. 2.0852%　　B. 2.085%　　　C. 2.08%　　　D. 2.1%

5. 将 1245 修约为三位有效数字，正确的是（　　）。
   A. 1240　　　　B. 1250　　　　C. 1.24×10^3　　D. 1.25×10^3

6. 下列四个数据中修约为四位有效数字后为 0.7314 的是（　　）。
   A. 0.73146　　B. 0.731349　　C. 0.73145　　　D. 0.731451

7. 按 Q 检验法（当 $n=4$ 时，$Q_{0.90}=0.76$），下列哪组数据中有异常值，应予以删除。（　　）
   A. 3.03；3.04；3.05；3.13　　　　B. 97.50；98.50；99.00；99.50
   C. 0.1042；0.1044；0.1045；0.1047　D. 0.2122；0.2126；0.2130；0.2134

8. 某标准溶液的浓度，其三次平行测定结果为：0.1023mol/L、0.1020mol/L、0.1024mol/L，如果第四次测定结果不为 Q 检验法（$n=4$，$Q_{0.95}=0.76$）所弃去，则其最低值应为（　　）。
   A. 0.1008mol/L　B. 0.1027mol/L　C. 0.1023mol/L　D. 0.1010mol/L

9. 某煤中水分含量在 5%～10% 之间时，规定平行测定结果的允许绝对偏差不大于 0.3%，对某一煤实验进行 3 次平行测定，其结果分别为 7.17%、7.31% 及 7.72%，应弃去的是（　　）。
   A. 7.17%　　　B. 7.31%　　　C. 7.72%　　　D. 7.17%、7.31%

10. 若一组数据中最小测定值为可疑时，用 $4\bar{d}$ 法检验是否 ≥4 的公式为（　　）。
    A. $|x_{mix} - M|/\bar{d}$　　　　　　B. s/R
    C. $(x_n - x_{n-1})/R$　　　　　　D. $(x_2 - x_1)/(x_n - x_1)$

二、判断题

1. $0.650 \times 100 = 0.630 \times (100+V)$ 中求出的 V 有 3 位有效数字。 （　）
2. $pH=3.05$ 的有效数字是三位。 （　）
3. 有效数字中的所有数字都是准确有效的。 （　）
4. 在分析数据中，所有的"0"都是有效数字。 （　）
5. $pH=3.05$ 的有效数字是两位。 （　）
6. 6.78850 修约为四位有效数字是 6.788。 （　）
7. Q 检验法适用于测定次数为 $3 \leqslant n \leqslant 10$ 时的测试。 （　）
8. 分析中遇到可疑数据时，可以全部舍去。 （　）

三、计算题

1. 某计算式为：$1+105.26+106.42+104.09+101.09+10-2.31+10-6.41$，按有效数字规则其结果是多少？
2. 计算 $9.25 \times 0.21334 \div (1.200 \times 100)$ 的结果是多少？
3. 某一试验的 5 次测量值分别为：2.63，2.50，2.65，2.63，2.65，试用 Q 检验法检验测定值 2.50 是否应舍弃。
4. 各实验室分析同一样品，各实验室测定的平均值按由小到大顺序为：4.41，4.46，4.50，4.51，4.64，4.75，4.81，4.95，5.01，5.39，用 G 检验法检验最大均值 5.39 是否应该被删除。（置信度 95%）
5. 分析试样中钙含量，得到以下结果：20.48%，20.56%，20.53%，20.57%，20.70%。按 $4\bar{d}$ 法检验 20.70% 应否弃去。
6. 用某法分析汽车尾气中 SO_2 含量（%），得到下列结果：4.88，4.92，4.90，4.87，4.86，4.84，4.71，4.86，4.89，4.99。(1) 用 Q 检验法判断有无异常值需舍弃？(2) 用 G 检验法判断有无异常值需舍弃？（置信度 95%）

任务四　实验结果的表述及实验报告的书写

1. 掌握正确记录实验数据的方法。
2. 掌握实验报告的填写方法及结果的正确表述方法。

定量分析的任务是准确测定试样中有关组分的含量。为了得到准确的分析结果，不仅要精确地进行各种测量，还要正确地记录实验数据和报告分析结果。分析结果的数据不仅表达试样中被测组分的含量，还反映测量的准确度。因此，学会正确地记录实验数据、书写实验报告、报告分析结果，是分析人员不可缺少的基本业务素质。

相关知识

一、实验数据的记录

实验数据的记录应做到及时、准确、简明，不追记、漏记和凭想象记。其基本要求如下：

（1）学生应有专门的记录本，并标上页码，不得撕去其中任何一页，也不能把数据记在单页纸上，或随意记在其他地方。

微课 2-5　实验数据的记录

(2) 实验记录上要写明日期、任务名称、测定次数、实验数据及检查人。
(3) 记录及时准确。
(4) 记录测量数据时,其数字的准确度应与分析仪器的准确度一致。如用万分之一的分析天平称量时,要记录至 0.0001g。常用滴定管的最小刻度是 0.1mL,而读数时要读到 0.01mL。
(5) 原始数据不准随意涂改,不能缺项。在实验过程中,如发现数据记错、测错或读错需要改动时,可将该数据用一横线划去,并在其上方写上正确的数字。
(6) 实验结束后,应检查记录是否正确、合理、齐全,是否需要重新测定等。

二、分析结果的表述

在常规分析中,通常是一个试样平行测定 3 次,在不超过允许的相对误差范围内,取 3 次测定结果的平均值。分析结果一般报告 3 项值:测定次数、被测组分含量的平均值和标准偏差。

在实际工作中,当判断检查数据是否符合标准要求时,应将所得的测量值与标准规定的极限值做比较。比较方法有以下两种。

微课 2-6 分析结果的表述

(一) 修约值比较法

将测定值进行修约,修约位数与标准规定的极限数值位数一致,再进行比较,以判定该测定值是否符合标准要求。修约值比较法示例见表 2-5。

表 2-5 修约值比较法示例

项目	极限数值	测定值	修约值	是否符合标准要求
NaOH 含量/%	≥97.0	97.0	97.0	符合
		96.96	97.0	符合
		96.93	96.9	不符合
		97.0	97.0	符合

(二) 全数值比较法

将检验所得的数值不经修约处理(或做修约处理,但应标明它是经舍、进或不进不舍而得),用数值的全部数字与标准规定的极限值做比较,以判定该测定值是否符合标准要求。全数值比较法示例见表 2-6。

表 2-6 全数值比较法示例

项目	极限数值	测定值	修约值	是否符合标准要求
NaOH 含量/%	≥97.0	97.01	97.0(+)	符合
		96.96	97.0(−)	不符合
		96.93	96.9(+)	不符合
		97.00	97.0	符合

以上所述,若标准中极限数值未加说明,均采用全数值比较法。

在标定所配制的标准溶液浓度时,要求计算测定值按测定的准确度多保留一位数字。报出结果时按舍、进或不舍不进的修约值表示。

微课 2-7 实验报告的书写

三、实验报告的书写

实验报告是总结实验情况,分析实验中出现的问题,归纳总结实验结果,提高学习能力不可缺少的环节。

独立地书写完整、规范的实验报告，是一名分析人员必须具备的能力，是信息加工能力的表现。因此，实验结束后，要及时地按要求完成实验报告，并注意不断总结。

（一）书写实验报告

书写实验报告时要用钢笔或圆珠笔填写，文字要科学规范、表达简明、字迹工整、报告整洁。实验原理部分既要简洁又不能遗漏。实验报告一般包括以下内容：

1. 实验名称、实验日期
2. 实验目的
3. 实验原理

例如滴定分析应包括滴定反应式、测定方法、测定条件、化学计量点的 pH 值、指示剂的选择及使用的酸度范围和终点现象。

4. 实验所需的试剂、仪器和物品

包括特殊仪器的型号及标准溶液的浓度。

5. 实验步骤

实验步骤的描述要按操作的先后顺序，用箭头流程图表示。

6. 实验数据及处理

采用列表法处理实验数据更为清晰、规范。列表法具有简明、一目了然等优点。滴定分析和重量分析法常用此法，包括测定次数、数据、结果计算式、平均值、相对极差等内容。涉及的实验数据应使用法定计量单位。

7. 实验误差分析

分析误差产生的原因，实验中应注意的问题及改进措施。

（二）开具分析报告

要开出完整、规范的分析报告，必须具备查阅产品标准及法定计量单位的能力，还要掌握生产工艺控制指标，这样才能对所检验的项目做出正确的结论。同时填写要求字迹清晰、数字用印刷体表示。分析报告的主要内容见表 2-7。

表 2-7　分析报告的主要内容

样品名称、编号	实验项目	平行测定次数	测定平均值、相对极差	实验结论	检验人、复核人、分析日期

学习小结

实验数据的规范记录及实验报告的完整书写。

想一想

1. 分析检验人员一般具有哪些专业能力？
2. 实验数据的记录有哪些注意事项？
3. 根据所学，设计"高锰酸钾标准溶液的标定"这个实验的数据记录表。

练一练测一测

1. 国家标准规定，工业碳酸钠优等品总碱量（以 Na_2CO_3 计）$\geqslant 99.2\%$；氯化物（以 NaCl 计）$\leqslant 0.70\%$；铁（Fe）含量 $\leqslant 0.004\%$；水不溶物含量 $\leqslant 0.04\%$。某分析人员分析一试样后在质量证明书上报出下列数据，哪些是错误的？哪些是正确的？

总碱量（以 Na_2CO_3 计）为 99.52%　　氯化物（以 NaCl 计）为 0.45%

铁（Fe）含量为 0.0022%　　　　　水不溶物含量为 0.02%

2. 欲测定水泥熟料中的 SO_3 含量，由 4 人分别测定。试样称取 2.164g，四份报告如下，哪些是合理的？哪些是不合理的？

2.163%　　　2.1634%　　　2.16%　　　2.2%

任务五　认识滴定分析

　　滴定分析法是根据化学反应进行分析的方法。由于这种测定方法是以测量体积为基础，所以又被称为容量分析法。这种分析方法所使用的仪器简单，操作方便、快速，滴定误差一般在±0.1%左右，适用于被测组分含量为 1% 以上的常量分析。运用滴定分析法可以实现对许多无机物和有机物的快速测定。

1. 了解滴定分析法的特点，掌握滴定分析法中的基本术语。
2. 掌握滴定分析法的类别，熟悉滴定分析的滴定方式。

一、滴定分析法的常用术语

1. 滴定分析法

　　滴定分析法是化学分析法中的重要分析方法之一。将一种已知其准确浓度的标准溶液滴加到被测物质的溶液中，直到化学反应完全时为止，然后根据所用标准溶液的浓度和体积求得被测组分的含量，这种方法称为滴定分析法。由于这种测定方法是以测量溶液体积为基础，故又称容量分析法。

2. 标准溶液

　　已知准确浓度的试剂溶液称为标准溶液。因标准溶液装在滴定管中用于滴定，所以又称为标准滴定溶液或滴定剂。

3. 滴定

　　滴定时标准溶液装在滴定管中，通过滴定管逐滴加入盛有一定量被测物溶液的锥形瓶（或烧杯）中进行测定的这一操作过程称为滴定。被测物质的溶液称为试液。

4. 化学计量点

　　当加入标准滴定溶液的量与被测物质的量恰好符合化学反应式所表示的化学计量关系时，称反应到达化学计量点，简称计量点，亦称为等量点，以 sp 表示。

5. 指示剂

　　在化学计量点时，反应往往没有易被人察觉的外部特征，因此通常加入某种试剂，利用该试剂的颜色突变来判断化学计量点的到达。这种能通过改变颜色确定化学计量点是否到达的试剂称为指示剂。

6. 滴定终点

　　滴定时，指示剂颜色改变的那一点称为滴定终点，简称终点，以 ep 表示。另外也可以用仪器分析方法来确定滴定终点。

7. 终点误差

　　滴定终点往往与理论上的化学计量点不一致，它们之间存在很小的差别，由此造成的误差称为终点误差。终点误差是滴定分析误差的主要来源之一,其大小决定于化学反应的完全程度和指示剂的选择。

二、滴定分析法对化学反应的要求

(1) 反应要按一定的化学方程式进行,即有确定的化学计量关系。
(2) 反应必须定量进行,反应接近完全(>99.9%)。
(3) 反应速率要快。或可通过改变温度、酸度、加入催化剂或改变滴定程序等方法来加快反应速率。
(4) 必须有适当的方法确定滴定终点。简便可靠的方法是选择合适的指示剂。

按照这些要求,可以选择适当的反应,亦可将一些反应条件加以改变,使之满足于滴定分析的要求。

三、滴定分析法的分类

滴定分析法中,根据标准滴定溶液和待测组分间的反应类型不同,可分为以下四大类。

1. 酸碱滴定法

以质子传递反应为基础的一种滴定分析方法。可用于测定酸、碱和两性物质。

反应实质: $\quad H_3O^+ + OH^- \rightleftharpoons 2H_2O$

(质子传递) $\quad H_3O^+ + A^- \rightleftharpoons HA + H_2O$

2. 配位滴定法

以配位反应为基础的一种滴定分析方法。可用于测定金属离子。若用 EDTA 作配位剂,则反应为:

$$M^{n+} + Y^{4-} \rightleftharpoons MY^{(4-n)-} \text{(产物为配合物或配离子)}$$

3. 氧化还原滴定法

以氧化还原反应为基础的一种滴定分析方法。用于测定氧化还原性物质或能与氧化还原性物质定量反应的不具有氧化还原性的物质。如重铬酸钾法测铁,反应式如下:

$$Cr_2O_7^{2-} + 6Fe^{2+} + 14H^+ \rightleftharpoons 2Cr^{3+} + 6Fe^{3+} + 7H_2O$$

4. 沉淀滴定法

以沉淀反应为基础的一种滴定分析方法。主要有银量法,用于测定卤素离子、Ag^+、CN^-、SCN^-。如银量法测定 Cl^- 的反应式如下:

$$Ag^+ + Cl^- \rightleftharpoons AgCl \downarrow \text{(白色)}$$

也可根据滴定方式的不同,分为以下四大类。

1. 直接滴定法

用标准滴定溶液直接滴定被测物质溶液的方法叫直接滴定法。直接滴定法是最常用、最基本的滴定方式,简便、快速、引入的误差小。凡能满足滴定分析要求的反应都可以用直接滴定方式,否则要采用以下方式进行。

2. 返滴定法(剩余量回滴法)

先向待测物质中准确加入一定量的过量标准溶液与其充分反应,然后再用另一种标准滴定溶液滴定剩余的前一种标准溶液,最后根据反应中所消耗的两种标准溶液的浓度和体积,求出待测物质的含量,这种滴定方式称为返滴定法。此滴定方式中用到两种标准溶液,一种过量加入,一种用于返滴定过量的标准溶液,适用于滴定反应速率慢、需要加热或直接滴定无合适指示剂的滴定反应。

如 Al^{3+} 测定,EDTA 与 Al^{3+} 反应慢,先加入过量的 EDTA 标准溶液 与 Al^{3+} 反应,反

应完全后再用 Zn^{2+} 标准滴定溶液滴定剩余的 EDTA 标准溶液。

3. 置换滴定法

对于不按一定的计量关系进行反应或有副反应的反应，可加入适当的试剂，使试剂和被测物反应置换出一定量的能被滴定的物质，再用适当的滴定剂滴定，通过计量关系求含量，这种滴定方式称为置换滴定法。

如：NH_4Cl、$(NH_4)_2SO_4$ 等铵盐，NH_4^+ 的 $K_a=5.5\times10^{-10}$，离解常数较小，不能与碱定量反应，加入甲醛试剂与其反应，$4NH_4^+ +6HCHO \longrightarrow (CH_2)_6N_4H^+ +3H^+ +6H_2O$，生成的 $(CH_2)_6N_4H^+$（$K_a=7.4\times10^{-6}$）和 H^+ 能与碱定量反应。

再如：$S_2O_3^{2-} +Cr_2O_7^{2-} \longrightarrow S_4O_6^{2-}/SO_4^{2-}$ （有副反应）

先加入 KI 置换出 I_2：$Cr_2O_7^{2-} +6I^- +14H^+ \Longleftrightarrow 2Cr^{3+} +3I_2 +7H_2O$

再用 $Na_2S_2O_3$ 滴定：$2S_2O_3^{2-} +I_2 \Longleftrightarrow S_4O_6^{2-} +2I^-$

4. 间接滴定法

对于不和滴定剂直接反应的物质，可通过其他的化学反应，生成一定量能被滴定的物质，再用适当的滴定剂滴定，通过计量关系求含量，这种滴定方式称为间接滴定法。

如 $KMnO_4$ 法测 Ca^{2+}，$KMnO_4$ 与 Ca^{2+} 不能发生氧化还原反应。先在被测物 Ca^{2+} 中加入 $C_2O_4^{2-}$，Ca^{2+} 与 $C_2O_4^{2-}$ 形成溶解度很小的 CaC_2O_4 沉淀，$Ca^{2+} +C_2O_4^{2-} \Longleftrightarrow CaC_2O_4 \downarrow$，沉淀经过滤、洗涤、除杂后加入硫酸使其溶解并使溶液保持酸性，以已知准确浓度的 $KMnO_4$ 标准滴定溶液滴定 $C_2O_4^{2-}$，MnO_4^- 可以与 $C_2O_4^{2-}$ 迅速反应并反应完全，就可以间接测定 Ca^{2+} 的含量。

返滴定法、置换滴定法和间接滴定法的应用大大扩展了滴定分析的应用范围。

四、滴定分析法的特点

（1）此法适于组分含量在 1% 以上各种物质的测定；
（2）该法快速、准确、仪器设备简单、操作简便；
（3）用途广泛。

学习小结

（1）滴定分析法常用术语：滴定分析法；标准溶液；滴定；化学计量点；指示剂；滴定终点；终点误差。
（2）滴定分析法对化学反应的要求。
（3）滴定分析法的分类：按化学反应类型分类；按滴定方式分类。

想一想

1. 滴定分析法对化学反应的要求有哪些？
2. 滴定分析法是如何分类的？

练一练测一测

一、单选题

1. 以下不属于滴定分析的是（　　）。
A. 用氢氧化钠标准溶液测定醋酸的浓度　　B. 用高锰酸钾标准溶液测定过氧化氢的含量
C. 用氯化钡法测定硫酸钠的含量　　D. 用 EDTA 标准溶液测定水中钙、镁离子的浓度

2. 盐酸标准溶液测定样品的碱度属于（　　）。
   A. 酸碱滴定法　　　B. 配位滴定法　　　C. 氧化还原滴定法　D. 沉淀滴定法
3. EDTA 法测定水的总硬度属于（　　）。
   A. 酸碱滴定法　　　B. 配位滴定法　　　C. 氧化还原滴定法　D. 沉淀滴定法
4. 用重铬酸钾标准溶液测定二价铁离子属于（　　）。
   A. 酸碱滴定法　　　B. 配位滴定法　　　C. 氧化还原滴定法　D. 沉淀滴定法
5. 硝酸银标准溶液测定样品中的氯离子含量属于（　　）。
   A. 酸碱滴定法　　　B. 配位滴定法　　　C. 氧化还原滴定法　D. 沉淀滴定法
6. 在含铝离子的试液中先加入过量的 EDTA 标准溶液 与 Al^{3+} 反应，然后用 Zn^{2+} 标准滴定溶液滴定剩余的 EDTA 标准溶液，这种滴定方式属于（　　）。
   A. 直接滴定　　　B. 间接滴定　　　C. 返滴定　　　D. 置换滴定
7. 在含 $Cr_2O_7^{2-}$ 的试液中先加入 KI 生成 I_2，然后再用 $Na_2S_2O_3$ 滴定，这种滴定方式属于（　　）。
   A. 直接滴定　　　B. 间接滴定　　　C. 返滴定　　　D. 置换滴定
8. $KMnO_4$ 法测定 Ca^{2+} 时，先在被测物中加入 $C_2O_4^{2-}$，形成溶解度很小的 CaC_2O_4 沉淀，沉淀经过滤、洗涤，除杂质后加入硫酸使其溶解并使溶液保持酸性，然后用 $KMnO_4$ 标准滴定溶液滴定 $C_2O_4^{2-}$，这种滴定方式属于（　　）。
   A. 直接滴定　　　B. 间接滴定　　　C. 返滴定　　　D. 置换滴定
9. 以酚酞为指示剂，用氢氧化钠标准溶液测定稀醋酸的浓度，这种滴定方式属于（　　）。
   A. 直接滴定　　　B. 间接滴定　　　C. 返滴定　　　D. 置换滴定
10. 能通过改变颜色确定化学计量点是否到达的试剂称为（　　）。
    A. 标准试剂　　　B. 基准试剂　　　C. 指示剂　　　D. 滴定试剂

二、名词解释

1. 滴定剂（标准溶液）
2. 滴定
3. 化学计量点
4. 指示剂
5. 滴定终点
6. 滴定误差

三、多选题

1. 以下属于滴定分析的是（　　）。
   A. 用盐酸标准溶液测定混合碱的含量　　B. 用碘标准溶液测定维生素 C 的含量
   C. 用氯化钡法测定硫酸钠的含量　　　　D. 用 EDTA 标准溶液测定锌离子的浓度
   E. 用硝酸银标准溶液测定氯化钠的含量
2. 滴定分析法对滴定反应的要求有（　　）。
   A. 反应要按一定的化学方程式进行，即有确定的化学计量关系
   B. 不能通过改变温度、酸度、加入催化剂或改变滴定程序等方法来加快反应速率
   C. 反应速率要快
   D. 必须有适当的方法确定滴定终点，简便可靠的方法是选择合适的指示剂
   E. 反应必须定量进行，反应接近完全（>99.9%）
3. 滴定分析按反应类型可分为（　　）。
   A. 酸碱滴定法　　　　　　B. 配位滴定法　　　　　　C. 氧化还原滴定法

D. 沉淀滴定法　　　　　　　　E. 置换滴定法
4. 滴定分析按滴定方式可分为（　　）。
   A. 直接滴定　　　　　　B. 配位滴定　　　　　　C. 置换滴定
   D. 返滴定　　　　　　　E. 间接滴定
5. 酸碱滴定法可用于测定（　　）。
   A. 酸性物质　　　　　　B. 氧化性物质　　　　　C. 还原性物质
   D. 碱性物质　　　　　　E. 两性物质
6. 滴定分析法具有以下特点（　　）。
   A. 适于组分含量在 1% 以上各种物质的测定　　　B. 该法快速、准确
   C. 仪器设备简单、操作简便　　　　　　　　　　D. 适于任何化学反应
   E. 用途广泛
7. 下列哪些物质本身不能与碱定量反应，但可通过加入甲醛试剂与其反应，生成的 H^+ 能与碱定量反应（　　）。
   A. NH_4Cl　　B. $(NH_4)_2SO_4$　　C. Na_2SO_4　　D. $NaCl$　　E. $HCOOH$
8. 以沉淀反应为基础的银量法，用于测定（　　）。
   A. NO_3^-　　B. 卤素离子　　C. Ag^+　　D. SCN^-　　E. CN^-
9. 氧化还原滴定法用于测定（　　）。
   A. 金属离子　　　　　　B. 非金属离子　　　　　　C. 氧化还原性物质
   D. 能与氧化还原性物质定量反应的不具有氧化还原性的物质　E. 任何物质
10. 凡能满足对滴定反应要求的反应都可以用直接滴定方式，否则要采用以下（　　）方式进行。
    A. 间接滴定　　　　　　B. 返滴定　　　　　　　C. 置换滴定
    D. 微量滴定　　　　　　E. 自动滴定

四、判断题
1. 滴定终点与化学计量点没有区别。　　　　　　　　　　　　　　　　　（　　）
2. 滴定分析法是以测量溶液体积为基础，故又称容量分析法。　　　　　　（　　）
3. 氧化还原滴定只能用于测定氧化还原性物质。　　　　　　　　　　　　（　　）
4. 滴定分析法适用于被测组分含量为 1% 以上的常量分析。　　　　　　 （　　）
5. 因标准溶液常装在滴定管中用于滴定，所以又称为标准滴定溶液或滴定剂。（　　）
6. 装在滴定管中的标准溶液，以任意速度加入盛有被测物溶液的锥形瓶中的操作称为滴定。　　　　　　　　　　　　　　　　　　　　　　　　　　　　　　（　　）
7. 除指示剂外，也可以用仪器分析方法来确定滴定终点。　　　　　　　　（　　）
8. 配位滴定法是以配位反应为基础的一种滴定分析方法，一般用于测定非金属离子。　　　　　　　　　　　　　　　　　　　　　　　　　　　　　　　（　　）
9. 返滴定法适用于滴定反应速率慢、需要加热或直接滴定无合适指示剂的滴定反应。　　　　　　　　　　　　　　　　　　　　　　　　　　　　　　　（　　）
10. 凡能满足滴定分析要求的反应都可以用直接滴定方式，否则只能采用间接滴定方式进行。　　　　　　　　　　　　　　　　　　　　　　　　　　　（　　）

任务六　标准溶液的配制

任务要求

1. 掌握基准物质的概念和条件，了解常用基准物质及其处理方法和条件。

2. 掌握表示标准溶液浓度的两种方法。
3. 掌握配制标准溶液的两种方法，了解标准溶液的储存方法。

一、基准物质

用于直接配制标准溶液或标定滴定分析中标准滴定溶液浓度的物质称为基准物质。基准物质须具备以下条件。

(1) 组成恒定：实际组成与化学式符合；
(2) 纯度高：一般纯度应在 99.9% 以上；
(3) 性质稳定：保存或称量过程中不分解、不吸湿、不风化、不易被氧化等；
(4) 具有较大的摩尔质量：称取质量大，称量误差小；
(5) 使用条件下易溶于水（或稀酸、稀碱）。

常用的基准物质，虽然符合上述条件，但由于储存及微量杂质等因素的影响会带来一定误差，因而使用前都要经过一定的处理。处理方法及条件随基准物质的性质及杂质种类而不同，具体见附录一。

利用基准物质除配制成标准溶液外，更多的是用来确定未知溶液的准确浓度。

二、标准溶液浓度的表示方法

（一）物质的量浓度

以单位体积溶液里所含溶质 B（B 表示各种溶质）的物质的量来表示溶液组成的物理量，叫作溶质 B 的物质的量浓度。单位 mol/L。

$$c_B = \frac{n_B}{V_{溶液}}$$

（二）滴定度

在滴定分析中为了计算方便，常用滴定度表示标准溶液的浓度。滴定度是指 1mL 标准溶液中所含溶质的质量，或相当于待测组分的质量。常以"T"表示，单位为 g/mL。

以每毫升溶液所含溶质的质量表示时，称为直接滴定度，用符号用 T_s 表示，s 为标准溶液化学式。例如 $T_{AgNO_3} = 0.007649 \text{g/mL}$，表示 1mL $AgNO_3$ 标准溶液中含有 $AgNO_3$ 0.007649g。

以每毫升溶液相当于待测组分的质量表示时，用符号 $T_{B/s}$ 表示，B 为被测组分的化学式，s 为标准溶液化学式。例如 $T_{Na_2CO_3/HCl} = 0.005300 \text{g/mL}$，表示 1mL HCl 标准溶液相当于 Na_2CO_3 0.005300g。

三、标准溶液浓度大小选择的依据

(1) 滴定终点的敏锐程度；
(2) 测量标准溶液体积的相对误差；
(3) 分析试样的成分和性质；
(4) 对分析结果准确度的要求。

四、配制标准溶液的方法

(一) 直接配制法

准确称量一定量的基准物质,溶解于适量溶剂后定量转移至容量瓶中,定容,摇匀,然后根据称取基准物质的质量和容量瓶的体积计算出该标准溶液的准确浓度。

如:称取基准物质无水 Na_2CO_3 2.6820g,以水溶解后,定量转移至 500mL 容量瓶中,定容,摇匀。其准确浓度为 $c_{Na_2CO_3}=0.05060mol/L$。计算如下:

$$c_{Na_2CO_3}=\frac{m_{Na_2CO_3}}{M_{Na_2CO_3}V_{Na_2CO_3}}=\frac{2.6820}{106.0\times 500.0\times 10^{-3}}=0.05060mol/L$$

直接配制法只适用于用基准物质来配制标准溶液,对于非基准物质应用间接配制法进行配制。

(二) 间接配制法 (标定法)

间接配制法也叫标定法。它是将试剂先配制成近似浓度的溶液,然后再用基准物或标准溶液确定其准确浓度。从步骤来看,第一步叫配制,第二步叫标定。

1. 配制

固体物质应在托盘天平上粗称所需的质量,溶解后,稀释成所需体积,摇匀,待标定。

液体溶质或浓溶液,以量筒量取所需体积,然后再稀释成一定的体积,摇匀,待标定。

2. 标定

用已知准确量的物质或溶液确定未知浓度溶液的准确浓度的过程叫标定,也叫标化。一般可选用下列准确量的物质进行标定。

第一种用基准物质标定(直接标定法)。准确称取一定量的基准物质与待标定的溶液作用。按具体步骤可分为称量法和移液管法。

称量法:准确称取若干份小量的基准物质,分别溶解,分别用待标定溶液滴定,然后用每份基准物质的质量与待标定溶液的体积计算浓度,取浓度的平均值,作为该溶液的准确浓度。这种方法称量基准物质的份数较多,随机误差易发现,但称量时间较长。

移液管法:准确称取一份较大量的基准物质,溶解后,于容量瓶中准确稀释成一定体积,摇匀,用移液管分取数份,分别用待标定溶液滴定,由基准物质的质量与待标定溶液的体积计算浓度。这种方法节省称量时间,但是随机误差不易发现,基准物质用量也较多,并且要求使用互相校准过的移液管和容量瓶。

在实际工作中，一般多采用称量法标定溶液的准确浓度。

第二种是用已知浓度的标准溶液标定（互标法）。用已知准确浓度的标准溶液与待标定溶液相互滴定，由各溶液消耗的体积和已知的浓度计算待标定溶液的准确浓度。这种标定方法又称为互标法。

第三种用标准样品标定。将已知含量的标准样品，按测定步骤处理，用待标定溶液滴定，由标准样品质量及待标定溶液所消耗体积计算待标定溶液的准确浓度。这种方法得到的浓度可直接用滴定度表示。由于标准样品的组成与实际样品近似，所以误差较小。

不管采用哪种标定方法标定，都应力求标定过程、反应条件和测定物质含量时一致，这样可以减少和抵消实验中的系统误差。

直接法制备标准溶液比较简单，但是必须有较多量的基准物质，因此，这种方法不适用于配制大量的标准溶液。而标定法只要一般级别的试剂，就可制备大量溶液，节省了比较昂贵的基准物质，当标定条件与测定条件相同时，又可以减少误差，其缺点是标定耗费时间较长。

五、标准溶液的保存

制备好的标准溶液应保管好，使其浓度稳定不变。依据溶液的性质，一般应注意以下问题。

（1）标准溶液应密封保存，防止溶剂蒸发。

（2）见光易挥发分解的溶液应储存于棕色磨口瓶中。如 $KMnO_4$、$Na_2S_2O_3$、$AgNO_3$ 等溶液。

（3）易吸收 CO_2 并能腐蚀玻璃的较浓溶液，应储存于有橡胶塞及内壁涂有石蜡的玻璃瓶或聚乙烯瓶中，如 NaOH、KOH、EDTA 等溶液。对于碱溶液，还应在瓶口加装碱-石灰干燥管，以防止在保存溶液时吸入 CO_2。

（4）由于溶剂易蒸发，挂于瓶内壁，使标准溶液浓度不匀，使用时应先摇匀再使用。

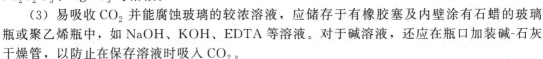

微课 2-11　标准溶液的保存

学习小结

（1）标准溶液的两种浓度表示方式：物质的量浓度；滴定度。

（2）基准物质及其条件，常用的基准物质及其预处理。

（3）标准溶液的配制方法：直接配制法；标定法（直接标定法、互标法）。

想一想

1. 基准物质应满足哪些条件？
2. 写出常见的基准物质及其使用前的干燥条件。
3. 什么叫滴定度？滴定度与物质的量浓度如何换算？
4. 什么是标定？有哪几种方式？

练一练测一测

一、单选题

1. 既可用来标定 NaOH 溶液，也可用作标定 $KMnO_4$ 的物质为（　　）。
   A. 草酸　　　　B. 无水碳酸钠　　　　C. 盐酸　　　　D. 硫酸

2. 配制好的氢氧化钠标准溶液储存于（　　）中。

A. 棕色橡皮塞试剂瓶　　　　　　　　B. 聚乙烯塑料试剂瓶
C. 白色磨口塞玻璃试剂瓶　　　　　　D. 棕色玻璃试剂瓶
3. 下列属于基准物质的是（　　）。
A. 无水碳酸钠　B. 盐酸　　　　　　C. 碘　　　　D. 硫代硫酸钠
4. 下列不属于基准物质的是（　　）。
A. 重铬酸钾　　B. 氢氧化钠　　　　C. 碘酸钾　　D. 草酸钠
5. 下列标准溶液可用直接法配制的是（　　）。
A. 氯化钠溶液　B. 硫酸溶液　　　　C. 碘溶液　　D. EDTA 溶液
6. 下列标准溶液必须用间接法配制的是（　　）。
A. 重铬酸钾溶液　B. 氯化钠溶液　　C. 氢氧化钾溶液　　D. 锌标准溶液
7. 高锰酸钾标准溶液必须保存在（　　）。
A. 棕色橡皮塞试剂瓶　　　　　　　　B. 聚乙烯塑料试剂瓶
C. 白色玻璃试剂瓶　　　　　　　　　D. 棕色磨口塞玻璃试剂瓶
8. GB/T 601—2002 规定：标定工作应由两人在相同条件下各做（　　）份平行实验。
A. 一　　　　　B. 二　　　　　　　C. 三　　　　D. 四
9. 标定工作中，在运算标准溶液浓度过程中可保留（　　）位有效数字。
A. 五　　　　　B. 四　　　　　　　C. 三　　　　D. 二
10. 标定工作中，最终标准溶液浓度值报出结果取（　　）位有效数字。
A. 一　　　　　B. 二　　　　　　　C. 三　　　　D. 四

二、多选题
1. 以下属于基准物质条件的是（　　）。
A. 实际组成与化学式符合　　　　　　B. 一般纯度应在 99.99% 以上
C. 性质稳定　　　　　　　　　　　　D. 具有较大的摩尔质量
E. 使用条件下易溶于水（或稀酸、稀碱）
2. 标准溶液的配制方法有（　　）。
A. 置换法　　　　　B. 直接法　　　　　C. 标定法
D. 稀释法　　　　　E. 定量法
3. 标准溶液的浓度常用以下（　　）形式表示。
A. 体积分数　　　　B. 质量分数　　　　C. 物质的量浓度
D. 滴定度　　　　　E. 比例浓度
4. 必须用棕色磨口瓶储存的标准溶液有（　　）。
A. $KMnO_4$ 溶液　　B. $Na_2S_2O_3$ 溶液　　C. $AgNO_3$ 溶液
D. HCl 溶液　　　　E. NaOH 溶液
5. 可用直接法配制的标准溶液有（　　）。
A. KIO_3 溶液　　　B. NaCl 溶液　　　　C. 钙离子溶液
D. HCl 溶液　　　　E. NaOH 溶液
6. 可用标定法配制的标准溶液有（　　）。
A. $AgNO_3$ 溶液　　B. Na_2CO_3 溶液　　C. EDTA 溶液
D. HCl 溶液　　　　E. NaOH 溶液
7. 选择标准溶液的浓度大小时应考虑（　　）。
A. 滴定终点的敏锐程度　　　　　　　B. 测量标准溶液体积的相对误差
C. 分析试样的成分和性质　　　　　　D. 对分析结果准确度的要求
E. 分析速度的快慢

8. 配制 250mL 碘酸钾标准溶液时应选用的器皿包括（　　）。
A. 500mL 烧杯　　　　B. 100mL 烧杯　　　　C. 玻璃棒
D. 250mL 容量瓶　　　E. 250mL 量筒

9. 配制 1000mL HCl 标准溶液时应选用的器皿包括（　　）。
A. 1000mL 烧杯　　　 B. 10mL 移液管　　　　C. 玻璃棒
D. 1000mL 容量瓶　　 E. 10mL 量筒

10. 易吸收 CO_2 并能腐蚀玻璃的较浓溶液有（　　），应储存于橡胶塞及内壁涂有石蜡的玻璃瓶或聚乙烯瓶中。
A. HCl 溶液　　　　　B. NaOH 溶液　　　　　C. KOH 溶液
D. $KMnO_4$ 溶液　　　E. $AgNO_3$ 溶液

三、判断题

1. 制备的标准溶液浓度与规定浓度相对误差不得大于 10％。（　　）
2. 国家标准规定，一般滴定分析用标准溶液在常温（15～25℃）下使用两个月后，必须重新标定浓度。（　　）
3. 在标定标准溶液使用滴定管时，此滴定管应带校正值。（　　）
4. 滴定度是指每毫升标准滴定溶液相当于被测物质的质量（g 或 mg）。（　　）
5. 盐酸、氢氧化钠标准溶液都可以用直接法配制。（　　）
6. 标准溶液的浓度可以用三位有效数字表示。（　　）
7. 99.0％的无水碳酸钠是基准物。（　　）
8. $K_2Cr_2O_7$ 标准溶液配制好后需要标定。（　　）
9. 制备好的标准溶液应密封保存，防止溶剂蒸发，使其浓度稳定不变。（　　）
10. 称取基准物质 Na_2CO_3 2.6820g，用量筒量取 500mL 水溶解后摇匀，其浓度为 0.05060mol/L。（　　）

任务七　滴定分析结果的计算

任务要求

1. 掌握等物质的量的反应规则，并能正确运用于滴定分析的结果计算。
2. 掌握常见的五种滴定分析计算类型。

相关知识

一、等物质的量的反应规则

1. 内容

在滴定分析中，滴定到达化学计量点时，被测组分的基本单元的物质的量等于所消耗的标准滴定溶液的基本单元的物质的量。

2. 表达式——等量式

$$n_{\frac{1}{Z_1}A} = n_{\frac{1}{Z_2}B}$$

式中，A 为标准滴定溶液；B 为被测组分；$\frac{1}{Z_1}A$、$\frac{1}{Z_2}B$ 分别为 A、B 的基本单元。显然，$n_{\frac{1}{Z}B} = Z n_B$，因此，$c_{\frac{1}{Z}B} = Z c_B$。

3. 滴定分析中基本单元确定的一般规律
(1) 酸碱反应：以提供或接受 1 个 H^+ 的特定组合作为基本单元。
(2) 氧化还原反应：以得到或失去 1 个电子的特定组合作为基本单元。
(3) 沉淀反应：以相当于 1 个 $AgNO_3$ 的特定组合作为基本单元。
(4) 配位反应：以相当于 1 个 EDTA 的特定组合作为基本单元。

二、计算示例

（一）标准滴定溶液浓度计算

【例 2-13】 滴定 25.00mL $KMnO_4$ 溶液，需用 $c_{H_2C_2O_4}=0.2500$mol/L 的 $H_2C_2O_4$ 溶液 26.50mL，求 $c_{\frac{1}{5}KMnO_4}$、c_{KMnO_4}。

解 $5H_2C_2O_4 + 2KMnO_4 + 3H_2SO_4 \rlap{=}= 2MnSO_4 + 10CO_2 + K_2SO_4 + 8H_2O$

$$n_{\frac{1}{5}KMnO_4} = n_{\frac{1}{2}H_2C_2O_4}$$

$$c_{\frac{1}{5}KMnO_4} V_{KMnO_4} = 2c_{H_2C_2O_4} V_{H_2C_2O_4}$$

$$c_{\frac{1}{5}KMnO_4} = \frac{2 \times 0.2500 \times 26.50}{25.00} = 0.5300 \text{mol/L}$$

$$c_{KMnO_4} = \frac{1}{5} \times c_{\frac{1}{5}KMnO_4} = 0.1060 \text{mol/L}$$

【例 2-14】 称取硼砂（$Na_2B_4O_7 \cdot 10H_2O$）0.4853g，用以标定盐酸溶液。已知化学计量点时消耗盐酸溶液 24.75mL，求此盐酸溶液的物质的量浓度。

解 $2HCl + Na_2B_4O_7 \cdot 10H_2O \rlap{=}= 2NaCl + 4H_3BO_3 + 5H_2O$

$$n_{HCl} = n_{\frac{1}{2}Na_2B_4O_7 \cdot 10H_2O}$$

$$c_{HCl} V_{HCl} = \frac{m_{Na_2B_4O_7 \cdot 10H_2O}}{M_{\frac{1}{2}Na_2B_4O_7 \cdot 10H_2O}}$$

$$c_{HCl} = \frac{0.4853}{\frac{1}{2} \times 381.37 \times 24.75 \times 10^{-3}} = 0.1028 \text{mol/L}$$

（二）标准滴定溶液消耗体积估算

【例 2-15】 称取 0.5844g NaCl 溶解于水，用 $c_{AgNO_3}=0.50$mol/L 的 $AgNO_3$ 标准溶液滴定，问需消耗多少 $AgNO_3$ 标准溶液？

解 $AgNO_3 + NaCl \rlap{=}= AgCl + NaNO_3$

$$n_{AgNO_3} = n_{NaCl}$$

$$c_{AgNO_3} V_{AgNO_3} = \frac{m_{NaCl}}{M_{NaCl}}$$

$$V_{AgNO_3} = \frac{0.5844}{58.45 \times 0.50} \times 1000 = 20 \text{mL}$$

（三）标定中基准物质取用量估算

【例 2-16】 标定 $c_{HCl}=0.10$mol/L HCl 溶液，要使 HCl 溶液的消耗体积约为 30mL，应称取多少克无水 Na_2CO_3？

解 $Na_2CO_3 + 2HCl \rlap{=}= 2NaCl + CO_2 + H_2O$

$$n_{HCl} = n_{\frac{1}{2}Na_2CO_3}$$

$$c_{HCl}V_{HCl} = \frac{m_{Na_2CO_3}}{M_{\frac{1}{2}Na_2CO_3}}$$

$$m_{Na_2CO_3} = 0.10 \times 30 \times 10^{-3} \times \frac{1}{2} \times 106.0 = 0.16 \text{g}$$

（四）被测组分含量计算

【例 2-17】 称取工业草酸（$H_2C_2O_4 \cdot 2H_2O$）1.680g，溶解于 250mL 容量瓶中，移取 25.00mL 以 $c_{NaOH} = 0.1045$ mol/L NaOH 标准溶液滴定消耗 24.65mL。求工业草酸的纯度。

解 $\quad H_2C_2O_4 \cdot 2H_2O + 2NaOH = Na_2C_2O_4 + 4H_2O$

$$n_{NaOH} = n_{\frac{1}{2}H_2C_2O_4 \cdot 2H_2O}$$

$$c_{NaOH}V_{NaOH} = \frac{m_{H_2C_2O_4 \cdot 2H_2O}}{M_{\frac{1}{2}H_2C_2O_4 \cdot 2H_2O}}$$

$$w_{H_2C_2O_4 \cdot 2H_2O} = \frac{c_{NaOH}V_{NaOH}M_{\frac{1}{2}H_2C_2O_4 \cdot 2H_2O}}{m_s} \times 100\%$$

$$= \frac{0.1045 \times 24.65 \times 10^{-3} \times \frac{1}{2} \times 126.07}{1.680 \times \frac{25}{250}} \times 100\%$$

$$= 96.67\%$$

【例 2-18】 称取 0.5185g 含有水溶性氯化物的样品，以 $c_{AgNO_3} = 0.1000$ mol/L $AgNO_3$ 标准溶液滴定消耗 44.20mL。求样品中氯的质量分数。

解 $\quad Ag^+ + Cl^- = AgCl$

$$n_{Cl} = n_{AgNO_3}$$

$$\frac{m_{Cl}}{M_{Cl}} = c_{AgNO_3}V_{AgNO_3}$$

$$w_{Cl} = \frac{c_{AgNO_3}V_{AgNO_3}M_{Cl}}{m_s} \times 100\%$$

$$= \frac{0.1000 \times 44.20 \times 10^{-3} \times 35.45}{0.5185} \times 100\% = 30.22\%$$

【例 2-19】 今有工业浓碱液，取 2.00mL 加蒸馏水稀释后，用 $c_{HCl} = 0.1000$ mol/L HCl 标准溶液滴定消耗 35.00mL。求工业浓碱液含 NaOH 的质量浓度。

解 $\quad HCl + NaOH = NaCl + H_2O$

$$n_{NaOH} = n_{HCl}$$

$$\frac{m_{NaOH}}{M_{NaOH}} = c_{HCl}V_{HCl}$$

$$\rho_{NaOH} = \frac{m_{NaOH}}{V_{试液}} = \frac{c_{HCl}V_{HCl}M_{NaOH}}{V_{试液}}$$

$$= \frac{0.1000 \times 35.00 \times 10^{-3} \times 40.00}{2.00 \times 10^{-3}} \times 100\% = 70.0 \text{g/L}$$

【例 2-20】 今有工业醋酸溶液 25.00mL 加蒸馏水稀释 250.0mL 后，用移液管移取

25.00mL，以 $c_{NaOH}=0.1025$ mol/L NaOH 标准溶液滴定消耗 33.08mL。求工业醋酸中含 HAc 的质量浓度。

解 $$HAc+NaOH =\!=\!= NaAc+H_2O$$

$$n_{HAc}=n_{NaOH}$$

$$\frac{m_{HAc}}{M_{HAc}}=c_{NaOH}V_{NaOH}$$

$$\rho_{HAc}=\frac{c_{NaOH}V_{NaOH}M_{HAc}}{V_{试液}}$$

$$=\frac{0.1025\times 33.08\times 60.05}{25.00\times \dfrac{25}{250}}=81.44\text{g/L}$$

（五）物质的量浓度 c 与滴定度 T 的换算

【例 2-21】 求 $c_{HCl}=0.1000$ mol/L 的 HCl 标准溶液对 NaOH 的滴定度。

解 $$HCl+NaOH =\!=\!= NaCl+H_2O$$

$$n_{NaOH}=n_{HCl}$$

$$\frac{T_{NaOH/HCl}}{M_{NaOH}}=\frac{c_{HCl}}{1000}$$

$$T_{NaOH/HCl}=\frac{c_{HCl}M_{NaOH}}{1000}=\frac{0.1000\times 40.00}{1000}=4.000\times 10^{-3}\text{g/L}$$

【例 2-22】 已知 HCl 标准溶液对 Na_2CO_3 的滴定度为 5.300×10^{-3} g/mL，求 HCl 标准溶液的物质的量浓度。

解 $$2HCl+Na_2CO_3 =\!=\!= 2NaCl+CO_2+H_2O$$

$$n_{HCl}=n_{\frac{1}{2}Na_2CO_3}$$

$$\frac{T_{Na_2CO_3/HCl}}{M_{\frac{1}{2}Na_2CO_3}}=\frac{c_{HCl}}{1000}$$

$$c_{HCl}=\frac{1000T_{Na_2CO_3/HCl}}{M_{\frac{1}{2}Na_2CO_3}}$$

$$=\frac{1000\times 5.300\times 10^{-3}}{\dfrac{1}{2}\times 106.0}=0.1000\text{mol/L}$$

学习小结

1. 滴定分析结果计算的依据：等物质的量的反应规则。
2. 滴定分析结果计算的类型。

想一想

什么是等物质的量的反应规则？

练一练测一测

一、单选题

1. 在滴定分析中，滴定到达化学计量点时，被测组分与所消耗的标准滴定溶液的（　　）相等。
　　A. 基本单元的物质的量　　　　B. 浓度
　　C. 体积　　　　　　　　　　　D. 物质的量
　2. 在滴定分析中，滴定到达化学计量点时，被测组分的基本单元的物质的量等于所消耗的标准滴定溶液的基本单元的物质的量，这一规则被称为（　　）。
　　A. 等化学计量点规则　　　　　B. 等物质的量规则
　　C. 等体积规则　　　　　　　　D. 等当点规则
　3. 酸碱反应中一般以提供或接受（　　）的特定组合作为基本单元。
　　A. 1个 H^+　　B. 1个 OH^-　　C. 2个 H^+　　D. 2个 OH^-
　4. 氧化还原反应中一般以（　　）的特定组合作为基本单元。
　　A. 得到1个电子　　　　　　　B. 得到或失去1个电子
　　C. 失去1个电子　　　　　　　D. 得到或失去的电子数
　5. 沉淀反应中以相当于1个（　　）的特定组合作为基本单元。
　　A. $AgNO_3$　　B. NaCl　　C. KSCN　　D. KCl
　6. 配位反应中以相当于1个（　　）的特定组合作为基本单元。
　　A. Zn^{2+}　　B. EDTA　　C. Ca^{2+}　　D. Mg^{2+}
　7. $KMnO_4$ 法测石灰中 Ca 含量，先沉淀为 CaC_2O_4，再经过滤、洗涤后溶于 H_2SO_4 中，最后用 $KMnO_4$ 滴定 $H_2C_2O_4$，Ca 的基本单元为（　　）。
　　A. 1/2Ca　　B. Ca　　C. 1/5Ca　　D. 2/5Ca
　8. 氧化还原滴定中，硫代硫酸钠的基本单元是（　　）。
　　A. $Na_2S_2O_3$　　B. $1/2Na_2S_2O_3$　　C. $2Na_2S_2O_3$　　D. $1/3Na_2S_2O_3$
　9. 无水碳酸钠标定盐酸的反应中，碳酸钠的基本单元是（　　）。
　　A. $1/2Na_2CO_3$　　B. $2Na_2CO_3$　　C. $1/4Na_2CO_3$　　D. $Na_2S_2O_3$
　10. 将0.56g含钙试样溶解成250mL试液，取30.00mL用0.02000mol/L的EDTA溶液滴定，消耗30.00mL，则试样中CaO的含量为（　　）。已知 $M_{CaO}=56g/mol$。
　　A. 60%　　B. 50%　　C. 40%　　D. 30%

二、判断题

　1. 在滴定反应中，各反应物的基本单元可任意变换。　　　　　　　　　　（　）
　2. 酸碱反应中一般以提供或接受一个电子的特定组合作为基本单元。　　（　）
　3. 配位反应中一般以相当于1个EDTA的特定组合作为基本单元。　　　　（　）
　4. 氧化还原反应中以得到或失去1个电子的特定组合作为基本单元。　　（　）
　5. 沉淀反应中以相当于1个 $AgNO_3$ 的特定组合作为基本单元。　　　　（　）
　6. 草酸与氢氧化钠的反应中，$n_{NaOH}=n_{\frac{1}{2}H_2C_2O_4 \cdot 2H_2O}$。　　（　）
　7. 无水碳酸钠与盐酸的反应中，$n_{HCl}=n_{\frac{1}{2}Na_2CO_3}$。　　　　　　（　）
　8. 高锰酸钾与草酸钠的反应中，$n_{\frac{1}{5}KMnO_4}=n_{\frac{1}{2}Na_2C_2O_4}$。　　（　）
　9. EDTA测定氧化钙的含量时，$n_{EDTA}=n_{CaO}$。　　　　　　　　　　（　）
　10. 硝酸银测定氯离子的浓度时，根据 $n_{AgNO_3}=n_{Cl^-}$。　　　　　　（　）

三、计算题

　1. 市售盐酸的密度为1.19g/mL，HCl含量为37%，欲用此盐酸配制500mL 0.1mol/L的HCl溶液，应量取市售盐酸多少毫升？
　2. 已知浓硫酸的相对密度为1.84g/mL，其中含 H_2SO_4 约为96%（g/g），求其物质的量浓度为多少？若配制 $c_{\frac{1}{2}H_2SO_4}$ ＝1mol/L 的 H_2SO_4 溶液 1000mL，应取浓硫酸多少毫升？

3. $T_{NaOH/HCl}$ ＝0.003462g/mL 的 HCl 溶液，相当于物质的量浓度 c_{HCl} 为多少？

4. 9.360g Na_2CO_3 溶于 500.0mL 水中，$c_{\frac{1}{2}Na_2CO_3}$ 和 $c_{Na_2CO_3}$ 各为多少？

5. 如何配制 0.1000mol/L NaCl 标准溶液 100mL？

6. 称取基准物质 Na_2CO_3 0.1580g，标定 HCl 溶液的浓度，消耗该 HCl 溶液 24.80mL。计算此 HCl 溶液的物质的量浓度为多少？

7. 称取铁矿石试样 0.3143g，将该试样溶于酸，并将 Fe^{3+} 还原为 Fe^{2+}，用 $c_{\frac{1}{6}K_2Cr_2O_7}$ ＝0.1200mol/L 的 $K_2Cr_2O_7$ 标准滴定溶液滴定，消耗 $K_2Cr_2O_7$ 溶液 21.30mL。计算试样中 Fe_2O_3 的质量分数。已知 $M_{Fe_2O_3}$ ＝159.7g/mol。

8. 用 $c_{\frac{1}{2}H_2SO_4}$ ＝0.2020mol/L 的硫酸标准滴定溶液测定 Na_2CO_3 试样的含量时，称取 0.2009g 含 Na_2CO_3 试样，消耗 18.32mL 硫酸标准滴定溶液，求试样中 Na_2CO_3 的质量分数。已知 $M_{Na_2CO_3}$ ＝106.0g/mol。

9. 用 0.1010mol/L $Na_2S_2O_3$ 标定碘溶液浓度，若量取 35.00mL 的 $Na_2S_2O_3$ 标准滴定溶液于锥形瓶中，用待标定的碘溶液滴定至终点时，消耗了 34.55mL 的碘溶液，计算该碘溶液的准确浓度 c_{I_2} 和 $c_{\frac{1}{2}I_2}$。

10. 标定浓度约为 c_{NaOH} ＝0.10mol/L 的 NaOH 溶液，欲消耗 NaOH 溶液 30mL 左右，应称取基准物质邻苯二甲酸氢钾多少克？

知识要点

一、认识定量分析

（一）分析化学的任务和作用

1. 分析化学的定义

获取物质的化学组成和结构信息的科学。

2. 分析化学的任务

（1）定性分析确定物质由哪些成分组成。

（2）定量分析测定物质中有关成分的含量。

（3）结构分析确定物质的存在形态和结构。

（二）分析方法的分类

（1）按任务分类：定性分析；定量分析；结构分析。

（2）按分析对象分类：无机分析；有机分析。

（3）按测量原理分类：化学分析；仪器分析。

（4）按试样用量分类：常量分析；半微量分析；微量分析；超微量分析。

（5）按照测定要求分类：例行分析；仲裁分析。

二、认识定量分析的误差

（一）误差的分类及其来源

（1）系统误差：由某些固定的原因造成的，按照来源可分为方法误差、仪器误差、试剂误差和操作误差。

（2）随机误差：由某些难以控制且无法避免的偶然因素造成的。

（二）误差的表示

1. 准确度与误差

准确度是指分析结果与真值之间的接近程度。准确度的高低常以误差的大小来衡量。误差有绝对误差和相对误差两种表达方式。

2. 精密度与偏差

精密度是指一组平行测定数据相互接近的程度，平行测定的结果相互越接近，则测定的精密度越高。精密度通常用与平均值相关的各种偏差来表示，如单次测定偏差、平均偏差、标准偏差、极差等。

3. 准确度和精密度的关系

评价一个分析结果要从准确度和精密度两方面考虑。准确度高，要求精密度一定高；精密度高，准确度不一定高；精密度是保证准确度的先决条件。

(三) 提高分析结果准确度的方法

1. 选择合适的分析方法
2. 减小测量误差
3. 增加平行测定次数，减小随机误差
4. 消除测量过程中的系统误差

(1) 改善方法本身：方法本身的缺陷是系统误差最重要来源，应尽可能找出原因，使其减免。

(2) 对照试验：对照试验可用于检查测定过程或分析方法是否存在系统误差。

(3) 空白试验：用于校正由于试验用水、试剂、器皿等引入杂质所造成的误差。

(4) 校准仪器：在要求精确的分析中，砝码、容量瓶、滴定管、移液管等仪器要校准。

(5) 方法校正：由方法不完善引入的系统误差可引用其他方法作校正。

三、分析结果的数据处理

(一) 有效数字

1. 有效数字的读取与记录

(1) 定义：有效数字是指在测量工作中实际能测到的数字。

(2) 记录原则：只允许最后一位数字是估计值（可疑数字），其余各位都是确切的。所记录数字的误差是末位数字的±1个单位。

2. 有效数字位数的确定

3. 有效数字的修约规则

采用"四舍六入五取舍"规则。

4. 有效数字的运算规则

(1) 加减法：几个数据相加减时，最后结果的有效数字保留，应以小数点后位数最少的数据为准。

(2) 乘除法：几个数据相乘除时，它们的积或商的有效数字位数的保留必须以各数据中有效数字位数最少的数据为准。

(二) 可疑数据的取舍

主要有四倍法、Q 检验法、G 检验法（Grubbs 法或 T 检验法）。

四、实验结果的表述及实验报告的书写

实验数据规范记录及实验报告要求完整书写。

五、认识滴定分析

(1) 滴定分析法常用术语：滴定分析法；标准溶液；滴定；化学计量点；指示剂；滴定终点；终点误差。

(2) 滴定分析法的分类：按化学反应类型分类；按滴定方式分类。

六、标准溶液的配制

(1) 标准溶液的两种浓度表示方式：物质的量浓度；滴定度。
(2) 基准物质及其条件，常用的基准物质及其预处理。
(3) 标准溶液的配制方法：直接配制法；标定法（直接标定法、互标法）。

七、滴定分析结果的计算

1. 滴定分析结果计算的依据：等物质的量的反应规则。
2. 滴定分析结果计算的类型
(1) 标准滴定溶液浓度计算。
(2) 标准滴定溶液消耗体积估算。
(3) 标定中基准物质取用量估算。
(4) 被测组分含量计算。
(5) 物质的量浓度 c 与滴定度 T 的换算。

学习情境三
酸碱滴定分析

 学习引导

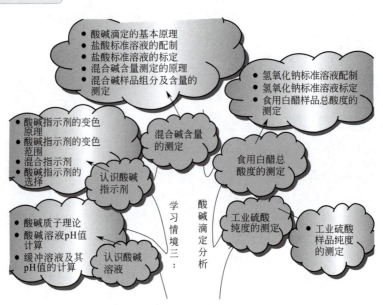

酸碱滴定分析知识树

任务一　认识酸碱溶液

任务要求

1. 掌握酸碱定义、共轭酸碱对、酸碱反应的实质及溶剂的质子自递反应。
2. 熟悉缓冲溶液的缓冲范围及缓冲溶液的选择与配制。
3. 掌握酸碱平衡体系中溶液酸碱度的计算方法。

一、酸碱质子理论

酸、碱是很重要的化合物,人们对酸碱概念的认识也经历了一个由表及里、由浅入深、由片面到较全面的发展过程。在这个过程中,人们提出了许多酸碱理论:即阿伦尼乌斯在19世纪80年代提出的电离理论;布朗斯特和劳莱于1923年提出的质子理论;后来路易斯又提出了酸碱电子理论等。

在酸碱电离理论中对酸碱的定义为:电解质在水溶液中电离时,产生的阳离子全部是H^+的化合物叫作酸;电离时产生的阴离子全部是OH^-的化合物叫作碱。酸碱中和反应生成盐和水。

电解质有强电解质和弱电解质两大类,强电解质在水溶液中完全电离。包括强酸、强碱及大部分盐类。弱电解质在水溶液中部分电离,电离过程是可逆的,弱电解质包括弱酸、弱碱、水与少数盐。

酸碱电离理论,从物质的化学组成上揭露了酸碱的本质,明确指出H^+是酸的特征;OH^-是碱的特征,中和反应的实质就是H^+与OH^-作用生成水的反应。根据化学平衡的原理,找出了衡量酸碱强度的标准(K_a、K_b、pH)。酸碱电离理论首次赋予酸碱科学的定义,对化学科学的发展起到了积极的推动作用,并且至今仍在应用。

酸:$HAc \rightleftharpoons H^+ + Ac^-$

碱:$NaOH \rightleftharpoons Na^+ + OH^-$

酸碱中和反应生成盐和水:$NaOH + HAc \rightleftharpoons NaAc + H_2O$

但酸碱电离理论有一定的局限性,它只适用于水溶液,不适用于非水溶液。按照电离理论,离开水溶液就没有酸碱及中和反应,也不能用H^+浓度和OH^-浓度的相对大小来衡量物质的酸碱性强弱,所以无法说明物质在非水溶液中的酸碱问题。另外,酸碱电离理论把碱限制为氢氧化物,因此,对NH_3、Na_2CO_3等不含OH^-的物质,表现为碱性这一事实无法解释,所以酸碱电离理论尚不完善。为此1923年,丹麦化学家布朗斯特(J.N.Brønsted)和英国化学家劳瑞(T.M.Lowry)在酸碱电离理论的基础上,提出了酸碱质子理论。又称为Brønsted - Lowry酸碱理论。

1. 酸碱的概念

酸碱质子理论认为,凡是能给出质子(H^+)的物质就是酸;凡是能接受质子(H^+)的物质就是碱。

它们之间的关系可用下式表示。

$$酸 \rightleftharpoons 质子 + 碱$$

如: $HAc \rightleftharpoons H^+ + Ac^-$

其中HAc能给出质子(H^+),它是一种酸;它给出质子后剩余部分(Ac^-),对质子具有一定的亲和力,能接受质子,因而Ac^-是一种碱。

微课 3-1 酸碱质子理论

酸、碱之间通过质子而互相转化的关系叫酸、碱共轭关系。这种因一个质子的得失而互相转变的每一对酸碱称为共轭酸碱对。共轭酸碱对的质子得失反应称为酸碱半反应。

酸给出质子后生成它的共轭碱;碱接受质子后生成它的共轭酸。如上式中的Ac^-是HAc的共轭碱;而HAc是Ac^-的共轭酸。HAc与Ac^-为共轭酸碱对。例如:

$$\begin{array}{ccc} \text{酸} & \text{质子} & \text{碱} \\ \text{HAc} \rightleftharpoons & H^+ + & Ac^- \\ H_2CO_3 \rightleftharpoons & H^+ + & HCO_3^- \\ HCO_3^- \rightleftharpoons & H^+ + & CO_3^{2-} \\ NH_4^+ \rightleftharpoons & H^+ + & NH_3 \\ (CH_2)_6N_4H^+ \rightleftharpoons & H^+ + & (CH_2)_6N_4 \end{array}$$

从以上例子可看出在质子理论中酸碱概念的范围扩大了，酸碱可以是中性分子，也可以是阴离子、阳离子。

2. 酸、碱反应

（1）酸、碱半反应。酸给出质子形成共轭碱，或碱接受质子形成共轭酸的反应，就是酸碱半反应。或共轭酸碱对的质子得失反应叫酸、碱半反应，它与氧化还原反应中的原电池的半反应相类似。

由于质子的半径特别小，电荷密度很高，所以在水溶液中很难单独存在，因此共轭酸碱对的半反应在水溶液中并不能单独进行，而是当一种酸给出质子的同时溶液中必须有一种碱来接受质子。

微课 3-2　酸碱反应

（2）酸碱反应的实质

① 酸碱的离解。在水溶液中酸碱的离解是质子的转移反应。如，醋酸在水溶液中的离解，溶剂水是接受质子的碱。其反应可表示为：

酸的半反应　　HAc（酸$_1$）$\rightleftharpoons$ H^+ + Ac^-（碱$_1$）

碱的半反应　　H_2O（碱$_2$）+ H^+ $\rightleftharpoons$ H_3O^+（酸$_2$）

总反应　　　　HAc + H_2O $\rightleftharpoons$ H_3O^+ + Ac^-

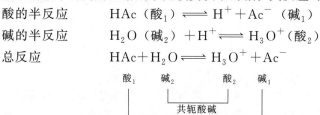

上述酸碱反应的结果是质子从 HAc 转移到水，在这个过程中由于溶剂水起碱的作用，没有 H_2O 的存在，质子转移就无法实现。因此酸的离解平衡反应实际是两个共轭酸碱对共同作用而达到平衡，其实质是质子转移。

一般为了书写方便，通常将 H_3O^+ 写成 H^+，上式可以简写为：

$$HAc \rightleftharpoons H^+ + Ac^-$$

注意：此式代表的是一个完整的酸碱反应，而不是一个半反应。

同理，碱在溶液中的离解反应也必须有溶剂水的参与。

如：NH_3 在水中的反应

碱的半反应　　NH_3（碱$_1$）+ H^+ $\rightleftharpoons$ NH_4^+（酸$_1$）

酸的半反应　　H_2O（酸$_2$）$\rightleftharpoons$ H^+ + OH^-（碱$_2$）

总反应　　　　NH_3 + H_2O $\rightleftharpoons$ OH^- + NH_4^+

在这个平衡中溶剂水给出质子起酸的作用，NH_3 分子中的氮原子有孤对电子能接受质子生成它的共轭酸 NH_4^+。氨水的电离实质也是质子的传递。所以，碱在水溶液中的电离实质也是质子的传递。

溶剂水既能给出质子起酸的作用，又能接受质子起碱的作用，这种既能给出质子又能接受质子的物质叫两性物质。

② 水的质子自递反应。从以上讨论可知，溶剂水是一个两性物质。水分子之间也存在着质子转移作用，我们把发生在水分子之间的质子的传递作用，称为水的质子自递反应。这个反应的平衡常数称为水的质子自递常数或水的离子积常数，用 K_w 表示。

$$H_2O + H_2O \rightleftharpoons H_3O^+ + OH^-$$

酸₁　　碱₂　　酸₂　　碱₁
共轭酸碱

当达到平衡时，$K_w = \dfrac{[H_3O^+][OH^-]}{[H_2O][H_2O]}$ 由于水的离解度很小，故可将[H_2O(酸₁)]和[H_2O(碱₂)]看成常数。所以，$K_w = [H_3O^+][OH^-]$。

水合质子 H_3O^+ 也可以简写为 H^+，因此水的质子自递常数简写为：

$$K_w = [H^+][OH^-] = 1.00 \times 10^{-14} (25℃)$$

$$pK_w = pH + pOH = 14.00$$

K_w 随温度的升高而增大，水的离子积常数不仅适用于纯水，也适用于任何稀的水溶液。

③ 酸碱中和反应。质子理论认为，电离理论中的酸碱中和反应也可以看成是质子在不同物质之间的转移，并没有生成"盐"。例如，HCl 与 NH_3 的反应，质子并非直接从酸转移给碱，而是通过溶剂水传递的。

HCl 水溶液中　　　　　$HCl + H_2O \rightleftharpoons H_3O^+ + Cl^-$

NH_3 水溶液中　　　　$NH_3 + H_2O \rightleftharpoons NH_4^+ + OH^-$

总反应为　　　　　　　$HCl + NH_3 \rightleftharpoons NH_4^+ + Cl^-$

反应的结果转化为各自的共轭酸 NH_4^+ 和共轭碱 Cl^-。因此，不存在"盐"的概念，所以更不存在盐的水解。

④ 盐的水解。在电离理论中"盐的水解"过程是盐电离出的离子与水电离出 H^+ 或 OH^- 结合生成弱酸或弱碱，从而使溶液的酸碱性发生改变。按质子理论"盐的水解"反应实质上也是质子转移反应。例如，Na_2CO_3、NH_4Cl 的水解：

$$CO_3^{2-} + H_2O \rightleftharpoons HCO_3^- + OH^-$$

$$NH_4^+ + H_2O \rightleftharpoons NH_3 + H_3O^+$$

综上所述，按照酸碱质子理论，各种酸碱反应的过程都是质子的转移过程，实质就是酸失去质子，碱得到质子的过程，因此酸碱反应实质是酸碱之间发生了质子转移。

酸在水溶液中的离解水起碱的作用，而碱在水溶液中的离解水起酸的作用。所以，水是两性物质，水分子之间也可以发生质子转移。

这样运用质子理论，就把各种酸碱反应统一起来。酸碱离解、盐类的水解反应其实质和酸碱中和反应一样都是酸碱反应，都是质子的转移反应。

3. 酸碱平衡

（1）共轭酸碱对中 K_a 与 K_b 的关系。共轭关系中的酸、碱称为共轭酸碱对，根据酸碱质子理论，酸或碱在水中的电离，实际是酸或碱与水之间质子转移的反应。

微课3-3　酸碱平衡

酸的离解平衡实际是两个酸碱对相互作用达到的平衡；碱的离解平衡实际也是两个酸碱对相互作用达到的平衡。

如：醋酸 HAc 在水中的离解反应及平衡常数

$$HAc + H_2O \rightleftharpoons H_3O^+ + Ac^-$$

达到平衡时，平衡常数用 K_a 表示为：

$$K_a = \frac{[H_3O^+][Ac^-]}{[HAc]}$$

式中　K_a——酸的离解常数，在一定温度条件下是一个常数。

HAc 的共轭碱 Ac^- 在水中的离解反应及平衡常数：

$$Ac^- + H_2O \rightleftharpoons HAc + OH^-$$

达到平衡时，平衡常数用 K_b 表示为：

$$K_b = \frac{[HAc][OH^-]}{[Ac^-]}$$

式中　K_b——碱的离解常数，在一定温度条件下是一个常数。

由于离解过程是一个吸热过程。因此，离解常数不受浓度的影响，只与温度有关，温度升高，离解常数增大。

动画 3-1　醋酸在水中电离平衡

既然酸或碱在水中离解时，会产生与其对应的共轭碱或共轭酸，它们之间相互依存，酸中有碱，碱中有酸，那么 K_a 与 K_b 一定是有联系的。

$$K_a K_b = \frac{[H_3O^+][Ac^-]}{[HAc]} \times \frac{[HAc][OH^-]}{[Ac^-]}$$

$$= [H_3O^+][OH^-]$$

$$= [H^+][OH^-]$$

即 $K_a K_b = K_w = 1.00 \times 10^{-14}$（25℃）

或 $pK_a + pK_b = pK_w$

对于共轭酸碱对，如果酸的酸性越强，则对应的碱的碱性越弱；反之亦然。在共轭酸碱对中，知道了酸或碱的离解常数，就可以算出其共轭碱或共轭酸的离解常数。

上面讨论的是一元共轭酸碱对 K_a 与 K_b 的关系，而多元酸或碱，它们在水溶液中是分级离解的，有多个共轭酸碱对，在这些共轭酸碱对中也存在着一定关系。例如，二元酸 $H_2C_2O_4$ 在水溶液中的离解反应为：

$$H_2C_2O_4 \rightleftharpoons H^+ + HC_2O_4^- \qquad K_{a1}$$

$$HC_2O_4^- \rightleftharpoons H^+ + C_2O_4^{2-} \qquad K_{a2}$$

同理 $C_2O_4^{2-}$，也进行

$$C_2O_4^{2-} + H_2O \rightleftharpoons HC_2O_4^- + OH^- \qquad K_{b1}$$

$$HC_2O_4^- + H_2O \rightleftharpoons H_2C_2O_4 + OH^- \qquad K_{b2}$$

显然共轭酸碱对 K_a 与 K_b 有如下关系：

$$K_{a1} K_{b2} = K_{a2} K_{b1} = [H^+][OH^-] = K_w$$

对于三元弱酸，同理可得如下关系：

$$K_{a1} K_{b3} = K_{a2} K_{b2} = K_{a3} K_{b1} = [H^+][OH^-] = K_w$$

(2) 共轭酸碱的相对强弱。从以上讨论可知：酸碱的强弱通常用离解常数 K_a 和 K_b 的大小来表示，K_a 值越大，表示该酸越强；K_b 值越大，表示该碱越强。同时，根据酸的 K_a 可以求出其共轭碱的 K_b，根据碱的 K_b 可以求出其共轭酸的 K_a。

如果酸给出质子的能力越强，它的酸性就越强，反之酸性就越弱；同样碱接受质子的能力越强，碱性越强，反之碱性就越弱。在共轭酸碱对中，如果共轭酸越易给出质子，则其酸性越强，它的共轭碱对质子的亲和力就越弱，不易接受质子，碱性越弱。相反共轭酸越弱，给出质子的能力越弱，其共轭碱就越强。例如：

$$HAc + H_2O \rightleftharpoons H_3O^+ + Ac^- \quad K_a = 1.8 \times 10^{-5}$$
$$HF + H_2O \rightleftharpoons H_3O^+ + F^- \quad K_a = 7.2 \times 10^{-4}$$
$$HCN + H_2O \rightleftharpoons H_3O^+ + CN^- \quad K_a = 7.2 \times 10^{-10}$$

三种酸的强弱顺序是：HF>HAc>HCN

上述三种酸的共轭碱的离解常数 K_b 值分别为：

$$Ac^- + H_2O \rightleftharpoons HAc + OH^- \quad K_b = 5.6 \times 10^{-10}$$
$$F^- + H_2O \rightleftharpoons HF + OH^- \quad K_b = 1.4 \times 10^{-11}$$
$$CN^- + H_2O \rightleftharpoons HCN + OH^- \quad K_b = 1.4 \times 10^{-5}$$

三种共轭碱的强弱顺序是：$CN^- > Ac^- > F^-$，这个次序正好与上面三种共轭酸的强度次序相反。

因此，酸碱反应的规律是：强酸与强碱反应生成弱酸、弱碱；较强的酸与较强的碱反应生成较弱的酸和较弱的碱。人们习惯上把 K_a 值大于 1 的酸叫强酸，K_a 值小于 1 的酸叫弱酸。

【例 3-1】 已知 HAc 的离解反应为：$HAc + H_2O \rightleftharpoons H_3O^+ + Ac^-$，$K_a = 1.8 \times 10^{-5}$，计算它的共轭碱的 Ac^- 的离解常数 K_b 值。

解 HAc 的共轭碱为 Ac^-，它的离解反应为：

$$Ac^- + H_2O \rightleftharpoons HAc + OH^-$$

根据 $K_a \cdot K_b = K_w = 1.00 \times 10^{-14}$，则：

$$K_b = \frac{K_w}{K_a} = \frac{1.00 \times 10^{-14}}{1.8 \times 10^{-5}} = 5.6 \times 10^{-10}$$

【例 3-2】 试求 HPO_4^{2-} 的共轭碱 PO_4^{3-} 的 K_{b1} 为多少？已知 $K_{a1} = 7.6 \times 10^{-3}$，$K_{a2} = 6.3 \times 10^{-8}$，$K_{a3} = 4.4 \times 10^{-13}$。

解 PO_4^{3-} 水解平衡为：

$$PO_4^{3-} + H_2O \rightleftharpoons HPO_4^{2-} + OH^- \text{（平衡常数为 } K_{b1}\text{）}$$

根据 $K_{a3} K_{b1} = K_w = 1.0 \times 10^{-14}$，得：

$$K_{b1} = \frac{K_w}{K_{a3}} = \frac{10^{-14}}{4.4 \times 10^{-13}} = 2.3 \times 10^{-2}$$

由以上讨论可知，酸碱质子理论，扩大了酸碱的范围，使酸碱不再局限于水溶液体系。质子的传递过程，可以在水溶液、非水溶剂或无溶剂等条件下进行。例如盐酸和氨反应，无论是在水溶液中，还是在苯溶液或气相条件下进行其实质都是一样的，盐酸是酸，给出质子转变成它的共轭碱氯离子；氨是碱，接受质子，转变成它的共轭酸铵根离子。同时把电离理论里的电离、中和、盐的水解统一为"质子传递"反应。因此，酸碱离解、酸碱中和反应、盐类的水解反应都是质子转移的过程。但它仍然存在有一定的局限性，如仍局限于有质子（H^+）的体系，无 H^+ 的体系不适用。

二、 酸碱溶液 pH 值的计算

在酸碱滴定中，随着滴定剂的加入，溶液的 pH 值不断发生变化，为了弄清滴定过程中溶液 pH 值的变化规律，选用合适的指示剂，就必须掌握酸碱溶液 pH 值的计算方法，在应用公式计算时，必须注意各个公式的使用条件，这样才能保证计算结果的准确性。

溶液的酸碱性通常用 $pH = -\lg [H^+]$ 表示，也可用 pOH 表示 $pOH = -\lg [OH^-]$，下面分类对溶液的 pH 值的计算方法进行讨论。

1. 强酸（碱）溶液

强酸强碱在溶液中完全离解，pH 值的计算很简单。在其浓度不是太低（$c_a \geqslant 10^{-6}$ mol/L 或 $c_b \geqslant 10^{-6}$ mol/L）时，可忽略水的离解。所以 $c_a = [H^+]$，$c_b = [OH^-]$

例如：0.1mol/L 的 HCl 溶液，$c_{HCl} = 0.1$mol/L $= [H^+]$

$$pH = -\lg[H^+] = -\lg 0.1 = 1.00$$

0.1mol/L 的 NaOH 溶液，$c_{NaOH} = 0.1$mol/L $= [OH^-]$

$$pOH = -\lg[OH^-] = -\lg 0.1 = 1.00$$

因为 $pH = pK_w - pOH = 14.00 - 1.00 = 13.00$

或 $[H^+] = \dfrac{K_w}{[OH^-]} = \dfrac{1.0 \times 10^{-14}}{0.1} = 1.0 \times 10^{-13}$

$pH = 13.00$

2. 一元弱酸（弱碱）溶液

弱酸（弱碱）在水溶液中只有部分离解，它离解出的阴、阳离子和未离解的分子之间存在着平衡关系。

例如：若 HA 为一元弱酸，它在水溶液中存在着下列离解平衡：

$$HA \rightleftharpoons H^+ + A^-$$

达到平衡时，

$$K_a = \frac{[H^+][A^-]}{[HA]}$$

设弱酸 HA 的起始浓度为 c，达到平衡时，平衡浓度分别为 $[H^+]$、$[A^-]$、$[HA]$，而且平衡时 $[H^+]$ 与 $[A^-]$ 的浓度近似相等，即 $[H^+] \approx [A^-]$；此时溶液中还存在着水的离解平衡；对于浓度不太稀和强度不太弱的弱酸溶液可忽略水离解产生的 H^+ 和 OH^- 的影响，判别条件为 $cK_a \geqslant 20K_w$。

由一元弱酸的离解平衡可知：未离解的 HA 浓度应为 HA 的起始浓度 c 减去 $[H^+]$ 或 $[A^-]$，即：

$$[HA] = c - [A^-] = c - [H^+]$$

将平衡时各物质的浓度代入平衡常数表达式：

$$K_a = \frac{[H^+][A^-]}{[HA]} = \frac{[H^+]^2}{c - [H^+]}$$

整理得：

$$[H^+]^2 + K_a[H^+] - K_a c = 0$$

$$[H^+] = \frac{-K_a + \sqrt{K_a^2 + 4cK_a}}{2} \tag{3-1}$$

此式是计算一元弱酸溶液中 $[H^+]$ 的近似公式，使用条件是：$cK_a \geqslant 20K_w$ 时可忽略水的离解，并且 $c/K_a < 500$ 时不能忽略弱酸的离解对平衡浓度的影响。

由于 HA 是弱酸，如果弱酸的离解常数很小，平衡时溶液中 $[H^+]$ 远远小于弱酸的原始浓度，所以平衡时 $[HA] = c - [H^+] \approx c$，在计算时可忽略 $[H^+]$ 不计，上式可简化为：

$$K_a = \frac{[H^+][A^-]}{[HA]} = \frac{[H^+]^2}{c}$$

$$[H^+] = \sqrt{cK_a} \tag{3-2}$$

式(3-2)是计算一元弱酸的最简公式，使用条件：$cK_a \geqslant 20K_w$，且 $c/K_a \geqslant 500$，这是忽略了水的离解和弱酸的离解之后 $[H^+]$ 的计算公式。

但对于极稀（$c_a < 10^{-6}$ mol/L）或极弱（$K_a < 10^{-12}$ 或 $K_b < 10^{-12}$）的酸碱溶液则需要考虑水的离解和弱酸的离解，以上近似公式和最简公式都不能使用。此时，就要使用精确公式进行计算，即：

$$[H^+] = [A^-] + [OH^-] = K_a \times \frac{c - [H^+] + [OH^-]}{[H^+]} + \frac{K_w}{[H^+]}$$

解一元三次方程得其准确浓度的计算公式。在实际工作中，一般无需精确计算。所以在此不做介绍。

同理可推导出一元弱碱溶液中 OH^- 浓度的计算公式：

当 $cK_b \geq 20K_w$，$c/K_b < 500$ 时，其近似公式为：

$$[OH^-] = \frac{-K_b + \sqrt{K_b^2 + 4cK_b}}{2} \tag{3-3}$$

当 $cK_b \geq 20K_w$，且 $c/K_b \geq 500$ 时，其最简公式为：

$$[OH^-] = \sqrt{cK_b} \tag{3-4}$$

总之，计算一元弱酸（弱碱）需要用哪一个公式，在确定准确度的前提下（一般以相对误差<5%为标准）决定于弱酸（弱碱）的起始浓度与离解常数的大小。

当 $cK_a \geq 20K_w$，且 $c/K_a \geq 500$ 或 $cK_b \geq 20K_w$，且 $c/K_b \geq 500$ 时，则可忽略水和该弱酸（或弱碱）的离解，可用最简公式计算。

当 $cK_a \geq 20K_w$，且 $c/K_a < 500$ 或 $cK_b \geq 20K_w$，$c/K_b < 500$ 时，可忽略水的离解，但不能忽略该弱酸（或弱碱）的离解，可用近似公式计算。

当 $cK_a < 20K_w$ 或 $cK_b < 20K_w$，不能忽略水的离解，$[H^+] \approx 10^{-7}$ mol/L，以上近似公式和最简公式均不适应，需要用精确公式计算，但更准确的计算，既复杂而又不太必要，我们不讨论。

【例 3-3】 有一弱酸，其浓度为 0.001000 mol/L，$K_a = 1.8 \times 10^{-4}$，计算溶液的 pH 值。

解 已知 $c = 0.001000$ mol/L，$K_a = 1.8 \times 10^{-4}$

则：$cK_a > 20K_w$，$c/K_a < 500$，所以应用近似公式计算。

$$[H^+] = \frac{-K_a + \sqrt{K_a^2 + 4cK_a}}{2} = 3.2 \times 10^{-4} \text{ mol/L}$$

$$pH = 3.49$$

若用最简公式计算：$[H^+] = \sqrt{cK_a} = 4.2 \times 10^{-4}$ mol/L

用最简公式计算所得结果的相对误差为：

$$\frac{4.2 \times 10^{-4} - 3.2 \times 10^{-4}}{3.2 \times 10^{-4}} \times 100\% = 31\%$$

误差太大。显然该弱酸的酸度不能用最简公式计算。

【例 3-4】 计算 0.1000 mol/L NaAc 溶液的 pH 值。

解 Ac^- 是 HAc 的共轭碱，它在水溶液中有如下平衡：

$$Ac^- + H_2O \rightleftharpoons HAc + OH^-$$

已知：HAc 的 $K_a = 1.8 \times 10^{-5}$，其共轭碱的 $K_b = \frac{K_w}{K_a} = \frac{1.0 \times 10^{-14}}{1.8 \times 10^{-5}} = 5.6 \times 10^{-10}$

$cK_b > 20K_w$，故可忽略水的离解；又因 $c/K_b > 500$，故可忽略 Ac^- 的离解。

用最简公式 $[OH^-] = \sqrt{cK_b} = 7.5 \times 10^{-6}$ mol/L

$pOH = 5.13$ $pH = 14.00 - 5.13 = 8.87$

【例 3-5】 计算 0.1000mol/L NH_4Cl 溶液的 pH 值。

解 NH_4Cl 在水溶液中完全离解为 NH_4^+ 和 Cl^-，根据质子理论，NH_4^+ 为一元弱酸，Cl^- 为极弱的碱，可忽略其影响，NH_4^+ 可以给出质子，形成它的共轭碱 NH_3，由于 NH_4^+ 的共轭碱是 NH_3，而 NH_3 的 K_b 值是已知的，所以：

$$K_a = \frac{K_w}{K_b} = \frac{1.0 \times 10^{-14}}{1.8 \times 10^{-5}} = 5.6 \times 10^{-10}$$

因为 $cK_a = 0.1000 \times 5.6 \times 10^{-10} > 20K_w$；故可以忽略水的离解；并且 $c/K_a = 0.1000/(5.6 \times 10^{-10}) > 500$，故可以忽略 NH_4^+ 的离解，选用最简公式计算。

$$[H^+] = \sqrt{cK_a} = 7.5 \times 10^{-6}$$
$$pH = -\lg[H^+] = -\lg(7.5 \times 10^{-6}) = 5.13$$

3. 多元弱酸（弱碱）溶液

对于多元弱酸、弱碱溶液 pH 值的计算，我们只介绍一些可以忽略二级离解的弱酸弱碱，此时可当作一元弱酸弱碱来处理。

多元弱酸弱碱在水溶液中是分级离解的，每一级都有相应的离解平衡。如，设 H_2A 为二元酸，它在溶液中的离解方程式为：

$$H_2A \rightleftharpoons H^+ + HA^- \qquad K_{a1} = \frac{[H^+][HA^-]}{[H_2A]}$$

$$HA^- \rightleftharpoons H^+ + A^{2-} \qquad K_{a2} = \frac{[H^+][A^{2-}]}{[HA^-]}$$

如果 $K_{a1}/K_{a2} \geq 10^4$，$K_{a1} \gg K_{a2}$，说明二级离解比一级离解困难得多，因此可认为溶液中 H^+ 浓度主要来自 H_2A 的第一级离解，第二级离解的 H^+ 极少，可以忽略不计。所以，二元弱酸可按一元弱酸的方法处理。

当 $cK_{a1} \geq 20K_w$，且 $c/K_{a1} < 500$ 时，则应用近似公式，即：

$$[H^+] = \frac{-K_{a1} + \sqrt{K_{a1}^2 + 4cK_{a1}}}{2}$$

当 $cK_{a1} \geq 20K_w$，$c/K_{a1} \geq 500$ 时，则应用最简公式即：

$$[H^+] = \sqrt{cK_{a1}}$$

同理二元以上的酸也按上述的办法处理。

对于多元弱碱，如同多元弱酸一样，也是主要以一级离解为主进行处理。如二元弱碱，若 $K_{b1} \gg K_{b2}$，且 $cK_{b1} \geq 20K_w$，且 $c/K_{b1} \geq 500$ 时，用最简式计算 $[OH^-]$ 的浓度即：$[OH^-] = \sqrt{cK_{b1}}$

【例 3-6】 计算 0.04000mol/L H_2CO_3 溶液的 pH。

解 已知 H_2CO_3 的 $K_{a1} = 4.2 \times 10^{-7}$，$K_{a2} = 5.6 \times 10^{-11}$，所以 $K_{a1} \gg K_{a2}$，可按一元弱酸处理；又因为 $cK_{a1} > 20K_w$，$c/K_{a1} > 500$，故可用最简式计算。

微课 3-4 两性物质溶液 pH 值的计算

$$[H^+] = \sqrt{cK_{a1}} = \sqrt{4.2 \times 10^{-7} \times 0.04} = 1.3 \times 10^{-4} \text{mol/L}$$
$$pH = 3.89$$

4. 两性物质溶液

按质子理论，既可给出质子又可以接受质子的物质是两性物质，如，水、多元酸的酸式盐（$NaHCO_3$）及弱酸弱碱盐（NH_4Ac）等。

这里主要介绍多元弱酸的酸式盐和一元弱酸弱碱盐两类简单两性物质溶液 pH 值的计算。

现以浓度为 $c\,\mathrm{mol/L}$ 的酸式盐 $\mathrm{NaHCO_3}$ 为例：
在其水溶液中存在着下列平衡

$$\mathrm{NaHCO_3 \longrightarrow Na^+ + HCO_3^-} \quad \text{(完全离解)}$$
$$\mathrm{HCO_3^- + H_2O \rightleftharpoons H_3O^+ + CO_3^{2-}} \quad \text{(酸式离解 } K_{a2})$$
$$\mathrm{HCO_3^- + H_2O \rightleftharpoons H_2CO_3 + OH^-} \quad \text{(碱式离解 } K_{b2})$$

溶液中 $\mathrm{HCO_3^-}$ 离解产生的 $\mathrm{H^+}$($\mathrm{H_3O^+}$) 浓度不等于 $\mathrm{CO_3^{2-}}$ 的浓度，因为有一部分 $\mathrm{H^+}$ 与 $\mathrm{HCO_3^-}$ 结合生成 $\mathrm{H_2CO_3}$，因此溶液中如果忽略水的离解，那么

$$[\mathrm{H^+}] = [\mathrm{CO_3^{2-}}] - [\mathrm{H_2CO_3}] \tag{3-5}$$

由平衡关系式可知：$[\mathrm{CO_3^{2-}}] = K_{a2} \times \dfrac{[\mathrm{HCO_3^-}]}{[\mathrm{H^+}]}$，$[\mathrm{H_2CO_3}] = \dfrac{[\mathrm{H^+}][\mathrm{HCO_3^-}]}{K_{a1}}$

将 $[\mathrm{H_2CO_3}]$ 和 $[\mathrm{CO_3^{2-}}]$ 代入式(3-5)，并整理得：

$$[\mathrm{H^+}]^2 = \dfrac{K_{a1}K_{a2}[\mathrm{HCO_3^-}]}{K_{a1} + [\mathrm{HCO_3^-}]} \tag{3-6}$$

此式为计算两性物质溶液 pH 值的近似公式，应用条件 $cK_{a2} > 20K_w$。
若 $c/K_{a1} > 20$，$[\mathrm{HCO_3^-}] \gg K_{a1}$，在上式中 K_{a1} 可以忽略不计，则：

$$[\mathrm{H^+}] = \sqrt{K_{a1}K_{a2}} \tag{3-7}$$

此式为计算两性物质溶液 pH 值的最简公式，也是最常用的公式，应用条件是水的离解可以忽略，$cK_{a2} > 20K_w$；且两性物质的浓度不是很小 $c/K_{a1} > 20$。

【例 3-7】 计算 $0.1000\,\mathrm{mol/L}$ $\mathrm{NaHCO_3}$ 溶液的 pH 值。

解 $\mathrm{H_2CO_3}$ 的 $K_{a1} = 4.2 \times 10^{-7}$，$K_{a2} = 5.6 \times 10^{-11}$
因 $cK_{a2} > 20K_w$；$c/K_{a1} > 20$，故可采用最简公式计算：

$$\begin{aligned}
[\mathrm{H^+}] &= \sqrt{K_{a1}K_{a2}} \\
&= \sqrt{4.2 \times 10^{-7} \times 5.6 \times 10^{-11}} \\
&= 4.8 \times 10^{-9}\,\mathrm{mol/L} \\
\mathrm{pH} &= -\lg[\mathrm{H^+}] = 8.32
\end{aligned}$$

三、缓冲溶液及其 pH 值的计算

在分析化学中，许多反应必须在一定的 pH 值范围内进行，才能达到要求。因此，在反应中常需要控制溶液的酸度，使其 pH 值基本不变，这时就需要用到缓冲溶液。

缓冲溶液是一种对溶液的酸度起稳定作用的溶液，具有抵抗外加少量强酸或强碱或稍加稀释，其 pH 值基本保持不变的作用。即它的酸度不因外加少量的酸或碱或反应中产生的少量酸或碱而显著变化，也不因稀释而发生显著变化。

1. 缓冲溶液的组成及作用原理

常用的缓冲溶液主要有两类：一类是由浓度较大的弱酸及其共轭碱；弱碱及其共轭酸组成，如 HAc-NaAc、$\mathrm{NH_3}$-$\mathrm{NH_4Cl}$ 等。这类缓冲溶液中存在弱酸及其共轭碱的酸碱平衡反应，当向溶液中加入少量的酸或碱时，酸碱平衡就会向生成碱或酸的方向移动，所以溶液的 pH 值基本保持不变。另一类是由高浓度的强酸（pH<2）或强碱溶液（pH>12）组成，如 $0.50\,\mathrm{mol/L}$ 的 $\mathrm{HNO_3}$ 溶液、$0.1\,\mathrm{mol/L}$ 的 NaOH 溶液等。这类缓冲溶液本身是强酸或强碱，所以 $[\mathrm{H^+}]$ 或

动画 3-2 缓冲溶液作用原理

[OH⁻]比较高，向溶液中加入少量的酸或碱不会对溶液的 pH 值有较大的影响，此外，一些多元酸的两性物质组成的共轭酸碱对也可组成缓冲溶液。

下面以 HAc-NaAc 所组成的缓冲溶液为例说明其作用原理：

$$NaAc = Na^+ + Ac^-$$
$$HAc \rightleftharpoons H^+ + Ac^-$$

由于 NaAc 是强电解质，完全离解，溶液中存在大量的 Ac⁻，HAc 是弱电解质，部分离解，同时由于同离子效应，降低了 HAc 的离解度，所以此时溶液中还存在着大量的 HAc，也就是说该缓冲溶液中有大量的 HAc 和 Ac⁻。

当向此溶液中加入少量的强酸如 HCl 时，加入的 H⁺ 与溶液中的主要成分 Ac⁻ 作用，生成 HAc，使 HAc 的离解平衡向左移动，溶液中的 [H⁺] 增加的极少，即 pH 值基本不变，Ac⁻ 称为抗酸成分。

当向此溶液中加入少量强碱时，加入的 OH⁻ 与溶液中的 H⁺ 反应，生成 H₂O 促使 HAc 继续离解，平衡向右移动，溶液中 [H⁺] 几乎没有降低，pH 值基本不变。HAc 称为抗碱成分。

如果将此溶液适当稀释，HAc 和 Ac⁻ 的浓度都相应地降低，使 HAc 的离解度相应增大，在一定程度上抵消了因溶液稀释而引起的 [H⁺] 下降，pH 值基本不变。

缓冲溶液有备而不用的酸和备而不用的碱，即抗酸成分和抗碱成分，当遇到外加少量酸或碱，仅仅使弱电解质的离解平衡发生了移动，实现了抗酸抗碱成分的互变，借以控制溶液的 [H⁺]。

2. 缓冲溶液 pH 值的计算

缓冲溶液 pH 值的计算公式可从酸的离解平衡求得。对于弱酸及其共轭碱组成的缓冲溶液，如 HAc-NaAc 组成的缓冲溶液，存在着下列离解平衡。

设：HAc 和 NaAc 的起始浓度分别为 $c_{酸}$，$c_{碱}$。

$$NaAc = Na^+ + Ac^- \text{（完全离解）}$$
$$HAc \rightleftharpoons H^+ + Ac^-$$

达到平衡时：

$$K_a = \frac{[H^+][Ac^-]}{[HAc]} \qquad [H^+] = K_a \times \frac{[HAc]}{[Ac^-]}$$

$$[HAc] = c_{酸} - [H^+] \qquad [Ac^-] = c_{碱} + [H^+]$$

由于 NaAc 的离解，溶液中存在大量的 Ac⁻，使 HAc 的离解平衡向左移动，离解度更小，[H⁺] 可忽略不计，所以 [HAc] = $c_{酸}$ − [H⁺] ≈ $c_{酸}$，[Ac⁻] = $c_{碱}$ + [H⁺] ≈ $c_{碱}$。

将此代入上式得最简式：

$$[H^+] = K_a \times \frac{c_{酸}}{c_{碱}} \tag{3-8}$$

对式(3-8)两边取以 10 为底的负对数并整理得：

$$pH = pK_a - \lg \frac{c_{酸}}{c_{碱}}$$

这是计算缓冲溶液中[H^+]的最简公式,也是最常用的公式。

弱碱及其共轭酸组成的缓冲溶液,可用同样的方法推出溶液中[OH^-]的计算公式为:

$$[OH^-] = K_b \times \frac{c_{碱}}{c_{酸}} \tag{3-9}$$

$$pOH = pK_b - \lg \frac{c_{碱}}{c_{酸}}$$

【例3-8】 计算由0.1000mol/L HAc和0.1000mol/L NaAc组成的缓冲溶液的pH值。

解 已知HAc的$K_a = 1.8 \times 10^{-5}$,[HAc] = 0.1000mol/L,[Ac^-] = 0.1000mol/L

$$[H^+] = K_a \times \frac{c_{酸}}{c_{碱}}$$

$$pH = pK_a - \lg \frac{c_{酸}}{c_{碱}}$$

$$= 4.74 - \lg \frac{0.1000}{0.1000}$$

$$= 4.74$$

【例3-9】 计算由0.2000mol/L NH_3和0.1000mol/L NH_4Cl组成的缓冲溶液的pH值。

解 查表得NH_3的$pK_b = 4.74$,由于c_{NH_3}和$c_{NH_4^+}$均较大,故可以用最简式计算。

$$pOH = pK_b - \lg \frac{c_{碱}}{c_{酸}} = 4.74 - \lg \frac{0.2000}{0.1000} = 4.44$$

$$pH = 14.00 - 4.44 = 9.56$$

由以上计算可知,缓冲溶液的pH值与组成它的弱酸或弱碱的离解常数有关,同时还与弱酸及其共轭碱或弱碱及其共轭酸的浓度比有关。由于浓度比的对数相对于pK_a或pK_b是一个较小的数值,因此缓冲溶液的pH值主要决定于它的pK_a或pK_b的值,不同的共轭酸碱对由于它们的K_a值不同,组成的缓冲溶液所能控制的pH值也不同。

3. 缓冲容量及缓冲范围

缓冲溶液对溶液酸度起一定的稳定作用。如果向溶液中加入少量强酸、强碱,或将其稍加稀释,溶液的pH值基本保持不变。但是,继续加入强酸或强碱,缓冲溶液对酸或碱的抵抗能力就会减小,甚至失去缓冲作用。因此,一切缓冲溶液的作用都是有限度的,每种缓冲溶液具有一定的缓冲能力。

缓冲能力的大小通常用缓冲容量来衡量。

缓冲容量:指使1L缓冲溶液pH值改变1个单位所需加入的强酸或强碱的物质的量,加入强酸pH值减小,加入强碱pH值增大。

缓冲容量的大小与缓冲溶液中组分的总浓度和组分的浓度比有关,缓冲溶液的容量越大,其缓冲能力越强,所需加入的酸或碱的量越多。

同一种缓冲溶液组分的浓度比相同时,总浓度越大,缓冲容量越大。所以,过分的稀释将导致缓冲溶液的缓冲能力显著降低。

同一种缓冲溶液,总浓度相同时,缓冲组分的浓度比越接近1,其缓冲容量越大,缓冲组分的浓度比离1越远,缓冲容量越小,甚至失去缓冲作用。因此,缓冲溶液的缓冲作用都有一个有效的pH值范围,任何缓冲溶液的缓冲容量都有一定的有效范围。

缓冲范围:是指缓冲溶液所能控制的pH值范围,简称缓冲范围。

实际应用中常用缓冲组分的浓度比为1/10~10作为缓冲溶液pH值的缓冲范围。所以,缓冲溶液 pH 值的缓冲范围为：pH＝pK_a±1。在此范围内缓冲溶液有较好的缓冲效果，超出该范围，缓冲能力显著下降。

对于碱式缓冲溶液，缓冲范围为：pH＝14－(pK_a±1)或 pOH＝pK_b±1。例如，HAc-NaAc 组成的缓冲溶液，pK_a＝4.74；其缓冲范围为 pH＝3.74～5.74，它可将溶液酸度控制在 3.74～5.74 范围之内。

各种不同的共轭酸碱对，由于其 K_a 值不同，组成的缓冲溶液所能控制的 pH 值也不同，常用的缓冲溶液见表 3-1 所示。

表 3-1　常用的缓冲溶液

缓冲溶液	共轭酸	共轭碱	pK_a	可控制的 pH 值范围
邻苯二甲酸氢钾-HCl	邻-COOH,COOH	邻-COO$^-$,COOH	2.95	1.9～3.9
六亚甲基四胺-HCl	$(CH_2)_6N_4H^+$	$(CH_2)_6N_4$	5.15	4.2～6.2
$H_2PO_4^-$-HPO_4^{2-}	$H_2PO_4^-$	HPO_4^{2-}	7.20	6.2～8.2
$Na_2B_4O_7$-HCl	H_3BO_3	$H_2BO_3^-$	9.24	8.2～10.2
HCO_3^--CO_3^{2-}	HCO_3^-	CO_3^{2-}	10.25	9.3～11.3
Ac^--HAc	HAc	Ac^-	4.74	3.7～5.7
NH_4^+-NH_3	NH_4^+	NH_3	9.26	8.3～10.3

分析化学常用的缓冲溶液很多，通常根据实际情况进行选择，其选择原则是：

(1) 缓冲溶液对分析过程无干扰。

(2) 所需控制的 pH 值应在缓冲溶液的缓冲范围之内。因此，若缓冲溶液是由弱酸及其共轭碱组成，则 pK_a 应尽量与 pH 值一致，即 pH≈pK_a；若缓冲溶液是由弱碱及其共轭酸组成，则 pK_b 应尽量与 pOH 值一致，即 pOH≈pK_b。

(3) 若要求溶液酸度控制在高酸度（pH＜2）或高碱度（pH＞12）时，可用强酸或强碱来控制。

(4) 缓冲溶液应有足够的缓冲容量，通常缓冲组分的浓度一般在 0.01～1.0mol/L。

一般认为，pH 值为 0～2，用强酸控制酸度；pH 值为 2～12，用弱酸及其共轭碱或弱碱及其共轭酸组成的缓冲溶液控制酸度；pH 值为 12～14，用强碱控制酸度。例如，若要控制溶液的酸度在 pH＝5 左右，可选择 HAc-NaAc 组成的缓冲溶液。又如，若要控制溶液的酸度在 pH＝10 左右，可选择 NH_3-NH_4Cl 组成的缓冲溶液。

学习小结

(1) 酸碱定义、共轭酸碱对、酸碱反应的实质。

(2) 酸碱溶液 pH 值的计算方法。

(3) 缓冲溶液、缓冲范围及缓冲溶液 pH 值的计算。

想一想

1. 酸碱质子理论和酸碱电离理论的主要不同点是什么？

2. 写出下列酸的共轭碱：$H_2PO_4^-$，NH_4^+，HPO_4^{2-}，HCO_3^-，H_2O，苯酚。

3. 写出下列碱的共轭酸：$H_2PO_4^-$，$HC_2O_4^-$，HPO_4^{2-}，HCO_3^-，H_2O。

4. 找出下列物质中的共轭酸碱对，并指出哪个是最强的酸？哪个是最强的碱？试按强弱顺序把它们排列起来。

HAc，NH_4^+，F^-，$(CH_2)_6N_4H^+$，$H_2PO_4^-$，CN^-，Ac^-，HCO_3^-，H_3PO_4，$(CH_2)_6N_4$，NH_3，HCN，HF，CO_3^{2-}。

5. 简述缓冲溶液的组成及作用原理。

练一练测一测

一、选择题

1. 共轭酸碱对的 K_a 与 K_b 的关系是（　　）。
   A. $K_a K_b = 1$　　B. $K_a K_b = K_w$　　C. $K_a / K_b = K_w$　　D. $K_b / K_a = K_w$

2. $H_2PO_4^-$ 的共轭碱是（　　）。
   A. H_3PO_4　　B. HPO_4^{2-}　　C. PO_4^{3-}　　D. OH^-

3. NH_3 的共轭酸是（　　）。
   A. NH_2^-　　B. NH_2OH^{2-}　　C. NH_4^+　　D. NH_4OH

4. 下列各组酸碱组分中，不属于共轭酸碱对的是（　　）。
   A. $H_2CO_3\text{-}CO_3^{2-}$　　B. $NH_3\text{-}NH_2^-$　　C. $HCl\text{-}Cl^-$　　D. $HSO_4^-\text{-}SO_4^{2-}$

5. 下列说法错误的是（　　）。
   A. H_2O 作为酸的共轭碱是 OH^-
   B. H_2O 作为碱的共轭酸是 H_3O^+
   C. 因为 HAc 的酸性强，故 HAc 的碱性必弱
   D. HAc 碱性弱，则 H_2Ac^+ 的酸性强

6. 按质子理论，Na_2HPO_4 是（　　）。
   A. 中性物质　　B. 酸性物质　　C. 碱性物质　　D. 两性物质

7. 浓度为 0.1mol/L HAc（$pK_a = 4.74$）溶液的 pH 值是（　　）。
   A. 4.87　　B. 3.87　　C. 2.87　　D. 1.87

8. 关于缓冲溶液，下列说法错误的是（　　）。
   A. 能够抵抗外加少量强酸、强碱或稍加稀释，其自身 pH 值不发生显著变化的溶液称缓冲溶液
   B. 缓冲溶液一般由浓度较大的弱酸（或弱碱）及其共轭碱（或共轭酸）组成
   C. 强酸强碱本身不能作为缓冲溶液
   D. 缓冲容量的大小与产生缓冲作用组分的浓度以及各组分浓度的比值有关

9. 浓度为 0.10mol/L NH_4Cl（$pK_b = 4.74$）溶液的 pH 值是（　　）。
   A. 5.13　　B. 4.13　　C. 3.13　　D. 2.13

10. pH=1.00 的 HCl 溶液和 pH=13.00 的 NaOH 溶液等体积混合后 pH 值是（　　）。
    A. 14　　B. 12　　C. 7　　D. 6

二、填空题

1. 各类酸碱反应共同的实质是_____。
2. 根据酸碱质子理论，凡是能_____质子的物质是酸；凡是能_____质子的物质是碱；物质给出质子的能力越强，酸性就越_____，其共轭碱的碱性就越_____。
3. 因 1 个质子得失而相互转变的每一对酸碱，称为_____。HPO_4^{2-} 是_____的共轭酸，是_____的共轭碱。
4. 已知 NH_3 的 $K_b = 1.8 \times 10^{-5}$，则其共轭酸_____的 K_a 为_____。
5. 0.1000mol/L NH_4^+ 溶液的 $K_a = 1.8 \times 10^{-5}$，则 pH=_____；0.1000mol/L $NaHCO_3$ 溶液的 $K_{a1} = 4.2 \times 10^{-7}$，$K_{a2} = 5.6 \times 10^{-11}$，则其 pH=_____。
6. 各种缓冲溶液的缓冲能力可用_____来衡量，其大小与_____和_____有关。

三、计算下列溶液的 pH 值

1. 0.05mol/L 的 NaAc；

2. 0.05mol/L 的 NH_4Cl；
3. 0.05mol/L 的 H_3BO_3；
4. 0.1mol/L 的 $NaCl$；
5. 0.05mol/L 的 $NaHCO_3$。

任务二　认识酸碱指示剂

🔔 任务要求

1. 掌握常用酸碱指示剂的变色范围和选择原则。
2. 理解酸碱指示剂法的变色原理。
3. 学会常见酸碱指示剂的配制方法。

🔔 任务实施

☞ 工作准备

1. 仪器

天平、试管等。

2. 试剂

石蕊指示剂及 pH 值为 3、5、7、8、10 的五种溶液。

3. 实验原理

石蕊是一种弱酸，变色范围为 pH 值 5～8，小于 5 时为红色，大于 8 时为蓝色，pH 值为 5～8 时是紫色，所以酸使它变红色，碱使它变蓝色。

☞ 工作过程

（1）配制 pH 值为 3、5、7、8、10 的五种溶液。

（2）石蕊指示剂的配制。

（3）各取少许不同 pH 值的溶液于洁净的小试管中，依次滴加两滴石蕊试液，震荡后观察颜色，并记录实验现象。

相关知识

在酸碱滴定过程中，通常不发生任何外观的变化，因此必须借助指示剂颜色的突变来指示终点。将酸碱滴定中用以指示终点的试液称为酸碱指示剂。

动画 3-3　酚酞变色

动画 3-4　甲基橙变色

微课 3-5　酸碱指示剂变色原理

一、酸碱指示剂的变色原理

常用的酸碱指示剂一般是结构比较复杂的有机弱酸或有机弱碱，它们的共轭酸碱对具有不同的结构，而且颜色也不相同。当溶液的 pH 值改变时，酸式指示剂失去质子转变为共轭碱，或碱式得到质子转化为共轭酸，使指示剂的结构发生变化，从而引起溶液颜色的变化。

例如：酚酞指示剂是一种有机弱酸，在水溶液中存在着下列平衡。

无色分子（内酯式）　　无色　　无色离子　　红色离子

由上式可以看出，当溶液中 H^+ 浓度增大时，平衡向左移动，酚酞由红色离子最终转变为无色分子。当溶液中 OH^- 浓度增大时，平衡向右移动，酚酞由无色分子最终转变为红色离子。

甲基橙是一种有机弱碱，它在溶液中存在如下的离解平衡和颜色的变化：

黄色（偶氮式）　　　　　　红色（醌式）

由平衡关系式可见，当溶液中 H^+ 增大浓度，平衡向右移动，甲基橙主要以醌式存在，呈现为红色；当溶液中 OH^- 浓度增大时，平衡向右移动，甲基橙主要以偶氮式存在，呈现黄色。

视频 3-1　酚酞指示剂的变色范围

视频 3-2　甲基橙指示剂的变色范围

甲基橙的酸式和碱式均有颜色称为双色指示剂，而酚酞（PP）在酸性中无色，在碱性中为红色，也就是在酸式或碱式中仅有一种型体具有颜色，像这样的指示剂称为单色指示剂。酸碱指示剂变色的内因是指示剂本身结构的变化，外因是溶液 pH 值的改变。但并不是溶液的 pH 值稍有改变，就能看到溶液颜色的变化，而是当溶液的 pH 值改变到一定范围，才能观察到溶液颜色的变化，这说明指示剂的变色，其 pH 值是有一定范围的，只有超过这个范围才能明显看到指示剂颜色的变化。

二、酸碱指示剂的变色范围

将人们的视觉能明显看出指示剂由一种颜色转变成另一种颜色的 pH 值范围称为指示剂的变色范围。

以弱酸型指示剂 HIn 为例，在溶液中有如下平衡：

$$HIn \rightleftharpoons H^+ + In^-$$

（酸式）　　（碱式）

用 K_{HIn} 代表指示剂的离解常数,达到平衡时有:

$$K_{HIn}=\frac{[H^+][In^-]}{[HIn]}$$

式中,K_{HIn} 为指示剂的离解平衡常数;[In⁻] 和 [HIn] 为平衡时指示剂的碱式色和酸式色的浓度。

由上式可知溶液的颜色决定于指示剂碱式色与酸式色的平衡浓度的比值,因此 [In⁻] 与 [HIn] 的比值代表了溶液的颜色。

而 [In⁻] 与 [HIn] 二者的比值与 K_{HIn} 值和溶液的酸度 [H⁺] 有关,K_{HIn} 是指示剂平衡常数,对于给定的指示剂,在一定的条件下,K_{HIn} 是个常数。因此,某一指示剂颜色的变化只决定于溶液中 H⁺ 的浓度。

当[HIn]=[In⁻]时,溶液呈现的是酸式色和碱式色的中间颜色,此时,[H⁺]=K_{HIn},即 pH=$-\lg K_{HIn}$=pK_{HIn},此值为指示剂的理论变色点。

当溶液中 H⁺ 发生变化时,[In⁻] 与 [HIn] 的比值也在发生变化,同时溶液的颜色也在发生变化。但是,由于人眼对颜色的分辨能力有一定的限度,极少量的 [H⁺] 的变化,很难分辨出溶液颜色的变化。一般来说,只有当二者的浓度相差 10 倍或 10 倍以上时,人的眼睛才能辨别出其中浓度较大者的颜色。

即,当 [In⁻]≥10[HIn] 时,观察到的是碱式 In⁻ 的颜色;当 [HIn]≥10[In⁻] 时,观察到的是酸式 HIn 的颜色。

也就是说:

当 $\frac{[In^-]}{[HIn]}$=10 时,[H⁺]=1/10K_{HIn} pH=pK_{HIn}+1,溶液显 In⁻ 颜色;

当 $\frac{[In^-]}{[HIn]}$=1/10 时,[H⁺]=10K_{HIn} pH=pK_{HIn}-1,溶液显 HIn 颜色。

由以上讨论可知,当溶液的 pH 值由 pK_{HIn}-1 变化到 pK_{HIn}+1 时,就可明显看到指示剂由酸式色变为碱式色。所以指示剂的理论变色范围为:

$$pH=pK_{HIn}\pm 1 \tag{3-10}$$

指示剂改变颜色的酸度(或 pH)范围称为指示剂的变色范围。不同的酸碱指示剂,K_{HIn} 值不同,其变色范围也不同,这是指示剂能在不同 pH 范围下变色的关键所在。指示剂的变色范围理论上应是 2 个 pH 值单位。但实际变色范围小于 2 个 pH 值单位,并且由于人眼对颜色的敏感程度不同,其理论变色点也不是变色范围的中间点,它更靠近于人较敏感的颜色的一端。

如:甲基橙指示剂当 pH≤3.1 时呈现红色;pH≥4.4 呈现黄色,pH 值在 3.1~4.4 之间溶液呈现橙色(红色与黄色的混合色)。甲基橙的变色范围为 3.1~4.4,理论变色范围为 2.4~4.4,产生这种差别的原因理论上的指示剂变色范围是通过 pK_a 值计算出来的,而实际变色范围是由目视观察测出来的。由于人的眼睛对各种颜色的敏锐程度不同,加上指示剂两种型体颜色的相互掩盖,从而导致实测值与理论值之间有一定差异,故不同资料的报道中有关指示剂的变色范围略有不同。

指示剂的变色范围越窄越好,这样,在酸碱反应到达化学计量点时,pH 值稍有变化,就可观察到溶液颜色的改变,有利于提高测定结果的准确度。

综上所述,可以得出下列结论:

(1) 不同指示剂由于 pK_{HIn} 不同,其变色范围也不同;

(2) 指示剂的颜色随 pH 值的变化而变化,在变色范围内颜色是逐渐变化的;

(3) 不同的指示剂变色范围的幅度不同,但一般在 1.6~1.8 个 pH 值单位之间。

另外，指示剂的变色范围还与指示剂的用量、溶液的温度、滴定顺序等因素有关。指示剂的用量过多（或浓度过高），会使终点颜色变化不明显，况且指示剂本身就是弱酸或弱碱，也会消耗一些滴定剂从而带来误差。因此，指示剂的用量应少一些，变色较明显。如，甲基橙变色范围在18℃为3.1～4.4；而在100℃时，则为2.5～3.7。

常见的酸碱指示剂及其变色范围、颜色变化、配制浓度等见表3-2。

表3-2 常见酸碱指示剂及其变色范围、颜色变化、配制浓度（单一指示剂）

指示剂	变色范围 pH值	颜色 酸式色	颜色 碱式色	pK_{HIn}	浓度
百里酚蓝（第一次变色）	1.2～2.8	红	黄	1.7	0.1%（20%乙醇溶液）
甲基黄	2.9～4.0	红	黄	3.3	0.1%（90%乙醇溶液）
甲基橙	3.1～4.4	红	黄	3.4	0.05%（水溶液）
溴酚蓝	3.1～4.6	黄	紫	4.1	0.1%（20%乙醇溶液）或指示剂钠盐的水溶液
溴甲酚绿	3.8～5.4	黄	蓝	4.9	0.1%的水溶液，每100mg指示剂加0.05mol/L NaOH 2.9mL
甲基红	4.4～6.2	红	黄	5.2	0.1%（60%乙醇溶液），或指示剂钠盐的水溶液
溴百里酚蓝	6.2～7.6	黄	蓝	7.3	0.1%（20%乙醇溶液），或指示剂钠盐的水溶液
中性红	6.8～8.0	红	黄橙	7.4	0.1%（60%乙醇溶液）
酚红	6.7～8.4	黄	红	8.0	0.1%（60%乙醇溶液），或指示剂钠盐的水溶液
酚酞	8.0～10.0	无	红	9.1	0.1%（90%乙醇溶液）
百里酚蓝（第二次变色）	8.0～9.6	黄	蓝	8.9	0.1%（20%乙醇溶液）
百里酚酞	9.4～10.6	无	蓝	10.0	0.1%（90%乙醇溶液）

从表中可看出，各种不同的指示剂，具有不同的变色范围，有的在酸性溶液中变色，如甲基橙、甲基红；有的在中性附近变色，如中性红、酚红等；有的则在碱性溶液中变色，如酚酞、百里酚酞等。

三、混合指示剂

单一指示剂变色间隔较宽，且颜色变化不敏锐，如甲基橙、酚酞等。而且，有些指示剂变色过程中还有过渡色，不易辨认。在酸碱滴定中，有时需要将终点控制在化学计量点附近pH值变化幅度很小的范围内，这时用上述单一指示剂无法指示终点，可采用混合指示剂。

混合指示剂主要是利用颜色的互补作用原理，指示剂的变色范围变窄，变色更敏锐。常见的混合指示剂有两大类。一类是由两种或两种以上的指示剂混合而成，利用颜色的互补作用，使指示剂变色范围变窄，变色更敏锐，有利于判断终点，减少终点误差，提高分析的准确度。例如，溴甲酚绿（pK_a=4.9）和甲基红（pK_a=5.2），两者按3：1混合后，在pH＜5.1的溶液中呈酒红色，而在pH＞5.1的溶液中呈绿色，且变色非常敏锐。

另一类混合指示剂是在某种指示剂中加入另一种惰性染料组成。例如，采用中性红与亚甲基蓝混合而配制的指示剂，当配比为1：1时，混合指示剂在pH=7.0时呈现蓝紫色，其酸色为蓝紫色，碱色为绿色，变色也很敏锐。

视频 3-3 甲基红和亚甲基蓝混合指示剂变色范围

视频 3-4 百里酚蓝和酚酞混合指示剂变色范围

在配制混合指示剂时,一定要控制组分的比例,否则颜色变化不明显,常用混合指示剂及其变色范围见表 3-3。

表 3-3 常用混合指示剂及其变色范围

指示剂组成		变色点 pH	颜色		备注
			酸色	碱色	
0.1%甲基橙水溶液+0.25%靛蓝磺酸钠水溶液	1+1	4.1	紫	黄绿	
0.1%溴甲酚绿乙醇溶液+0.2%甲基红乙醇溶液	3+1	5.1	酒红	绿	
0.1%中性红乙醇溶液+0.1%次甲基蓝乙醇溶液	1+1	7.0	蓝紫	绿	pH=7.0 紫蓝
0.1%百里酚蓝的 50%乙醇溶液+0.1%酚酞的 50%乙醇溶液	1+3	9.0	黄	紫	从黄到绿再到紫
0.1%溴甲酚绿钠盐水溶液+0.1%氯酚红钠盐水溶液	1+1	6.1	蓝绿	蓝紫	pH=5.4 蓝绿,5.8 蓝色,6.0 蓝带紫,6.2 蓝紫
0.1%甲酚红钠盐水溶液+0.1%百里酚蓝钠盐水溶液	1+3	8.3	黄	紫	pH=8.2 玫瑰红 pH=8.4 紫色

实验室使用的 pH 值试纸,就是基于混合指示剂的原理而制成的。

四、酸碱指示剂的选择

选择酸碱指示剂的主要依据是滴定突跃范围。

1. 滴定突跃

在化学计量点前后(一般在±0.1%相对误差范围内),因滴定剂的微小变化引起溶液的 pH 值发生急剧变化的现象,称为滴定突跃。

2. 滴定突跃范围

滴定突跃所在的 pH 值变化范围,称为滴定突跃范围,简称突跃范围。

3. 选择指示剂的原则

为了满足滴定分析对准确度的要求,选择指示剂的原则是:指示剂的变色范围应部分或全部处于滴定突跃范围内。指示剂的变色范围越接近化学计量点越好。同时还应注意人的视觉对颜色的敏感性。

学习小结

(1) 酸碱指示剂的定义及酸碱指示剂的变色原理。
(2) 混合指示剂及其配制方法。
(3) 酸碱指示剂的变色范围及指示剂选择原则。

想一想

1. 酸、碱指示剂的变色原理是什么?选择指示剂的原则是什么?
2. 指示剂的理论变色范围是什么?甲基橙的实际变色范围为(pH=3.1~4.4),与其理论变色范围（pH＝2.4～4.4）不一致，为什么？

练一练测一测

一、选择题

1. 酸碱滴定中选择指示剂的原则是（　　）。
   A. 指示剂变色范围与化学计量点完全符合
   B. 指示剂应在 pH＝7.00 时变色
   C. 指示剂的变色范围应全部或部分落入滴定 pH 值突跃范围之内
   D. 指示剂变色范围应全部落在滴定 pH 值突跃范围之内

2. 将甲基橙指示剂加到无色水溶液中，溶液呈黄色，该溶液的酸碱性为（　　）。
   A. 中性　　　　B. 碱性　　　　C. 酸性　　　　D. 不定

3. 将酚酞指示剂加到无色水溶液中，溶液呈无色，该溶液的酸碱性为（　　）。
   A. 中性　　　　B. 碱性　　　　C. 酸性　　　　D. 不定

4. 配制甲基橙指示剂选用的溶剂是（　　）。
   A. 水-甲醇　　　B. 水-乙醇　　　C. 水　　　　D. 水-丙醇

5. 在分析化学实验室常用的去离子水中，加入 1～2 滴甲基橙指示剂，则呈现（　　）。
   A. 紫色　　　　B. 红色　　　　C. 黄色　　　　D. 无色

6. 对于酸碱指示剂，全面而正确的说法是（　　）。
   A. 指示剂为有色物质
   B. 指示剂为弱酸或弱碱
   C. 指示剂为弱酸或弱碱，其酸式或碱式结构具有不同颜色
   D. 指示剂在酸碱溶液中呈现不同颜色

7. 关于酸碱指示剂，下列说法错误的是（　　）。
   A. 指示剂本身是有机弱酸或弱碱
   B. 指示剂的变色范围越窄越好
   C. HIn 与 In⁻ 的颜色差异越大越好
   D. 指示剂的变色范围必须全部落在滴定突跃范围之内

二、判断题

1. 酸碱指示剂颜色变化的内因是指示剂内部结构的改变。（　　）
2. 酸碱滴定中有时需要用颜色变化明显的、变色范围较窄的指示剂即混合指示剂。（　　）
3. 酚酞和甲基橙都可用作强碱滴定弱酸的指示剂。（　　）
4. 酸碱指示剂的颜色随溶液 pH 值的改变而变化。（　　）
5. 双指示剂就是混合指示剂。（　　）
6. 常用的酸碱指示剂，大多是弱酸或弱碱，所以滴加指示剂的多少及时间的早晚不会影响分析结果。（　　）
7. 凡是能在全部或部分突跃范围内发生明显变色的指示剂都可选用。（　　）
8. 酸碱指示剂的选择原则是指示剂变色范围与化学计量点完全符合。（　　）

三、填空题

1. 甲基橙的变色范围是_____，在 pH＜3.1 时为_____色。酚酞的变色范围是_____，在 pH＞9.6 时为_____色。
2. 溶液温度对指示剂变色范围_____（是/否）有影响。
3. 实验室中使用的 pH 值试纸是根据_____原理而制成的。
4. 某酸碱指示剂 pK_{HIn}＝4.0，则该指示剂变色的 pH 值范围是____，一般在____时

使用。

5. 混合指示剂是由一种酸碱指示剂和一种惰性染料或____，按一定的比例配制而成的。

任务三　混合碱含量的测定

任务要求

1. 掌握酸碱滴定的基本原理及酸碱滴定的可行性判断方法。
2. 了解酸碱滴定过程中的溶液 pH 值变化情况。
3. 理解滴定突跃范围及指示剂的选择。
4. 熟悉混合碱各组分含量的计算方法。

任务实施

微课 3-7　盐酸标准溶液的制备

微课 3-8　烧碱中 NaOH 和 Na_2CO_3 含量的测定

动画 3-5　双指示剂滴定

☞ 工作准备

1. 仪器

分析天平、称量瓶、锥形瓶、烧杯、酸式滴定管、容量瓶（250 mL）、移液管等。

2. 试剂

0.1mol/L HCl 标准溶液；酚酞指示剂；甲基橙指示剂；混合碱的样品。

3. 实验原理

混合碱一般是 Na_2CO_3 与 NaOH 或 Na_2CO_3 与 $NaHCO_3$ 的混合物，可采用双指示剂法测定各组分的含量。

双指示剂法是在混合碱的试液中先加入酚酞指示剂，用 HCl 标准溶液滴定至溶液由红色刚好变为无色，这是第一化学计量点，此时消耗 HCl 的体积为 V_1。由于酚酞的变色范围在 pH＝8～10，此时试液中所含 NaOH 完全被中和，Na_2CO_3 被中和至 $NaHCO_3$（只中和了一半），其反应为：

$$NaOH + HCl = NaCl + H_2O$$
$$Na_2CO_3 + HCl = NaCl + 2NaHCO_3$$

再加入甲基橙指示剂，继续用 HCl 标准溶液滴定至溶液由黄色变为橙色即为终点（滴定管不调零），这是第二化学计量点，消耗 HCl 的体积为 V_2。此时 $NaHCO_3$ 被滴定成 H_2CO_3，其反应为：

$$NaHCO_3 + HCl = NaCl + H_2O + CO_2 \uparrow$$

根据标准溶液的浓度和所消耗的体积，便可计算出混合碱中各组分的含量。

用双指示剂法滴定时，由 V_1 和 V_2 的大小，可以判断出混合碱的组成。当 $V_1 > V_2$ 时，试液为 NaOH 和 Na_2CO_3 的混合物；当 $V_1 < V_2$ 时，试液为 Na_2CO_3 和 $NaHCO_3$ 的混合物。

☞ 工作过程

(1) 准确称取 1.5~1.7g(准确至 0.1mg)混合碱样品于 150mL 烧杯中,加 50mL 蒸馏水溶解,然后定量转移至 250mL 容量瓶中,冷却至室温后,定容至刻度,摇匀备用。

(2) 用移液管移取 25.00mL 上述试液三份,分别置于三个已编号的锥形瓶中,各加入 2~3 滴酚酞指示剂,用 HCl 标准溶液滴定至溶液呈现粉红色时,每加一滴 HCl 标准溶液,就充分摇动,以免局部 Na_2CO_3 直接滴定至 H_2CO_3。与参比溶液对照,慢慢滴至红色恰好消失为止,即为第一终点。记录 HCl 标准溶液用量 V_1。

(3) 在上述溶液中加入 1~2 滴甲基橙指示剂,继续用 HCl 标准溶液滴定至溶液由黄色变为橙色 30s 不褪色(接近终点时应剧烈摇动锥形瓶),即为第二终点。记录消耗的 HCl 标准溶液的体积 V_2。平行测定 3 次,并做空白实验。

☞ 数据记录与处理

(1) 数据记录见表 3-4。

表 3-4 数据记录

测定序号		1	2	3
盐酸标准溶液的浓度/(mol/L)				
倾出前混合碱样品+称量瓶质量 m_1/g				
倾出后混合碱样品+称量瓶 m_2/g				
混合碱样品质量 m/g				
移取混合碱样品的体积/mL				
酚酞变色	HCl 初读数/mL			
	HCl 终读数/mL			
	V_1(HCl)/mL			
	滴定管体积校正值/mL			
	溶液温度校正值/mL			
	实际消耗标准溶液的体积/mL			
	空白消耗标准溶液的体积/mL			
甲基橙变色	HCl 初读数/mL			
	HCl 终读数/mL			
	V_2(HCl)/mL			
	滴定管体积校正值/mL			
	溶液温度校正值/mL			
	实际消耗标准溶液的体积/mL			
	空白消耗标准溶液的体积/mL			
混合碱组成				
混合碱中各组分含量/%	$w(Na_2CO_3)$			
	$w(NaOH$ 或 $NaHCO_3)$			
平均值/%	$\bar{w}(Na_2CO_3)$			
	$\bar{w}(NaOH$ 或 $NaHCO_3)$			
相对极差/%	测定 Na_2CO_3			
	测定(NaOH 或 $NaHCO_3$)			

(2) 根据 V_1、V_2 的大小判断混合碱的组成。

(3) 计算混合碱中各组分的含量。

☞ **注意事项**

① 混合碱为 NaOH 和 Na_2CO_3 时,酚酞指示剂可适当多加几滴,否则会因滴定不完全,使 NaOH 的测定结果偏低,Na_2CO_3 的测定结果偏高。

② 在临近第二化学计量点时,一定要充分摇动,以防止形成 CO_2 的过饱和溶液,使终点提前到达。

③ 用盐酸标准溶液滴定碳酸钠时,第一化学计量点附近没有明显的 pH 值突跃,易产生滴定误差。若选用甲基红-百里酚蓝混合指示剂,终点颜色由紫色变为黄色。第二化学计量点附近的 pH 值突跃也较小,若采用甲基红-亚甲基蓝混合指示剂,终点由绿色变为红紫色,可以减小误差。

相关知识

一、酸碱滴定的基本原理

在酸碱滴定中,一般用强酸或强碱作滴定剂,通过指示剂颜色的变化来确定终点,而指示剂只有在一定的 pH 值范围内才能发生颜色的变化,所以,为了选择适宜的指示剂确定终点,就必须知道滴定过程中溶液 pH 值的变化情况,特别是化学计量点附近溶液 pH 值的变化情况。由于不同类型的酸碱滴定中 pH 值的变化规律不同,因此下面我们分类进行讨论。

(一) 强酸、强碱的滴定

这类滴定包括强酸滴定强碱和强碱滴定强酸。

以 NaOH 滴定 HCl 为例进行讨论,溶液中发生如下反应:

$$NaOH + HCl =\!=\!= NaCl + H_2O$$

其离子反应式为:

$$H^+ + OH^- =\!=\!= H_2O$$

在滴定开始前,HCl 为强酸,溶液的 pH 值很低,随着 NaOH 的加入,NaOH 与 HCl 反应,使溶液中 H^+ 浓度下降,pH 值不断升高,当加入 NaOH 的量与原溶液中 HCl 的量相等时,中和反应正好完全进行,滴定到化学计量点,此时溶液为 NaCl,即 $[H^+]$ = $[OH^-]$ = $1.00×10^{-7}$ mol/L,pH=7。如果继续加入 NaOH 溶液,NaOH 就会过量,$[OH^-]$ 增大,pH 值不断升高,但在实际工作中,由于反应物和生产物均为无色,无法判断是否到达化学计量点,只能借助于指示剂颜色的变化来判断是否停止滴定。所以,研究化学计量点附近 pH 值的变化规律是十分必要的。

下面以用 0.1000mol/L NaOH 溶液滴定 20.00mL 0.1000mol/L HCl 溶液为例,讨论强碱滴定强酸溶液 pH 值的变化情况及指示剂的选择。

1. 滴定过程中溶液 pH 值的变化情况

滴定过程可分为四个阶段:

(1) 滴定开始前。滴定开始前,溶液中未加入 NaOH,溶液的组成为盐酸,此时溶液的 pH 值取决于 HCl 的起始浓度。

0.1000mol/L 盐酸溶液的 $[H^+]$ = 0.1000mol/L,pH=1.00。

(2) 滴定开始至化学计量点前。随着 NaOH 的加入,HCl 不断被中和,酸度越来越小,即 pH 值不断升高,溶液的组成为 HCl+NaCl,其 pH 值取决于剩余盐酸的量,所以 $[H^+]$ 可由剩余 HCl 的量来计算。

$$[H^+] = \frac{c_{HCl} \times V_{HCl} - c_{NaOH} \times V_{NaOH}}{V_{总}} = \frac{c_{HCl} \times V_{HCl(剩余)}}{V_{总}}$$

若加入 NaOH 体积为 18.00mL 时，$[H^+] = \frac{0.1000 \times 2.00}{20.00 + 18.00} = 5.3 \times 10^{-3}$ mol/L

$$pH = 2.28$$

若滴定剂 NaOH 加入量为 19.98mL 时，这时离化学计量点只差半滴。即差 0.02mL 就到达化学计量点，滴定已完成了 99.9%，还差 0.1%。

$$[H^+] = \frac{0.1000 \times (20.00 - 19.98)}{20.00 + 19.98}$$
$$= 5.0 \times 10^{-5} \text{mol/L}$$
$$pH = 4.30$$

化学计量点前 0.1% 时，pH=4.30。

从滴定开始至化学计量点前各点的 pH 值都按同样的方法计算。

(3) 化学计量点。即加入滴定剂体积为 20.00mL，反应完全，溶液的组成为 NaCl 和 H_2O，溶液呈中性，即

$[H^+] = [OH^-] = 1.0 \times 10^{-7}$ mol/L，溶液的 pH=7.00。

(4) 化学计量点后。HCl 被完全中和，NaOH 过量，溶液的组成为 NaCl 和 NaOH，溶液的 pH 值由过量的 NaOH 决定。

$$[OH^-] = \frac{c_{NaOH} \times V_{NaOH} - c_{HCl} \times V_{HCl}}{V_{总}} = \frac{c_{NaOH} \times V_{NaOH(过量)}}{V_{总}}$$

当加入滴定剂体积为 20.02mL，过量 0.02mL（约半滴），NaOH 过量 0.1% 时，此时溶液呈碱性。

$$[OH^-] = \frac{0.100 \times 0.02}{20.00 + 20.02} = 5.0 \times 10^{-5} \text{mol/L}$$
$$pOH = 4.30$$
$$pH = 14.00 - 4.30 = 9.70$$

化学计量点后 0.1% 时，溶液的 pH=9.70。

化学计量点后各点的 pH 值按同样的方法计算。

按以上方法可计算滴定过程中任意体积 NaOH 溶液的 pH 值，并将计算结果列于表 3-5 中。

表 3-5 用 0.1000mol/L NaOH 溶液滴定 20.00mL 0.1000mol/L HCl 溶液时的 pH 值变化

加入 NaOH 溶液 V/mL	剩余盐酸溶液 V/mL	过量 NaOH 溶液 V/mL	pH 值	
0.00	20.00		1.00	
18.00	2.00		2.28	
19.80	0.20		3.30	
19.98	0.02		4.30	
20.00	0.00		7.00	突跃范围
20.02		0.02	9.70	
20.20		0.20	10.70	
22.00		2.00	11.70	
40.00		20.00	12.50	

2. 滴定曲线和滴定突跃范围

(1) 滴定曲线。如果以滴定过程溶液的 pH 值为纵坐标，以滴定剂 NaOH 的加入量为

横坐标作图得到的描述滴定过程中溶液 pH 值变化情况的曲线称为滴定曲线，它能展示滴定过程中 pH 值的变化规律。研究酸碱滴定曲线，是选择指示剂和讨论误差的重要依据，如动画 3-6 所示的滴定曲线。

从动画 3-6 所示的滴定曲线和表 3-5 可看出，在整个滴定过程中，pH 值的变化是不均匀的。滴定开始时，曲线较平坦，pH 值升高十分缓慢，随着滴定的进行，曲线逐渐向上倾斜，pH 值升高逐渐加快，在化学计量点前后，pH 值升高极快，特别是当滴定到计量点时，溶液只剩下 0.1% 的盐酸时，pH=4.30，再加一滴将剩余的盐酸全部中和，且 NaOH 过量 0.02mL（过量 0.1%）时，pH 值由 4.30 急剧增加到 9.70，增加了 5.4 个 pH 单位，溶液由酸性变为碱性。此时，滴定曲线出现了近似垂直的一段，以后曲线又比较平坦，这是由于在滴

动画 3-6　NaOH 滴定 HCl 的滴定曲线

定开始溶液中存在较多的盐酸，强酸溶液具有缓冲作用，pH 值升高十分缓慢，随着滴定的进行，溶液中盐酸减少，缓冲作用下降，化学计量点后如果继续加入 NaOH 溶液，这时溶液进入强碱缓冲区，pH 值变化又逐渐减小。

（2）滴定突跃范围。在化学计量点附近，溶液 pH 值发生显著变化的现象称为滴定突跃。在滴定分析中，一般将滴定剂加入量在化学计量点前后±0.1% 时溶液 pH 值的变化范围称滴定突跃范围，简称突跃范围。

总之，利用滴定曲线可以判断滴定突跃大小，确定滴定到达终点时，所消耗的滴定剂体积，选择合适的指示剂。规定在化学计量点前后±0.1% 的滴定剂用量，正是为了与滴定分析准确度相一致。

3. 指示剂的选择

研究滴定突跃有重要的实际意义，它是选择指示剂的依据，根据滴定曲线的突跃范围就可以选择合适的指示剂，凡是在突跃范围内变色的指示剂均可选用。但应注意指示剂变色点（滴定终点）与化学计量点并不一定相同，但相差不超过±0.02mL 时，相对误差不超过±0.1%，符合滴定分析要求。

如在上例中，凡是在滴定突跃范围内（pH=4.30～9.70）发生颜色变化的指示剂均可使用。如酚酞、甲基红、甲基橙、溴百里酚蓝、酚红等，虽然使用这些指示剂确定终点并非化学计量点，但由此引起的误差不超过±0.1%，能满足滴定准确度的要求。如选甲基橙作指示剂，溶液由红色变为黄色，pH≈4.4，终点处于化学计量点之前，碱量不足，但不超过 0.02mL，相对误差不超过−0.1%，符合分析要求。因为人眼对红色略带黄色不易观察，因此甲基橙指示剂一般用于酸滴定碱时由黄色变为红色。若选酚酞作指示剂，pH>8.0，终点处于化学计量点之后，碱过量，但不超过 0.02mL，相对误差不超过+0.1%，符合滴定分析要求，溶液由无色变为红色。

由此得出结论，为了满足滴定分析对准确度的要求选择指示剂的原则是：指示剂的变色范围应部分或全部处于滴定突跃范围内，指示剂的变色范围越接近化学计量点越好。同时还应注意人的视觉对颜色的敏感性，即指示剂的颜色变化是否明显，是否便于观察。如用强碱滴定强酸时，习惯选用酚酞作指示剂，因酚酞由无色变红色易于辨认；相反用强酸滴定强碱时，常选用甲基橙或甲基红作指示剂，滴定终点颜色由黄色变为橙色或红色。颜色由浅到深，人的视觉较敏感。

4. 影响突跃范围的因素

以上讨论的是用 0.1000mol/L NaOH 溶液滴定 0.1000mol/L HCl 溶液，如果溶液的浓度改变，同样也可以通过计算得到不同浓度的 NaOH 滴定不同浓度的 HCl 的滴定曲线，如动画 3-7 所示。

由动画 3-7 可知：

(1) 当浓度增大 10 倍时，滴定突跃范围为 3.3～10.7，增大了 2 个 pH 值单位，甲基橙、甲基红、酚酞均可作指示剂。

(2) 当浓度降低 10 倍时，滴定突跃范围为 5.3～8.7，减少了 2 个 pH 值单位，指示剂选择受限制，甲基红最适宜，酚酞也可以，但甲基橙不能用了。

动画 3-7　NaOH 滴定不同浓度 HCl 的滴定曲线

酸碱溶液的浓度越大，滴定突跃范围越大，可供选择的指示剂越多；溶液越稀，滴定突跃范围越小，指示剂的选择就越受限制。此外，突跃范围还与酸碱本身的强度有关。

若溶液太浓，尽管突跃范围大，指示剂的选择较容易，但试样用量太大。若太稀，突跃范围太小，选择指示剂有困难。分析工作者应根据实际情况，以满足测定结果准确度要求为原则，确定突跃范围和选择指示剂。

如果用 NaOH 滴定其他强酸溶液，如 HNO_3 溶液，情况与前面相似，指示剂选择也相似。相反，如果用强酸滴定强碱溶液，如用 HCl 标准溶液滴定 NaOH 溶液，条件与前面相同，但 pH 值的变化方向相反，滴定突跃范围 pH 值从 9.70～4.30，可选择的指示剂有酚酞、甲基红。甲基橙不能用，因滴定至红色（pH=3.1）将产生 +0.2% 以上的误差。若选用中性红-亚甲基蓝（变色点为 pH=7.0）混合指示剂，终点颜色由蓝紫色转变为绿色，误差将会更小。

（二）一元弱酸、弱碱的滴定

弱酸、弱碱可分别用强碱、强酸来滴定，情况与强碱滴定强酸类似。以 NaOH 标准溶液滴定 HAc 溶液为例，此类滴定反应为：

$$OH^- + HAc \Longrightarrow H_2O + Ac^-$$

在整个滴定过程中溶液的 pH 值也在不断上升，pH 值的具体变化规律可通过用 0.1000mol/L NaOH 溶液滴定 20.00mL 0.1000mol/L HAc 溶液的计算为例来进行讨论，并绘制出滴定曲线。

微课 3-9　强酸滴定强碱溶液

1. 滴定过程中溶液 pH 值的变化情况

(1) 滴定开始前。滴定开始前，由于还未加入 NaOH 溶液，此时溶液的组成为 0.1000mol/L HAc。

由于 HAc 是一元弱酸，并且 $c/K_a > 500$，所以

$$[H^+] = \sqrt{cK_a} = \sqrt{0.1000 \times 1.8 \times 10^{-5}}$$
$$= 1.34 \times 10^{-3} \text{mol/L}$$
$$pH = 2.87$$

(2) 滴定开始至化学计量点前。开始滴定后，由于滴入 NaOH 溶液生成了 NaAc，此时溶液为未反应的 HAc 和反应生成的 NaAc 组成的酸式缓冲体系。$[H^+]$ 可按式 (3-8) 缓冲溶液的计算公式进行计算，即：

$$[H^+] = K_a \times \frac{[HAc]}{[Ac^-]}$$

当加入滴定剂体积 19.98 mL 时，剩余 HAc 为 0.02 mL，此时溶液中：

$$c_{HAc} = \frac{0.02 \times 0.1000}{20.00 + 19.98}$$
$$= 5.0 \times 10^{-5} \text{mol/L}$$
$$c_{NaAc} = \frac{19.98 \times 0.1000}{20.00 + 19.98}$$

$$= 5.0 \times 10^{-2} \text{ mol/L}$$

$$[H^+] = K_a \times \frac{c_{HAc}}{c_{NaOH}}$$

$$= 1.8 \times 10^{-5} \times \frac{5.0 \times 10^{-5}}{5.0 \times 10^{-2}}$$

$$= 1.8 \times 10^{-8} \text{ mol/L}$$

$$pH = 7.74$$

（3）化学计量点时。化学计量点时，HAc 全部被中和，溶液中只有生成的共轭碱 NaAc，其浓度为：

$$c_{NaAc} = \frac{20.00 \times 0.1000}{20.00 + 20.00}$$

$$= 5.00 \times 10^{-2} \text{ mol/L}$$

因为 Ac^- 是 HAc 的共轭碱，所以其：

$$K_b = \frac{K_w}{K_a} = \frac{1.00 \times 10^{-14}}{1.8 \times 10^{-5}}$$

$$= 5.6 \times 10^{-10}$$

且 $c/K_b > 500$，则 $[OH^-]$ 可按最简式计算，即：

$$[OH^-] = \sqrt{cK_b} = \sqrt{0.05000 \times 5.6 \times 10^{-10}}$$

$$= 5.3 \times 10^{-6} \text{ mol/L}$$

$$pOH = 5.28$$

$pH = 14.00 - 5.28 = 8.72$，此时溶液呈碱性。

（4）化学计量点后。化学计量点后，溶液由 NaOH 和 NaAc 组成，由于 NaOH 过量，而 Ac^- 的碱性极弱，所以溶液的酸度主要由过量的 NaOH 决定，计算方法与强碱滴定强酸相同。当加入滴定剂体积 20.02mL：

$$[OH^-] = \frac{0.1000 \times 0.02}{20.00 + 20.00}$$

$$= 5.0 \times 10^{-5} \text{ mol/L}$$

$$pOH = 4.30$$

$$pH = 14.00 - 4.30 = 9.70$$

按类似方法可计算滴定过程任意时刻溶液的 pH 值，并将结果列于表 3-6。

表 3-6 用 0.1000mol/L NaOH 标准溶液滴定 20.00mL 0.1000mol/L HAc 溶液

加入 NaOH 溶液 V/mL	剩余醋酸溶液 V/mL	过量 NaOH 溶液 V/mL	pH
0.00	20.00		2.87
18.00	2.00		5.70
19.80	0.20		6.74
19.98	0.02		7.74 ⎫
20.00	0.00		8.72 ⎬ 突跃范围
20.02		0.02	9.70 ⎭
20.20		0.20	10.70
22.00		2.00	11.70
40.00		20.00	12.50

2. 滴定曲线与滴定突跃

以加入 NaOH 标准溶液的体积为横坐标，以溶液的 pH 值为纵坐标作图，得到滴定曲线如图 3-1 所示。

由图 3-1 及表 3-6 可看出，与强碱滴定强酸相比较，NaOH 标准溶液滴定 HAc 溶液的曲线有下列特点：

（1）滴定曲线的起点抬高。由于 HAc 是弱酸，在溶液中只有部分离解，与强酸相比溶液的 pH 值较大。

（2）滴定开始到化学计量点前，曲线形成一个由倾斜到平坦又到倾斜的坡度。

滴定开始后至约 20% 的 HAc 被滴定时，溶液 pH 值升高较快，这是由于溶液中 HAc 浓度降低，同时中和生成的 Ac^- 产生同离子效应，使 HAc 更难离解，$[H^+]$ 降低较快；因此，滴定曲线开始一段的倾斜度比滴定盐酸大。继续滴加 NaOH 时，NaAc 的浓度增大，HAc 的浓度减小，溶液形成了 NaAc-HAc 缓冲体系，pH 值增加较慢，曲线变化较为平缓。接近化学计量点时，溶液中剩余的 HAc 已很少，溶液的缓冲能力已逐渐减小，pH 值变化加快，曲线又比较倾斜。

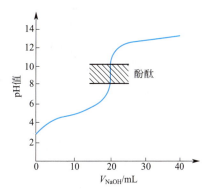

图 3-1 用 0.1000mol/L NaOH 溶液滴定 20.00mL 0.1000mol/L HAc 溶液的滴定曲线

（3）到化学计量点时，由于 NaAc 的水解，溶液呈碱性。化学计量点后，滴定曲线与强碱滴定强酸曲线相同。

（4）滴定的 pH 值突跃范围明显变窄，突跃范围为 7.74～9.70，处于碱性范围内。

（5）可供选择的指示剂少了，根据突跃范围必须选择在碱性范围内变色的指示剂，如酚酞、百里酚蓝等，酚酞的变色点 pH=9.1，所以用酚酞作指示剂最好。

在酸性范围内变色的指示剂就不能用了，如甲基橙、甲基红等。

3. 影响突跃范围的因素及直接滴定条件

用强碱滴定不同的一元弱酸时，滴定突跃范围的大小不仅与溶液的浓度有关，而且与弱酸的相对强弱有关。醋酸是一种不太弱的酸，其离解常数 $K_a = 1.8 \times 10^{-5}$，如果被滴定的酸更弱，它的 K_a 值更小，则滴定到化学计量点时溶液的 pH 值更高，突跃范围就更小，就很难选择合适的指示剂，如动画 3-8 所示。

从动画 3-8 可看出，强碱滴定不同强度的一元弱酸时，当弱酸浓度一定时，弱酸的 K_a 越小，滴定突跃范围越小。

例如当 $K_a = 10^{-7}$ 时，用酚酞作指示剂已不合适，因为化学计量点时 pH=9.8，突跃范围为 pH=9.6～10.0，应选用变色范围的 pH 值更高的指示剂，如百里酚酞（变色范围 pH=9.4～10.6）更为合适。

若被滴定的酸更弱（如 H_3BO_3 $K_a = 5.8 \times 10^{-10}$），则滴定曲线上已无明显突跃部分，对于这类酸已无法使用一般的酸碱指示剂来确定滴定终点，或者说滴定难以直接进行，但可以设法使弱酸的离解度增大后再测定，或在非水介质中进行滴定、或借助电位显示指示终点。

动画 3-8 强碱滴定不同弱酸的滴定曲线

另外，滴定突跃范围的大小还与溶液的浓度有关，对于同一种弱酸，浓度越大，滴定突跃越大。

实践证明，如果要求滴定误差≤0.1%，滴定突跃范围必须有 0.3 个 pH 值单位，这时人眼才可观察出颜色的变化，对于浓度为 0.1mol/L 的弱酸，当 $K_a = 10^{-8}$ 时，将不能直接目视滴定。

由上图可看出，只有一元弱酸的 $cK_a \geq 10^{-8}$ 才能满足要求。因此，通常将 $cK_a \geq 10^{-8}$ 作为弱酸能被强碱溶液直接准确滴定的基本条件。否则，因突跃范围太小而难以用指示剂颜色变化来正确判断终点,易造成较大误差。

相反,用强酸滴定一元弱碱,例如用 0.1000mol/L HCl 标准溶液滴定 20.00mL 0.1000mol/L 的 $NH_3 \cdot H_2O$,其滴定反应为:

$$HCl + NH_3 \cdot H_2O \rightleftharpoons NH_4^+ + Cl^- + H_2O$$

滴定过程与 NaOH 溶液滴定 20.00mL 0.1000mol/L HAc 相似,但滴定过程中溶液的 pH 值由大到小,变化方向相反,滴定曲线如图 3-2 所示。

滴定到化学计量点时,生成 NH_4^+,它是 NH_3 的共轭酸。因此,溶液显弱酸性(pH = 5.28,自己计算),滴定突跃范围为 pH = 6.25~4.30,在酸性范围内,可选用甲基红、溴甲酚绿等在酸性范围内变色的指示剂,不能选用酚酞等碱性范围内变色的指示剂。

与强碱滴定弱酸一样,滴定突跃范围与弱碱的浓度和它的离解常数 K_b 两个因素有关,也只有当 $cK_b \geqslant 10^{-8}$ 时,该弱碱才能用标准溶液直接目视滴定。

(三) 多元酸(碱)的滴定

1. 多元酸的滴定

常见的多元酸是弱酸,在水溶液中分步离

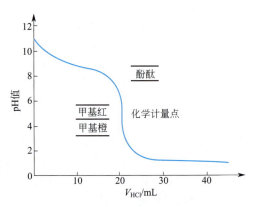

图 3-2 用 0.1000mol/L HCl 标准溶液滴定 20.00mL 0.1000mol/L 氨水的滴定曲线

解。所以,对于多元酸的滴定主要看能否分步滴定,选什么指示剂。多元酸的滴定与滴定一元弱酸相类似,多元弱酸能被准确滴定至某一级,也取决于酸的浓度与酸的某级离解常数之乘积,如(H_2A)的滴定,当满足:

$cK_{a1} \geqslant 10^{-8}$、$cK_{a2} \geqslant 10^{-8}$ 时,就能够被准确滴定至第二级,同时若 $K_{a1}/K_{a2} \geqslant 10^4$,可分步滴定(即当第一级离解的 H^+ 未被完全中和之前,第二级离解可不考虑),滴定误差在 ±0.5% 以内,二元以上的多元酸的滴定可依次类推。

如用 0.1000mol/L NaOH 标准溶液滴定 0.1000mol/L H_3PO_4 溶液。H_3PO_4 为三元弱酸,在溶液中分三步离解,即:

$$H_3PO_4 \rightleftharpoons H^+ + H_2PO_4^- \quad K_{a1} = 7.5 \times 10^{-3}$$
$$H_2PO_4^- \rightleftharpoons H^+ + HPO_4^{2-} \quad K_{a2} = 6.3 \times 10^{-8}$$
$$HPO_4^{2-} \rightleftharpoons H^+ + PO_4^{3-} \quad K_{a3} = 4.4 \times 10^{-13}$$

滴定过程有三个化学计量点,根据以上的条件,可知:

$cK_{a1} = 0.1 \times 7.5 \times 10^{-3} > 10^{-8}$,$K_{a1}/K_{a2} > 10^4$,所以能出现第一个突跃;

又因为 $cK_{a2} = 0.05 \times 6.3 \times 10^{-8} \approx 10^{-8}$ 且 $K_{a2}/K_{a3} > 10^4$,所以能出现第二个突跃;

但 $cK_{a3} \ll 10^{-8}$ 得不到第三个突跃,说明不能用碱继续滴定,所以无法用指示剂判断终点,不能直接滴定。

动画 3-9 NaOH 标准溶液滴定 H_3PO_4 的滴定曲线

多元酸的滴定过程 pH 值计算比较复杂,在实际工作中为了选择指示剂,通常只计算化学计量点的 pH 值,然后,在此值附近选择合适的指示剂,滴定曲线如动画 3-9 所示。

由于反应达到第一化学计量点时的产物和第二化学计量点时的产物均是两性物质。

第一化学计量： $[H^+]=\sqrt{K_{a1}K_{a2}}=2.2\times10^{-5}\,mol/L$
pH=4.66
第二化学计量： $[H^+]=\sqrt{K_{a2}K_{a3}}=1.7\times10^{-10}\,mol/L$
pH=9.78

由于酸式盐具有缓冲作用，化学计量点突跃不明显，可选混合指示剂。

总之，多元酸的滴定，首先要根据 $cK_a\geqslant10^{-8}$ 的原则，确定有几个 H^+ 能被直接滴定，然后，根据相邻两个 K_a 的比值 $\geqslant10^4$，判断这几个 H^+ 是否能准确地分步滴定，有几个滴定突跃，再选择合适的指示剂。若相邻的两个 K_a 的比值 $<10^4$，则达到时两个滴定突跃将混在一起，这时只出现一个滴定突跃。

2. 多元碱的滴定

多元碱的滴定和多元酸的滴定相类似。上述有关多元酸滴定的结论，也适用于多元碱的滴定。也要先根据 $cK_b\geqslant10^{-8}$ 判断能否准确滴定，然后再根据相邻两个 K_b 的比值 $\geqslant10^5$，判断能否分步滴定，若相邻的两个 K_b 的比值 $<10^5$，则达到时两个滴定突跃将混在一起，这时只出现一个滴定突跃。

如用 0.1000mol/L HCl 溶液滴定 0.1000mol/L 的 Na_2CO_3 溶液。

Na_2CO_3 是 H_2CO_3 的二元共轭碱，在水中的离解平衡如下：

$$CO_3^{2-}+H_2O \rightleftharpoons HCO_3^-+OH^-$$

$$K_{b1}=\frac{K_w}{K_{a2}}=\frac{10^{-14}}{5.6\times10^{-11}}=1.8\times10^{-4}$$

$$HCO_3^-+H_2O \rightleftharpoons H_2CO_3+OH^-$$

$$K_{b2}=\frac{K_w}{K_{a1}}=\frac{10^{-14}}{4.2\times10^{-7}}=2.4\times10^{-8}$$

由于 cK_{b1}、cK_{b2} 都大于 10^{-8}，且 K_{b1}/K_{b2} 接近 10^5，因此 CO_3^{2-} 这个二元碱可用标准溶液直接滴定，在两个化学计量点分别出现两个突跃，可分别选用两种指示剂指示终点，其滴定曲线如动画 3-10 所示。

当滴定到第一化学计量点时，生成物为 HCO_3^-，HCO_3^- 为两性物质，其浓度为 0.05mol/L，溶液中的 pH 值按最简式计算：

$$[H^+]=\sqrt{K_{a1}K_{a2}}=\sqrt{4.2\times10^{-7}\times5.6\times10^{-11}}$$
$$=4.9\times10^{-9}\,mol/L$$
pH=8.32

动画 3-10 HCl 滴定 Na_2CO_3 的滴定曲线

此时若选用酚酞（pH 值为 9.0）作指示剂，终点误差较大，滴定的准确度不高；所以常用酚红与百里酚蓝混合指示剂（pH 值为 8.2~8.4），可获得较为准确的滴定结果。

当滴定到第二化学计量点时，生成物为 H_2CO_3，这时溶液的 pH 值可根据 H_2CO_3 的离解来计算。由于 $K_{a2}\ll K_{a1}$，因此计算 $[H^+]$ 时，只要考虑 H_2CO_3 的第一级离解，即 $[H^+]=\sqrt{cK_a}$，由于到第二化学计量点时，溶液是 CO_2 的饱和溶液，H_2CO_3 的浓度约为 0.04mol/L，因此，

$$[H^+]=\sqrt{4.2\times10^{-7}\times0.04}$$
$$=1.3\times10^{-4}\,mol/L$$
pH=3.89

可用甲基橙（pH 值为 4.0）作指示剂指示终点。但由于化学计量点附近 pH 值突跃也

较小，终点指示剂变色不明显，为了提高滴定的准确度，因此在实际操作中，快到第二化学计量点时，应剧烈摇动，甚至加热煮沸以除去 CO_2，冷却后再继续滴定，可提高终点的敏锐程度。

二、酸碱滴定法的应用

（一）混合碱含量的测定

工业品烧碱（NaOH）中常含有 Na_2CO_3，纯碱（Na_2CO_3）中也常含有 $NaHCO_3$，这两种工业品都称为混合碱，混合碱的测定常用双指示剂法和氯化钡法，下面分别介绍。

1. 双指示剂法

所谓双指示剂法就是利用两种不同的指示剂，在不同的化学计量点颜色的变化，得到两个终点，分别根据各终点时所消耗的酸标准溶液的体积，计算出各组分的含量。

（1）烧碱中 NaOH 和 Na_2CO_3 含量的测定。NaOH 俗称烧碱，在生产和贮藏过程中，因吸收空气中的 CO_2 而产生部分 Na_2CO_3，所以在测定烧碱中 NaOH 的同时，也需要测定 Na_2CO_3 的含量。

测定的具体方法是，准确称取试样质量为 m（单位 g），溶解于水制成溶液，先加酚酞指示剂，用 HCl 标准溶液滴定至溶液由红色变为无色，此时到达第一终点，所消耗 HCl 标准溶液的体积记为 V_1。用 HCl 标准溶液滴定时，HCl 和 NaOH 作用其突跃范围为 4.3~9.7。而 HCl 和 Na_2CO_3 作用时第一化学计量点 pH 值为 8.3，第二化学计量点 pH 值为 3.9。因此，选用酚酞为指示剂（变色范围 pH 值为 8.0~10.0）。此时溶液中 NaOH 全部被中和，而 Na_2CO_3 仅被中和至 $NaHCO_3$。HCl 与混合碱之间的反应为：

$$HCl + NaOH = NaCl + H_2O$$
$$HCl + Na_2CO_3 = NaCl + NaHCO_3$$

然后向溶液中加入甲基橙指示剂，继续用 HCl 标准溶液滴定，使溶液由黄色恰变为橙色 30s 不褪色时到达第二终点，所消耗的 HCl 体积记为 V_2，这时溶液中 $NaHCO_3$ 被完全中和为 H_2CO_3，V_2 是 $NaHCO_3$ 所消耗 HCl 的体积。其反应式为：

$$HCl + NaHCO_3 = NaCl + H_2O + CO_2 \uparrow$$

滴定过程及 HCl 标准溶液的用量可用下图表示：

```
┌─────────────────┐
│ NaOH   Na₂CO₃   │──加入酚酞
└─────────────────┘
         │ HCl(V₁)
         ▼
┌─────────────────┐
│ NaCl   NaHCO₃   │──酚酞变色
└─────────────────┘   加入甲基橙
         │ HCl(V₂)
         ▼
┌─────────────────┐
│ CO₂    H₂O      │──甲基橙变色
└─────────────────┘
```

由于 Na_2CO_3 被中和先生成 $NaHCO_3$，继续用 HCl 滴定使 $NaHCO_3$ 又转为 H_2CO_3，二者所消耗 HCl 的体积相等，故 $(V_1 - V_2)$ 为中和 NaOH 所消耗 HCl 标准溶液的体积，$2V_2$ 为滴定 Na_2CO_3 所需 HCl 的体积。分析结果计算公式为：

$$w_{NaOH} = \frac{c_{HCl}(V_1-V_2)M_{NaOH}}{1000 m_{样}} \times 100\%$$

$$w_{Na_2CO_3} = \frac{\frac{1}{2}c_{HCl} \times 2V_2 M_{Na_2CO_3}}{1000 m_{样}} \times 100\%$$

$$= \frac{c_{HCl} V_2 M_{Na_2CO_3}}{1000 m_{样}} \times 100\%$$

(2) 纯碱中 Na_2CO_3 和 $NaHCO_3$ 的测定。

Na_2CO_3 俗称纯碱,常常含有 $NaHCO_3$,测定方法与测定烧碱相同。先以酚酞为指示剂,到终点时消耗的 HCl 标准溶液体积为 V_1,再用甲基橙为指示剂,到终点时消耗的 HCl 标准溶液体积为 V_2。

此时 V_1 是把 Na_2CO_3 转化成 $NaHCO_3$ 所消耗盐酸的体积;V_2 是滴定原试样中 $NaHCO_3$ 及 Na_2CO_3 转化的 $NaHCO_3$ 所消耗盐酸的体积,所以滴定 Na_2CO_3 所消耗的 HCl 标准溶液体积为 $2V_1$,而滴定试样中 $NaHCO_3$ 所消耗的 HCl 体积为 (V_2-V_1)。

其滴定过程可用图表示如下

```
[NaHCO₃  Na₂CO₃] ——加入酚酞
        │ HCl(V₁)
[NaHCO₃  NaHCO₃] ——酚酞变色
                   加入甲基橙
        │ HCl(V₂)
[CO₂    H₂O]    ——甲基橙变色
```

分析结果计算公式为:

$$w_{Na_2CO_3} = \frac{\frac{1}{2}c_{HCl} \times 2V_1 M_{Na_2CO_3}}{1000 m_{样}} \times 100\%$$

$$= \frac{c_{HCl} V_1 M_{Na_2CO_3}}{1000 m_{样}} \times 100\%$$

$$w_{NaHCO_3} = \frac{c_{HCl}(V_2-V_1) M_{NaHCO_3}}{1000 m_{样}} \times 100\%$$

双指示剂法操作简便,但因滴定至化学计量点时,终点观察不明显,容易产生误差,工业分析多用此法进行测定。

用双指示剂法测定混合碱时,根据测定时消耗 HCl 的体积 V_1 和 V_2 的大小就可判断混合碱的成分,其关系如表 3-7。

表 3-7 双指示剂法测定混合碱组成成分与滴定消耗酸体积的关系

消耗 HCl 的体积	混合碱的组成	消耗 HCl 的体积	混合碱的组成
$V_1>V_2>0$	$NaOH+Na_2CO_3$	$V_1=0, V_2>0$	$NaHCO_3$
$V_2>V_1>0$	$NaHCO_3+Na_2CO_3$	$V_2=0, V_1>0$	$NaOH$
$V_1=V_2$	Na_2CO_3		

2. 氯化钡法

如测 NaOH 和 Na_2CO_3 混合物时,取两份等体积的试液,一份以甲基橙为指示剂,用 HCl 标准溶液滴至橙红色。这时 NaOH 和 Na_2CO_3 完全被中和,所消耗 HCl 标准溶液的体积为 V_1。另一份加入 $BaCl_2$ 溶液后,使 Na_2CO_3 生成 $BaCO_3$ 沉淀,以酚酞作指示剂,用 HCl 标准溶液标至终点,所消耗 HCl 的体积为 V_2。V_2 是中和 NaOH 所消耗 HCl 的体积,所以中和 Na_2CO_3 所消耗 HCl 的体积为 (V_1-V_2)。

微课 3-10 混合碱含量测定的原理—氯化钡法

计算公式为:

$$w_{NaOH} = \frac{c_{HCl} V_2 M_{NaOH}}{1000 m_{样}} \times 100\%$$

$$w_{Na_2CO_3} = \frac{\frac{1}{2}c_{HCl}(V_1-V_2) M_{Na_2CO_3}}{1000 m_{样}} \times 100\%$$

当测 $NaHCO_3$ 和 Na_2CO_3 混合物时，需先加准确浓度的 NaOH 将 $NaHCO_3$ 转化为 Na_2CO_3，其后步骤与前面相同。

此法准确，但比较费时。

【例 3-10】 称取混合试样 0.6500g，用 0.2000mol/L 的 HCl 标准溶液滴定到酚酞变色时，用去 HCl 标准溶液 34.08mL，再加入甲基橙指示剂后继续滴定，又消耗了 HCl 标准溶液 14.00mL。计算试样中各组分的含量？

解 $V_1 = 24.08\text{mL}$，$V_2 = 14.00\text{mL}$

$V_1 > V_2$ 试样的组成为 NaOH 和 Na_2CO_3

滴定混合碱中的 NaOH 消耗 HCl 标准溶液的体积为

$$V_1 - V_2 = 34.08 - 14.00 = 20.08\text{mL}$$

$$w_{NaOH} = \frac{c_{HCl}(V_1-V_2)M_{NaOH}}{1000m} \times 100\%$$

$$= \frac{0.2000 \times 20.08 \times 10^{-3} \times 40.01}{0.6500} \times 100\%$$

$$= 24.72\%$$

$$w_{Na_2CO_3} = \frac{\frac{1}{2}c_{HCl} \times 2V_2 M_{Na_2CO_3}}{1000m} \times 100\% = \frac{c_{HCl}V_2 M_{Na_2CO_3}}{1000m} \times 100\%$$

$$= \frac{0.2000 \times 14.00 \times 10^{-3} \times 105.99}{0.6500} \times 100\%$$

$$= 45.66\%$$

（二）水的碱度的测定

水样碱度是指水中能与强酸定量反应的碱性物质的总量。天然水中碱度的存在主要是由于重碳酸盐、碳酸盐和氢氧化物而引起的，其中重碳酸盐是水中碱度的主要物质。硼酸盐、硅酸盐和磷酸盐也会产生一定的碱度，但它们在天然水中的含量一般不多，常可忽略不计。

废水和受污染的水中，产生碱度的物质因污染来源不同而异，可能会含有各种强碱、弱碱、有机碱和有机酸的盐类、金属水解性盐类等。水中碱度的测定是用盐酸标准溶液滴定水样，由耗去的盐酸的量求得水样碱度，以 mg/L 表示，用酚酞做指示剂，当用酸液滴定至水样由粉红色变为无色时，所得碱度称为"酚酞碱度"。若加入酚酞指示液后，无红色出现，则表示水样酚酞碱度为零。如果以甲基橙做指示剂，滴定水样由黄色变为橙色时，所得碱度称"甲基橙碱度"，这时水中所有的碱性物质都被酸中和，因此甲基橙碱度就是总碱度。

（三）铵盐中含氮量的测定

有些物质虽然是酸或碱，但因其 $cK_a < 10^{-8}$，故不能用碱或酸直接滴定，对于这类物质可采用间接方法进行滴定。

如，肥料或土壤试样常需要测定其氮的含量，如硫酸铵化肥中含氮量的测定。按照酸碱质子理论，由于铵盐（NH_4^+）是 NH_3 的共轭酸，它的 K_a 值为：

$$K_a = \frac{K_w}{K_b} = \frac{10^{-14}}{1.8 \times 10^{-5}} = 5.6 \times 10^{-10}$$

由于铵盐中 NH_4^+ 的 $K_a = 5.6 \times 10^{-10}$ 很小，$cK_a < 10^{-8}$，不能直接用碱标准溶液滴定，而需采取间接滴定法来测定。测定方法有蒸馏法和甲醛法。

1. 蒸馏法

蒸馏法是将铵盐试样加入过量的碱，加热使氨蒸馏出来，并通入过量的酸标准溶液中，然后将剩余的酸以甲基橙为指示剂，用碱标准溶液进行回滴，根据消耗碱标准溶液的量计算出铵盐的含量。

2. 甲醛法

甲醛与铵盐反应，生成六亚甲基四胺，同时生成一定量的强酸，用碱标准溶液进行滴定，其滴定反应为：

$$4NH_4^+ + 6HCHO = (CH_2)_6N_4 + 4H^+ + 6H_2O$$
$$H^+ + OH^- = H_2O$$

生成物$(CH_2)_6N_4H^+$是六亚甲基四胺的共轭酸，由于六亚甲基四胺为一元弱碱（$K_b \approx 10^{-9}$），其共轭酸的$K_a \approx 10^{-5}$，可用碱直接滴定。因此，以酚酞为指示剂，用NaOH标准溶液滴至浅粉红色30s不褪色即为终点，铵盐中氮的含量可由消耗碱标准溶液的量来求得。

$$w_N = \frac{c_{NaOH} \times V_{NaOH} \times 10^{-3} \times M_N}{m} \times 100\%$$

式中 c_{NaOH}——NaOH溶液的物质的量浓度，mol/L；

V_{NaOH}——消耗NaOH溶液的体积，mL；

M_N——氮的摩尔质量，g/mol；

m——样品质量，g。

【例3-11】 称取不纯的硫酸铵1.000g，用甲醛法进行分析，加入已中和至中性的甲醛溶液和0.3500mol/L的NaOH 50.00mL，过量的NaOH溶液用0.3000mol/L HCl标准溶液22.00mL回滴至酚酞终点，计算试样中硫酸铵的含量？

解 $w_{(NH_4)_2SO_4} = \frac{m_{(NH_4)_2SO_4}}{m_{试样}} \times 100\%$

$= \frac{\frac{1}{2} \times (0.3500 \times 50.00 - 0.3000 \times 22.00) \times 132.14 \times 10^{-3}}{1.000} \times 100\%$

$= 72.02\%$

（四）硅酸盐中SiO_2含量的测定

水泥、玻璃、陶瓷等都是硅酸盐，试样中SiO_2含量的测定常用称量法。称量法准确但由于花费时间较长，因此在生产上的例行分析一般采用滴定分析法（也称氟硅酸盐容量法）。

由于硅酸盐一般难溶于酸，需先用KOH熔融，转化为K_2SiO_3，然后在强酸溶液中，在过量的KCl和KF存在下，生成难溶的氟硅酸钾沉淀，其反应为：

$$K_2SiO_3 + 6HF = K_2SiF_6\downarrow + 3H_2O$$

由于沉淀的溶解度较大，加入过量的KCl以降低其溶解度，将K_2SiF_6沉淀过滤，用KCl的乙醇溶液洗涤后，加入沸水，使K_2SiF_6释放出HF，其反应为：

$$K_2SiF_6 + 3H_2O = 2KF + H_2SiO_3 + 4HF\uparrow$$

以酚酞为指示剂，用NaOH标准溶液滴定释放出来的HF，由NaOH标准溶液的消耗量计算试样中SiO_2含量。

根据反应式可知各物质的相当关系为：

$SiO_2 \sim K_2SiO_3 \sim K_2SiF_6 \sim 4HF$，所以$SiO_2$的化学计算量为HF的四分之一，$SiO_2$含量的计算式为：

$$w_{SiO_2} = \frac{\frac{1}{4}c_{NaOH}V_{NaOH} \times 10^{-3} \times M_{SiO_2}}{m} \times 100\%$$

式中 c_{NaOH}——NaOH 溶液的物质的量浓度，mol/L；
V_{NaOH}——消耗 NaOH 溶液的体积，mL；
M_{SiO_2}——SiO_2 的摩尔质量，g/mol；
m——样品质量，g。

【例 3-12】 称取硅酸盐试样 0.2000g，经熔融分解，以 K_2SiF_6 沉淀后，过滤，洗涤，与水解作用，产生的 HF 用 0.1820mol/L 的 NaOH 标准溶液滴定至终点，所消耗 NaOH 的体积为 25.50mL，计算硅酸盐 SiO_2 的含量。

解 反应中各物质之间的相当关系为：

$$SiO_2 \sim K_2SiO_3 \sim K_2SiF_6 \sim 4HF$$
$$HF + NaOH = NaF + H_2O$$

所以 $n_{SiO_2} = \frac{1}{4} n_{HF}$

$$w_{SiO_2} = \frac{\frac{1}{4} c_{NaOH} V_{NaOH} \times 10^{-3} \times M_{SiO_2}}{m} \times 100\%$$

$$= \frac{\frac{1}{4} \times 0.1820 \times 25.50 \times 10^{-3} \times 60.08}{0.2000} \times 100\%$$

$$= 34.85\%$$

学习小结

(1) 酸碱滴定的基本原理。
(2) 滴定曲线的定义、绘制方法及用途。
(3) 突跃范围及其影响因素。
(4) 强酸、强碱准确滴定的条件；一元弱酸、弱碱准确滴定的条件；多元弱酸、弱碱分步滴定的条件。
(5) 混合碱含量的测定原理及方法。

想一想

1. 弱酸（碱）能被强碱（酸）直接准确滴定的条件是什么？为什么氢氧化钠可以滴定醋酸不能滴定硼酸？
2. 滴定突跃的大小与哪些因素有关？
3. 用 Na_2CO_3 标定 HCl 溶液，滴定至近终点时，为什么需将溶液煮沸？
4. 以 NaOH 溶液滴定 HAc 溶液，属于哪类滴定？怎样选择指示剂？

练一练测一测

一、选择题

1. 浓度为 0.1mol/L 的下列酸，能用 NaOH 直接滴定的是（　　）。
A. HCOOH（$pK_a = 3.45$）　　　　　　B. H_3BO_3（$pK_a = 9.22$）
C. NH_4NO_2（$pK_b = 4.74$）　　　　　D. H_2O_2（$pK_a = 12$）

2. 测定 $(NH_4)_2SO_4$ 中的氮时，不能用 NaOH 直接滴定，这是因为（　　）。
A. NH_3 的 K_b 太小　　　　　　　　B. $(NH_4)_2SO_4$ 不是酸
C. NH_4^+ 的 K_a 太小　　　　　　　　D. $(NH_4)_2SO_4$ 中含游离 H_2SO_4

3. 标定盐酸溶液常用的基准物质是（　　）。
   A. 无水 Na_2CO_3　　　　　　　　　　B. 草酸（$H_2C_2O_4 \cdot 2H_2O$）
   C. $CaCO_3$　　　　　　　　　　　　　D. 邻苯二甲酸氢钾
4. 标定 NaOH 溶液常用的基准物质是（　　）。
   A. 无水 Na_2CO_3　　B. 邻苯二甲酸氢钾　　C. 硼砂　　　　D. $CaCO_3$
5. 用基准物无水碳酸钠标定 0.1000mol/L 盐酸，宜选用（　　）作指示剂。
   A. 溴钾酚绿-甲基红　　B. 酚酞　　　　C. 百里酚蓝　　D. 二甲酚橙
6. 作为基准物质的无水碳酸钠吸水后，标定 HCl，则所标定的 HCl 浓度将（　　）。
   A. 偏高　　　　　　B. 偏低　　　　　C. 产生随机误差　　D. 没有影响
7. 若将 $H_2C_2O_4 \cdot 2H_2O$ 基准物质长期保存于干燥器中，用于标定 NaOH 溶液的浓度时，结果将（　　）。
   A. 偏高　　　　　　B. 偏低　　　　　C. 产生随机误差　　D. 没有影响
8. 用 0.1000mol/L NaOH 标准溶液滴定 20.00mL 0.1000mol/L HAc，滴定突跃为 7.74～9.70，可用于这类滴定的指示剂是（　　）。
   A. 甲基橙（3.1～4.4）　　　　　　　B. 溴酚蓝（3.0～4.6）
   C. 甲基红（4.0～6.2）　　　　　　　D. 酚酞（8.0～9.6）
9. 某混合碱液，先用 HCl 滴至酚酞变色，消耗 V_1（mL），继以甲基橙为指示剂，又消耗 V_2（mL），已知 $V_1<V_2$，其组成为（　　）。
   A. $NaOH+Na_2CO_3$　　　　　　　　B. Na_2CO_3
   C. $NaHCO_3$　　　　　　　　　　　D. $NaHCO_3+Na_2CO_3$
10. 用 HCl 滴定 Na_2CO_3 溶液的第一、第二个化学计量点可用（　　）作为指示剂。
    A. 甲基红和甲基橙　　　　　　　　B. 酚酞和甲基橙
    C. 甲基橙和酚酞　　　　　　　　　D. 酚酞和甲基红

二、判断题
1. 酚酞和甲基橙都可用于强碱滴定弱酸的指示剂。　　　　　　　　　　　　（　　）
2. 双指示剂法测混合碱的特点是变色范围窄、变色敏锐。　　　　　　　　　（　　）
3. $H_2C_2O_4$ 的第一步、第二步离解常数分别为 $K_{a1}=5.6\times10^{-2}$，$K_{a2}=5.1\times10^{-5}$，因此不能分步滴定。　　　　　　　　　　　　　　　　　　　　　　　　　　　　（　　）
4. H_2SO_4 是二元酸，因此用 NaOH 滴定有两个突跃。　　　　　　　　　　（　　）
5. 用酸碱滴定法测定工业醋酸中的乙酸含量，应选择的指示剂是酚酞。　　（　　）
6. 盐酸和硼酸都可以用 NaOH 标准溶液直接滴定。　　　　　　　　　　　（　　）
7. 强酸滴定弱碱达到化学计量点时 pH>7。　　　　　　　　　　　　　　　（　　）
8. 双指示剂法就是在滴定碳酸盐时，由于出现两个终点，溶液 pH 值有两个突跃，于是采用两种指示剂分别指示两个终点的测定方法。　　　　　　　　　　　　　（　　）
9. 酸碱浓度每增大 10 倍，滴定突跃范围就增大 1 个 pH 值单位。　　　　　（　　）
10. 无论何种酸或碱，只要其浓度足够大，都可被强碱或强酸溶液定量滴定。（　　）

三、填空题
1. 化学计量点指_____，滴定终点指_____，二者之差称为_____。
2. 用 HCl 滴定 NH_3 应选在____性范围内变色的指示剂，这是由_____决定的。
3. 如果以无水碳酸钠作为基准物质来标定 0.1000mol/L 左右的 HCl，欲使消耗 HCl 的体积在 20～30mL，则应称取固体_____g，以_____为指示剂。
4. 标定 NaOH 时最好选用_____作为基准物质，这时应以_____为指示剂。
5. 0.1mol/L 的 H_3BO_3（$pK_a=9.22$）_____（是/否）可用 NaOH 直接滴定分析。

四、计算题

1. 用 0.1000mol/L 的 NaOH 标准溶液滴定 20.00mL 0.1000mol/L 的甲酸溶液时，化学计量点时 pH 值为多少？应选何种指示剂指示终点？滴定突跃为多少？

2. 称取无水碳酸钠基准物 0.1450g 标定 HCl 溶液，消耗 HCl 溶液体积 25.50mL，计算 HCl 溶液的浓度为多少？

3. 称取混合碱 2.2560g，溶解后转入 250mL 容量瓶中定容。量取此试液 25.00mL 两份：一份以酚酞作指示剂，用 0.1000mol/L HCl 滴定耗去 30.00mL；另一份以甲基橙作指示剂耗去 HCl 35.00mL，问混合碱的组成是什么？含量各为多少？

4. 某试样含有 Na_2CO_3、$NaHCO_3$ 及其他惰性物质。称取试样 0.3010g，用酚酞作指示剂滴定，用去 0.1060 mol/L 的 HCl 溶液 20.10 mL，继续用甲基橙作指示剂滴定，共用去 HCl 47.70mL，计算试样中 Na_2CO_3 与 $NaHCO_3$ 的百分含量。

任务四　食用白醋总酸度的测定

任务要求

1. 掌握强碱滴定弱酸的滴定过程、突跃范围及指示剂的选择原则。
2. 了解酸碱滴定法在实际中的应用。
3. 学会测定食用白醋总酸度的方法。

任务实施

☞ 工作准备

1. 仪器

碱式滴定管、移液管、容量瓶、锥形瓶、量筒等。

2. 试剂

0.1mol/L 的 NaOH 标准溶液；酚酞指示剂；食醋样品。

3. 实验原理

食醋的主要成分是醋酸，此外还含有少量的其他弱酸如乳酸等。HAc 是弱酸，HAc 的离解常数 $K_a = 1.8 \times 10^{-5}$，故可在水溶液中，用 NaOH 标准溶液直接准确滴定。其滴定反应式为：

$$HAc + NaOH \rightleftharpoons NaAc + H_2O$$

滴定至化学计量点时溶液的 pH 值为 8.72。用 0.1mol/L 的 NaOH 标准溶液滴定时，突跃范围约为 pH=7.7~9.7，在碱性范围内。因此选用酚酞作指示剂，其终点由无色到微红色（30s 内不褪色）。由于空气中的 CO_2 能使酚酞红色褪去，故应在摇匀后红色在 30s 内不褪色为止。

测定时，不仅醋酸与 NaOH 作用，食醋中可能存在的其他各种形式的酸也与 NaOH 作用，所以测得的是总酸度，以醋酸的质量浓度（g/L）来表示。

微课 3-11　食用白醋总酸度的测定信息化教学设计

微课 3-12　醋酸含量的测定

☞ 工作过程

(1) 用少量待测样品润洗三次后的移液管吸取 25.00mL 食醋样品，于 250mL 容量瓶中，用蒸馏水稀释至刻度，摇匀后待用。

(2) 将洗净的移液管用少量待测样品润洗三次，然后吸取 25.00mL 稀释后的试液，放入 250mL 锥形瓶中，加 1～2 滴酚酞指示剂。用 0.1mol/L 的 NaOH 标准溶液滴定至溶液出现微红色 30s 不褪色为止。平行测定三次，并做空白实验。根据消耗 NaOH 标准溶液的体积，计算食用白醋的总酸度。

☞ 数据记录与处理

食醋总酸度的测定数据记录如表 3-8。

表 3-8 食醋总酸度的测定数据记录

项目	1	2	3
V_{HAc}/mL			
c_{NaOH}/(mol/L)			
测定时溶液的温度/℃			
溶液温度校正值/mL			
滴定管校正值/mL			
消耗 NaOH 标准溶液的体积/mL			
实际消耗 NaOH 标准溶液的体积/mL			
空白实验消耗 NaOH 标准溶液的体积/mL			
平均值/(g/L)			
平均极差/%			

☞ 注意事项

① 取完食醋后应立即盖好试剂瓶，以防食醋挥发。
② 酚酞为指示剂，注意观察终点颜色的变化。
③ 数据处理时应注意最终结果的表示方式。

相关知识

酸碱滴定法在工农业生产中应用非常广泛。在我国的国家标准（GB）和有关的部颁标准中，许多试样如化学试剂、化工产品、食品添加剂、水样、石油产品等，凡涉及酸度、碱度项目的，多数都采用简便易行的酸碱滴定法。另外，与酸碱有关的医药工业、食品工业、冶金工业的原料、中间产品的分析也采用酸碱滴定法。

各种强酸强碱，及 $cK_a \geqslant 10^{-8}$ 的弱酸或 $cK_b \geqslant 10^{-8}$ 的弱碱，均可用碱标准溶液或酸标准溶液直接滴定。另外，对于 K_{a1}/K_{a2}（或 K_{b1}/K_{b2}）$\geqslant 10^4$，并且各级 $cK_a \geqslant 10^{-8}$（或 $cK_b \geqslant 10^{-8}$）的多元酸或多元碱，也可用标准碱溶液或标准酸溶液直接滴定。

如，食用醋中总酸度的测定：HAc 是一种重要的农副产品，又是合成有机农药的一种重要原料。而食醋中的主要成分是 HAc，也有少量其他弱酸，如乳酸等。测定时，将食醋用不含 CO_2 的蒸馏水适当稀释后，用 NaOH 标准溶液滴定。中和后产物为 NaAc，化学计量点时 pH=8.7 左右，应选用酚酞为指示剂，滴定至呈现红色 30s 不褪色即为终点，由所消耗的标准溶液的体积及浓度计算总酸度。

一、测定原理

HAc 为弱酸，$K_a = 1.8 \times 10^{-5}$，可用 NaOH 溶液直接滴定。

$$HAc + NaOH = NaAc + H_2O$$

二、分析结果的计算

根据反应式可知：$n_{HAc} = n_{NaOH}$

$$\rho_{HAc} = \frac{c(V_1 - V_2) \times 10^{-3} \times M_{HAc}}{V_{HAc} \times 10^{-3}}$$

式中 ρ_{HAc}——以醋酸表示的总酸度，g/L；

c——NaOH 标准溶液的浓度，mol/L；

V_1——滴定时消耗 NaOH 标准溶液的体积，mL；

V_2——空白时消耗 NaOH 标准溶液的体积，mL；

M_{HAc}——醋酸的摩尔质量，g/mol；

V_{HAc}——醋酸样品的体积，mL。

学习小结

（1）强碱滴定一元弱酸过程中溶液 pH 值的变化规律及指示剂的选择。

（2）食用白醋总酸度的测定原理及测定方法。

想一想

1. 在食用白醋总酸度的测定实验中为什么选用酚酞作指示剂？如果使用甲基红作指示剂，为什么会使滴定结果偏低？

2. 以 NaOH 溶液滴定 HAc 溶液，属于哪类滴定？怎样选择指示剂？

3. 在食用白醋总酸度的测定时，加入 20mL 蒸馏水的作用是什么？

练一练测一测

一、填空题

1. 已知 0.1000mol/L HAc 溶液的 $K_a = 1.8 \times 10^{-5}$，则其 pH= _____。

2. NaOH 滴定 HAc 应选在 _____ 性范围内变色的指示剂，这是由 _____ 化学计量点的 pH 值 _____ 决定的。

3. 滴定操作时，眼睛应一直观察锥形瓶内 _____ 的变化。

4. 取完食醋后应立即盖好试剂瓶，以防食醋 _____。

5. 称取 NaOH 固体用 _____，称取邻苯二甲酸氢钾用 _____ 天平。

二、判断题

1. 如果 NaOH 标准溶液在放置时吸收了 CO_2，测定结果偏低。（　　）

2. 选甲基红做指示剂测定结果偏低。（　　）

3. 用移液管移取食醋试样 5.00mL，移入 250mL 锥形瓶中，加入的 20mL 蒸馏水必须精确。（　　）

4. 用酚酞作指示剂时，加入过多的指示剂可使测定结果偏高。（　　）

5. 邻苯二甲酸氢钾不能作为标定 NaOH 标准滴定溶液的基准物。（　　）

三、计算题

1. 标定 NaOH 溶液时，用 2.369g 邻苯二甲酸氢钾作基准物，以酚酞为指示剂滴定至终点，消耗 NaOH 溶液的体积为 29.05mL，计算 NaOH 溶液的浓度。

2. 吸取 10mL 食醋样品，置于锥形瓶中，加 2 滴酚酞指示剂，用 0.1638mol/L NaOH 标准溶液滴定醋中的 HAc，消耗 NaOH 标准溶液 28.15mL，则试样中 HAc 浓度是多少？若吸取的 HAc 溶液 $\rho=1.004$g/mL，计算试样中 HAc 的质量。

知识要点

一、认识酸碱溶液

1. 酸碱质子理论

（1）凡是能给出质子的物质就是酸，凡是能接受质子的物质就是碱。因一个质子的得失而互相转变的每一对酸碱称为共轭酸碱对。

（2）酸碱反应的实质是质子的转移，是两个共轭酸碱对共同作用的结果。

（3）酸碱的强弱可用离解常数 K_a 和 K_b 定量说明。K_a 越大，酸越强，其共轭碱越弱；K_b 越大，碱越强，其共轭酸越弱。共轭酸碱对的 $K_a \times K_b = K_w$。

2. 酸碱溶液 pH 值的计算

溶液类型	计算公式	使用条件
强酸（碱）溶液	$[H^+]=c_a$ $[H^+]=\sqrt{K_w}$	$c_a \geqslant 10^{-6}$mol/L $c_a \leqslant 10^{-8}$mol/L
一元弱酸（弱碱）溶液	$[H^+]=\sqrt{c_a K_a}$	$c_a K_a \geqslant 20 K_w$ 且 $\dfrac{c_a}{K_a} \geqslant 500$
多元弱酸（弱碱）溶液	$[H^+]=\sqrt{c_a K_{a1}}$	$c_a K_{a1} \geqslant 20 K_w$ 且 $\dfrac{c_a}{K_{a1}} \geqslant 500$
两性物质溶液	$[H^+]=\sqrt{K_{a1} K_{a2}}$	$c_a \geqslant 20 K_{a1}$ $c_a K_{a2} \geqslant 20 K_w$

3. 酸碱缓冲溶液及 pH 的计算

（1）缓冲溶液是一种对溶液的酸度起稳定作用的溶液，具有抵抗外加少量强酸或强碱或稍加稀释，其 pH 值基本保持不变的作用。

（2）缓冲溶液的组成一般有以下三种：①由浓度较大的弱酸及其共轭碱组成；②两性物质；③pH<2 或 pH>12 的强酸或强碱溶液。

（3）缓冲溶液 pH 的计算：缓冲溶液组成为 HA-NaA，浓度分别为 c_a、c_b，pH=$pK_a - \lg \dfrac{c_a}{c_b}$。

（4）缓冲溶液的缓冲范围：HA-A$^-$ 体系的缓冲 pH 值范围为 pH=$pK_a \pm 1$。

二、认识酸碱指示剂

1. 酸碱指示剂变色原理

酸碱指示剂本身是有机弱酸或弱碱，当溶液 pH 变化时，酸碱指示剂会得（或失）H$^+$ 而结构发生改变，显示酸式色或者碱式色。人的肉眼能够明显地观察到颜色的突变，从而指示滴定终点。

2. 酸碱指示剂变色范围

指示剂的理论变色范围是 pH=$pK_{HIn} \pm 1$。肉眼观察到的实际变色范围会小于理论变色范围（详见表 3-2）。pH=pK_{HIn} 时的 pH 为理论变色点。

3. 混合指示剂

混合指示剂由两种或两种以上酸碱指示剂混合而成，也可以由某种指示剂加入惰性染料组成。其特点是利用颜色互补使变色敏锐，适用于 pH 突跃范围很窄的酸碱滴定。

4. 指示剂的选择原则

指示剂的变色范围应部分或全部处于滴定突跃范围内。

三、混合碱含量的测定

(一) 酸碱滴定法的基本原理

1. 酸碱滴定曲线

在酸碱滴定过程中，随着滴定剂的不断加入，溶液的pH不断变化，以加入的滴定剂体积为横坐标、对应的pH为纵坐标所绘制的pH-V关系曲线称为酸碱滴定曲线。

2. 滴定突跃

滴定曲线中，化学计量点前后±0.1%范围内pH的急剧变化称为滴定突跃。突跃范围的大小与酸碱的浓度和酸碱的强弱有关。酸碱浓度越大，突跃范围越大；酸碱K_a、K_b越大，突跃范围也越大。滴定突跃是选择指示剂的依据，突跃范围大有利于指示剂的选择。

3. 滴定可行性的判断

(1) 一元酸碱的滴定：强碱（或强酸）能准确滴定强酸（或强碱），而强碱（或强酸）能否准确滴定弱酸（或弱碱），必须根据c_aK_a（或c_aK_b）是否$\geqslant 10^{-8}$进行判断。

(2) 多元酸碱的滴定：多元酸（或碱）是分步解离的，多元酸（或碱）能否被准确滴定、能被准确滴定到哪一级，要根据c_aK_{ai}（或c_aK_{bi}）是否$\geqslant 10^{-8}$判断；能否被分步滴定，要根据K_{ai}/K_{ai+1}（或K_{bi}/K_{bi+1}）是否$\geqslant 10^4$判断。

(二) 酸碱滴定法应用

1. 工业硫酸纯度的测定

硫酸是强酸，可以采用酸碱滴定法直接测定。由于生成物为强酸强碱盐，化学计量点时溶液为中性，指示剂可选用甲基橙或甲基红-亚甲基蓝混合指示剂，终点时溶液颜色由红紫色变为绿色。

2. 混合碱含量的测定

双指示剂法就是利用两种不同的指示剂，在不同的化学计量点颜色的变化，得到两个终点，分别根据各终点时所消耗的酸标准溶液的体积，计算出各组分的含量。

3. 水的碱度的测定

水样碱度是指水中能与强酸定量反应的碱性物质的总量。水中碱度的测定是用盐酸标准溶液滴定水样，由消耗的盐酸的量求得水样碱度，以mg/L表示。

4. 铵盐中含氮量的测定

由于铵盐中NH_4^+的$K_a=5.6\times 10^{-10}$很小，$cK_a<10^{-8}$，不能直接用碱标准溶液滴定，而需采取间接滴定法来测定。测定方法有蒸馏法和甲醛法。

学习情境四
配位滴定分析

学习引导

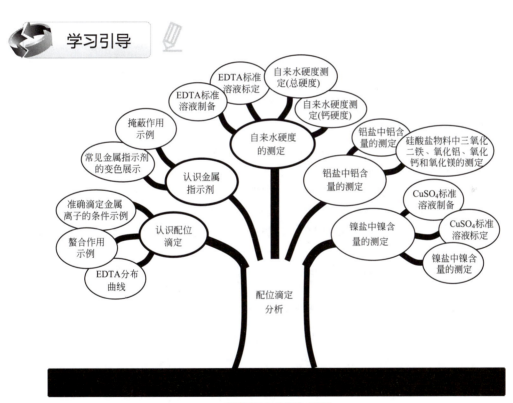

配位滴定分析知识树

任务一　认识配位滴定

任务要求

1. 掌握配位滴定法对配位反应的要求。
2. 掌握配位平衡中副反应对主反应的影响及表示方法。

3. 理解绝对稳定常数和条件稳定常数的概念。

一、配位滴定法概述

（一）配位滴定法对配位反应的要求

配位滴定法又叫络合滴定法，能形成配合物的反应很多。如用硝酸银标准溶液滴定氰化物时会发生如下反应：

$$2CN^- + Ag \rightleftharpoons [Ag(CN)_2]^-$$

当滴定到化学计量点时，稍过量的 Ag^+ 与 $[Ag(CN)_2]^-$ 结合生成白色 AgCN 沉淀，使溶液变混浊而指示终点，其反应式为：

$$Ag^+ + [Ag(CN)_2]^- \rightleftharpoons 2AgCN\downarrow \text{（白色）}$$

或加 KI 作指示剂，生成黄色的 AgI 沉淀，更易观察。

但并不是所有的配位反应都能用于配位滴定。适用于配位滴定分析的配位反应必须具有下列条件：

(1) 形成的配合物要相当稳定。
(2) 反应定量进行，即在一定条件下配位比必须固定。
(3) 反应必须完全，反应速率要大。
(4) 要有适当的方法指示滴定终点。
(5) 滴定过程中生成的配合物最好是可溶的。

（二）配位滴定中的滴定剂

用于配位滴定法的滴定剂有无机配位剂和有机配位剂。20 世纪 40 年代，以羧酸配位剂为代表的有机配位剂开始用于滴定分析，特别像乙二胺四乙酸这一类氨羧配位剂应用之后，配位滴定才得到了迅速的发展，成为目前应用最广泛的滴定分析方法之一。

氨羧配位剂可与金属离子形成很稳定的，且具有一定组成的配合物，克服了无机配位体的缺点。利用氨羧配位剂进行定量分析的方法又称为氨羧配位滴定法，可以直接或间接测定许多种金属元素。

氨羧配位剂，是一类含有以氨基二乙酸基团 $[-N(CH_2COOH)_2]$ 为基体的有机配位剂，其分子中含有配位能力很强的氨氮和羧氧两种配位原子，能与大多数金属离子形成稳定的可溶性环状结构的配合物，或称为螯合物。氨羧配位剂的种类很多，配位滴定中常用的氨羧配位剂有以下几种：

$$N^+H \begin{array}{l} CH_2-COOH \\ -CH_2-COO^- \\ CH_2-COOH \end{array}$$

氨基三乙酸（简称 NTA 或 ATA）

环己烷二胺四乙酸（CyDTA 或 DCTA）

乙二醇双（2-氨基乙醚）四乙酸（EGTA）

$$\text{}^-\text{OOCH}_2\text{C} \diagdown \text{}^+\text{NH—CH}_2\text{—CH}_2\text{—}^+\text{NH} \diagdown \text{CH}_2\text{COO}^-$$
$$\text{HOOCH}_2\text{C} \diagup \qquad\qquad\qquad\qquad \diagup \text{CH}_2\text{COOH}$$

乙二胺四乙酸（EDTA）

$$\text{}^-\text{OOCH}_2\text{CH}_2\text{C} \diagdown \text{}^+\text{NH—CH}_2\text{—CH}_2\text{—}^+\text{NH} \diagdown \text{CH}_2\text{CH}_2\text{COO}^-$$
$$\text{HOOCH}_2\text{CH}_2 \diagup \qquad\qquad\qquad\qquad \diagup \text{CH}_2\text{CH}_2\text{COOH}$$

乙二胺四丙酸（EDTP）

其中，目前应用最广泛的是乙二胺四乙酸，其英文缩写为 EDTA。通常所说的配位滴定法就是指 EDTA 滴定法。

（三）乙二胺四乙酸及其二钠盐

1. EDTA 的结构和性质

EDTA 是一种白色粉末状结晶，微溶于水，难溶于酸和有机溶剂，易溶于碱及氨水中，生成相应的盐溶液。其分子结构简式如下：

$$\text{}^-\text{OOCH}_2\text{C} \diagdown \text{}^+\text{NH—CH}_2\text{—CH}_2\text{—}^+\text{NH} \diagdown \text{CH}_2\text{COO}^-$$
$$\text{HOOCH}_2\text{C} \diagup \qquad\qquad\qquad\qquad \diagup \text{CH}_2\text{COOH}$$

EDTA 是一种多元弱酸，常用 H_4Y 表示其分子式。由于它在水中的溶解度很小，在 22℃时，每 100mL 水中仅能溶解 0.02g，故常用它的二钠盐（$Na_2H_2Y \cdot 2H_2O$）配制标准溶液，习惯上仍简称 EDTA，化学式相对分子质量为 372.26，也为白色晶体，它的溶解度大，在 22℃时，每 100mL 水中能溶解 11.1g，其饱和水溶液的浓度约为 0.3mol/L，pH 值为 4.3。一般不宜作基准物，所以要用间接法配制。

2. EDTA 在水中的电离及其各种型体分布

在水溶液中，乙二胺四乙酸具有双偶极离子结构，乙基上连两个氨基，每个氨基上连接两个乙酸。当 EDTA 溶于酸度很高的溶液中时，两个羧酸根还可以再接受两个质子（H^+），形成 H_6Y^{2+}，EDTA 便相当于六元酸，有如下六级电离平衡：

$$H_6Y^{2+} \rightleftharpoons H^+ + H_5Y^+ \qquad K_{a1} = 10^{-0.9}$$
$$H_5Y^+ \rightleftharpoons H^+ + H_4Y \qquad K_{a2} = 10^{-1.6}$$
$$H_4Y \rightleftharpoons H^+ + H_3Y^- \qquad K_{a3} = 10^{-2.0}$$
$$H_3Y^- \rightleftharpoons H^+ + H_2Y^{2-} \qquad K_{a4} = 10^{-2.67}$$
$$H_2Y^{2-} \rightleftharpoons H^+ + HY^{3-} \qquad K_{a5} = 10^{-6.16}$$
$$HY^{3-} \rightleftharpoons H^+ + Y^{4-} \qquad K_{a6} = 10^{-10.26}$$

可见 EDTA 在水溶液中以 H_6Y^{2+}、H_5Y^+、H_4Y、H_3Y^-、H_2Y^{2-}、HY^{3-} 和 Y^{4-} 共七种形式存在，当溶液的 pH 值不同时，各种存在形式的浓度也不相同。通过计算可知，EDTA 在不同酸度下各种存在形式的分布情况如图 4-1 所示。

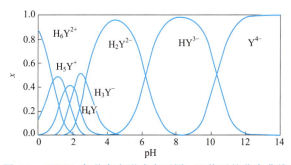

图 4-1　EDTA 各种存在形式在不同 pH 值下的分布曲线

从图中可看出，pH 值不同，EDTA 的各种存在型体不同。如将上述六级电离联系起来看，[H^+] 增大平衡向左移动，[Y^{4-}] 减小，[H_6Y^{2+}] 增加；反之，[Y^{4-}] 增大，[H_6Y^{2+}] 减小。在 pH<1 的强酸性溶液中，EDTA 主要以 [H_6Y^{2+}] 形式存在；在 pH=2.67~6.16 时，EDTA 主要以 [H_2Y^{2-}] 的形式存在；在 pH>10.2 时，EDTA 主要以 Y^{4-} 的形式存在，当 pH≥12 时，EDTA 几乎完全以 Y^{4-} 的形式存在。由于在这七种形式中，只有 Y^{4-} 能与金属离子直接配位，所以溶液的酸度越低，即 pH 值越大，Y^{4-} 的浓度越大，EDTA 的配位能力就越强。

3. EDTA 与金属离子所形成的配合物的特点

（1）EDTA 与大多数金属离子配位生成 1:1 的稳定配合物，反应中无逐级配位的现象，极少数金属离子，如锆和钼除外。

由于 EDTA 分子具有 2 个氮原子和 4 个氧原子，都有孤对电子，即有 6 个配位原子。它可以同时给出 6 对孤对电子来满足一般金属离子的需要。由于多数金属离子的配位数不超 6，所以一般情况下 EDTA 与大多数金属离子可形成 1:1 型的配合物，只有极少数金属离子，如锆（Ⅳ）和钼（Ⅵ）等例外。

其反应可用通式表示如下。

$$二价金属离子: M^{2+} + H_2Y^{2-} \rightleftharpoons MY^{2-} + 2H^+ \qquad 1:1$$
$$三价金属离子: M^{3+} + H_2Y^{2-} \rightleftharpoons MY^- + 2H^+ \qquad 1:1$$
$$四价金属离子: M^{4+} + H_2Y^{2-} \rightleftharpoons MY + 2H^+ \qquad 1:1$$

（2）大多数金属离子与 EDTA 形成具有多个五元环的螯合物，十分稳定。在周期表中绝大多数的金属离子均能与 EDTA 形成多个五元环，这种具有环状结构的配合物叫螯合物。一般说，具有五元环或六元环的螯合物是十分稳定的，而且形成的环越多，螯合物越稳定。EDTA 与 Ca^{2+}、Fe^{3+} 的配合物的立体结构如图 4-2 所示。

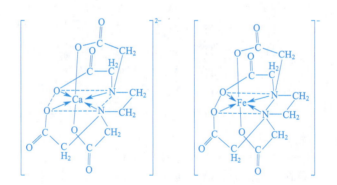

图 4-2　EDTA 与 Ca^{2+}、Fe^{3+} 形成配合物的立体结构

（3）EDTA 与金属离子形成的配合物大多带电荷，即为络离子形式，故易溶于水，反应速率快。

（4）配合物的颜色主要取决于金属离子的颜色。EDTA 与无色的金属离子形成无色的配合物，与有色的金属离子则形成颜色更深的螯合物。如 NiY^{2-} 为蓝绿色、CuY^{2-} 为深蓝色、CoY^{2-} 为紫红色、MnY^{2-} 为紫红色、FeY^- 为黄色、CrY^- 为深黄色。因此，在滴定这些离子时，浓度不能太大，否则终点难易观察。

由以上分析可知，EDTA 与多数金属离子都能形成稳定的配合物，其应用非常广泛，并且反应能定量、完全、快速地进行，符合滴定分析对化学反应的要求。

二、 EDTA 的配位平衡

(一) 配合物的稳定常数

在配位滴定中，被测金属离子 M 与 EDTA 反应生成配合物 MY 的反应叫主反应，除主反应以外，其他的反应统称为副反应。EDTA 与金属离子的配位反应为：

$$M^n + Y^{4-} \rightleftharpoons MY^{4-n}$$

为了方便书写时一般省略离子的电荷，简写为：

$$M + Y \rightleftharpoons MY$$

当达到平衡时，其平衡常数表达式为：

$$K_{MY} = \frac{[MY]}{[M][Y]} \tag{4-1}$$

K_{MY} 叫金属离子与 EDTA 配合物的稳定常数，通常用 $K_{稳}$ 表示。$K_{稳}$ 也称为绝对稳定常数。配合物的稳定性的大小可用该配合物的稳定常数来表示。式中，[MY]、[M]、[Y] 分别表示平衡时 MY 和金属离子 M^{n+}、Y^{4-} 的平衡浓度。

稳定常数的倒数为电离常数，它说明配合物的不稳定性，所以称为配合物的不稳定常数。$K_{电离} = 1/K_{稳}$，$K_{稳}$ 越大，配合物越稳定；$K_{电离}$ 越大，配合物越不稳定。由于 K_{MY} 值很大，所以常用其对数值 $\lg K_{MY}$ 表示。但是如果有副反应存在，则稳定常数不能反映实际滴定过程中配合物的真实稳定状况。

在一定条件下，不同的金属离子与 EDTA 形成的配合物的稳定常数（K_{MY}）不同，其稳定性的大小，可从它的 K_{MY} 反映出来，K_{MY} 越大，溶液中 MY 越多，表示生成的配合物越多。一些常见的金属离子与 EDTA 配合物的稳定常数见表 4-1。

表 4-1 EDTA 与一些常见金属离子的配合物的稳定常数（25℃）

金属离子	$\lg K_{MY}$	金属离子	$\lg K_{MY}$	金属离子	$\lg K_{MY}$
Na^+	1.66	Ce^{3+}	15.98	Cu^{2+}	18.80
Li^+	2.79	Al^{3+}	16.30	Hg^{2+}	21.80
Ba^{2+}	7.86	Co^{2+}	16.31	Tn^{4+}	23.20
Sr^{2+}	8.73	Cd^{2+}	16.46	Cr^{3+}	23.40
Mg^{2+}	8.69	Zn^{2+}	16.50	Fe^{3+}	25.10
Ca^{2+}	10.69	Pb^{2+}	18.04	V^{3+}	25.90
Mn^{2+}	13.87	Y^{3+}	18.09	Bi^{3+}	27.94
Fe^{2+}	14.32	Ni^{2+}	18.62	U^{4+}	25.80

从表中可以看出，金属离子与 EDTA 配合物的稳定性随金属离子的不同而差别较大。碱金属离子的配合物最不稳定，$\lg K_{MY}$ 在 2~3；碱土金属离子的配合物，$\lg K_{MY}$ 在 8~11；过渡金属离子、稀土元素及 Al^{3+} 的配合物，$\lg K_{MY}$ 在 15~19；三价、四价金属离子和 Hg 的配合物，$\lg K_{MY} > 20$。这些配合物的稳定性的差别，主要取决于金属离子自身性质和外界条件两方面的影响。如金属离子本身的离子电荷数、离子半径和电子层结构。离子电荷数越高离子半径越大，电子层结构越复杂，配合物的稳定常数就越大。这是影响配合物稳定性大小的本质因素。此外，溶液的酸度、其他配位剂和一些干扰离子的存在等外界条件的改变都会影响配合物的稳定性。其中，溶液的酸度对 EDTA 与金属离子形成的配合物稳定性的影响最严重，是配位滴定中要考虑的首要问题。

需要指出的是，上表所列的数据是指在不发生副反应的情况下的配位反应达到平衡时的稳定常数。

(二) 配位平衡中副反应对主反应的影响

在实际分析中，配位滴定所涉及的化学平衡是比较复杂的。在配位滴定中，除了被测金属离子 M 与滴定剂 Y 发生的主反应外，还存在着不少的副反应（除主反应以外其他的反应统称为副反应），即使是很纯的物质，也存在着酸度的影响，其平衡关系可表示如下：

```
        M                    Y                         MY
      ↙   ↘              ↙   ↘                   ↙   ↘
     L     OH     +     H     N        ⇌        H      OH
     ↓     ↓           ↓      ↓                  ↓      ↓
    ML    MOH          HY     NY                MHY   M(OH)Y
     ↓     ↓            ↓
    ML_n  M(OH)_n      H_6Y
  (配位效应)(水解效应)  (酸效应)(干扰离子效应)  (配合物的副反应)
     _____/            _____/
       α_M                   α_Y
     副反应系数           (其中：N为干扰离子，L为其他配位剂)
```

这些副反应的发生都将会影响主反应的进行程度。其中，反应物 M 和 Y 发生的各种副反应，会使平衡向左移动，使主反应的完全程度降低，不利于主反应的进行，而反应产物 MY 发生的副反应，形成的酸式（MHY）配合物或碱式[M(OH)Y]配合物，则使平衡向右移动，有利于主反应的进行。

影响主反应的因素很多，但一般情况下对主反应影响比较大的副反应是酸效应和配位效应。下面以酸效应和配位效应为例，讨论副反应对主反应的影响。

1. EDTA 的酸效应及酸效应系数

在水溶液中，EDTA 有七种存在形式，而真正能与金属离子配位形成配合物的只有 Y^{4-}，但只有 pH≥12 时，EDTA 才全部以 Y^{4-} 的形式存在，所以当酸度增大时，pH 值下降，Y^{4-} 的浓度减小，从而导致 EDTA 的配位能力下降。这种由于 H^+ 的存在，使 Y^{4-} 离子参与主反应能力降低的现象称为酸效应，其影响程度的大小用酸效应系数 $\alpha_{Y(H)}$ 来表示。

酸效应系数表示在一定 pH 值下未与金属离子配位的 EDTA 各种型体的总浓度 $[Y']$ 与能与金属离子配位的 EDTA 的 Y^{4-} 平衡浓度 $[Y]$ 之比。

EDTA 是一种弱酸，它的阴离子 Y^{4-} 是一种碱，易接受质子形成它的共轭酸。因此当 H^+ 浓度增大时，Y^{4-} 的浓度就降低，使主反应受到影响。

K_{MY} 是描述在没有任何副反应时，配位反应进行的程度。当 Y 与 H^+ 发生副反应时，未与金属离子配位的配位体除了游离的 Y 以外，还有 HY，H_2Y，…，H_6Y 等，因此未与 M 配位的 EDTA 的浓度应等于以上七种形式浓度的总和，以 $[Y']$ 表示，则：

$$[Y']=[Y]+[HY]+[H_2Y]+[H_3Y]+[H_4Y]+[H_5Y]+[H_6Y]$$

用 $[Y]$ 表示能与金属离子配位的 Y^{4-} 的浓度，称为有效浓度。$[Y']$ 与 $[Y]$ 浓度之比就是酸效应系数。即

$$\alpha_{Y(H)}=\frac{[Y']}{[Y]} \tag{4-2}$$

酸效应系数可以从 EDTA 的各级离解常数和溶液中的 H^+ 浓度计算出来：

$$\alpha_{Y(H)}=\frac{[Y']}{[Y]}=\frac{[Y]+[HY]+[H_2Y]+[H_3Y]+[H_4Y]+[H_5Y]+[H_6Y]}{[Y]}$$

$$=1+\frac{[H^+]}{K_{a6}}+\frac{[H^+]^2}{K_{a6}K_{a5}}+\frac{[H^+]^3}{K_{a6}K_{a5}K_{a4}}+\frac{[H^+]^4}{K_{a6}K_{a5}K_{a4}K_{a3}}+\frac{[H^+]^5}{K_{a6}K_{a5}K_{a4}K_{a3}K_{a2}}$$

$$+\frac{[H^+]^6}{K_{a6}K_{a5}K_{a4}K_{a3}K_{a2}K_{a1}} \tag{4-3}$$

式中，K_{a1}，K_{a2}，…，K_{a6} 为 EDTA 的各级离解常数，在一定条件时是一个定值。从上式可以看出，在一定温度时 $\alpha_{Y(H)}$ 只与溶液中 H^+ 浓度有关，酸度越高，$\alpha_{Y(H)}$ 值越大，参加配位反应的 Y 浓度越小，即酸效应越严重。

由于在不同的酸度下，$\alpha_{Y(H)}$ 值变化范围很大，我们通常取其对数表示。

【例 4-1】 计算在 pH=2.00，0.01 mol/L EDTA 溶液的 $\alpha_{Y(H)}$ 及其对数值。

解 已知 EDTA 的各级离解常数 $K_{a1} \sim K_{a6}$。分别为 $10^{-0.9}$，$10^{-1.6}$，$10^{-2.0}$，$10^{-2.67}$，$10^{-6.16}$，$10^{-10.26}$，由上式可得，当溶液的 pH=2.00 时：

$$\alpha_{Y(H)} = 1 + \frac{10^{-2}}{10^{-10.26}} + \frac{(10^{-2})^2}{10^{-10.26} \times 10^{-6.16}} + \frac{(10^{-2})^3}{10^{-10.26} \times 10^{-6.16} \times 10^{-2.67}}$$

$$+ \frac{(10^{-2})^4}{10^{-10.26} \times 10^{-6.16} \times 10^{-2.67} \times 10^{-2.0}} + \frac{(10^{-2})^5}{10^{-10.26} \times 10^{-6.16} \times 10^{-2.67} \times 10^{-2.0} \times 10^{-1.6}}$$

$$+ \frac{(10^{-2})^6}{10^{-10.26} \times 10^{-6.16} \times 10^{-2.67} \times 10^{-2.0} \times 10^{-1.6} \times 10^{-0.9}}$$

$$= 3.25 \times 10^{13}$$

$$\lg \alpha_{Y(H)} = 13.51$$

当溶液的 pH=5.0 时，EDTA 的酸效应系数 $\alpha_{Y(H)}$ 可按同样的方法计算。

$$\alpha_{Y(H)} = 10^{6.45}$$

$$\lg \alpha_{Y(H)} = 6.45$$

在配位滴定中 $\alpha_{Y(H)}$ 是常用的重要数值，为应用方便，常将不同 pH 值时 $\alpha_{Y(H)}$ 值计算出来列成表或绘成图，不同 pH 值下对应的 $\lg \alpha_{Y(H)}$ 值见表 4-2。

表 4-2 EDTA 在不同 pH 值时的 $\lg \alpha_{Y(H)}$ 值

pH 值	$\lg \alpha_{Y(H)}$	pH 值	$\lg \alpha_{Y(H)}$	pH 值	$\lg \alpha_{Y(H)}$	pH 值	$\lg \alpha_{Y(H)}$	pH 值	$\lg \alpha_{Y(H)}$
0.0	23.64	2.4	12.19	4.8	6.84	7.0	3.32	9.4	0.92
0.4	21.32	2.8	11.09	5.0	6.45	7.4	2.88	9.8	0.59
0.8	19.08	3.0	10.60	5.4	5.69	7.8	2.47	10.0	0.45
1.0	18.01	3.4	9.70	5.8	4.98	8.0	2.27	10.5	0.20
1.4	16.02	3.8	8.85	6.0	4.65	8.4	1.87	11.0	0.07
1.8	14.27	4.0	8.44	6.4	4.06	8.8	1.48	12.0	0.01
2.0	13.51	4.4	7.64	6.8	3.55	9.0	1.28	13.0	0.00

从表中可看出，当 pH≥12 时，EDTA 基本以 Y^{4-} 的形式存在，$\alpha_{Y(H)} \approx 1$，此时 EDTA 的配位能力最强，生成的配合物最稳定。随着酸度的升高，$\alpha_{Y(H)}$ 值增加得很快，能与金属离子配位的 Y^{4-} 所占的比例下降得也很快。说明酸度升高，EDTA 配合物的实际稳定性明显降低。

2. 金属离子的配位效应及配位效应系数

在配位滴定中，当 EDTA 与金属离子配位时，如果溶液中有另一种能与金属离子反应的配位剂 L 时，同样对主反应有影响。这种由于溶液中存在另一种配位剂 L 与 M 形成配合物降低了金属离子 M 参加主反应能力的现象，称为配位效应，其大小用配位效应系数 $\alpha_{M(L)}$ 表示。其表达式为：

$$\alpha_{M(L)} = \frac{[M']}{[M]}$$

式中，[M′] 为未与 Y 配位的 M 的各种存在形式的总浓度；[M] 为游离金属离子的平衡浓度。$\alpha_{M(L)}$ 的物理意义是：未参加主反应的金属离子各种型体的总浓度是游离金属离子浓度的多少倍。

当有配位效应存在时，未与 Y 配位的金属离子，除游离的 M 外，还有 ML，ML_2，…，ML_n 等，则：

$$[M'] = [M] + [ML] + [ML_2] + [ML_3] + \cdots + [ML_n]$$

$$\alpha_{M(L)} = \frac{[M']}{[M]} = \frac{[M] + [ML] + [ML_2] + [ML_3] + \cdots + [ML_n]}{[M]} \tag{4-4}$$

若用 K_1，K_2，…，K_n 表示配合物 ML_n 的各级稳定常数：

$$M + L \rightleftharpoons ML, K_1 = \frac{[ML]}{[M][L]}$$

$$ML + L \rightleftharpoons ML_2, K_2 = \frac{[ML_2]}{[ML][L]}$$

$$\cdots$$

$$ML_{n-1} + L \rightleftharpoons ML_n, K_n = \frac{[ML_n]}{[ML_{n-1}][L]}$$

将 K 的关系式代入上式，并整理得：

$$\alpha_{M(L)} = 1 + [L]K_1 + [L]^2 K_1 K_2 + \cdots + [L]^n K_1 K_2 \cdots K_n$$

由上式可以看出：$\alpha_{M(L)}$ 随配位剂 L 的浓度增大而增大，$\alpha_{M(L)}$ 越大，参加主反应的金属离子浓度越小，金属离子的配位效应越严重，不利于主反应的进行。当 $\alpha_{M(L)} = 1$ 时，$[M'] = [M]$，表示金属离子没有发生副反应。

在配位滴定中，除酸效应和配位效应外，还存在金属离子的水解效应、干扰离子效应、混合配位效应等，但由于它们对主反应影响相对较小，所以在此不予以讨论。

3. 条件稳定常数

通过以上讨论可知，在没有任何副反应存在时，配合物 MY 的稳定常数用 K_{MY} 表示，K_{MY} 的值越大，配合物越稳定，它不受溶液浓度、酸度等外界条件的影响，所以又称绝对稳定常数。但在实际测定中大多数均有副反应（至少有 EDTA 的酸效应），从而影响主反应的进行。对于有副反应发生的配位反应，绝对稳定常数 K_{MY} 已不能客观地反映主反应进行的程度及配合物的实际稳定程度。为此，引入条件稳定常数的概念，来表示有副反应发生时的进行程度。

条件稳定常数也叫表观条件稳定常数或有效条件稳定常数，它是将酸效应和配位效应两个主要影响因素考虑进去以后的实际稳定常数。这种考虑副反应而得出的实际稳定常数称为条件稳定常数。在一定条件下是一个常数。此时，稳定常数的表达式中，Y 应以 [Y'] 替换，M 应以 [M'] 替换，而所形成的络合物 MY 应当用总浓度 [MY'] 表示，则其络合物的稳定常数应表示为：

$$K'_{MY} = \frac{[MY']}{[Y'][M']} \tag{4-5}$$

在多数情况下，MY 的副反应可以忽略，可认为 $\alpha_{MY} = 1$。

根据酸效应系数与配位效应系数可知：

$$[M'] = \alpha_{M(L)}[M] \qquad [Y'] = \alpha_{Y(H)}[Y]$$

$$K'_{MY} = \frac{[MY]}{[Y]\alpha_{Y(H)}[M]\alpha_{M(L)}} = \frac{K_{MY}}{\alpha_{Y(H)}\alpha_{M(L)}}$$

用对数表示为：

$$\lg K'_{MY} = \lg K_{MY} - \lg \alpha_{Y(H)} - \lg \alpha_{M(L)}$$

配位滴定法中，一般情况下，对主反应影响较大的副反应是 EDTA 的酸效应和金属离子的配位效应，其中酸效应影响更大。如果不考虑其他副反应，仅考虑 EDTA 的酸效应，

即 $\lg\alpha_{M(L)}=0$，则上式可简化为：
$$\lg K'_{MY}=\lg K_{MY}-\lg\alpha_{Y(H)}$$

以上两式是讨论配位平衡的重要公式，它表明 MY 的条件稳定常数随溶液的酸度而变化，对选择酸度和讨论滴定条件有重要意义。

条件稳定常数 K'_{MY} 的大小说明配合物 MY 在一定条件下的实际稳定程度，K'_{MY} 的值越大，配合物 MY 越稳定。所以说 K'_{MY} 是判断金属离子能否用 EDTA 准确滴定的重要依据。

【例 4-2】 计算 pH＝2.0 和 pH＝5.0 时的条件稳定常数 $\lg K'_{ZnY}$ 的值（仅考虑酸效应的影响）。

解 查表得：$\lg K_{ZnY}=16.50$

pH＝2.0 时，$\lg\alpha_{Y(H)}=13.52$

pH＝5.0 时，$\lg\alpha_{Y(H)}=6.45$

由公式：$\lg K'_{MY}=\lg K_{MY}-\lg\alpha_{Y(H)}$

得：pH＝2.0 时，$\lg K'_{ZnY}=16.50-13.52=2.98$

pH＝5.0 时，$\lg K'_{ZnY}=16.50-6.45=10.05$

由此可见，尽管 $\lg K'_{ZnY}=16.50$，但若在 pH＝2.0 时滴定，因为 $\lg\alpha_{Y(H)}=13.52$ 副反应很严重，因此，$\lg K'_{ZnY}$ 只有 2.98，ZnY 配合物极不稳定。但当 pH＝5.0 时，EDTA 的酸效应系数小得多，$\lg\alpha_{Y(H)}$ 为 6.45。此时，$\lg K'_{ZnY}$ 达 10.05，生成的配合物比较稳定。

因此，实际工作中用条件稳定常数更能说明配合物在某一 pH 值时的实际稳定程度。

学习小结

（1）配位滴定法又叫络合滴定法，能形成配合物的反应很多。但并不是所有的配位反应都能用于配位滴定。适应于配位滴定分析的配位反应必须具有下列条件：①形成的配合物要相当稳定。②反应定量进行，即在一定条件下配位比必须固定。③反应必须完全，反应速率要大。④要有适当的方法指示滴定终点。⑤滴定过程中生成的配合物最好是可溶的。

（2）在配位滴定中，被测金属离子 M 与 EDTA 反应生成配合物 MY 的反应叫主反应，除主反应以外，其他的反应统称为副反应。影响主反应的因素很多，但一般情况下对主反应影响比较大的副反应是酸效应和配位效应。

想一想

配位滴定中什么是主反应？什么是副反应？有哪些副反应？怎样衡量副反应的严重情况？

练一练测一测

一、名词解释

1. 酸效应系数
2. 配位效应系数
3. 条件稳定常数

二、选择题

1. 直接与金属离子配位的 EDTA 型体为（　　）。

A. H_6Y^{2+}　　　　B. H_4Y　　　　C. H_2Y^{2-}　　　　D. Y^{4-}

2. 一般情况下，EDTA 与金属离子形成的配合物的配位比是（　　）。

A. 1∶1　　　　B. 2∶1　　　　C. 1∶3　　　　D. 1∶2

3. 铝盐药物的测定常用配位滴定法。加入过量 EDTA，加热煮沸片刻后，再用标准锌溶液滴定。该滴定方式是（　　）。

A. 直接滴定法　　B. 置换滴定法　　C. 返滴定法　　D. 间接滴定法

4. $\alpha_{M(L)} = 1$ 表示（　　）。

A. M 与 L 没有副反应　　　　　　B. M 与 L 的副反应相当严重

C. M 的副反应较小　　　　　　　D. [M] = [L]

5. 以下表达式中正确的是（　　）。

A. $K'_{MY} = \dfrac{c_{MY}}{c_M c_Y}$　　　　　　B. $K'_{MY} = \dfrac{[MY]}{[M][Y]}$

C. $K_{MY} = \dfrac{[MY]}{[M][Y]}$　　　　　　D. $K_{MY} = \dfrac{[M][Y]}{[MY]}$

三、填空题

1. 配合物的稳定性差别，主要决定于_____、_____、_____。此外，_____外界条件的变化也影响配合物的稳定性。

2. 酸效应系数的定义式 $\alpha_{Y(H)}$ = _____，$\alpha_{Y(H)}$ 越大，酸效应对主反应的影响程度越_____。

四、简答题

什么是配合物的绝对稳定常数？什么是副反应？有哪些副反应？怎样衡量副反应的严重情况？

五、计算题

1. 计算用 0.01mol/L EDTA 滴定下列金属离子所允许的最低 pH 值。
①Zn^{2+}；②纯 Ca^{2+}；③Al^{3+}；④Fe^{2+}。

2. 一个含有浓度均为 0.02mol/L 的 Fe^{3+}、Al^{3+}、Mg^{2+} 的溶液，判断能否用同样浓度的 EDTA 分别滴定？计算滴定各离子的适宜 pH 值范围。

任务二　认识金属指示剂

1. 理解金属指示剂的作用原理。
2. 掌握金属指示剂应具备的条件。
3. 掌握铬黑 T、钙指示剂的使用条件及终点颜色的判断。

一、金属指示剂的作用原理

金属指示剂是一种本身既具有酸（碱）性，又具有配位性的有机染料，在一定 pH 值范围内，能与金属离子反应，形成一种与指示剂本身颜色不同的配合物，如 In 代表金属指示剂，与金属离子（M）反应形成 1∶1 配合物（为了简便，省略电荷），在用 EDTA 滴定金属离子时，反应过程如下。

滴定前，加入少量的指示剂会与溶液中 M 配位，形成一种与指示剂本身颜色不同的配合物：

$$M + In \rightleftharpoons MIn$$
甲色　　　乙色

在滴定开始至计量点前，EDTA 与溶液中 M 结合，形成配合物 MY，此时溶液呈现 MIn（乙色）的颜色：

$$M + Y \rightleftharpoons MY$$

当滴定至化学计量点附近，金属离子浓度已很低，由于配合物 MY 的条件稳定常数大于配合物 MIn 的条件稳定常数，此时稍过量的 EDTA 将夺取 MIn 中 M，将指示剂 In 释放出来，此时溶液颜色由乙色突然变为甲色，指示终点到达。

$$MIn + Y \rightleftharpoons MY + In$$
乙色　　　　　甲色

动画 4-1　金属指示剂变色原理

例如，用 EDTA 滴定 Mg^{2+}（pH≈10），以铬黑 T（EBT）作指示剂，在 pH=10 的缓冲溶液中为纯蓝色，与镁离子配位生成酒红色配合物。

$$Mg^{2+} + EBT \rightleftharpoons Mg\text{-}EBT$$
纯蓝色　　　酒红色

随着 EDTA 的加入，溶液中 Mg^{2+} 与 EDTA 配位形成无色的 MgY 配合物，此时溶液显红色，当到化学计量点时，溶液中 Mg^{2+} 几乎完全与 EDTA 配位。由于 Mg-EBT 的稳定性不如 MgY，所以过量的 EDTA 便夺取 Mg-EBT 的 Mg^{2+}，从而使指示剂铬黑 T 又游离出来。红色溶液突然变为纯蓝色，指示终点的到达。

$$Mg\text{-}EBT + Y \rightleftharpoons Mg\text{-}Y + EBT$$
酒红色　　　　　　纯蓝色

许多金属指示剂不仅具有配合物的性质而且具有酸（碱）性，其酸式结构与碱式结构的颜色不同。因此，在不同的 pH 值范围内，指示剂本身会呈现不同的颜色。如铬黑 T 指示剂就是一种三元弱酸，在水溶液中有三级离解，随溶液 pH 值的变化而显示不同的颜色：pH<6 为红色；pH=8～11 为蓝色；pH>12 为橙色。而铬黑 T 与 Ca^{2+}、Mg^{2+}、Zn^{2+}、Cd^{2+} 等金属离子形成的配合物呈酒红色，在 pH<6 或 pH>12 的条件下游离铬黑 T 的颜色与配合物 MIn 的颜色没有显著区别，颜色变化不明显，不宜用作指示剂。只有在 pH 值为 8～11 的条件下进行滴定，到终点时颜色才有显著的变化。因此，选用金属指示剂，还必须注意选择合适的 pH 值范围。

二、金属指示剂必须具备的条件

从金属指示剂的变色原理可以看出，作为配位滴定的指示剂必须具备以下条件：

(1) 在滴定的 pH 值范围内，指示剂与金属离子形成配合物的颜色与指示剂本身的颜色应有显著区别。如此终点时的颜色变化才明显，便于肉眼观察。

(2) 指示剂与金属离子的显色反应必须灵敏、迅速，且具有良好的变色可逆性。

(3) 指示剂与金属离子形成的配合物 MIn 的稳定性要适当，并且要小于该金属离子与 EDTA 形成配合物 MY 的稳定性。如果稳定性太差，则未到化学计量点时 MIn 就已分解，使终点提前，而且颜色变化不敏锐；如果稳定性太好，就会使终点拖后，甚至使 EDTA 不能夺取 MIn 中 M，到达计量点时也不改变颜色，看不到滴定终点。通常要求两者的稳定常数相差 100 倍，即：$\lg K'_{MY} - \lg K'_{MIn} > 2$ 指示剂才能被 EDTA 置换出来，发生颜色突变。

(4) 指示剂应具有一定的选择性，即在一定条件下，只对某种金属离子发生显色反应。

(5) 指示剂应比较稳定，便于储藏和使用。

此外，生成的 MIn 应易溶于水，如果生成胶体溶液或沉淀，则会使变色不明显。

三、金属指示剂选择原则

配位滴定中所使用的指示剂一般为有机弱酸，指示剂在与金属离子配位过程中伴随有酸效应。所以，指示剂与金属离子形成配合物的条件稳定常数将随 pH 值变化而改变，指示剂变色点的 pM（类同 pH＝－lg[H^+]，pM＝－lg[M^{n+}]）值也随 pH 值的变化而改变。因此，金属指示剂不可能像酸碱指示剂那样有一个确定的变色点，在选择金属指示剂时，必须考虑体系的酸度，使指示剂的变色点的 pM 与化学计量点的 pM_{sp} 尽量一致，至少应在化学计量点附近的 pM 突跃范围内，否则误差太大。

选择指示剂时，根据溶液的 pH 值，查出 K'_{MIn}，使指示剂的变色点的 pM 位于滴定曲线的滴定突跃范围之内。但由于指示剂与金属离子形成的配合物的有关常数不全，目前实际应用中仍多采用实验的方法来选择指示剂，即先实验其终点时颜色变化是否敏锐，再检查滴定结果是否准确，由此决定该指示剂是否可用。

四、常用的金属指示剂

（一）铬黑 T

铬黑 T（EBT），化学名称为 1-（1-羟基-2-萘偶氮基）-6-硝基-2-萘酚-4-磺酸钠。结构式如下：

铬黑 T 为黑褐色粉末，略带金属光泽，溶于水后结合在磺酸根上的 Na^+ 全部电离，以阴离子形式存在于溶液中。

铬黑 T 与许多金属离子形成红色配合物，为使滴定终点颜色变化明显，则要求 pH 值在 9.0～10.5 为最佳，颜色由红色变到蓝色。而 pH＜8 或 pH＞11，配合物颜色与指示剂颜色相似不宜使用。

铬黑 T 固体相对稳定，但其水溶液仅能保存几天，这是由于聚合反应的缘故。聚合后的铬黑 T 不再与金属离子结合显色，所以在配制时应加入三乙醇胺防止其聚合，加入盐酸羟胺防止其氧化，或与 NaCl 固体粉末配成混合物使用。

（二）钙指示剂

钙指示剂（NN），化学名称为 2-羟基-1-（2-羟基-4-磺酸基-1-萘基偶氮）-3-萘甲酸。结构式如下：

钙指示剂为黑色粉末，溶于水为紫色，在水溶液中不稳定，通常与 NaCl 固体粉末配成混合物使用。它是一个三元弱酸，在 pH＜7.4 及 pH＞13.5 的溶液中呈现红色，在 pH＝8～13 时，钙指示剂可用于测定钙镁混合物中钙的含量，终点由红变为纯蓝色，颜色变化敏锐。

（三）二甲酚橙

二甲酚橙（XO）为紫黑色结晶，易溶于水，其水溶液可稳定几周。二甲酚橙为多元酸。

在水溶液中有如下平衡：

$$H_3In^{4-} \rightleftharpoons H_2In^{5-} + H^+$$
$$pH < 6.3 \qquad\qquad pH > 6.3$$
$$\text{黄色} \qquad\qquad \text{红色}$$

（四）酸性铬蓝 K

酸性铬蓝 K 在 pH=8.0～13.0 时呈现蓝色，与 Ca^{2+}、Mg^{2+}、Mn^{2+}、Zn^{2+} 等离子形成红色螯合物。对 Ca^{2+} 的灵敏度比铬黑 T 高。通常将酸性铬蓝 K 与萘酚绿 B 混合使用，简称为 KB 指示剂。

一些常见的金属指示剂、使用条件及配制方法见表 4-3。

表 4-3　常见的金属指示剂、使用条件及配制方法

指示剂	使用 pH 值范围	颜色变化 In	颜色变化 MIn	直接滴定离子	配制方法
铬黑 T(EBT)	8～10	蓝	红	pH=10，Mg^{2+}、Zn^{2+}、Cd^{2+}、Pb^{2+}、Hg^{2+}、Mn^{2+} 及稀土元素离子	1:100NaCl(s)或 5g/L 乙醇溶液加 20g 盐酸羟胺
钙指示剂 (NN)	12～13	蓝	红	Ca^{2+}	1:100NaCl(s)或 4g/L 甲醇溶液
二甲酚橙 (XO)	<6	黄	红紫	pH<1，ZrO^{2+}；pH=1～3，Bi^{3+}、Th^{4+}；pH=5～6，Zn^{2+}、Cd^{2+}、Pb^{2+}、Hg^{2+}、Mn^{2+} 及稀土元素离子	5g/L 水溶液
PAN	2～12	黄	红	pH=2～3，Bi^{3+}、Th^{4+}；pH=4～5，Cu^{2+}、Ni^{2+}	1g/L 或 2g/L 乙醇溶液
KB 指示剂	8～13	蓝绿	红	pH=10，Mg^{2+}、Zn^{2+}；pH=13，Ca^{2+}	1g 酸性铬蓝 K 与 2.5g 萘酚绿 B 和 50g KNO_3 混合研细
磺基水杨酸 (SS)	1.5～2.5	无	紫红	Fe^{3+}（加热）	50g/L 水溶液

除表中所列指示剂外，还有一种 Cu-PAN 指示剂，它是 CuY 与少量 PAN 的混合溶液，呈绿色，是一种间接金属指示剂，用此指示剂几乎可滴定所有能与 EDTA 配位的金属离子，一些与 PAN 配位不够稳定或不显色的离子，可以用此指示剂进行滴定。例如，在 pH=10 时，用 Cu-PAN 指示剂，以 EDTA 滴定 Ca^{2+}，其变色过程是，最初溶液中 Ca^{2+} 浓度较高，它能夺取 CuY 中的 Y，形成 CaY，游离出来的 Cu^{2+} 与 PAN 配位而显紫红色，其反应式可表示如下：

$$\underbrace{CuY + PAN}_{\text{绿色}} + Ca^{2+} \longrightarrow CaY + Cu\text{-}PAN$$
蓝色　黄色　无色　　　无色　紫红色

用 EDTA 滴定时，EDTA 先与游离的 Ca^{2+} 配位，当 EDTA 把 Ca^{2+} 全部配位完之后，过量的 EDTA 会夺取 Cu-PAN 中的 Cu，生成 CuY 及 PAN，两者混合而呈绿色，溶液由紫红色变为绿色即到达终点。

$$\underset{\text{紫红色}}{Cu\text{-}PAN} + Y \rightleftharpoons \underset{\text{绿色}}{CuY + PAN}$$

Cu-PAN 指示剂可在很宽的 pH 值范围（pH=2～12）内使用，Ni^{2+} 对它有封闭作用。另外，使用该指示剂时，不能同时使用能与 Cu^{2+} 形成更加稳定配合物的掩蔽剂，如氰化钾、硫代硫酸钠等试剂。

五、使用指示剂可能存在的问题

1. 指示剂的封闭现象

在配位滴定中，某些指示剂与某些金属离子生成稳定的配合物 MIn，这些配合物比相应的金属离子与 EDTA 形成的配合物 MY 更稳定，到达化学计量点时滴入过量 EDTA，也不能夺取指示剂配合物 MIn 中的金属离子，指示剂不能释放出来，看不到溶液颜色变化。这种现象叫指示剂的封闭现象。

例如以铬黑 T 为指示剂，pH = 10.0 时，EDTA 滴定 Ca^{2+}、Mg^{2+} 总量时，Al^{3+}、Fe^{3+}、Ni^{2+} 和 Co^{2+} 对铬黑 T 有封闭作用，这时可加入少量三乙醇胺掩蔽 Al^{3+} 和 Fe^{3+}，加入 KCN 掩蔽 Co^{2+} 和 Ni^{2+} 以消除干扰。

动画 4-2　指示剂封闭现象

2. 指示剂的僵化现象

有些金属指示剂本身与金属离子形成配合物的溶解度很小，形成胶体或沉淀，使终点的颜色变化不明显；还有些金属指示剂与金属离子所形成的配合物的稳定性稍差于对应的 EDTA 配合物，因而使 EDTA 与 MIn 之间的置换反应缓慢，使终点拖长，这种现象叫作指示剂的僵化。可加入适当的有机溶剂或加热，以增大其溶解度。

例如，用 PAN 作指示剂时，在较低的温度下易产生僵化现象。可加入少量乙醇或将溶液适当加热，以加快置换速率，使指示剂在终点变色比较明显。若僵化现象不明显，可在临近终点时减慢滴定速度，也可得到准确的结果。

动画 4-3　指示剂僵化现象

3. 指示剂的氧化、变质现象

金属指示剂大多数是具有许多双键的有色化合物，易被日光、氧化剂、空气所分解，有些指示剂在水溶液中不稳定，日久会因氧化或聚合而变质。

例如，铬黑 T、钙指示剂的水溶液均易氧化变质，所以常用 NaCl 作为稀释剂，配成固体指示剂，保存时间较长。如需配成溶液，应现用现配，并在溶液中加入三乙醇胺防止其分子聚合，加入盐酸羟胺或抗坏血酸等可防止其氧化。另外，分解变质的速度与试剂的纯度也有关，一般纯度较高时，保存时间长一些。还有，有些金属离子对指示剂的氧化分解起催化作用。如铬黑 T 在 Mn（Ⅳ）或 Cu^{2+} 存在下，仅数秒钟就褪色。

学习小结

（1）金属指示剂是一种本身既具有酸（碱）性，又具有配位性的有机染料，在一定 pH 值范围内，能与金属离子反应，形成一种与指示剂本身颜色不同的配合物。

（2）配位滴定的指示剂必须具备以下条件：①在滴定的 pH 值范围内，指示剂与金属离子形成配合物的颜色与指示剂本身的颜色应有显著区别。②指示剂与金属离子的显色反应必须灵敏、迅速，且具有良好的变色可逆性。③指示剂与金属离子形成的配合物 MIn 的稳定性要适当，并且要小于该金属离子与 EDTA 形成配合物 MY 的稳定性。④指示剂应具有一定的选择性，即在一定条件下，只对某种金属离子发生显色反应。⑤指示剂应比较稳定，便于储藏和使用。

（3）常用的金属指示剂有铬黑 T、钙指示剂、二甲酚橙和酸性铬蓝 K 等。

（4）使用指示剂可能存在的问题有：①指示剂的封闭现象；②指示剂的僵化现象；③指示剂的氧化、变质现象。

想一想

作为金属指示剂必须具备什么条件？在使用金属指示剂的过程中存在哪些问题？怎样消除？

练一练测一测

一、名词解释

1. 金属指示剂
2. 封闭现象
3. 僵化现象

二、选择题

1. 用 EDTA 直接滴定有色金属离子 M，终点所呈现的颜色是（　　）。
A. 游离指示剂的颜色　　　　B. MY 配合物的颜色
C. MIn 配合物的颜色　　　　D. 上述 A＋B 的混合色

2. 配位滴定中，指示剂的封闭现象是由（　　）引起的。
A. 指示剂与金属离子生成的配合物不稳定
B. 被测溶液的酸度过高
C. 指示剂与金属离子生成的配合物稳定性小于 MY 的稳定性
D. 指示剂与金属离子生成的配合物稳定性大于 MY 的稳定性

3. 下列叙述中错误的是（　　）。
A. 酸效应使配合物的稳定性降低
B. 共存离子使配合物的稳定性降低
C. 配位效应使配合物的稳定性降低
D. 各种副反应均使配合物的稳定性降低

三、填空题

1. 指示剂与金属离子的反应：In（蓝色）＋M ══ MIn（红色），滴定前，向含有金属离子的溶液中加入指示剂时，溶液呈＿＿＿＿色；随着 EDTA 的加入，当到达滴定终点时，溶液呈＿＿＿＿色。

2. 配位滴定之所以能广泛应用，与大量使用＿＿＿＿是分不开的，常用的掩蔽方法按反应类型不同，可分为＿＿＿＿、＿＿＿＿和＿＿＿＿。

3. 配位掩蔽剂与干扰离子形成配合物的稳定性必须＿＿＿＿EDTA 与该离子形成配合物的稳定性。

4. 当被测离子与 EDTA 配位缓慢或在滴定的 pH 值下水解，或对指示剂有封闭作用时，可采用＿＿＿＿。

四、简答题

以 EDTA 滴定 Mg^{2+}（pH＝10.0），用铬黑 T（EBT）作指示剂为例，说明金属指示剂的作用原理。

五、计算题

1. 称取铝盐试样 1.250g，溶解后加 0.0500mol/L EDTA 溶液 25.00mL，当适当条件下反应后，调节溶液 pH 值为 5～6，以二甲酚橙为指示剂，用 0.0200mol/L 的 Zn^{2+} 标准溶液回滴过量的 EDTA，耗用 Zn^{2+} 溶液 21.50mL，计算铝盐中铝的含量。

2. 分别含有 0.02mol/L 的 Zn^{2+}、Cu^{2+}、Cd^{2+}、Sn^{2+}、Ca^{2+} 的五种溶液，在 pH＝3.5 时，哪些可以用 EDTA 滴定？哪些不能被 EDTA 滴定？为什么？

任务三　自来水硬度的测定

任务要求

1. 掌握配位滴定法的基本原理。
2. 理解金属指示剂的作用原理。
3. 掌握金属指示剂应具备的条件。
4. 熟悉常用金属指示剂的选择及 EDTA 滴定法的应用范围。

任务实施

动画 4-4　自来水硬度的测定原理

微课 4-1　自来水硬度的测定

☞ 工作准备

1. 仪器

分析天平、酸式滴定管（棕色）、锥形瓶、移液管（25mL）、容量瓶（250mL）、硬质玻璃瓶或聚乙烯塑料瓶、量筒（100mL）等。

2. 试剂

EDTA 二钠盐、氧化锌基准物、浓盐酸、盐酸（1+1）、氨水（1+1）、$\rho=300\text{g/L}$ 的六亚甲基四胺溶液、$\rho=20\text{g/L}$ 的 Na_2S 溶液；三乙醇胺水溶液；$NH_3\text{-}NH_4Cl$ 缓冲溶液（pH＝10）；铬黑 T 指示剂；二甲酚橙指示剂；钙指示剂（s）；10％ NaOH 溶液等。

3. 实验原理

（1）EDTA 标准溶液的配制与标定。

EDTA 能和大多数金属离子形成 1∶1 的稳定配合物，所以配合物滴定中通常使用 EDTA 及其二钠盐作为配位剂。配制 EDTA 标准溶液一般采用间接法，即先配成近似浓度，再用基准物标定其准确浓度。

（2）水的硬度的测定。测定水的硬度，目前多用 EDTA 标准溶液直接滴定水中 Ca^{2+}、Mg^{2+} 的总量，然后换算成相应硬度。

总硬度的测定是在 pH＝10 的氨-铵盐缓冲溶液（$NH_3\text{-}NH_4Cl$），以铬黑 T（EBT）为指示剂，用 EDTA 标准溶液直接滴定水中的 Ca^{2+}、Mg^{2+}，直至溶液由酒红色变为纯蓝色即为终点。

若水样中存在 Fe^{3+}、Al^{3+} 等微量杂质时，可用三乙醇胺进行掩蔽；Cu^{2+}、Pb^{2+}、Zn^{2+} 等重金属离子可用 Na_2S 或 KCN。根据 EDTA 标准溶液的浓度和消耗体积，可计算出水的总硬度。

钙硬度的测定，用 NaOH 控制 pH 值介于 12～13 之间，Mg^{2+} 生成 $Mg(OH)_2$ 沉淀，用 EDTA 标准溶液滴定 Ca^{2+}，用钙指示剂，终点时溶液由酒红色变为蓝色。镁硬度可由总硬度减去钙硬度求出。

☞ 工作过程

1. $c_{EDTA}=0.02mol/L$ 的 EDTA 标准溶液的准备

（1）配制 0.02mol/L 的 EDTA 溶液 500mL。在台秤上称取 4.0g $Na_2H_2Y \cdot 2H_2O$，倒入大烧杯中，用 500mL 蒸馏水溶解，摇匀，倒入洁净的 500mL 试剂瓶中，盖好瓶塞，贴上标签备用，长期放置时，应存放于聚乙烯塑料瓶中。

（2）Zn^{2+} 标准溶液的配制。准确称取两份于（850±50）℃灼烧至恒重的基准物纯氧化锌 0.4g，分别置于 100mL 小烧杯中，加少量水润湿，滴加约 2mL 浓盐酸使之全部溶解，各加入 25mL 水，分别定量转移到 250mL 容量瓶中，用水稀释至刻度，摇匀。并计算其准确浓度。

（3）EDTA 标准溶液的标定。

① 用铬黑 T 作指示剂标定。准确吸取 Zn^{2+} 标准溶液 25.00mL，注入 250mL 锥形瓶中加 20mL 纯水，慢慢滴加氨水（1+1）至刚出现白色混浊，此时溶液 pH 值约为 8，然后加入 10mL NH_3-NH_4Cl 缓冲溶液及 4~6 滴铬黑 T 指示剂，充分摇匀，用 EDTA 滴定至溶液由酒红色变纯蓝色即为终点。记录消耗 EDTA 溶液的体积。平行测定 2~3 次，同时用 EDTA 溶液做一份空白实验，记录消耗 EDTA 溶液的体积 V_0，计算 EDTA 的准确浓度。

② 用二甲酚橙作指示剂标定。移液管分别移取 25.00mL Zn^{2+} 标准溶液于三个 250mL 锥形瓶中，各加入 20mL 纯水，滴加二甲酚橙作指示剂 2~3 滴，加入六亚甲基四胺至溶液呈稳定的紫红色（30s 内不褪色，此时溶液的 pH 值为 5~6），用 EDTA 滴定至溶液由紫红色变亮黄色即为终点。

2. 试样准备与测定

（1）自来水的总硬度的测定。用移液管移取水样 100mL 于 250m 锥形瓶中，加入 5mL 1:1 三乙醇胺掩蔽铁、铝干扰离子，若水样中含有 Cu^{2+}、Pb^{2+} 等重金属离子，则需加入 1mL 2% Na_2S 溶液（GB/T 6909—2008 用 L-半胱氨酸盐酸盐 10g/L 溶液）掩蔽，摇匀后再加入 5mL pH=10.0 的氨-铵盐缓冲溶液及 2~3 滴铬黑 T（EBT）指示剂，用 0.02mol/L EDTA 标准溶液滴定至溶液由酒红色变为纯蓝色即为终点。注意在接近终点时应慢滴多摇。记录消耗 EDTA 的体积为 V_1，计算水的总硬度，平行测定三次，同时做空白实验，取平均值计算水样的总硬度。

（2）水的钙、镁硬度的测定。用移液管移取水样 100mL 于 250mL 锥形瓶中，加入 5mL 10%NaOH 溶液，摇匀，调节溶液的 pH=12.0。加少许钙指示剂，用 0.02mol/L EDTA 标准溶液滴定至溶液由酒红色变为纯蓝色即为终点。记录消耗 EDTA 的体积为 V_2，平行测定三次，同时做空白实验，取平均值计算水样的钙硬度。

☞ 数据记录与处理

1. 数据记录

（1）EDTA 标准溶液的配制与标定见表 4-4。

表 4-4 EDTA 标准溶液的配制与标定

项目	1	2	3
Zn^{2+} 标准溶液的浓度/(mol/L)			
移取 Zn^{2+} 标准溶液的体积/mL			
滴定消耗 EDTA 的体积/mL			
滴定管校正值/mL			
溶液温度补正值/(mol/L)			
实际消耗 EDTA 标准溶液的体积/mL			
空白实验消耗 EDTA 标准溶液的体积/mL			

续表

项目	1	2	3
EDTA 标准溶液的浓度/(mol/L)			
平均浓度/(mol/L)			
相对极差/%			

(2) 水的总硬度的测定见表 4-5。

表 4-5　水的总硬度的测定结果

项目	1	2	3
移取水样的体积/mL			
EDTA 标准溶液浓度/(mol/L)			
滴定消耗 EDTA 的体积/mL			
滴定管校正值/mL			
溶液温度补正值/(mol/L)			
实际消耗 EDTA 标准溶液的体积/mL			
空白实验消耗 EDTA 标准溶液的体积/mL			
水的总硬度/(mg/L)或度			
平均总硬度/(mg/L)或度			
相对极差/%			

(3) 水中钙硬度的测定见表 4-6。

表 4-6　水中钙硬度的测定结果

项目	1	2	3
移取水样的体积/mL			
EDTA 标准溶液浓度/(mol/L)			
滴定消耗 EDTA 的体积/mL			
滴定管校正值/mL			
溶液温度补正值/(mol/L)			
实际消耗 EDTA 标准溶液的体积/mL			
空白实验消耗 EDTA 标准溶液的体积/mL			
水的钙硬度/(mg/L)或度			
平均钙硬度/(mg/L)或度			
相对极差/%			

2. 结果计算

(1) $$c_{Zn^{2+}} = \frac{m_{ZnO}}{M_{ZnO} \times 250 \times 10^{-3}}$$

(2) $$c_{EDTA} = \frac{c_{Zn^{2+}} V_{Zn^{2+}}}{V_{EDTA} - V_0}$$

(3) $$\rho_{总(CaO)} = \frac{c_{EDTA}(V_1 - V_0)M_{CaO}}{V_{样}} \times 10^3$$

(4) $$\rho_{钙(CaO)} = \frac{c_{EDTA}(V_2 - V_0')M_{CaO}}{V_{样}} \times 10^3$$

(5) $$\rho_{镁(CaO)} = \rho_{总(CaO)} - \rho_{钙(CaO)}$$

式中　$\rho_{总(CaO)}$——水样总硬度，mg/L；
　　　$\rho_{钙(CaO)}$——水样钙硬度，mg/L；
　　　$\rho_{镁(CaO)}$——水样镁硬度，mg/L；

c_{EDTA}——EDTA 标准溶液的浓度，mol/L；

V_1——测定水样总硬度时消耗 EDTA 的体积，mL；

V_0——测定水样总硬度时空白实验消耗 EDTA 的体积，mL；

V_2——测定水样钙硬度时消耗 EDTA 的体积，mL；

V_0'——测定水样钙硬度时空白实验消耗 EDTA 的体积，mL；

$V_样$——水样的体积，mL；

M_{CaO}——CaO 的摩尔质量，g/mol。

☞ 注意事项

① 配位反应的速率较慢，所以 EDTA 的滴定速度不能太快，保证其充分反应。

② 如何选择合适的基准物质标定 EDTA。

③ 铬黑 T 与 Mg^{2+} 显色灵敏度低，当水样中 Ca^{2+} 含量高而 Mg^{2+} 很低时，得不到敏锐的终点，可采用 KB 混合指示剂。

④ 硬度较大的水样，在加缓冲溶液后，常析出 $CaCO_3$ 沉淀，使终点拖长，变色不敏锐。可在水中加入 1~2 滴 1∶1 HCl 酸化后，煮沸数分钟以除去 CO_2，然后再加缓冲溶液。注意 HCl 不可多加，否则影响滴定时溶液的 pH 值。

⑤ 滴加氨水调整溶液酸度时要逐滴加入，同时还要边滴边摇动锥形瓶，防止滴加过量，以刚出现混浊为宜。

一、配位滴定曲线

以 EDTA 的加入量为横坐标，以相应 pM 值为纵坐标作图，得到 pM-V_{EDTA} 曲线称为配位滴定曲线。它反映了在配位滴定中，被滴定的金属离子的浓度随 EDTA 的加入而变化的规律，研究此曲线的目的是为了选择适宜的滴定条件。

（一）滴定曲线的绘制

以在 pH=10 时，用 0.01000mol/L 的 EDTA 标准溶液滴定 20mL 0.010000mol/L 的 Ca^{2+} 为例，计算滴定过程中 pCa 的变化情况。

在滴定过程中，考虑酸效应，必须用 K'_{CaY} 代替 K_{CaY}，查表 4-1、表 4-2 得 $K_{CaY}=10^{10.69}$、pH=10 时，$\lg\alpha_{Y(H)}=0.45$。

$$\lg K'_{CaY} = \lg K_{CaY} - \lg\alpha_{Y(H)}$$
$$=10.69-0.45=10.24$$

所以 $K'_{CaY}=10^{10.24}=1.74\times10^{10}$

计算方法类似于酸碱滴定法中 [H^+] 的计算，滴定过程可分为以下四个阶段。

1. 滴定开始前

溶液中 Ca^{2+} 浓度为：[Ca^{2+}]=0.01000mol/L，pCa=-lg0.01000=2.0。

2. 滴定开始至化学计量点前

此时溶液中同时存在着未被滴定的 Ca^{2+} 和反应物 CaY，溶液中 Ca^{2+} 来源于剩余的 Ca^{2+} 和 CaY 的电离，但因 CaY 很稳定，剩余的 Ca^{2+} 对 CaY 的电离起抑制作用，CaY 的电离很小，可忽略不计，所以，可用剩余 Ca^{2+} 和溶液的体积来计算溶液中 Ca^{2+} 的浓度。

当加入 EDTA 的体积为 19.98mL 时，即离化学计量点仅差 0.1% 时：

$$[Ca^{2+}] = \frac{20.00-19.98}{20.00+19.98} \times 0.01000 = 5.0 \times 10^{-6} \text{mol/L}$$

$$pCa = 5.3$$

3. 化学计量点

由于配合物 CaY 很稳定，此时溶液中，Ca^{2+} 与加入的 EDTA 几乎完全配位成 CaY，故：

$$[CaY] = \frac{20.00}{20.00+20.00} \times 0.01000 = 5.0 \times 10^{-3} \text{mol/L}$$

$$[Ca^{2+}] = [Y^{4-}]，即 [M'] = [Y']$$

$$K'_{CaY} = \frac{[CaY]}{[Ca^{2+}][Y']} = \frac{[CaY]}{[Ca^{2+}]^2} = 10^{10.2}$$

$$[Ca^{2+}] = \sqrt{[CaY]/K'_{CaY}} = 5.4 \times 10^{-7} \text{mol/L}$$

$$pCa = 6.3$$

4. 化学计量点后

化学计量点后，溶液中有过量的 Y^{4-} 存在，抑制了 CaY 的电离，此时溶液 $[CaY] \approx 5.0 \times 10^{-3}$ mol/L。当加入 EDTA 的体积为 20.02mL 时，过量的 EDTA 的浓度为：

$$[Y'] = \frac{20.02-20.00}{20.00+20.02} \times 0.01000 = 5.0 \times 10^{-6} \text{mol/L}$$

由稳定常数表达式得：

$$[Ca^{2+}] = \frac{[CaY]}{[Y']K_{CaY}} = \frac{5.0 \times 10^{-3}}{5.0 \times 10^{-6} \times 10^{10.2}} = 10^{-7.2} \text{mol/L}$$

$$pCa = 7.2$$

以同样方法计算滴定过程中任意时刻的 pCa 值，并将计算结果列于表 4-7，绘制滴定曲线如图 4-3 所示。

表 4-7 pH=10 时用 0.01000mol/L 的 EDTA 滴定 20mL 0.01000mol/L Ca^{2+} 溶液时 pCa 值的变化情况

加入 EDTA 量		Ca^{2+} 被滴定百分数/%	EDTA 过量百分数/%	$[Ca^{2+}]$	pCa	
体积/mL	相当于 $\omega_{Ca^{2+}}/\%$					
0.00	0.0			0.01	2.0	
18.00	90.0	90.10		5.3×10^{-4}	3.3	
19.80	99.0	99.0		5.0×10^{-5}	4.3	
19.88	99.9	99.0		5.0×10^{-6}	5.3	突跃范围
20.00	100.0	100.0		5.4×10^{-7}	6.3	
20.02	100.1		0.1	6.0×10^{-8}	7.2	
20.20	101.0		1.0	6.0×10^{-9}	8.3	
22.00	110.0		10.0	6.0×10^{-10}	9.2	
40.00	200.0		100.0	6.0×10^{-11}	10.0	

（二）滴定突跃范围及影响突跃范围的因素

由图 4-3 可看出 EDTA 的加入量由 99.9%~100%时，滴定曲线上 pCa 值发生突跃，由 5.3 增加到 7.2，产生滴定突跃，突跃范围为 1.9 个 pCa 单位。

滴定突跃的大小是决定配位滴定准确度的重要依据。

按相同的方法可以计算出在 pH=12 时，c_M=0.01000mol/L，$\lg K'_{MY}$ 不同时，用 0.01000mol/L 的 EDTA 滴定金属离子 M 的 pM 值的变化情况，并绘制成滴定曲线。如图 4-4 所示。同时还可以计算出在 pH=12.0 时，$\lg K'_{MY}=10$，c_M 不同（EDTA 的浓度与金属离子的浓度相同）时的滴定曲线，如图 4-5 所示。

在配位滴定中，同酸碱滴定一样，总是希望滴定曲线上有较大的突跃范围，以提高滴定的准确度。由图 4-4、图 4-5 可以看出，决定突跃范围的大小主因素是配合物的条件稳定常数和金属离子的浓度。

1. 条件稳定常数

图 4-4 表明，配合物的条件稳定常数越大，滴定突跃范围越大。而条件稳定常数又与溶液的酸度有关，酸度减小，条件稳定常数增大，突跃范围增大，

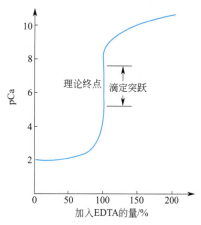

图 4-3　pH=10 用 0.01000mol/L 的 EDTA 滴定 20mL 0.01000mol/L Ca^{2+} 溶液的滴定曲线

由此可见溶液酸度的选择在配位滴定中有着非常重要的作用，溶液的酸度与滴定突跃范围的关系如动画 4-5 所示。

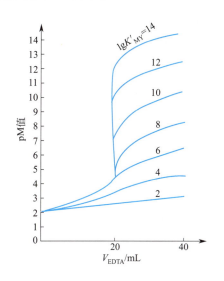

图 4-4　不同条件稳定常数的滴定曲线

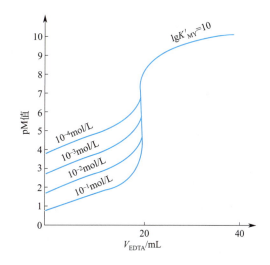

图 4-5　EDTA 滴定不同浓度 M 的滴定曲线

2. 被测金属离子的浓度

由图 4-5 可以看出，被滴定金属离子的浓度越大，滴定突跃范围越大，金属离子的浓度决定曲线的起始位置，pM 值越小，曲线的下限（起点）就越低，得到的滴定突跃范围就越大；反之，滴定突跃范围越小。

动画 4-5　不同 pH 值的配位滴定曲线

综上所述，滴定曲线下限起点的高低，取决于被滴定金属离子的原始浓度 c_M；曲线上限的高低，取决于配合物的条件稳定常数 $\lg K'_{MY}$ 值，也就是说，滴定曲线上突跃范围的长短，取决于配合物的条件稳定常数和金属离子的浓度，而条件稳定常数随酸度等条件而变化。因此，研究滴定曲线，主要是为了选择适宜的滴定条件，而不是为了选择指示剂。

二、单一金属离子准确滴定的条件

(一) 单一金属离子准确滴定的判断

滴定突跃范围的大小是准确滴定的重要依据之一。而影响突跃范围大小的主要因素是 c_M 和 K'_{MY}，那么 c_M 和 K'_{MY} 的值是多大时，金属离子就能被准确滴定呢？

根据滴定分析对准确度的要求，即滴定相对误差不超过 $\pm 0.1\%$，通过相关方法，可以推导出下式：

$$c_M K'_{MY} \geqslant 10^6 \tag{4-6}$$

或

$$\lg c_M K'_{MY} \geqslant 6 \tag{4-7}$$

式(4-6)表明当用 EDTA 滴定浓度为 c 的金属离子时，若要求滴定准确度不超过 $\pm 0.1\%$，则其条件稳定常数与浓度的乘积应大于或等于 10^6，否则，就不能准确滴定金属离子，或滴定的准确度就会降低。

通常将 $\lg c_M K'_{MY} \geqslant 6$ 作为判断单一金属离子能否被准确滴定的条件，c_M 为金属离子的总浓度。

一般讨论时，常将金属离子的浓度的起始浓度定位 0.0100mol/L 时，这时 $c_{EDTA}=c_M=0.0100$mol/L，代入式(4-6)得：

$$K'_{MY} \geqslant 10^8 \text{ 或 } \lg K'_{MY} \geqslant 8 \tag{4-8}$$

式(4-8)表明当滴定剂或金属离子浓度为 0.0100mol/L 时，滴定准确度要求不超过 $\pm 0.1\%$ 时，条件稳定常数必须大于或等于 10^8 或 $\lg K'_{MY} \geqslant 8$，也就是说 $\lg K'_{MY}$ 最小等于 8 才能获得准确的滴定结果。

【例 4-3】 在 pH=4.00 时，用 0.01mol/L 的 EDTA 滴定 0.01mol/L 的 Zn^{2+} 溶液，能否准确滴定？

解 由表 4-1 和表 4-2 可知，
pH=4.00 时，$\lg \alpha_{Y(H)}=8.44$，$\lg K_{ZnY}=16.50$
因为：$\lg K'_{ZnY}=\lg K_{ZnY}-\lg \alpha_{Y(H)}=16.50-8.44=8.06>8$
所以在 pH=4.00 时，可以用 EDTA 准确滴定 Zn^{2+}。

(二) 单一金属离子准确滴定的最高酸度（最低 pH 值）与酸效应曲线

1. 准确滴定最高酸度（最低 pH 值）

在配位滴定中，要准确滴定金属离子，必须要求 $\lg K'_{MY}$ 具有一定的数值，在只考虑 EDTA 酸效应的情况下，$\lg K'_{MY}$ 主要受酸效应系数的影响。因此溶液的酸度不能过高，否则，使 $\lg K'_{MY}$ 小于准确滴定金属离子的最低数值而引起较大误差。根据单一离子准确滴定判别式 $\lg K'_{MY} \geqslant 8$，在被测金属离子的浓度为 0.01mol/L 时，可求得仅有酸效应时滴定 M 的最高酸度。

$$\lg K'_{MY}=\lg K_{MY}-\lg \alpha_{Y(H)} \geqslant 8$$
$$\lg K_{MY}-\lg \alpha_{Y(H)}=8$$

即：

$$\lg \alpha_{Y(H)}=\lg K_{MY}-8 \tag{4-9}$$

由此求得 $\lg \alpha_{Y(H)}$ 的值，再从表 4-2 查出对应的 pH 值，就是准确滴定金属离子最高允许酸度，或最低 pH 值。

【例 4-4】 用 0.01mol/L 的 EDTA 滴定 0.01mol/L Cu^{2+} 溶液，求准确滴定时所允许的最高酸度（最低 pH 值）。

解 由表 4-1 可知 $\lg K_{CuY} = 18.8$

$$\lg \alpha_{Y(H)} = \lg K_{MY} - 8 = 18.8 - 8 = 10.8$$

查表 4-2 得，pH=3.0。所以滴定 Cu^{2+} 所允许的最低 pH 值为 3.0。如果 pH<3.0，EDTA 的酸效应就会增大，使 CuY 的稳定性降低，即 $\lg K'_{CuY} < 8$ 而不能准确滴定。

2. 酸效应曲线

由于不同的金属离子与 EDTA 形成的配合物的 $\lg K'_{MY}$ 值不同，使条件稳定常数 $\lg K'_{MY}$ 达到 8 的最低 pH 值也不同。将各种金属离子的 $\lg K_{MY}$ 代入式(4-9)，即可求得对应的最大 $\lg \alpha_{Y(H)}$ 值，再从表 4-2 查出对应的最小 pH 值。若以不同金属离子的 $\lg K_{MY}$ 值为横坐标，以它所对应的最小 pH 值为纵坐标作图，所得的曲线称为 EDTA 酸效应曲线，即 pH-$\lg K_{MY}$ 曲线，如图 4-6 所示。

曲线上金属离子位置所对应的 pH 值，就是滴定该种离子时所允许的最小 pH 值，即最高酸度。

应用酸效应曲线，可以解决 EDTA 滴定过程中的下列问题：

（1）确定最低 pH 值。从酸效应曲线上可直接查出滴定某离子的最低 pH 值（最高酸度），小于该 pH 值就不可能完全地定量进行滴定反应。例如，滴定 Fe^{3+} 时，pH 值必须大于 1.2；滴定 Co^{2+} 时，pH 值必须大于 4.0。

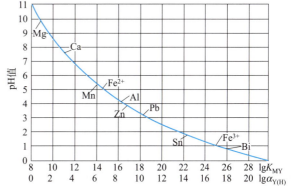

图 4-6　EDTA 酸效应曲线

（2）判断共存离子的干扰情况。在酸效应曲线上位于被测离子下方的其他离子由于 $\lg K_{NY} > \lg K_{MY}$，他们能对待测离子产生干扰，如在 pH=10 附近滴定 Mg^{2+} 时，从曲线上可看出，溶液中若存在 Ca^{2+}、Mn^{2+} 等位于 Mg^{2+} 下方的离子都会有干扰。它们同时甚至优先与 EDTA 反应。

应当指出的是，从酸效应曲线上得到的最低 pH 值是有一定条件的，$c_M = 0.01 mol/L$，允许测定的相对误差不超过 ±0.1%，并且只考虑酸效应，金属离子未发生其他副反应。但实际试样的测量中，情况比较复杂，酸效应曲线只提供参考，合适的酸度应结合实验来确定。

另外，用 EDTA 滴定金属离子时，除了需要考虑滴定前的 pH 值，还需注意滴定过程中溶液酸度的变化。因为 EDTA 与金属离子配位反应时，随着配合物的生成，不断有 H^+ 释放出来，所以溶液酸度不断增大，导致配合物的稳定常数减小，降低滴定反应的完全程度，造成滴定终点误差很大，甚至无法准确滴定。因此，配位滴定中常需要加入缓冲溶液来控制溶液的酸度。如在 pH=5~6 时滴定，可选择 $HAc-NH_4Ac$ 缓冲体系；在 pH=8~10 时滴定可选 NH_3-NH_4Cl。

此外，该曲线还可兼作酸效应系数曲线即 pH-$\lg \alpha_{Y(H)}$，所以也可查出对应的酸效应系数，不需再计算。

（三）单一离子准确滴定的最低酸度（最高 pH 值）

在实际测定中一般总希望滴定酸度比最高酸度低一些，这样利于主反应进行。但是如果溶液酸度过低，会引起金属离子发生水解，出现水解效应，甚至出现氢氧化物或碱式盐沉淀，降低了金属离子的浓度，影响分析测定结果及反应的正常进行。因此需要考虑滴定时金属离子不发生水解的最低酸度。通常将不低于金属离子开始水解生成金属氢氧化物（沉淀）

的酸度作为滴定金属离子允许最低酸度（最大 pH 值）。从"最高酸度"到"最低酸度"称为准确滴定的适宜酸度。准确滴定某一金属离子的最低酸度（最大 pH 值）通常由金属离子的氢氧化物的溶度积常数求得。

适宜酸度的控制是由 EDTA 的酸效应和金属离子的羟基配位效应决定的。根据酸效应可确定允许的最高酸度，根据羟基配位效应可确定允许最低酸度，从而求得滴定时的适宜酸度范围。在没有其他配位剂存在下，金属离子不水解的最低酸度可由 $M(OH)_n$ 的溶度积求得。

【例 4-5】 用 0.02 mol/L 的 EDTA 滴定相同浓度的 Zn^{2+} 溶液，求准确滴定时所允许的最低酸度（最大允许 pH 值）。

解 根据溶度积原理，为防止滴定开始产生 $Zn(OH)_2$ 沉淀，

由 $K_{sp} = c^2_{OH^-} \cdot c_{Zn^{2+}}$ 可知，

$$c_{OH^-} \leqslant \sqrt{\frac{K_{sp}}{c_{Zn^{2+}}}} = \sqrt{\frac{10^{-15.3}}{2.0 \times 10^{-2}}} = 10^{-6.8}$$

$$c_{H^+} \geqslant 10^{-14} - 10^{-6.8} = 10^{-7.2}$$

即溶液的 pH 值应满足：pH≤7.2。

三、混合离子的选择性滴定

由于 EDTA 配合物具有很强的配位能力，所以能与许多金属离子形成配合物，这是它被广泛应用的主要原因。但是，实际分析对象经常是多种离子同时存在，往往互相干扰，因此如何提供配位滴定的选择性，便成为配位滴定中要解决的主要问题。

提高配位滴定的选择性，就是要去设法消除共存离子（N）的干扰，以便进行待测离子（M）的滴定。

（一）混合离子分步准确滴定的条件

当目视法检测终点时，干扰离子可能带来两个方面的影响：

1. 对滴定反应的干扰

即在 M 被滴定的过程中，干扰离子 N 发生反应，多消耗滴定剂造成误差。

2. 对滴定终点颜色的干扰

即在某一定条件下，虽然干扰离子的浓度及其与 EDTA 的配合物稳定性都很小，在 M 被滴定到化学计量点附近时，N 还基本上没有配位不干扰滴定反应，但由于金属离子的广泛性，有可能和 N 形成一种与 MIn 同样颜色的配合物致使 M 的计量点无法检测或误差太大。

设溶液中有 M 和 N 两种金属离子，它们均可与 EDTA 形成配合物，且 $K_{MY} > K_{NY}$，当用 EDTA 滴定时，M 首先被滴定，若 K_{MY} 与 K_{NY} 相差足够大，则 M 被滴定完全后，EDTA 才与 N 作用，这样 N 的存在并不干扰 M 的准确滴定，这种滴定称为分步滴定。若 K_{NY} 也足够大，则 N 离子也有被确定的可能，但两种金属离子的 K_{MY} 与 K_{NY} 相差多大才能分步滴定？

前面已讨论，用 EDTA 滴定某单一金属离子时，只要满足 $\lg c_M K'_{MY} \geqslant 6$ 的条件，就可以准确进行测定，其相对误差不超过±0.1%。当溶液中有两种或两种以上金属离子共存时，其是否相互干扰，如果不考虑水解和掩蔽等副反应的影响，则共存离子的干扰与 M 和 N 两种金属离子与 EDTA 形成配合物的稳定性和金属离子浓度有关。待测离子 M 的浓度越大，干扰离子 N 的浓度就越小。一般情况下，N 离子不干扰 M 的测定要求时：

$$\lg c_M K'_{MY} - \lg c_N K'_{NY} \geqslant 5 \tag{4-10}$$

当 $c_M = c_N$，则分步滴定的判别式为：
$$\Delta \lg K' \geqslant 5 \tag{4-11}$$

此式为判断能否利用控制酸度进行分别滴定的条件。因此，在离子 M 和 N 共存的溶液中要准确滴定 M，而不受 N 干扰，必须同时满足以下两个条件，$\lg c_M K'_{MY} \geqslant 6$ 和 $\lg c_N K'_{NY} \leqslant 1$，这样才能准确滴定 M，而不受 N 干扰。

当溶液中有两种金属离子 M 和 N 共存时，在满足以上两个条件时，可认为金属离子 M 和 N 相互不干扰，这时可通过控制溶液的酸度依次测出各组分的含量。

（二）提高配位滴定选择性的方法

在实际滴定中，为了减少或消除共存离子的干扰，常用下列几种方法。

1. 控制适宜的酸度进行分步滴定

不同的金属离子和 EDTA 所形成的配合物稳定常数是不同的，因此在滴定时所允许的最小 pH 值也不同。若溶液中同时有两种或两种以上的金属离子，它们与 EDTA 所形成的配合物稳定常数又相差足够大，可通过控制酸度依次测出各组的含量。选择合适的酸度，使其只满足滴定某一种离子允许的最低 pH 值，但又不会使该离子发生水解而析出沉淀，此时就只能有一种离子与 EDTA 形成稳定的配合物，而其他离子与 EDTA 不发生配位反应，首先被测定的是 K_{MY} 最大的那种金属离子，这样就可以避免干扰。

例如：在 Bi^{3+}、Pb^{2+} 的混合物中，若两者的浓度均为 0.01mol/L 时，查表得 $\lg K_{BiY} = 27.94$，$\lg K_{PbY} = 18.04$。因为 $\Delta \lg K = \lg K_{BiY} - \lg K_{PbY} = 9.90 > 5$，故可以分步滴定。再根据酸效应曲线查得滴定 Bi^{3+} 的最低 pH 值为 0.7，又知 Bi^{3+} 显著水解的 pH 值为 2，因此滴定 Bi^{3+} 的适宜酸度范围为 $0.7 < pH < 2$，一般选择 $pH \approx 1.0$ 时滴定 Bi^{3+} 而 Pb^{2+} 不干扰。然后选择二甲酚橙作指示剂，此时 Bi^{3+} 与二甲酚橙形成的配合物已足够稳定，而 Pb^{2+} 却与二甲酚橙不显色。在 $pH \approx 1.0$ 时滴定 Bi^{3+} 后，再将酸度调节至 $pH > 4.5$（二甲酚橙在此 pH

视频 4-1　铅、铋含量的测定

值下与 Pb^{2+} 形成红色，溶液由黄变红），继续用 EDTA 滴定 Pb^{2+}。但 pH 值不能太高，以减少干扰。这样在同一溶液中，通过控制酸度，用同一指示剂，连续滴定了 Bi^{3+} 与 Pb^{2+}。

又如，在 Fe^{3+}、Al^{3+} 混合溶液中测定铁和铝的含量，就是利用控制溶液酸度而进行连续滴定的，先调节 $pH \approx 2.0$，用 EDTA 先滴定 Fe^{3+}，此时 Al^{3+} 不干扰。然后调节 $pH \approx 4.0$，再继续滴定 Al^{3+}。由于 Al^{3+} 与 EDTA 的配位反应速率缓慢，通常采用加入过量 EDTA，然后用 Zn^{2+} 标准溶液反滴定过量的 EDTA 来测定 Al^{3+}。以上方法只适用于酸效应曲线上干扰离子 N 位于被测离子 M 的上方，并且 $\Delta \lg K' \geqslant 5$ 的情况。

若在酸效应曲线上，干扰离子 N 位于被测离子 M 的上方，但不符合 $\Delta \lg K' \geqslant 5$ 的条件（即稳定性相近，则它们的适宜酸度范围就很接近）；或 N 在 M 的下方，则在测定 M 的过程中 N 将同时被滴定而发生干扰，无法用控制酸度将它们分别滴定，这就要采用其他方法克服或消除干扰。

2. 使用掩蔽剂进行选择性滴定

在配位滴定中，若被测金属离子的配合物与干扰离子的配合物稳定性相差不大时，不能用控制酸度来分别滴定，通常利用加入掩蔽剂的方法来"掩蔽"干扰离子。配位滴定之所以能广泛应用，与大量使用掩蔽剂是分不开的。

所谓掩蔽，就是加入一种掩蔽剂，使之与干扰离子 N 发生反应，而不与被测离子反应，从而降低干扰离子的浓度，以消除干扰的方法。此方法只适用于有少量干扰离子存在的情况，否则效果不明显。

掩蔽剂就是一种能与干扰离子反应的试剂，它可使干扰离子浓度降低，从而减少或消除干扰，其实质是增大配合物稳定性的差别，从而达到选择滴定的目的。常用的掩蔽方法按反应类型不同，可分为配位掩蔽法、沉淀掩蔽法和氧化还原掩蔽法，其中应用最多的就是配位掩蔽法。

(1) 配位掩蔽法。利用配位反应降低干扰离子的浓度，以消除干扰方法，称为配位掩蔽法。例如用 EDTA 测定水中 Ca^{2+}、Mg^{2+} 的含量时，Fe^{3+}、Al^{3+} 等存在对测定有干扰，可加入三乙醇胺做掩蔽剂，三乙醇胺能与 Fe^{3+}、Al^{3+} 形成稳定配合物，而不与 Ca^{2+}、Mg^{2+} 作用，这样可消除 Fe^{3+}、Al^{3+} 等的干扰。由于 Fe^{3+}、Al^{3+} 在 pH=2~4 时形成沉淀，因此必须酸性溶液中加入三乙醇胺，然后在 NH_3-NH_4Cl 缓冲溶液中（pH=10~12），以铬黑T为指示剂，直接用 EDTA 测定 Ca^{2+}、Mg^{2+}。作为配位滴定所使用的掩蔽剂应具备下列条件：

① 掩蔽剂与干扰离子形成的配合物的稳定性，必须大于 EDTA 与待测离子形成的配合物的稳定性，并且这些配合物为无色或浅色，不影响终点的观察。

② 掩蔽剂不与待测离子形成配合物，或形成配合物稳定性远小于待测离子与 EDTA 形成配合物稳定性，这样才不会影响终点的观察。

③ 掩蔽剂所需 pH 值范围应与测定所需 pH 值的范围一致，常用的配位掩蔽剂见表 4-8。

表 4-8　常用的配位掩蔽剂

掩蔽剂	被掩蔽的金属离子	pH 值范围
三乙醇胺	Al^{3+}、Fe^{3+}、Sn^{4+}、Ti^{4+}	10
氟化物	Al^{3+}、Sn^{4+}、Ti^{4+}、Zr^{4+}	>4
氰化物	Fe^{3+}、Ti^{4+}、Hg^{2+}、Cu^{2+}、Ni^{2+}、Zn^{2+}	>8
二巯基丙醇	Zn^{2+}、Pb^{2+}、Bi^{3+}、Sb^{2+}、Sn^{2+}、Cd^{2+}、Cu^{2+}	10
乙酰丙酮	Al^{3+}、Fe^{3+}	5~8
硫脲	Hg^{2+}、Cu^{2+}	弱酸
邻二氮杂菲	Cu^{2+}、Cd^{2+}、Co^{2+}、Hg^{2+}、Ni^{2+}、Zn^{2+}	5~6
碘化物	Hg^{2+}	5~6

(2) 沉淀掩蔽法。沉淀掩蔽法是加入沉淀剂，利用沉淀反应降低干扰离子浓度，消除干扰离子的方法。在不分离沉淀的情况下直接进行滴定，这种消除方法称为沉淀掩蔽法。

例如，在 Ca^{2+}、Mg^{2+} 共存的溶液中，加入 NaOH 使溶液的 pH 值大于 12.0，Mg^{2+} 可形成 $Mg(OH)_2$ 沉淀，不干扰 Ca^{2+} 的滴定。但沉淀掩蔽法有一定的局限性，因此要求用沉淀掩蔽法的沉淀反应必须具备以下条件：

① 沉淀的溶解度要小，否则反应进行不完全，掩蔽效率不高。

② 生成的沉淀应是无色或浅色的，不影响终点的判断；发生沉淀反应时，通常伴随共沉淀现象，影响滴定的准确度。当沉淀能吸附金属指示剂时，会影响终点的观察。

③ 生成的沉淀应致密，最好是晶体沉淀，吸附作用很小。否则会吸附金属指示剂或待测离子，影响终点观察，一些常用的沉淀掩蔽剂见表 4-9。

表 4-9　常用的沉淀掩蔽剂

名称	被掩蔽的金属离子	被测定的离子	pH 值	指示剂
NH_4F	Mg^{2+}、Ca^{2+}、Ba^{2+}、Sr^{2+}、Ti^{4+}、Al^{3+} 及稀土	Zn^{2+}、Cd^{2+}、Mn^{2+}（有还原剂存在的条件下）	10	铬黑T
NH_4F	同上	Cu^{2+}、Co^{2+}、Ni^{2+}	>4	紫脲酸铵
K_2CrO_4	Ba^{2+}	Sr^{2+}	>8	铬黑T+MY

续表

名称	被掩蔽的金属离子	被测定的离子	pH 值	指示剂
铜试剂或 Na_2S	Zn^{2+}、Sb^{2+}、Sn^{2+}、Cd^{2+}、Cu^{2+}、Al^{3+}、Fe^{3+}、Hg^{2+}、Cu^{2+}、Pb^{2+}、Cd^{2+}等（微量）	Ca^{2+}、Mg^{2+}	10	二甲酚橙
H_2SO_4	Pb^{2+}	Bi^{3+}	5～8	钙指示剂
NaOH	Mg^{2+}	Ca^{2+}	12	弱酸

（3）氧化还原掩蔽法。利用氧化还原反应来改变干扰离子的价态，以消除其干扰的方法。如在 pH=1 时，用 EDTA 滴定 Bi^{3+}、Th^{4+} 等离子时，如有 Fe^{3+} 存在，干扰测定。此时可加入抗坏血酸（Vc）或盐酸羟胺还原剂将 Fe^{3+} 还原为 Fe^{2+}，由于 $\lg K_{FeY}=25.1$，$\lg K_{FeY^{2-}}=14.3$，加入还原剂之前，$\Delta\lg K=\lg K_{BiY}-\lg K_{FeY}=27.9-25.1=2.8<5$，故不能分步准确滴定 Bi^{3+}。加入还原剂之后，$\Delta\lg K=\lg K_{BiY}-\lg K_{FeY^{2-}}=27.9-13.6=14.3>5$，可分步准确滴定 Bi^{3+}，消除了 Fe^{3+} 的干扰。

此法只适用于易发生氧化还原的离子，并且生成的还原型物质或氧化型物质不干扰测定的情况。常用的还原剂有抗坏血酸、羟胺、硫脲、半胱氨酸等，常用的氧化剂有 H_2O_2 等，其中有些氧化还原掩蔽剂既具有还原性，又能与干扰离子形成配合物，如 $Na_2S_2O_3$。

（4）解蔽方法。有时还需要测定被掩蔽的金属离子时，可在金属离子配合物的溶液中，加入另一种试剂将已被掩蔽剂掩蔽的金属离子释放出来，这种过程称为解蔽，所用试剂称为解蔽剂。

例如：测定铜合金中 Zn^{2+}、Pb^{2+} 含量时，可在氨-铵盐缓冲液溶液中加入 KCN，掩蔽 Zn^{2+}、Cu^{2+}，使之生成 $[Zn(CN)_4]^{2-}$、$[Cu(CN)_4]^{2-}$ 配合物，而 Pb^{2+} 不被掩蔽。在 pH=10 时，以铬黑 T 为指示剂，用 EDTA 滴定 Pb^{2+} 的量；然后加入甲醛作解蔽剂，破坏 $[Zn(CN)_4]^{2-}$ 使之释放出 Zn^{2+}，然后继续用 EDTA 标准溶液滴定释放出来的 Zn^{2+}。

在实际分析中，用一种掩蔽剂常不能得到令人满意的结果，当有许多离子共存时，常将几种掩蔽剂或沉淀剂联合使用，这样才能获得较好的选择性。但须注意，共存干扰离子的量不能太多，否则得不到满意的结果。

3. 化学分离法

当利用控制酸度或掩蔽方法避免干扰都有困难时，还可用化学分离法把被测离子从其他组分中分离出来。

如磷矿石中一般含有 Fe^{2+}、Al^{3+}、Mg^{2+}、Ca^{2+}、PO_4^{3-}、F^- 等，其中 F^- 干扰最为重要，它能与 Al^{3+} 生成很稳定的配合物，在酸度小时，又能与 Ca^{2+} 生成 CaF_2 沉淀，因此在滴定时必须首先加酸，加热使 F^- 或 HF 挥发除去。此外，在一些测定中，还必须进行沉淀分离。

为了避免被滴定离子的损失，绝不允许分离大量的干扰离子再测定少量被测成分。其次，还应尽可能选用同时沉淀多种干扰离子的试剂来进行分离，以简化分离手续。

4. 选用其他滴定剂及进行选择性滴定

对于各种金属离子来说，不同的配位剂与金属离子形成配合物的稳定性相对强弱有所不同。目前，随着配位滴定法的发展，除 EDTA 配位剂外，还有一些新型的氨羧配位剂，它们与金属离子形成配合物的稳定性各有特点，如 EGTA、EDTP 等，故选用不同的配位剂进行滴定可以提高配位滴定的选择性。

例如，EDTA 与 Ca^{2+}、Mg^{2+} 形成的配合物稳定性相差不大，而 EGTA（乙二醇二乙醚二胺四乙酸）与 Ca^{2+}、Mg^{2+} 形成配合物的稳定性相差较大，故可以在 Ca^{2+}、Mg^{2+} 共存时,用 EGTA 选择性滴定 Ca^{2+}。EDTP 与 Cu^{2+} 形成的配合物稳定性高,可以在 Zn^{2+}、Cu^{2+}、Cd^{2+}、Mn^{2+}、Mg^{2+} 共存的溶液中用 EDTP 选择性滴定 Cu^{2+}。

四、EDTA 标准溶液的配制与标定

(一) EDTA 标准溶液的配制

1. 试剂

由于乙二胺四乙酸(简称 EDTA,常用 H_4Y 表示)难溶于水,常温下其溶解度为 0.2g/L,在实际分析中通常使用其二钠盐配制标准溶液。乙二胺四乙酸二钠盐的溶解度很大,每 100mL 水能溶解 11.1g,可配成 0.3mol/L 以上的溶液,其水溶液 pH=4.4。乙二胺四乙酸二钠盐为白色结晶粉末,因不易得纯品,故 EDTA 标准溶液常用间接法配制。

2. 配制方法

常用的 EDTA 标准溶液的浓度为 0.01~0.05mol/L,配制时称取一定量(按所需浓度和体积计算)的 EDTA,用适量蒸馏水溶解(必要时可加热),溶解后稀释至所需体积并充分摇匀,转移至试剂瓶中待标定。

3. EDTA 溶液的储存

配制好的 EDTA 溶液储存在聚乙烯塑料瓶中或硬质玻璃瓶中,若储存在软质玻璃瓶中,EDTA 会不断溶解玻璃中的 Ca^{2+}、Mg^{2+} 等离子,形成配合物,使其浓度不断降低。

(二) EDTA 标准溶液的标定

1. 标定 EDTA 的基准物

标定 EDTA 溶液常用的基准物质有 Zn、ZnO、$CaCO_3$、$MgSO_4 \cdot 7H_2O$ 等。

实验室中常用金属锌或氧化锌为基准物,由于它们摩尔质量较小,标定时通常采用"称样法",即先准确称取基准物质,溶解后定量转入一定体积容量瓶中定容,然后再移取定量溶液进行标定。

2. 标定条件

为了使标定具有较高的准确度,标定条件与测定条件尽可能相同,通常选用被测元素相同物质或化合物为基准物。这是因为不同的金属离子与 EDTA 反应完全程度不同,允许的酸度不同,所以对结果的影响也不同。如 EDTA 溶液若用于测定石灰石或白云石中 CaO、MgO 的含量,则宜用 $CaCO_3$ 为基准物。首先可加 HCl 溶液使其溶解,其反应如下:

$$CaCO_3 + 2HCl == CaCl_2 + H_2O + CO_2 \uparrow$$

然后把溶液转移到容量瓶中并稀释,制成钙标准溶液。吸取一定量钙标准溶液,调节酸度至 pH≥12,加入钙指示剂用 EDTA 滴定至溶液从酒红色变为纯蓝色,即为终点。

用此法测定钙,若 Mg^{2+} 共存[在调节溶液酸度为 pH≥12 时,Mg^{2+} 离子形成 $Mg(OH)_2$ 沉淀],共存的少量 Mg^{2+} 不仅不干扰钙的测定,而且会使终点比 Ca^{2+} 单独存在时更敏锐。当 Ca^{2+}、Mg^{2+} 共存时,终点由酒红色变到纯蓝色,当 Ca^{2+} 单独存在时则由酒红色变蓝紫色,所以测定单独存在的 Ca^{2+} 时,常加入少量 Mg^{2+} 溶液。

EDTA 若用于测定 Pb^{2+}、Bi^{3+} 等金属离子时,则宜以 ZnO 或金属锌为基准物。在 pH=10 的缓冲溶液中,用 EDTA 滴定 Zn^{2+},铬黑 T 是良好的指示剂,滴定终点由 $ZnIn^-$ 的酒红色变为游离指示剂 HIn^{2-} 的纯蓝色。

又如,由实验室用水中引入的杂质(如 Ca^{2+}、Pb^{2+})在不同的条件下有不同的影响,在碱性溶液中滴定时两者均会与 EDTA 配位,在酸性溶液中只有 Pb^{2+} 与 EDTA 配位,在强酸性溶液中两者均不与 EDTA 配位,因此若在相同条件下标定和测定,这种影响就会被抵消。

3. 标定方法

在 pH 值为 4～12 时 Zn^{2+} 均能与 EDTA 定量配位，多采用下列方法：
(1) 在 pH=10.0 的 NH_3-NH_4Cl 缓冲溶液中，以铬黑 T 为指示剂，直接标定。
(2) 在 pH=5.0 的六亚甲基四胺缓冲溶液中，以二甲酚橙为指示剂，直接标定。

五、水硬度的测定

水的硬度是指水中除碱金属以外的全部金属离子浓度的总和，溶于水中的钙盐和镁盐是形成水硬度的主要成分，所以水的硬度常以水中 Ca^{2+}、Mg^{2+} 的总量表示，水的总硬度包括暂时硬度和永久硬度。

暂时硬度是指在水中以重碳酸盐及碳酸盐形式存在的钙、镁盐，加热能被分解、析出沉淀而除去，这类盐所形成的硬度称为暂时硬度。而永久硬度是指钙、镁的硫酸盐或氯化物等所形成的硬度，由于不能用一般煮沸方法除去，所以称为永久硬度。

各国对水的硬度表示方法不同，我国通常把 Ca^{2+}、Mg^{2+} 的总量折算成 CaO、$CaCO_3$ 的量来表示水的硬度，目前有两种表示方法，一种是以每升水中所含 $CaCO_3$ 的质量来表示，单位为 mg/L；另一种是以每升水中含 10mg CaO 为 1 度（计为 1°）来表示。

总硬度为 4°～8° 的水称为软水，8°～16° 的水为中等硬度水，16°～25° 的水为硬水，大于 25° 的水为极硬水。

国家标准规定饮用水硬度以 $CaCO_3$ 计，不能超过 450mg/L。硬度是工业用水的重要指标，各种工业用水对硬度的要求不同，如高硬度水不易作为锅炉用水；纺织印染工业对用水的硬度要求更高，因为不溶性的钙盐、镁盐很容易附着在织物上，影响印染质量，因此在工业生产中经常要进行水的硬度分析，为水的处理提供依据。

水的硬度可以采用 EDTA 标准溶液直接滴定来测定。水的硬度的测定分为钙镁总硬度和分别测定钙硬度和镁硬度两种。

（一）总硬度的测定

测定水的总硬度就是测定水中 Ca^{2+}、Mg^{2+} 的总含量。一般采用配位滴定法，即在 pH=10 的氨-铵盐缓冲溶液中，以铬黑 T 作指示剂，用 EDTA 标准溶液直接滴定，直至溶液由酒红色转变为纯蓝色为终点。滴定时，水中存在少量 Fe^{3+}、Al^{3+} 等干扰离子用三乙醇胺掩蔽，Cu^{2+}、Pb^{2+} 等重金属离子可用 KCN、Na_2S 来掩蔽。

滴定前：
$$Mg^{2+} + HIn^{2-} \underset{\text{纯蓝色}}{\rightleftharpoons} \underset{\text{酒红色}}{MgIn^-} + H^+$$

$$Ca^{2+} + HIn^{2-} \underset{\text{纯蓝色}}{\rightleftharpoons} \underset{\text{酒红色}}{CaIn^-} + H^+$$

$$MgIn^- + H_2Y^{2-} \underset{\text{酒红色}}{\rightleftharpoons} MgY^{2-} + \underset{\text{纯蓝色}}{HIn^{2-}} + H^+$$

终点：
$$CaIn^- + H_2Y^{2-} \underset{\text{酒红色}}{\rightleftharpoons} CaY^{2-} + \underset{\text{纯蓝色}}{HIn^{2-}} + H^+$$

测定结果的钙、镁离子总量常以碳酸钙的量来计算水的硬度，根据所消耗 EDTA 的体积及其浓度可计算出总硬度。

（二）钙、镁硬度测定

1. 钙硬度测定

取一份水样，先加入盐酸酸化，煮沸，然后加入 10% NaOH 溶液，控制溶液的 pH≥12，使 Mg^{2+} 生成 $Mg(OH)_2$ 沉淀，然后加入钙指示剂，用 EDTA 标准溶液滴定，终点时由酒红色变为纯蓝色。根据所消耗 EDTA 的体积及其浓度可计算出钙硬度。

2. 镁硬度测定

镁硬度（以 $CaCO_3$ 计，mg/L）＝总硬度－钙硬度。若镁硬度用 $MgCO_3$ 计时，则 Mg^{2+} 所消耗的 EDTA 的体积＝总硬度消耗的 EDTA－钙硬度消耗的 EDTA，然后代入硬度的计算公式中进行计算。

【例 4-6】 用 0.01000mol/L EDTA 标准溶液，滴定水中的钙和镁的含量。取 100.0mL 水样，以铬黑 T 为指示剂，在 pH＝10.0 时滴定，消耗 EDTA 30.20mL。另取一份 100.0mL 水样，加入 NaOH 使其呈碱性，Mg^{2+} 生成 $Mg(OH)_2$ 沉淀加钙指示剂，用以上 EDTA 标准溶液滴定，消耗 EDTA 16.80mL，计算：（1）水的总硬度；（2）水中钙和镁的含量（以 mg/L 来表示）。

解 （1）计算在 pH＝10 时测定钙、镁总量，水的总硬度以 $CaCO_3$ 表示为：

$$总硬度 = \frac{c_{EDTA}V_{EDTA}}{V_{水}} \times 1000 \times 100.09$$

$$= \frac{0.01000 \times 30.20 \times 10^{-3}}{100.0 \times 10^{-3}} \times 1000 \times 100.09$$

$$= 302.3 \text{mg/L}$$

（2）pH＝12 时测定钙，水中钙硬度为：

$$钙硬度 = \frac{c_{EDTA}V_{EDTA}}{V_{水}} \times 1000 \times 100.09$$

$$= \frac{0.01000 \times 16.80 \times 10^{-3}}{100.0 \times 10^{-3}} \times 1000 \times 100.09$$

$$= 168.2 \text{mg/L}$$

Mg^{2+} 的物质的量＝$0.01000 \times (30.20 - 16.80) \times 10^{-3} = 1.34 \times 10^{-4}$mol。
所以水中镁的含量（以 $MgCO_3$ 计）为：

$$镁硬度 = \frac{0.01000 \times (30.20 - 16.80) \times 10^{-3}}{100.0 \times 10^{-3}} \times 1000 \times 84.31$$

$$= 113.0 \text{mg/L}$$

学习小结

（1）配位滴定曲线：以 EDTA 的加入量为横坐标，以相应 pM 值为纵坐标作图，得到 pM-V_{EDTA} 曲线称为配位滴定曲线。它反映了在配位滴定中，被滴定的金属离子的浓度随 EDTA 的加入而变化的规律，研究此曲线的目的是为了选择适宜的滴定条件。

（2）决定配位滴定反应突跃范围的大小的主因素是配合物的条件稳定常数和金属离子的浓度。

（3）提高配位滴定的选择性，就是要设法消除共存离子（N）的干扰，以便进行待测离子（M）的滴定。在实际滴定中，为了减少或消除共存离子的干扰，常用下列几种方法：①控制适宜的酸度进行分步滴定；②使用掩蔽剂进行选择性滴定。

想一想

酸效应曲线是怎样绘制的？它在配位滴定中有什么用途？影响配位滴定突跃的因素有哪些？

练一练测一测

一、名词解释
1. 酸效应曲线
2. 配位掩蔽法
3. 沉淀掩蔽法
4. 氧化还原掩蔽法

二、选择题
1. 用 EDTA 连续滴定 Fe^{3+}、Al^{3+} 时，可以在下述哪个条件下进行。（　　）
   A. pH＝2 滴定 Al^{3+}，pH＝4 滴定 Fe^{3+}
   B. pH＝1 滴定 Fe^{3+}，pH＝4 滴定 Al^{3+}
   C. pH＝2 滴定 Fe^{3+}，pH＝4 返滴定 Al^{3+}
   D. pH＝1 滴定 Fe^{3+}，pH＝4 间接法滴定 Al^{3+}
2. 用 Zn^{2+} 标准溶液标定 EDTA 时，体系中加入六亚甲基四胺的目的是（　　）。
   A. 中和过多的酸　　　　　　　　B. 调节 pH 值
   C. 控制溶液的酸度　　　　　　　D. 起掩蔽作用
3. 某溶液主要含有 Ca^{2+}、Mg^{2+} 及少量 Fe^{3+}、Al^{3+}，在 pH＝10 的条件下加入三乙醇胺，以 EDTA 滴定，用铬黑 T 为指示剂，则测出的是（　　）。
   A. Mg^{2+} 的量　　　　　　　　　B. Ca^{2+} 的量
   C. Ca^{2+}、Mg^{2+} 总量　　　　　D. Ca^{2+}、Mg^{2+}、Fe^{3+}、Al^{3+} 总量
4. 准确滴定单一金属离子的条件是（　　）。
   A. $\lg c_M K'_{MY} \geqslant 8$　　B. $\lg c_M K'_{MY} \geqslant 8$　　C. $\lg c_M K'_{MY} \geqslant 6$　　D. $\lg c_M K_{MY} \geqslant 6$
5. EDTA 滴定 Zn^{2+} 时，加入 NH_3-NH_4Cl 可（　　）。
   A. 防止干扰　　　　　　　　　　B. 控制溶液的 pH 值
   C. 使金属离子指示剂变色更敏锐　　D. 加大反应速率
6. 在 EDTA 配位滴定中，下列有关酸效应系数的叙述，正确的是（　　）。
   A. 酸效应系数越大，配合物的稳定性越大
   B. 酸效应系数越小，配合物的稳定性越大
   C. pH 值越大，酸效应系数越大
   D. 酸效应系数越大，配位滴定曲线的 pM 突跃范围越大
7. EDTA 法测定水的总硬度是在 pH＝（　　）的缓冲溶液中进行，钙硬度是在 pH＝（　　）的缓冲溶液中进行。
   A. 4～5　　　　B. 6～7　　　　C. 8～10　　　　D. 12～13
8. 产生金属指示剂的僵化现象是因为（　　）。
   A. 指示剂不稳定　　B. MIn 溶解度小　　C. $K'_{MIn} < K'_{MY}$　　D. $K'_{MIn} > K'_{MY}$

三、填空题
1. EDTA 是一种氨羧配位剂，名称_____，用符号_____表示。配制标准溶液时一般采用 EDTA 二钠盐，分子式为_____。
2. 一般情况下 EDTA 在水溶液中总是以_____等型体存在，其中只有_____与金属离子形成的配合物最稳定，但仅在_____时 EDTA 才主要以此种类型体存在。
3. EDTA 与金属离子之间发生的主反应为_____，配合物的稳定常数表达式为_____。

4. 实际测定某金属离子时，应将 pH 值控制在大于 _____，且 _____ 的范围之内。

5. 设溶液中有 M 和 N 两种金属离子，$c_M = c_N$，要想用控制酸度的方法实现两者分别滴定的条件是 _____。

四、简答题

1. EDTA 和金属离子形成的配合物有哪些特点？
2. 试比较酸碱滴定和配位滴定，说明它们的相同点和不同点。
3. 配位滴定中，金属离子能够被准确滴定的具体含义是什么？金属离子能被准确滴定的条件是什么？分步滴定的条件是什么？

五、计算题

1. 用纯 $CaCO_3$ 标定 EDTA 溶液，称取 0.1005g 纯 $CaCO_3$，溶解后定容为 100.0mL，吸取此溶液 25.00mL，用 EDTA 滴定，消耗体积 25mL 计算 EDTA 溶液的物质的量浓度。

2. 在 pH=10.0 的氨-铵盐缓冲溶液中，滴定 100.0mL 含 Ca^{2+}、Mg^{2+} 的水样，消耗 0.01016mol/L EDTA 标准溶液 15.28mL；另取 100.0mL 水样，用 NaOH 处理，使 Mg^{2+} 生成 $Mg(OH)_2$ 沉淀，滴定时消耗 EDTA 标准溶液 10.43mL，计算水样中 $CaCO_3$ 和 $MgCO_3$ 的含量（以 mg/L 表示）。

3. 吸取水样 50mL，用 0.01860mol/L EDTA 标准溶液测定水的总硬度，以铬黑 T 为指示剂，pH=10 时滴定，消耗 EDTA 标准溶液 20.30mL，求水的总硬度（以 CaO 表示）。

任务四　铝盐中铝含量的测定

任务要求

1. 了解 EDTA 的滴定方式。
2. 掌握置换滴定法测定铝盐中铝含量的原理及方法。
3. 掌握二甲酚橙指示剂的应用条件及终点颜色的判断。

任务实施

☞ 工作准备

1. 仪器

分析天平、50mL 酸式滴定管、250mL 容量瓶、移液管、烧杯、锥形瓶、量筒、洗瓶、电炉等。

视频 4-2　铝盐中铝含量的测定

2. 试剂

0.02mol/L EDTA 标准溶液、0.02mol/L Zn^{2+} 标准溶液、H_2SO_4 溶液（1+1）、PAN 指示剂、20%六亚甲基四胺溶液、HCl（1+1）、氨水（1+1）、百里酚蓝指示剂（0.1%溶液）、NH_4F 固体、铝盐试样。

3. 实验原理

由于 Al^{3+} 与 EDTA 的配位反应较慢，在一定酸度下需要加热才能完成反应，同时由于 Al^{3+} 对二甲酚橙指示剂有封闭作用，酸度不高时 Al^{3+} 又会水解，因此 Al^{3+} 不能用直接滴定法进行测定，但可采用返滴定法或置换滴定法测定。本任务的实施采用置换滴定法。

☞ 工作过程（置换滴定法）

在分析天平上准确称取 0.5～1.0g 固体试样，置于烧杯中，加水溶解，此时若出现浑浊，应滴加盐酸溶液（1+1）至沉淀恰好溶解，全部转入 100mL 容量瓶中，用蒸馏水稀释至刻度，摇匀待用。

用移液管移取试样 10.00mL 于 250mL 锥形瓶中，加入约 20mL 蒸馏水和 30mL 0.02mol/L EDTA 标准溶液、4～5 滴百里酚蓝指示剂，此时溶液呈橙色，用 1∶1 的氨水中和至溶液呈黄色（pH 值为 3）。煮沸 2min，加入 20% 六亚甲基四胺溶液 10mL，使溶液 pH=5～6，用力振荡，用流水冷却至常温。再加入 10 滴 PAN 指示剂或二甲酚橙指示剂 2～3 滴，用 0.02mol/L Zn^{2+} 标准溶液滴定至溶液由黄色变为紫红色。不需计体积。

然后在此溶液中，加入 1～2g 固体 NH_4F，加热至微沸，冷却（必要时补加二甲酚橙指示剂 2 滴），继续用 0.02mol/L 的 Zn^{2+} 标准溶液滴定至溶液由黄色变为紫红色即为终点。记录 Zn^{2+} 标准溶液的体积。平行测定三次，同时做空白实验，取平均值计算铝盐试样中铝的含量。铝盐试样可用工业硫酸铝。

☞ 数据记录与处理

1. 数据记录

数据记录见表 4-10。

表 4-10 数据记录

项目	1	2	3
试样的质量 m/g			
稀释后试液的体积 V/mL			
移取试液的体积 V/mL			
锌标准溶液的浓度 c/(mol/L)			
滴定消耗锌标准溶液的体积 V/mL			
滴定管校正值/mL			
溶液温度补正值/(mol/L)			
实际消耗锌标准溶液的体积 V/mL			
空白消耗锌标准溶液的体积 V/mL			
试样中被测组分的含量/%			
试样中被测组分的含量的平均值/%			
相对极差/%			

2. 铝含量的计算

$$\omega_{Al} = \frac{c_{Zn^{2+}} (V_{Zn^{2+}} - V_0) \times 10^{-3} \times M_{Al}}{m \times \dfrac{10}{100}} \times 100\%$$

式中　ω_{Al}——试样中铝的质量分数；

　　$c_{Zn^{2+}}$——Zn^{2+} 标准溶液的浓度，mol/L；

　　$V_{Zn^{2+}}$——滴定消耗 Zn^{2+} 标准溶液的体积，mL；

　　V_0——空白实验消耗 Zn^{2+} 标准溶液的体积，mL；

　　M_{Al}——Al 的摩尔质量，g/mol；

　　m——试样的质量，g。

☞ 注意事项

① 采用氟化物置换的方法时，在含铁的试样中，NH_4F 的用量要适当，如过多，则

FeY^- 中的 EDTA 也能置换出来，使结果偏高。

② 试样中若有大量的 Ca^{2+} 存在，在 pH＝5～6 的条件下滴定，可能有部分 Ca^{2+} 反应，使结果不稳定。这时可采用 HAc-NaAc 缓冲溶液在 pH＝4 时滴定。

③ 加六亚甲基四胺缓冲溶液前，酸度要调节到 pH＝3～4，否则指示剂不能到终点。

一、配位滴定的滴定方式

配位滴定与一般滴定方法相同，有直接滴定、返滴定、置换滴定和间接滴定等滴定方式。根据被测溶液的性质，采用不同的滴定方式，不仅扩大配位滴定的应用范围，而且还能提高滴定的选择性。

（一）直接滴定法

直接滴定就是用 EDTA 标准溶液直接滴定待测离子的方法，如果存在干扰离子时，滴定前应加入掩蔽剂。

凡是条件稳定常数足够大，金属离子与 EDTA 的配位反应迅速、完全，在选用的条件下又有合适指示剂的金属离子都可用直接滴定法。

例如，水的硬度的测定就是用直接滴定法测定的，将水样调节至 pH＝10，加入铬黑 T 指示剂，用 EDTA 标准溶液滴定至溶液由酒红色变为蓝色即为终点，此时水样中 Ca^{2+}、Mg^{2+} 均被滴定。

若在 pH≥12 的溶液中加入钙指示剂，用 EDTA 标准溶液滴定至溶液由红色变为蓝色，此时可测得 Ca^{2+} 的含量。因为在 pH≥12 时，Mg^{2+} 生成 $Mg(OH)_2$ 沉淀而被掩蔽，Mg^{2+} 的含量可由 Ca^{2+}、Mg^{2+} 总量及 Ca^{2+} 的含量求得。

直接滴定法操作简便、迅速、引入误差小，是配位滴定中最基本的方法，如条件允许应尽量常用直接滴定法。

（二）返滴定法

如果被测金属离子与 EDTA 反应速率慢或在测定条件下被测金属离子易水解，并且无符合要求的指示剂指示终点，这时可采用返滴定法。

返滴定法就是在待测溶液中加入已知过量的 EDTA 标准溶液，使待测离子与 EDTA 完全反应后，再用另一种金属离子的标准溶液滴定剩余的 EDTA，从而求得被测离子含量的方法。

例如，Al^{3+} 能与 EDTA 定量反应，但速率缓慢，Al^{3+} 对二甲酚橙等指示剂有封闭作用，同时当酸度不高时 Al^{3+} 易水解生成羟基配合物，所以不能用直接滴定法滴定。测定时先加入过量的 EDTA 标准溶液，加热煮沸，使溶液中的 Al^{3+} 与 EDTA 配位完全，冷却后调节 pH＝5～6，加入二甲酚橙作指示剂，用 Zn^{2+} 标准溶液滴定剩余 EDTA，终点时溶液由黄色变为紫红色。

（三）间接滴定法

有些金属离子与 EDTA 形成的配合物不稳定（如 Li^+、Na^+、K^+ 等），或者一些非金属离子（如 CN^-、SO_4^{2-}、PO_4^{3-} 等）不能形成配合物，不便于用配位滴定法测定，这时可采用间接滴定法进行测定。

间接滴定法就是在待测溶液中加入过量的能与 EDTA 形成稳定配合物的金属离子作沉淀剂，将待测离子沉淀，将沉淀过滤后溶解，再用 EDTA 标准溶液滴定沉淀中的金属离子，最后根据沉淀中离子的含量间接计算出待测离子的含量。如水中 SO_4^{2-} 的含量就是在水样中加入过量的 $BaCl_2$ 标准溶液，使水样中的 SO_4^{2-} 与 Ba^{2+} 完全反应生成 $BaSO_4$ 沉淀，在 pH=10 的条件下，用铬黑T指示剂，用 EDTA 标准溶液滴定过量的 Ba^{2+}，计算 SO_4^{2-} 的含量。

间接滴定法麻烦，引入误差机会多，不是理想的分析方法。

（四）置换滴定法

就是利用置换反应，从配合物中置换出等量的另一种金属离子，或置换出 EDTA，然后进行滴定。置换滴定法有以下两种类型。

1. 置换出金属离子

例如，Ag^+ 与 EDTA 的配合物不稳定，不能用 EDTA 直接滴定 Ag^+，可在含 Ag^+ 的试样中加入过量的 $[Zn(CN)_4]^{2-}$ 就会发生如下反应：

$$2Ag^+ + [Zn(CN)_4]^{2-} \rightleftharpoons 2Ag(CN)_2^- + Zn^{2+}$$

用 EDTA 标准溶液滴定置换出来的 Zn^{2+}，从而求得 Ag^+ 的含量。

2. 置换出 EDTA

例如，测定含有 Cu^{2+}、Zn^{2+}、Al^{3+} 混合液中的 Al^{3+} 时，在 pH=3～4 的条件下，先加入过量 EDTA，加热煮沸，使 EDTA 与以上离子都完全反应，然后调节 pH=5～6，加入二甲酚橙指示剂，用 Zn^{2+} 标准溶液滴定剩余的 EDTA 至溶液由黄色变为紫红色为止，此步不计消耗 Zn^{2+} 标准溶液的体积。再加入 NH_4F 加热煮沸，置换出 AlY 中的 EDTA，再用 Zn^{2+} 标准溶液滴定置换出来的 EDTA 至溶液由黄色变为紫红色即为终点，从消耗 EDTA 的量即可求出溶液中 Al^{3+} 的含量。

二、铝盐中铝含量的测定

（一）返滴定法测定

先加入一定量并且过量的 EDTA 于试剂中，调节 pH=3.5，加热煮沸，使溶液中的 Al^{3+} 与 EDTA 配位完全，冷却后调节 pH=5～6，加入二甲酚橙，用 Zn^{2+} 标准溶液返滴定过量的 EDTA，终点时溶液颜色由亮黄色变为紫红色。由加入 EDTA 的量与消耗 Zn^{2+} 标准溶液的量之差求出铝的含量。如果样品中含有 Fe^{3+} 等杂质，易干扰 Al^{3+} 的测定，此时应采用置换滴定法测定。

由于返滴定法测定铝缺乏选择性，凡是能与 EDTA 形成稳定配合物的离子都会干扰测定，所以该方法受到一定的限制。

（二）置换滴定法测定

调节 pH=3～4，加入过量的 EDTA，加热煮沸，使溶液中的 Al^{3+} 与 EDTA 完全配位，冷却后调节 pH=5～6，以二甲酚橙为指示剂，用 Zn^{2+} 标准溶液滴定剩余 EDTA 至溶液由黄色变为紫红色为止，此步不计消耗 Zn^{2+} 标准溶液的体积。然后利用 F^- 能与 Al^{3+} 生成更稳定的配合物这一性质，加入过量的 NH_4F 煮沸，将 Al-EDTA 中的 EDTA 定量置换出来，再以 Zn^{2+} 标准溶液滴定置换出来的 EDTA，当溶液颜色由黄色变为紫红色即为终点。根据 Zn^{2+} 标准溶液用量计算铝的含量。相关反应式如下。

$$Al^{3+} + H_2Y^{2-}（过量） \rightleftharpoons AlY^- + 2H^+$$

$$H_2Y^{2-}（剩余） + Zn^{2+} \rightleftharpoons ZnY^{2-} + 2H^+$$

置换： $$AlY^- + 6F^- + 2H^+ \rightleftharpoons [AlF_6]^{3-} + H_2Y^{2-}$$

滴定： $$H_2Y^{2-} + Zn^{2+} \rightleftharpoons ZnY^{2-} + 2H^+$$

三、硅酸盐物料中三氧化二铁、氧化铝、氧化钙和氧化镁的测定

硅酸盐在地壳中占 75% 以上，天然的硅酸盐矿物有石英、云母、滑石、长石、白云石等。水泥、玻璃、陶瓷制品、砖、瓦等则为人造硅酸盐，黄土、黏土、沙土等土壤主要成分也是硅酸盐。硅酸盐的组成除 SiO_2 外主要有 Fe_2O_3、Al_2O_3、CaO 和 MgO 等，这些组分通常都可采用 EDTA 配位滴定法来测定。试样经预处理制成试液后，在 pH＝2～2.5，以磺基水杨酸作指示剂，用 EDTA 标准溶液直接滴定 Fe^{3+}。在滴定 Fe^{3+} 后的溶液中，加过量的 EDTA 并调节 pH 值在 4～5，以 PAN 作指示剂，在热溶液中用 $CuSO_4$ 标准溶液回滴过量的 EDTA 以测定 Al^{3+} 含量。另取一份试液，加三乙醇胺，在 pH＝10，以 KB 作指示剂，用 EDTA 标准溶液滴定 CaO 含量和 MgO 含量。再取等量试液加三乙醇胺，以 KOH 溶液调节 pH＞12.5，使 Mg^{2+} 形成 $Mg(OH)_2$ 沉淀，仍用 KB 指示剂，EDTA 标准溶液直接滴定得 CaO 的含量，并用差减法计算 MgO 的含量，本方法现在仍广泛使用，测定中使用的 KB 指示剂是由酸性铬蓝 K 和萘酚绿 B 混合配制的。

【例 4-7】 称取不纯的氯化钡试样 0.2000g，溶解后用 40.00mL 0.1000mol/L EDTA 标准溶液滴定，当 Ba^{2+} 完全沉淀后，调节 pH＝10，以铬黑 T 为指示剂，用 0.100mol/L 的 $MgSO_4$ 标准溶液滴定过量的 EDTA，消耗 $MgSO_4$ 标准溶液 31.00mL，求 $BaCl_2$ 的百分含量。

解 实际与 Ba^{2+} 反应的 EDTA 的物质的量为：

$$n_{EDTA}=c_{EDTA}V_{EDTA}-c_{MgSO_4}V_{MgSO_4}$$

$$\omega_{BaCl_2}=\frac{(40.00\times 0.1000-31.00\times 0.1000)\times 208.3\times 10^{-3}}{0.2000}\times 100\%$$

$$=93.74\%$$

学习小结

配位滴定与一般滴定方法相同，有直接滴定、返滴定、置换滴定和间接滴定等滴定方式。根据被测溶液的性质，采用不同的滴定方式，不仅扩大配位滴定的应用范围，而且还能提高滴定的选择性。

想一想

置换滴定法测定铝盐中铝含量的原理及方法。

练一练测一测

一、名词解释
1. 直接滴定法
2. 返滴定法
3. 置换滴定法
4. 间接滴定法

二、选择题
1. 使 MY 稳定性增加的副反应有（　　）。
　A. 酸效应　　　　B. 共存离子效应　　C. 水解效应　　　D. 混合配位效应
2. 测定水中钙硬度时，Mg^{2+} 的干扰用的是（　　）消除的。
　A. 控制酸度法　　B. 共存离子效应　　C. 水解效应　　　D. 混合配位效应

3. 用 EDTA 标准滴定溶液滴定金属离子 M，若要求相对误差小于 0.1%，则要求（   ）。
A. $c_M K'_{MY} \geqslant 10^6$ B. $c_M K'_{MY} \leqslant 10^6$ C. $K'_{MY} \geqslant 10^6$ D. $c_M K'_{MY} \alpha_{Y(H)} \geqslant 10^6$

4. 配位滴定中加入缓冲溶液的原因是（   ）。
A. EDTA 配位能力与酸度有关
B. 金属指示剂有其使用的酸度范围
C. EDTA 与金属离子反应过程中会释放出 H^+
D. K'_{MY} 会随酸度改变而改变

三、填空题

1. 用 EDTA 滴定 Ca^{2+}、Mg^{2+} 总量时，以_____为指示剂，溶液的 pH 值必须控制在_____。滴定 Ca^{2+} 时，以_____为指示剂，溶液的 pH 值必须控制在_____。

2. K'_{MY} 称_____，它表示_____配位反应进行的程度，其计算式为_____。

3. 采用 EDTA 为滴定剂测定水的硬度时，因水中含有少量的 Fe^{3+}、Al^{3+}，应加入_____作掩蔽剂，滴定时控制溶液 pH＝_____。

四、简答题

提高配位滴定选择性有几种方法？

五、计算题

1. 用配位滴定法测定氯化锌的含量。称取 0.2500g 试样，溶于水后稀释到 250.0mL，移取溶液 25.00mL，在 pH＝5～6 时，用二甲酚橙作指示剂，用 0.01024mol/L 的 EDTA 标准溶液滴定，用去 17.61mL。计算试样中氯化锌的含量。

2. 用纯 Zn 标定 EDTA 溶液，若称取的纯 Zn 粒为 0.3942g，用 HCl 溶液溶解后转移入 250mL 的容量瓶中，稀释至标线。吸取该锌标准溶液 25.00mL，用 EDTA 溶液滴定，消耗 24.05mL，计算 EDTA 溶液的准确浓度。

任务五　镍盐中镍含量的测定

任务要求

1. 掌握返滴定法测定镍盐中镍含量的原理及方法。
2. 掌握二甲酚橙指示剂的应用条件及终点颜色的判断。

任务实施

视频 4-3　镍盐中镍含量的测定
（返滴定法）

视频 4-4　硫酸镍中镍含量的测定
（直接滴定法）

☞ 工作准备

1. 仪器

分析天平、50mL 酸式滴定管、250mL 容量瓶、移液管、烧杯、锥形瓶、量筒、洗瓶等。

2. 试剂

0.02mol/L EDTA 标准溶液、$CuSO_4 \cdot 5H_2O$、H_2SO_4 溶液（1+1）、PAN 指示剂、HCl（1+1）、刚果红试纸、HAc-NaAc 缓冲溶液、镍盐试样等。

☞ 工作过程（返滴定法）

1. 铜盐标准溶液的配制和标定

（1）c_{CuSO_4}＝0.02mol/L 溶液的配制。称取 1.25g 固体 $CuSO_4 \cdot 5H_2O$，加入 2～3 滴 H_2SO_4 溶解后，转入 250mL 容量瓶中，用水稀释至刻度，摇匀、待标定。

（2）$CuSO_4$ 标准溶液的标定。吸取已标定的 EDTA 标准溶液 25.00mL 于 250mL 锥形瓶中，加入 25mL 水，加入 20mL HAc-NaAc 缓冲溶液，煮沸后立即加入 10 滴 PAN 指示剂，迅速用待标定的 $CuSO_4$ 溶液滴定至稳定的紫红色即为终点，记录消耗 $CuSO_4$ 溶液的体积。平行测定 3 次，取其平均值计算 $CuSO_4$ 标准浓度。

2. 镍盐中镍含量的测定

准确称取 0.5g 固体试样，精确至 0.0002g 置于烧杯中，加水 50mL，溶解并定量全转入 250mL 容量瓶中，用蒸馏水稀释至刻度，摇匀待用。

用移液管吸取试样 25.00mL 于 250mL 锥形瓶中，准确加入 30mL 0.02mol/L EDTA 标准溶液，用 1：1 的氨水调节使刚果红试纸变红，加入 20mL HAc-NaAc 缓冲溶液，煮沸后立即加入 PAN 指示剂 10 滴，趁热用 $CuSO_4$ 标准溶液滴定至溶液由绿色变为蓝紫色即为终点。记录消耗 $CuSO_4$ 标准溶液的体积。平行测定 3 次，取其平均值计算试样中镍的含量。

☞ 数据记录与处理

（1）$CuSO_4$ 标准溶液浓度测定数据记录见表 4-11。

表 4-11　$CuSO_4$ 标准溶液浓度测定数据记录

项目	1	2	3
EDTA 标准溶液的浓度 c/(mol/L)			
移取 EDTA 标准溶液的体积 V/mL			
滴定消耗 $CuSO_4$ 标准溶液的体积 V/mL			
滴定管校正值/mL			
溶液温度补正值/(mol/L)			
实际消耗 EDTA 标准溶液的体积 V/mL			
$CuSO_4$ 标准溶液的浓度 c/(mol/L)			
$CuSO_4$ 标准溶液的平均浓度 c/(mol/L)			
相对极差/%			

（2）镍盐中镍含量测定数据记录见表 4-12。

表 4-12　镍盐中镍含量测定数据记录

项目	1	2	3
试样的质量 m/g			
稀释后试液的体积 V/mL			
移取试液的体积 V/mL			

续表

项目	1	2	3
EDTA 标准溶液的浓度 c/(mol/L)			
加入 EDTA 标准溶液的体积 V/mL			
$CuSO_4$ 标准溶液的浓度 c/(mol/L)			
滴定消耗 $CuSO_4$ 标准溶液的体积 V/mL			
滴定管校正值/mL			
溶液温度补正值/(mol/L)			
实际消耗 $CuSO_4$ 标准溶液的体积 V/mL			
试样中被测组分的含量/%			
试样中被测组分的含量的平均值/%			
相对极差/%			

相关知识

一、实验原理

Ni^{2+} 与 EDTA 的配位反应慢,所以 Ni^{2+} 的测定通常用返滴定法。在 Ni^{2+} 溶液中加入过量的 EDTA 标准溶液,在 pH=5.0 时煮沸溶液,使 Ni^{2+} 与 EDTA 完全反应,过量的 EDTA 用硫酸铜标准溶液回滴,以 PAN 为指示剂,终点时溶液颜色由绿色变为蓝紫色。由加入 EDTA 的量与消耗硫酸铜标准溶液的量之差求出镍的含量。其反应如下:

$$H_2Y^{2-} + Ni^{2+} \rightleftharpoons NiY^{2-} + 2H^+$$

$$H_2Y^{2-}(剩余) + Cu^{2+} \rightleftharpoons \underset{蓝色}{CuY^{2-}} + 2H^+$$

$$\underset{黄色}{PAN} + Cu^{2+} \longrightarrow \underset{紫红色}{Cu\text{-}PAN}$$

二、镍含量的计算

1. $CuSO_4$ 标准溶液浓度的计算

$$c_{CuSO_4} = \frac{c_{EDTA} V_{EDTA}}{V_{CuSO_4}}$$

式中 c_{CuSO_4}——$CuSO_4$ 标准溶液的浓度,mol/L;

c_{EDTA}——EDTA 标准溶液的浓度,mol/L;

V_{EDTA}——标定时所用 EDTA 标准溶液的体积,mL;

V_{CuSO_4}——标定时所用 $CuSO_4$ 标准溶液的体积,mL。

2. 镍含量的计算

$$\omega_{Ni} = \frac{(c_{EDTA} V_{EDTA} - c_{CuSO_4} V_{CuSO_4}) \times 10^{-3} \times M_{Ni}}{m \times \frac{25}{250}} \times 100\%$$

式中 ω_{Ni}——试样中镍的质量分数;

c_{EDTA}——EDTA 标准溶液的浓度,mol/L;

V_{EDTA}——标定时所用 EDTA 标准溶液的体积,mL;

c_{CuSO_4}——$CuSO_4$ 标准溶液的浓度,mol/L;

V_{CuSO_4}——标定时所用 $CuSO_4$ 标准溶液的体积,mL;

M_{Ni}——Ni 的摩尔质量,g/mol;

m——镍试样的质量,g。

学习小结

Ni^{2+} 与 EDTA 的配位反应慢,所以 Ni^{2+} 的测定通常用返滴定法。在 Ni^{2+} 溶液中加入过量的 EDTA 标准溶液,在 pH=5.0 时煮沸溶液,使 Ni^{2+} 与 EDTA 完全反应,过量的 EDTA 用硫酸铜标准溶液回滴,以 PAN 为指示剂,终点时溶液颜色由绿色变为蓝紫色。由加入 EDTA 的量与消耗硫酸铜标准溶液的量之差求出镍的含量。

想一想

1. 返滴定法测定镍盐中镍含量的原理及方法。
2. 二甲酚橙指示剂的应用条件及终点颜色的判断。

练一练测一测

一、判断题

1. 金属指示剂是指示金属离子浓度变化的指示剂。( )
2. 造成金属指示剂封闭的原因是指示剂本身不稳定。( )
3. 在只考虑酸效应的配位反应中,酸度越大形成配合物的条件稳定常数越大。( )
4. 用 EDTA 配位滴定法测水泥中氧化镁含量时,不用测钙镁总量。( )
5. 金属指示剂的僵化现象是指滴定时终点没有出现。( )
6. 在配位滴定中,若溶液的 pH 值高于滴定 M 的最小 pH 值,则无法准确滴定。( )
7. EDTA 酸效应系数 $\alpha_{Y(H)}$ 随溶液中 pH 值变化而变化;pH 值越低,则 $\alpha_{Y(H)}$ 值高,对配位滴定有利。( )
8. 配位滴定中,溶液的最佳酸度范围是由 EDTA 决定的。( )
9. 铬黑 T 指示剂在 pH=7～11 范围使用,其目的是为减少干扰离子的影响。( )
10. 滴定 Ca^{2+}、Mg^{2+} 总量时要控制 pH≈10,而滴定 Ca^{2+} 分量时要控制 pH 值为 12～13,若 pH>13 时测 Ca^{2+} 则无法确定终点。( )
11. 配位滴定法中指示剂的选择是根据滴定突跃的范围。( )
12. 若被测金属离子与 EDTA 配位反应速率慢,则一般可采用置换滴定方式进行测定。( )
13. EDTA 与金属离子配位时,不论金属离子的化合价是多少,一般均是以 1∶1 的关系配位。( )
14. 配位滴定不加缓冲溶液也可以进行滴定。( )
15. 酸效应曲线的作用就是查找各种金属离子所需的滴定最低酸度。( )

二、简答题

常用的掩蔽干扰离子的方法有哪些?配位掩蔽剂应具备什么条件?

三、计算题

称取含钙试样 0.2000g,溶解后转入 100mL 容量瓶中,稀释至标线。吸取此溶液 25.00mL,以钙指示剂为指示剂,在 pH=12.0 时用 0.02000mol/L EDTA 标准溶液滴定,消耗 EDTA 19.86mL,求试样中 CaCO$_3$ 的含量。

知识要点

一、认识配位滴定

1. EDTA 及其配合物的性质

配位滴定中常用的滴定剂是乙二胺四乙酸（EDTA），在水溶液中 EDTA 共有七种存在型体，其中 Y^{4-} 是与金属离子直接配位的型体。EDTA 可与大多数金属离子生成稳定的 1：1 的配合物。

2. 配位平衡

（1）配合物的稳定常数用 K_{MY} 表示，K_{MY} 越大，配合物越稳定，配位反应越完全。

（2）配位滴定中的副反应。配位滴定过程中，除了发生 EDTA 与金属离子配位的主反应外，还会伴随一些副反应的发生，其中对主反应影响较大的是 EDTA 的酸效应和金属离子的辅助配位效应，尤其是 EDTA 的酸效应。酸效应对主反应的影响程度可用酸效应系数 $\alpha_{Y(H)}$ 来衡量，$\alpha_{Y(H)}$ 越大，表示参加主反应 Y 的浓度越小，对主反应的影响越严重。

（3）配合物的条件稳定常数。当有副反应发生时，用条件稳定常数 K'_{MY} 可以更客观地反映配合物 MY 的稳定程度。如果只考虑 EDTA 的酸效应，则 $\lg K'_{MY} = \lg K_{MY} - \lg \alpha_{Y(H)}$。

二、认识金属指示剂

（1）金属指示剂的作用原理：金属指示剂是一些有机配位剂，可与金属离子形成有色配合物，其颜色与游离指示剂的颜色不同，因而能指示滴定过程中金属离子浓度的变化情况。

（2）常见的金属指示剂：铬黑 T；钙指示剂；二甲酚橙；酸性铬蓝 K。

（3）金属指示剂在使用过程中应注意消除或防止封闭、僵化和氧化变质等现象。

三、自来水硬度的测定

（一）配位滴定曲线

1. 配位滴定曲线以被测金属离子浓度的 pM 对相应滴定剂加入体积作图

2. 影响滴定突跃的因素

（1）K_{MY} 一定时，被测金属离子浓度 c_M 越大，滴定突跃范围越大。

（2）c_M 一定时，K'_{MY} 越大，滴定突跃越大。

（3）通常溶液 pH 是影响 K'_{MY} 的主要因素，在此情况下，若金属离子不水解，则 pH 越大，滴定突跃范围越大。因此可以借助调节 pH，增大 K'_{MY}，从而增大滴定突跃范围。

（二）单一离子准确滴定的条件

1. 单一离子准确滴定的判据：$\lg c_M K'_{MY} \geqslant 6$

2. 单一离子准确滴定的最高酸度（最低 pH）

当 $C_m = 0.01000$ mol/L 时，由 $\lg \alpha_{Y(H)} \leqslant \lg K_{MY} - 8$ 计算出 $\lg \alpha_{Y(H)}$，查表 4-2 得对应 pH_{min}。

用该方法算出滴定各种金属离子的最高酸度，绘成 pH-K_{MY} 曲线，即为酸效应曲线。利用酸效应曲线可查得单独滴定某种金属离子时所允许的最低 pH。

3. 单一离子准确滴定的最低酸度（最高 pH）

由 $[OH] = \sqrt[n]{\dfrac{K_{SP[M(OH)_n]}}{c_M}}$ 计算出 pH_{max}。此外，实际滴定时适宜的酸度范围还需考虑指示剂的颜色变化对 pH 的要求。

（三）混合离子的选择性滴定

提高配位滴定选择性的方法：

（1）控制酸度。当 $\Delta \lg K \geqslant 5$ 时，可以通过控制试液酸度对被测离子分别滴定。

（2）掩蔽和解蔽方法 当 $\Delta \lg K < 5$ 时，可以采用掩蔽和解蔽方法消除干扰，常用配位掩蔽、沉淀掩蔽、氧化还原掩蔽以及先掩蔽再解蔽等方法。

（3）当控制酸度、掩蔽和解蔽都不能消除干扰时，可以采用其他氨羧滴定剂滴定或用化学分离法分离干扰离子。

（四）EDTA 标准溶液的配制和标定

一般使用 EDTA 的二钠盐（$Na_2H_2Y \cdot 2H_2O$）采用间接法配制 EDTA 标准溶液。

标定 EDTA 标准溶液可选 Zn、ZnO、$CaCO_3$、$MgSO_4 \cdot 7H_2O$ 等多种基准试剂。为了提高测定准确度，标定的条件与测定的条件应尽量相同。在可能的情况下，最好选用被测元素的纯金属或化合物为基准物质。

（五）水硬度的测定

水的硬度是指水中除碱金属以外的全部金属离子浓度的总和，溶于水中的钙盐和镁盐是形成水硬度的主要成分，所以水的硬度常以水中 Ca^{2+}、Mg^{2+} 的总量表示。

1. 总硬度的测定

在 pH＝10 的氨-铵盐缓冲溶液中，以铬黑 T 作指示剂，用 EDTA 标准溶液滴定至溶液由酒红色转变为纯蓝色为终点。根据所消耗 EDTA 的体积及其浓度可计算出钙、镁离子总量即总硬度。

2. 钙硬度的测定

控制溶液的 pH≥12，使 Mg^{2+} 生成 $Mg(OH)_2$，沉淀，然后加入钙指示剂，用 EDTA 标准溶液滴定，终点时由酒红色变为纯蓝色。根据所消耗 EDTA 的体积及其浓度可计算出钙硬度。

四、铝盐中铝含量的测定

1. 配位滴定的滴定方式

配位滴定与一般滴定方法相同，有直接滴定、返滴定、置换滴定和间接滴定等滴定方式。根据被测溶液的性质，采用不同的滴定方式不仅可扩大配位滴定的应用范围，而且还能提高滴定的选择性。

2. 铝盐中铝含量的测定：返滴定法测定；置换滴定法测定。

学习情境五
氧化还原滴定分析

学习引导

氧化还原滴定分析知识树

任务一　认识氧化还原滴定

任务要求

1. 熟悉氧化还原反应的特点。

2. 理解条件电极电位的意义及影响。
3. 理解电对的电极电位的计算。
4. 了解影响氧化还原反应方向、程度的因素。

一、氧化还原滴定法简介

氧化还原滴定法是以氧化还原反应为基础的滴定分析法。

氧化还原反应的实质是电子转移的反应，其特点是反应机理比较复杂、反应速率慢、常伴有副反应的发生。因此，在滴定过程中必须要创造适当的条件，使其符合滴定分析的基本要求，达到预期的效果。

氧化还原滴定法应用广泛，可用来直接测定本身具有氧化还原性的物质，如 H_2O_2 的测定，还可间接测定本身不具有氧化还原性，但能与氧化剂、还原剂定量发生反应的物质，如钙盐中钙含量的测定，不仅能测定无机物，也能测定有机物。所以说，氧化还原滴定法是滴定分析中一种十分重要的分析方法。

氧化还原滴定法是以氧化剂或还原剂为标准溶液，习惯上按所用标准溶液的名称命名，常见的氧化还原滴定法主要有高锰酸钾法、重铬酸钾法、碘量法、溴酸钾法、铈量法等。

二、标准电极电位和条件电极电位

在氧化还原反应中，化合价降低的反应物为氧化剂，化合价升高的反应物为还原剂。在反应中氧化剂得到电子，发生还原反应，其产物称为还原产物；还原剂失去电子，发生氧化反应，其产物称为氧化物。

（一）氧化还原电对

氧化还原的本质是氧化剂与还原剂之间的电子转移或共用电子对偏移。每一个氧化还原反应都是由两个半反应构成的；一个是氧化反应，一个是还原反应。通常将在半反应中化合价高的物质叫氧化型物质，化合价低的叫还原型物质，构成一个氧化还原电对。

写成氧化型/还原型。每个电对所对应的半反应无论是氧化反应还是还原反应，均表示为：

$$Ox + ne \rightleftharpoons Red \tag{5-1}$$

$$氧化型 + ne \rightleftharpoons 还原型$$

如： $$Fe^{3+} + e \rightleftharpoons Fe^{2+}$$

其氧化型与其共轭还原型构成氧化还原电对，即 Ox/Red。

氧化还原电对与其对应半反应的写法见表 5-1。

表 5-1 氧化还原电对与其对应半反应

氧化还原电对	半反应	氧化还原电对	半反应
$2H^+/H_2$	$2H^+ + 2e \longrightarrow H_2$	Sn^{4+}/Sn^{2+}	$Sn^{4+} + 2e \longrightarrow Sn^{2+}$
Fe^{3+}/Fe^{2+}	$Fe^{3+} + e \longrightarrow Fe^{2+}$	I_3^-/I^-	$I_3^- + 2e \longrightarrow 3I^-$
MnO_4^-/Mn^{2+}	$MnO_4^- + 8H^+ + 5e \longrightarrow Mn^{2+} + 4H_2O$	$Cr_2O_7^{2-}/Cr^{3+}$	$Cr_2O_7^{2-} + 14H^+ + 6e \longrightarrow 2Cr^{3+} + 7H_2O$

氧化还原电对分为可逆电对和不可逆电对两大类。如 Fe^{3+}/Fe^{2+}、I_2/I^-、Ce^{4+}/Ce^{3+} 等是可逆电对，其电极电位基本符合能斯特方程，而 MnO_4^-/Mn^{2+}、$Cr_2O_7^{2-}/Cr^{3+}$、SO_4^{2-}/SO_3^{2-} 等是不可逆电对，实际电极电位与理论电极电位相差较大，按能斯特方程式计

算的数值仅作初步判断。

(二) 电极电位

1. 电极电位的概念

金属及其盐溶液的电位差叫作电极电位。在氧化还原反应中，电对的电极电位越高，其氧化型的氧化能力越高，还原型的还原能力越弱；电对的电极电位越低，其还原型的还原能力越强，而氧化型的氧化能力越弱。因此作为氧化剂可以氧化电位比它低的还原剂；作为还原剂可以还原电位比它高的氧化剂。由此可见，根据有关电对的电极电位就可以判断氧化还原反应的方向、次序和反应进行的程度。

氧化还原电对的电极电位可以根据电对的标准电位利用能斯特方程式求得。

2. 标准电极电位

在标准状态下，测定出来的电极电位称为标准电极电位。电极的标准状态是指温度为25℃，组成电极的物质的浓度为1mol/L，气体压力为101.3kPa，是相对标准氢电极而定的，只随温度而变化。

由标准电极电位表（见附录七）可以看出，不同的电极反应，具有不同的标准电极电位，这说明标准电极电位的大小由氧化还原电对的性质决定。

利用标准电极电位的大小可判断氧化剂和还原剂的强弱，氧化还原反应能否进行及进行的方向。

3. 条件电极电位

在实际测定中，离子强度通常较大，并且当溶液的组成改变时，电对的氧化型和还原型的存在形式也随之改变，对电对的氧化还原能力影响也比较大，不能忽略。此时用浓度代替活度进行计算误差较大。因此在利用电极电位讨论物质的氧化还原能力时，必须考虑各种副反应及离子强度对电极电位的影响。为此引入了条件电极电位。

在25℃时，当溶液的浓度为1mol/L，气体分压为101.3kPa，在不同介质条件下测得的电对的电极电位，称为条件电极电位。它是在一定条件下校正了各种外界因素影响后的实际电位。

条件电极电位反映了离子强度和各种副反应影响的总结果，在一定条件下是一个常数，不随氧化型和还原型的总浓度的改变而改变，各种条件下电对的条件电极电位可通过实验测出。

条件电极电位与标准电极电位的关系与配位滴定中条件稳定常数与绝对稳定常数的关系相似，显然，条件电极电位引入后，处理问题更符合实际情况。

条件电极电位的大小，说明了在外界因素影响下，氧化还原电对的实际氧化还原能力。因此，使用条件电极电位比用标准电极电位更能正确地判断氧化还原反应的方向、次序和完成的程度，所以在有关计算中，使用条件电极电位更为合理。

(三) 能斯特方程式及其应用

1. 能斯特方程式

标准电极电位是在标准状态下测定的，条件电极电位也是在一定条件下测定的，当溶液的浓度、压力、反应温度等条件改变时，电对的电极电位也随之改变。德国科学家能斯特从理论上推导出电极电位与反应温度、反应浓度（或压力）、溶液酸度之间的定量关系式，称为能斯特方程式。

在25℃时，能斯特方程式表示为：

$$E_{\text{Ox/Red}} = E^{\ominus}_{\text{Ox/Red}} + \frac{0.059}{n} \lg \frac{c_{\text{Ox}}}{c_{\text{Red}}} \tag{5-2}$$

式中　$E_{\text{Ox/Red}}$——非标准状态时电对的电极电位；
　　　c_{Ox}——氧化型的浓度；
　　　c_{Red}——还原型的浓度；
　　　n——半反应中的电子转移数；
　　　$E^{\ominus}_{\text{Ox/Red}}$——电对 Ox/Red 的标准电位。

当考虑离子强度以及其他因素的影响时，能斯特方程式可写为：

$$E_{\text{Ox/Red}} = E^{\ominus\prime}_{\text{Ox/Red}} + \frac{0.059}{n}\lg\frac{c_{\text{Ox}}}{c_{\text{Red}}} \tag{5-3}$$

式中　$E^{\ominus\prime}_{\text{Ox/Red}}$——条件电极电位；
　　　$E_{\text{Ox/Red}}$——非标准状态时电对的电极电位；
　　　c_{Ox}——氧化型的浓度；
　　　c_{Red}——还原型的浓度；
　　　n——半反应中的电子转移数。

2. 能斯特方程式的应用

利用能斯特方程式可以计算电对在不同浓度（或压力）下的电极电位。但在计算时注意以下几点：

① 组成电对的某一物质是固体或纯液体时，其浓度可视为 1mol/L 代入。

② 组成电对的某一物质是气体时，则用该气体的分压代入。

③ 除氧化型和还原型外，还有其他物质如 $[H^+]$ 或 $[OH^-]$ 时，计算时应将它们的浓度反映到方程式中，并将电对中各物质前的系数作为该物质浓度的幂。

④ 若氧化型、还原型的系数不等于 1，就以它们的系数为方次代入。

⑤ 以上两式只适于可逆氧化还原电对。

⑥ 各种条件下电对的条件电极电位常由实验测定。但由于实际体系的反应条件多种多样，目前条件电位的数值还比较少，故在计算时，尽量采用条件电极电位，若没有相同条件的电位时，可采用条件相近的条件电位数值。如果没有指定条件的电极电位数据，只能采用标准电位做粗略的计算。

例如，从表中查不到 1mol/L H_2SO_4 溶液中 Fe^{3+}/Fe^{2+} 电对的条件电位，可用 0.5mol/L H_2SO_4 溶液中 Fe^{3+}/Fe^{2+} 电对的条件电位（0.679V）代替。

【例 5-1】　计算在 0.5mol/L H_2SO_4 溶液中 $c_{\text{Ce}^{4+}} = 1.00\times10^{-3}$ mol/L，$c_{\text{Ce}^{3+}} = 1.00\times10^{-2}$ mol/L 时，Ce^{4+}/Ce^{3+} 电对的电极电位。

解　查表得在 0.5mol/L H_2SO_4 溶液中，$E^{\ominus\prime}_{\text{Ce}^{4+}/\text{Ce}^{3+}} = 1.44\text{V}$

$$E_{\text{Ce}^{4+}/\text{Ce}^{3+}} = E^{\ominus\prime}_{\text{Ce}^{4+}/\text{Ce}^{3+}} + 0.059\lg\frac{c_{\text{Ce}^{4+}}}{c_{\text{Ce}^{3+}}} = 1.44 + 0.059\lg\frac{1.00\times10^{-3}}{1.00\times10^{-2}}$$
$$= 1.38\text{V}$$

【例 5-2】　已知，在酸性溶液中 MnO_4^- 的半反应为：

$$MnO_4^- + 8H^+ + 5e \rightleftharpoons Mn^{2+} + 4H_2O$$

$[MnO_4^-] = 0.1$ mol/L，$[Mn^{2+}] = 0.001$ mol/L，$[H^+] = 1$ mol/L

求：此溶液中 MnO_4^-/Mn^{2+} 电对的电极电位？

解　查表知 $E^{\ominus} = 1.51\text{V}$

$$E = E^{\ominus} + \frac{0.059}{n}\lg\frac{[MnO_4^-][H^+]^8}{[Mn^{2+}]} = 1.51 + \frac{0.059}{5}\lg\frac{0.1\times 1^8}{0.001} = 1.53\,V$$

(四) 电极电位的应用

电极电位表示物质在氧化还原反应中争夺电子的能力，因此，它不仅可以定量地反映出物质在氧化还原反应中氧化、还原能力的大小，即氧化剂、还原剂的强弱，还可以用来判断氧化还原反应进行的次序和程度。电极电位的应用见表 5-2。

表 5-2 电极电位的应用

应用	说明
判断氧化剂、还原剂的强弱	电对的电极电位越大，该电对中氧化型争夺电子的能力越强，是强氧化剂；反之，电对的电极电位越小，该电对中还原型失去电子的能力越大，还原性越强，是强还原剂
判断氧化还原反应自发进行的方向	电极电位大的电对中的氧化型(作氧化剂)能与电极电位小的电对中的还原型(作还原剂)自发反应
判断氧化还原反应的次序	当把一种氧化剂加入同时含有几种还原剂的溶液中时，该氧化剂首先与最强的还原剂(电极电位最小)发生反应；反之，当把一种还原剂加入同时含有几种氧化剂的溶液中时，该还原剂首先与最强的氧化剂(电极电位最大)发生反应
判断氧化还原反应进行的完全程度	理论上讲，氧化还原反应中两电对的电极电位相差越大，则该反应进行得越完全、越彻底；反之相差越小，则该反应进行得就越不完全、越不彻底

三、氧化还原平衡常数

在滴定分析中，要求氧化还原反应进行得越完全越好。一个氧化还原反应的完全程度可用它的平衡常数 K 作为衡量标准。K 值越大，反应进行得越完全。K 值可根据能斯特方程式，从两电对的标准电极电位或条件电位来求得。如果引用条件电极电位求得的是条件平衡常数 K'，更能说明反应的完全程度。

(一) 平衡常数与电极电位的关系

例如，下列氧化还原反应：

$$n_2 Ox_1 + n_1 Red_2 \rightleftharpoons n_1 Ox_2 + n_2 Red_1$$

反应达到平衡时，平衡常数可表示为：

$$K = \frac{c_{Red_1}^{n_2} c_{Ox_2}^{n_1}}{c_{Ox_1}^{n_2} c_{Red_2}^{n_1}} \tag{5-4}$$

两电对的电极电位为：

$$Ox_1 + n_1 e \rightleftharpoons Red_1 \qquad E_1 = E_1^{\ominus} + \frac{0.059}{n_1}\lg\frac{c_{Ox_1}}{c_{Red_1}}$$

$$Ox_2 + n_2 e \rightleftharpoons Red_2 \qquad E_2 = E_2^{\ominus} + \frac{0.059}{n_2}\lg\frac{c_{Ox_2}}{c_{Red_2}}$$

当反应达到平衡时，$E_1 = E_2$ 故：

$$E_1^{\ominus} + \frac{0.059}{n_1}\lg\frac{c_{Ox_1}}{c_{Red_1}} = E_2^{\ominus} + \frac{0.059}{n_2}\lg\frac{c_{Ox_2}}{c_{Red_2}}$$

移项整理得：

$$E_1^{\ominus} - E_2^{\ominus} = \frac{0.059}{n_2}\lg\frac{c_{Ox_2}}{c_{Red_2}} - \frac{0.059}{n_1}\lg\frac{c_{Ox_1}}{c_{Red_1}}$$

$$= \frac{0.059}{n_1 n_2} \lg \left[\left(\frac{c_{Ox_2}}{c_{Red_2}}\right)^{n_1} \left(\frac{c_{Red_1}}{c_{Ox_1}}\right)^{n_2} \right] \tag{5-5}$$

将式(5-4)代入式(5-5)中得：

$$E_1^{\ominus} - E_2^{\ominus} = \frac{0.059}{n_1 n_2} \lg K$$

$$\lg K = \frac{n_1 n_2 (E_1^{\ominus} - E_2^{\ominus})}{0.059} \tag{5-6}$$

式(5-6)表明氧化还原反应平衡常数的大小是直接由氧化剂和还原剂两电对的标准电位之差来决定的。两者的差值越大，K 值也越大，反应进行得越完全。如果考虑溶液中的各种副反应的影响，以相应的条件电极电位代替标准电极电位，可得到条件平衡常数 K'，即：

$$\lg K' = \frac{n_1 n_2 (E_1^{\ominus\prime} - E_2^{\ominus\prime})}{0.059} \tag{5-7}$$

氧化还原反应到化学计量点时，反应进行的程度可用条件平衡常数或平衡常数的大小来衡量，但是它们到底多大才能满足定量分析准确度的要求呢？

(二) 初步判断氧化还原反应的完全程度

根据滴定分析误差的要求，一般在化学计量点时反应完全程度在 99.9% 以上，未作用的物质比例应小于 0.1%。即要求：

将 $\frac{c_{Ox_2}}{c_{Red_2}} \geqslant 10^3$，$\frac{c_{Red_1}}{c_{Ox_1}} \geqslant 10^3$ 代入式(5-6)中得：

若 $n_1 = 1$，$n_2 = 2$ 或 $n_1 = 2$，$n_2 = 1$ 时，$E_1^{\ominus} - E_2^{\ominus} \geqslant 0.27 \text{V}$；

若 $n_1 = n_2 = 2$ 时，$E_1^{\ominus\prime} - E_2^{\ominus\prime} \geqslant 0.18 \text{V}$。

计算表明，无论什么类型的氧化还原反应，一般认为两电对的电极电位之差若大于或等于 0.4V，就能满足滴定分析的要求，反应就能定量地进行。

但必须指出的是，两电对的电极电位相差很大，仅说明该氧化还原反应有进行完全的可能，并不说明反应速率的快慢及反应能否定量反应。

【例 5-3】 计算在 1mol/L H_2SO_4 溶液中，用 Ce^{4+} 溶液滴定 Fe^{2+} 溶液的条件平衡常数，并说明该反应是否满足滴定分析的要求。

解 滴定反应为

$$Ce^{4+} + Fe^{2+} = Ce^{3+} + Fe^{3+}$$

查表得

$$E_{Ce^{4+}/Ce^{3+}}^{\ominus\prime} = 1.44 \text{V} \qquad E_{Fe^{3+}/Fe^{2+}}^{\ominus\prime} = 0.68 \text{V}$$

$$\lg K' = \frac{n_1 n_2 (E_1^{\ominus} - E_2^{\ominus})}{0.059} = \frac{1 \times 1 \times (1.44 - 0.68)}{0.059} = 12.88$$

$$K' = 10^{12.88} = 7.6 \times 10^{12}$$

$$E_1^{\ominus\prime} - E_2^{\ominus\prime} = (1.44 - 0.68)\text{V} = 0.76 \text{V} > 0.4 \text{V}$$

由计算可知，上述反应可进行完全，满足滴定的要求，能用氧化还原滴定法分析。

四、氧化还原反应进行的方向及影响因素

根据氧化还原反应电对的电极电位可大致判断氧化还原反应的方向。氧化还原反应是由较强的氧化剂与较强的还原剂相互作用，生成较弱的还原剂和较弱的氧化剂的过程。即氧化还原反应的方向可表示为：

$$\text{强氧化剂1} + \text{强还原剂2} \rightleftharpoons \text{弱还原剂1} + \text{弱氧化剂2}$$

作为一种氧化剂，可以氧化电位比它低的还原剂；作为一种还原剂，可以还原电位比它高的氧化剂。当溶液的条件改变，氧化还原电对的电极电位也受到影响，从而可能影响氧化还原反应的方向。影响氧化还原反应的方向的因素有：氧化剂、还原剂的浓度，生成沉淀，形成配合物等因素。下面分别进行讨论。

1. 氧化剂、还原剂浓度的影响

由能斯特方程式可知，增大氧化剂浓度时，电位值升高；当增大还原剂浓度时，电位值降低。因此氧化还原反应方向有可能改变。

例如，用亚锡离子还原 Fe^{3+} 反应，经查表可知：

$$2Fe^{3+} + 2e \rightleftharpoons 2Fe^{2+} \qquad E^{\ominus}_{Fe^{3+}/Fe^{2+}} = 0.771V$$

$$Sn^{4+} + 2e \rightleftharpoons Sn^{2+} \qquad E^{\ominus}_{Sn^{4+}/Sn^{2+}} = 0.154V$$

由于 $E^{\ominus}_{Fe^{3+}/Fe^{2+}} > E^{\ominus}_{Sn^{4+}/Sn^{2+}}$，说明 Fe^{3+} 接受电子的倾向较大，是较强的氧化剂，Sn^{2+} 失去电子的倾向较大，是较强的还原剂。因此当两电对组成原电池时，发生氧化还原反应的方向是：较强的氧化剂 Fe^{3+} 获得电子被还原为 Fe^{2+}；较强的还原剂 Sn^{2+} 在反应中失去电子而被氧化为 Sn^{4+}，反应从左向右进行。总反应：

$$2Fe^{3+} + Sn^{2+} \rightleftharpoons 2Fe^{2+} + Sn^{4+}$$

【例 5-4】 判断 $Pb^{2+} + Sn \rightleftharpoons Pb + Sn^{2+}$ 反应进行的方向。

已知：$E^{\ominus}_{Sn^{2+}/Sn} = -0.14V$，$E^{\ominus}_{Pb^{2+}/Pb} = -0.13V$

当 $[Pb^{2+}] = [Sn^{2+}] = 1mol/L$ 时：

$$E_{Pb^{2+}/Pb} = E^{\ominus}_{Pb^{2+}/Pb} = -0.13V$$

$$E_{Sn^{2+}/Sn} = E^{\ominus}_{Sn^{2+}/Sn} = -0.14V$$

$$E_{Pb^{2+}/Pb} > E_{Sn^{2+}/Sn}$$

所以 Pb^{2+} 是氧化剂，Sn 是还原剂，反应自左向右进行。

$$Pb^{2+} + Sn \rightleftharpoons Pb + Sn^{2+}$$

当 $[Pb^{2+}] = 0.1mol/L$，$[Sn^{2+}] = 1mol/L$ 时：

$$E_{Pb^{2+}/Pb} = E^{\ominus}_{Pb^{2+}/Pb} + \frac{0.059}{2}\lg[Pb^{2+}] = -0.13 + \frac{0.059}{2}\lg 0.1 = -0.16V$$

$$E_{Sn^{2+}/Sn} = E^{\ominus}_{Sn^{2+}/Sn} = -0.14V$$

此时 $E_{Sn^{2+}/Sn} > E_{Pb^{2+}/Pb}$，$Sn^{2+}$ 是氧化剂，Pb 是还原剂。反应自右向左进行。

$$Pb + Sn^{2+} \rightleftharpoons Pb^{2+} + Sn$$

如果两电对的条件电极电位或标准电极电位相差很大时，则难以通过改变物质的量浓度来改变反应方向。

2. 生成沉淀的影响

在氧化还原反应中，当加入一种可与氧化型或还原型物质形成沉淀的物质时，就会改变体系的标准电极电位或条件电极电位，因而可能影响其方向。

例如：用碘量法测定铜的含量时，在 Cu^{2+} 的溶液里加入过量的 KI 生成 I_2，再用标准 $Na_2S_2O_3$ 溶液滴定生成的 I_2，从而求得铜的含量。

其反应式为：$2Cu^{2+} + 4I^- \rightleftharpoons 2CuI + I_2$

从半反应式看：$2Cu^{2+} + 2e \rightleftharpoons 2Cu^+ \qquad E^{\ominus}_{Cu^{2+}/Cu^+} = +0.153V$

$$I_2 + 2e \rightleftharpoons 2I^- \qquad E^{\ominus}_{I_2/I^-} = +0.535V$$

由于 $E^{\ominus}_{Cu^{2+}/Cu^{+}} < E^{\ominus}_{I_2/I^-}$，所以 Cu^{2+} 不能氧化 I^- 为 I_2，反应不能向右进行，但是当溶液中有过量的 I^- 时，I^- 和 Cu^+ 可生成 CuI 沉淀，使溶液中 Cu^+ 浓度下降，其 Cu^{2+}/Cu^+ 的电极电位升高，使 $E^{\ominus}_{Cu^{2+}/Cu^+} > E^{\ominus}_{I_2/I^-}$，则 Cu^{2+} 可以把 I^- 氧化成 I_2，上述反应向生成 CuI 沉淀并析出 I_2 的方向进行。

3. 形成配合物的影响

在氧化还原反应中，当加入一种可与氧化型或还原型物质形成稳定配合物的配位剂时，也会改变电对的标准电极电位或条件电极电位，因而可能影响其方向。

例如，对于 $2Fe^{3+} + 2I^- \rightleftharpoons I_2 + 2Fe^{2+}$ 反应来说，当有氟化物存在时，Fe^{3+} 可与 F^- 形成稳定 $[FeF_6]^{3-}$ 配合物，Fe^{3+} 的浓度大大降低，电对 Fe^{3+}/Fe^{2+} 的电极电位值相应下降，以致小于 I_2/I^- 电对的电极电位时，Fe^{3+} 就不能氧化 I^-，从而改变反应方向。

分析化学中常用此法消除 Fe^{3+} 对主反应的影响。如在用碘量法测定铜的含量时，用这种方法消除 Fe^{3+} 对 Cu^{2+} 的干扰。

4. 溶液酸度的影响

许多氧化还原反应有 H^+ 或 OH^- 参与，因此当溶液的酸度变化时，电极电位也发生变化，因而有可能影响反应方向。例如：

$$Cr_2O_7^{2-} + 14H^+ + 6e \rightleftharpoons 2Cr^{3+} + 7H_2O$$

$$E^{\ominus}_{Cr_2O_7^{2-}/Cr^{3+}} = +1.33V$$

根据能斯特方程式：

$$E_{Cr_2O_7^{2-}/Cr^{3+}} = E^{\ominus}_{Cr_2O_7^{2-}/Cr^{3+}} + \frac{0.059}{6} \lg \frac{[Cr_2O_7^{2-}][H^+]^{14}}{[Cr^{3+}]^2}$$

由上式可看出 $[H^+]$ 对电极电位的影响是很大的，当 $[H^+]$ 提高，电极电位升高，使氧化剂的氧化剂更强。相反降低酸度，电极电位也会降低。因此当溶液的酸度发生变化时，电极电位也会改变。就可能改变氧化还原反应的方向。

必须指出的是，只有当两电对的电极电位相差不大时才能利用改变溶液酸度的方法改变氧化还原反应的方向。

五、氧化还原反应的速率及其影响因素

氧化还原反应的条件平衡常数或两电对的条件电极电位，只能判断氧化还原反应进行的方向和完全程度，并不能说明氧化还原反应进行的速率的大小。有些氧化还原反应虽然从平衡常数看是可以进行的，但由于反应速率太慢，因此可以认为氧化剂与还原剂之间并没有发生反应。所以在讨论氧化还原反应时，必须考虑反应速率。影响氧化还原反应速率的主要因素有下列几方面。

1. 浓度

许多氧化还原反应是分步进行的，整个氧化还原反应速率取决于最慢的一步。一般来说，增大反应物的浓度可以加快反应速率。

例如，用 $K_2Cr_2O_7$ 标定 $Na_2S_2O_3$ 溶液，首先 $K_2Cr_2O_7$ 在酸性溶液中与 KI 的反应：

$$Cr_2O_7^{2-} + 6I^- + 14H^+ \rightleftharpoons 2Cr^{3+} + 3I_2 + 7H_2O$$

$$I_2 + 2S_2O_3^{2-} \rightleftharpoons 2I^- + S_4O_6^{2-}$$

动画 5-1 浓度对反应速率的影响

其次，可采用增大 I^- 的浓度和提高溶液的酸度来加快反应速率。但 H^+ 浓度不能太高，

否则空气中的氧气会将 I^- 氧化造成误差。同时应注意控制滴定速度与化学反应速率相适应。

2. 温度

对于大多数反应,升高温度可加快反应速率。通常溶液温度每升高 10℃,反应速率增加 2～3 倍。例如,在酸性溶液中,MnO_4^- 和 $C_2O_4^{2-}$ 反应如下:

$$2MnO_4^- + 5C_2O_4^{2-} + 16H^+ \Longrightarrow 2Mn^{2+} + 10CO_2 \uparrow + 8H_2O$$

室温下,反应速率很慢,将此溶液加热到 75～85℃,反应速率很快,能顺利地进行滴定。因此用高锰酸钾滴定草酸时通常加热到 75～85℃。

但有些物质挥发,加热会引起挥发损失,或有些物质加热能促使它们被空气氧化,从而会引起误差。因此对于这类物质就不能采用加热来提高反应速率,只能采用其他方法提高反应速率。

3. 催化剂

使用催化剂,能改变反应历程,降低活化能,加快反应速率。能加快化学反应速率的催化剂称为正催化剂;减慢化学反应速率的催化剂称为负催化剂。在分析化学中主要是利用正催化剂使反应速率加快的。例如,在酸性溶液中 $KMnO_4$ 与 $Na_2C_2O_4$ 的反应,最初反应进行得很慢,但随反应的进行,生成的 Mn^{2+} 增多,反应速率越来越快。在反应中自身产生的 Mn^{2+} 起催化作用,Mn^{2+} 是该反应的催化剂。

动画 5-2 催化剂对反应速率的影响

这种由反应产物起催化作用的现象称为自动催化作用。这种反应称为自动催化反应,其特点是开始反应速率较慢,随着反应的进行,生成物(催化剂)的浓度越来越大,反应也就加快。

4. 诱导反应

在氧化还原反应中,有些氧化还原反应在通常情况下实际上并不发生或进行得很慢,但由于另一个反应的进行可促使该反应的进行,这种现象称为诱导作用。

由于一个氧化还原的发生促进了另一个氧化还原进行的反应称为诱导反应。例如,在用高锰酸钾法测铁的含量时,在酸性溶液中,$KMnO_4$ 氧化 Cl^- 的反应速率很慢,当溶液中有 Fe^{2+} 存在时,因 $KMnO_4$ 氧化 Fe^{2+} 的反应会加速 $KMnO_4$ 氧化 Cl^- 的反应。其中 Fe^{2+} 称为诱导体,Cl^- 称为受诱体,$KMnO_4$ 称为作用体。

诱导反应与催化反应不同,在催化反应中,催化剂并不消耗,而在诱导反应中,诱导体和受诱体都参与反应,给分析结果带来误差。因此在氧化还原滴定中防止诱导反应的发生具有重要的意义。由此可见,要使氧化还原反应按所需方向定量、迅速地进行,选择和控制适合的反应及滴定条件是十分必要的。

学习小结

(1) 氧化还原滴定法是以氧化还原反应为基础的滴定分析法。

(2) 氧化还原平衡常数:在滴定分析中,要求氧化还原反应进行得越完全越好。一个氧化还原反应的完全程度可用它的平衡常数 K 作为衡量标准。K 值越大,反应进行得越完全。

(3) 氧化还原反应进行的方向及影响因素:根据氧化还原反应电对的电极电位可大致判断氧化还原反应的方向。氧化还原反应是由较强的氧化剂与较强的还原剂相互作用,生成较弱的还原剂和较弱的氧化剂的过程。

(4) 氧化还原反应的速率及其影响因素:①浓度;②温度;③催化剂;④诱导效应。

想一想

1. 什么叫氧化还原滴定法？
2. 影响氧化还原反应进行方向和反应速率的因素有哪些？

练一练测一测

一、单选题

1. Fe^{3+}/Fe^{2+} 电对电极电位升高和（　　）因素无关。
   A. 溶液离子强度的改变使 Fe^{3+} 活度系数增加
   B. 温度升高
   C. 催化剂的种类
   D. Fe^{2+} 的浓度降低

2. 二苯胺磺酸钠是 $K_2Cr_2O_7$ 滴定 Fe^{2+} 的常用指示剂，它属于（　　）。
   A. 自身指示剂　　　　　　　　　B. 氧化还原指示剂
   C. 特殊指示剂　　　　　　　　　D. 其他指示剂

3. 间接碘量法中加入淀粉指示剂的适宜时间是（　　）。
   A. 滴定开始前　　　　　　　　　B. 滴定开始后
   C. 滴定至近终点时　　　　　　　D. 滴定至红棕色褪尽至无色时

4. 在间接碘量法中，若滴定开始前加入淀粉指示剂，测定结果将（　　）。
   A. 降低　　　B. 偏高　　　C. 无影响　　　D. 无法确定

5. 对高锰酸钾滴定法，下列说法错误的是（　　）。
   A. 可在盐酸介质中进行滴定　　　B. 直接法可测定还原性物质
   C. 标准滴定溶液用标定法制备　　D. 在硫酸介质中进行滴定

二、填空题

1. 在氧化还原反应中，电对的电位越高，氧化型的氧化能力越_____；电位越低，其还原型的还原能力越_____。

2. 条件电极电位反映了_____和_____影响的总结果。条件电极电位的数值除与电对的标准电极电位有关外，还与溶液中电解质的_____和_____有关。

3. 氧化还原反应的平衡常数，只能说明反应的_____和_____，而不能表明_____。

4. 氧化还原滴定中，化学计量点附近电位突跃范围的大小和氧化剂与还原剂两电对的_____有关，它们相差越大，电位突跃范围越_____。

5. 滴定分数达到50%时，溶液电位为_____电对的条件电极电位；滴定分数达到200%时，溶液电位为_____电对的条件电极电位。

三、判断题

1. 配制好的 $KMnO_4$ 溶液要盛放在棕色瓶中保存，如果没有棕色瓶应避光保存。（　　）
2. 在滴定时，$KMnO_4$ 溶液要放在碱式滴定管中。（　　）
3. 用 $K_2Cr_2O_4$ 标定 $KMnO_4$，需加热到70～80℃，在HCl介质中进行。（　　）
4. 用高锰酸钾法测定 H_2O_2 时，需通过加热来加速反应。（　　）
5. 配制 I_2 溶液时要滴加KI。（　　）

四、简答题

1. 什么是条件电极电位？它与标准电极电位的关系是什么？为什么要引入条件电极电

位？影响条件电极电位的因素有哪些？

2. 影响氧化还原反应速率的因素有哪些？可采取哪些措施加快反应？

3. 是否平衡常数大的氧化还原反应就能应用于氧化还原滴定法中？为什么？

4. 如何判断氧化还原反应进行的方向？影响氧化还原反应方向的因素有哪些？

五、计算题

1. 已知在 1mol/L HCl 介质中，Fe^{3+}/Fe^{2+} 电对的 $E^{\ominus}=0.70V$，Sn^{4+}/Sn^{2+} 电对的 $E^{\ominus}=0.14V$。求在此条件下，反应 $2Fe^{3+}+Sn^{2+}=\!=\!=Sn^{4+}+2Fe^{2+}$ 的条件平衡常数。

2. 用 0.1200mol/L $KMnO_4$ 标准溶液滴定 10.00mL（密度为 1.010g/mL）双氧水，消耗 $KMnO_4$ 36.80mL，计算双氧水中 H_2O_2 的质量分数。

任务二　认识氧化还原指示剂

任务要求

1. 了解氧化还原滴定法指示剂的性质及作用。
2. 掌握氧化还原返滴定指示剂的选择原则。

一、氧化还原滴定中指示剂的分类

在氧化还原滴定中，常用以下几类指示剂在化学计量点附近颜色的改变来指示终点。

1. 自身指示剂

以滴定剂本身颜色的变化就能指示滴定终点的物质，叫自身指示剂。

在氧化还原滴定中，有的滴定剂或被测物质本身有很深的颜色，而滴定产物为无色或颜色很浅，则滴定时无须再加指示剂，以它们自身颜色来确定终点。

例如，用 $KMnO_4$ 标准溶液滴定 $C_2O_4^{2-}$ 的反应，$KMnO_4$ 本身是紫红色，而产生 Mn^{2+} 溶液几乎无色，滴定到化学计量点时，稍微过量 $KMnO_4$，就使被测溶液呈粉红色，指示终点已经到达，$KMnO_4$ 既是标准溶液，又是指示剂。实验证明 $KMnO_4$ 浓度约为 2×10^{-6}mol/L 时，就可以观察到溶液的粉红色。

2. 特殊指示剂

本身不具有氧化还原性，但能与滴定剂或被测物反应生成有特殊颜色的物质而指示终点的，这类物质称为特殊指示剂或专用指示剂。例如，在碘量法中，用可溶性淀粉作指示剂。可溶性淀粉溶液能与 I_2（I_3^-）作用生成深蓝色配合物，当 I_2 完全被还原成 I^- 时，深蓝色消失，当 I^- 被氧化为 I_2 时，蓝色出现，反应非常灵敏。当 I_2 浓度为 1×10^{-5}mol/L 即能看到蓝色。因此可根据蓝色的出现或消失指示终点，因此淀粉是碘量法的特殊指示剂。

3. 氧化还原指示剂

氧化还原指示剂是一些本身具有氧化还原性质的复杂有机化合物，它的氧化型和还原型具有不同的颜色，在滴定过程中，指示剂因被氧化或被还原溶液的颜色发生变化，从而可以用来指示终点。例如，二苯胺磺酸钠是一种常用的氧化还原剂，它的氧化型是紫红色，还原型是无色的。

与酸碱指示剂一样，氧化还原指示剂也有其变色的电位范围，将此范围称为指示剂的电位变色范围，不同的氧化还原指示剂有不同的变色范围，常见的氧化还原指示剂的条件电极电位及其变色范围见表 5-3。

表 5-3　常见的氧化还原指示剂的条件电极电位及其变色范围

指示剂	$E_{In}^{\ominus'}/V$	颜色变化	
		氧化型	还原型
亚甲基蓝	0.36	蓝	无色
二苯胺	0.76	紫	无色
二苯胺磺酸钠	0.84	紫红	无色
邻苯氨基甲酸	0.89	紫红	无色
邻二氮杂菲-亚铁盐	1.06	浅蓝	红
硝基邻二氮杂菲-亚铁盐	1.25	浅蓝	紫红

在酸碱滴定过程中，我们研究的是溶液中 pH 值的变化。在氧化还原滴定过程中，要研究的是由氧化剂和还原剂浓度的改变所引起的电极电位的改变情况，这种电极电位改变的情况可以用与其他滴定法相似的滴定曲线来表示。

二、氧化还原滴定中指示剂的选择

氧化还原滴定指示剂的选择原则有以下几点：

(1) 滴定时，若能根据滴定剂或被测物的颜色来判断终点就不需要另加指示剂，能使用特殊指示剂的就使用特殊指示剂，只有上述两种方法都不能用时，才选用氧化还原指示剂。

(2) 选择氧化还原指示剂时，应使指示剂变色的电极电位范围部分或全部处于滴定突跃的电极电位范围内。由于氧化还原指示剂的变色范围很小，因此在实际选择指示剂时，只要指示剂的条件电极电位处于滴定突跃范围之内就可以，并尽量使指示剂变色点的电极电位与化学计量的电极电位接近，以减少终点误差。

例如，在 $1mol/L H_2SO_4$ 溶液中，用 Ce^{4+} 滴定 Fe^{2+}，滴定的电极电位突跃范围是 0.86～$1.26V$，计量点电极电位为 $1.06V$，可选择的指示剂有邻苯氨基苯甲酸（$E_{In}^{\ominus'}=0.89V$）及邻二氮杂菲亚铁（$E_{In}^{\ominus'}=1.06V$），但若选用邻苯氨基苯甲酸为指示剂终点将提前到达。

(3) 终点时指示剂的颜色变化要明显，便于观察。如用 $Cr_2O_7^{2-}$ 标准溶液滴定 Fe^{2+} 溶液时，选用二苯胺磺酸钠作指示剂，终点时溶液由亮绿色变为深紫色，颜色变化十分明显。

在实际工作中，氧化还原滴定中一般多数通过实验来确定指示剂。

学习小结

(1) 氧化还原滴定中指示剂的分类：①自身指示剂；②特殊指示剂；③氧化还原指示剂。

(2) 氧化还原滴定指示剂的选择原则：①滴定时，若能根据滴定剂或被测物的颜色来判断终点就不需要另加指示剂，能使用特殊指示剂的就使用特殊指示剂，只有上述两种方法都不能用时，才选用氧化还原指示剂；②选择氧化还原指示剂时，应使指示剂变色的电极电位范围部分或全部处于滴定突跃的电极电位范围内。由于氧化还原指示剂的变色范围很小，因此在实际选择指示剂时，只要指示剂的条件电极电位处于滴定突跃范围之内就可以，并尽量使指示剂变色点的电极电位与化学计量的电极电位接近，以减少终点误差。

想一想

氧化还原滴定中的指示剂分为几类？各自如何指示滴定终点？

练一练测一测

一、选择题

1. 在酸性溶液中，用 $KMnO_4$ 标准溶液测定 H_2O_2 含量的指示剂是（　　）。

A. $KMnO_4$　　　　B. Mn^{2+}　　　　C. MnO_2　　　　D. $C_2O_4^{2-}$

2. 用 $K_2Cr_2O_7$ 基准物，标定 $Na_2S_2O_3$ 溶液时，用 $Na_2S_2O_3$ 滴定前，最好用水稀释，其目的是（　　）。

A. 只是为了降低酸度，减少 I^- 被空气氧化

B. 只是为了降低 Cr^{3+} 浓度，便于终点观察

C. 为了 $K_2Cr_2O_7$ 与 I^- 的反应定量完成

D. 一是降低酸度，减少 I^- 被空气氧化；二是为了降低 Cr^{3+} 浓度，便于终点观察

3. 碘量法中，用 $K_2Cr_2O_7$ 作为基准物，标定 $Na_2S_2O_3$ 溶液，用淀粉作指示剂，终点颜色为（　　）。

A. 黄色　　　　　　B. 棕色　　　　　　C. 蓝色　　　　　　D. 蓝绿色

4. 可用直接法配制的标准溶液是（　　）。

A. $KMnO_4$　　　　B. $Na_2S_2O_3$　　　C. $K_2Cr_2O_7$　　　D. I_2（市售）

5. 直接碘量法只能在（　　）溶液中进行。

A. 强酸　　　　　　B. 强碱　　　　　　C. 中性或弱碱性　　D. 弱碱

6. 可用于氧化还原滴定的两电对电位差必须是（　　）。

A. 大于 0.8V　　　 B. 大于 0.4V　　　 C. 小于 0.8V　　　 D. 小于 0.4V

二、名词解释

1. 自身指示剂

2. 氧化还原指示剂

三、判断题

1. $K_2Cr_2O_7$ 是比 $KMnO_4$ 更强的一种氧化剂，它可以在 HCl 介质中进行滴定。（　　）

2. 由于 $KMnO_4$ 性质稳定，可作基准物直接配制成标准溶液。（　　）

3. 由于 $K_2Cr_2O_7$ 容易提纯，干燥后可作基准物直接配制标准溶液，不必标定。（　　）

4. 配好 $Na_2S_2O_3$ 标准溶液后煮沸约 10min。其作用主要是除去 CO_2 和杀死微生物，促进 $Na_2S_2O_3$ 标准溶液趋于稳定。（　　）

5. 提高反应溶液的温度能提高氧化还原反应的速率，因此在酸性溶液中用 $KMnO_4$ 滴定 $C_2O_4^{2-}$ 时，必须加热至沸腾才能保证正常滴定。（　　）

6. 间接碘量法加入 KI 一定要过量，淀粉指示剂要在接近终点时加入。（　　）

7. 使用直接碘量法滴定时，淀粉指示剂应在近终点时加入；使用间接碘量法滴定时，淀粉指示剂应在滴定开始时加入。（　　）

8. 以淀粉为指示剂滴定时，直接碘量法的终点是从蓝色变为无色，间接碘量法是由无色变为蓝色。（　　）

四、简答题

1. 在直接碘量法和间接碘量法中，淀粉指示剂的加入时间和终点颜色变化有何不同？

2. 什么是氧化还原滴定法？常用的氧化还原滴定法有哪些？并简要说明各种方法的原理及特点。

五、计算题

1. 用 30.00mL 某 $KMnO_4$ 标准溶液恰能氧化一定量的 $KHC_2O_4·H_2O$，同样质量的又恰能与 25.20mL 浓度为 0.2012mol/L 的 KOH 溶液反应。计算此 $KMnO_4$ 溶液的浓度。

2. 称取铁矿石试样 0.2150g，用 HCl 溶解后，加入 $SnCl_2$ 将溶液中的 Fe^{3+} 还原为 Fe^{2+}，然后用浓度为 0.01726mol/L 的 $K_2Cr_2O_7$ 标准溶液滴定，用去 22.32mL。求试样中铁的含量。分别以 Fe 和 Fe_2O_3 的质量分数表示。

任务三 过氧化氢含量的测定

任务要求

1. 掌握高锰酸钾标准溶液的配制、标定原理及方法。
2. 掌握高锰酸钾法测定过氧化氢的原理及方法。
3. 理解过氧化氢滴定过程中电对电极电位的变化规律及计算方法。
4. 学会氧化还原滴定曲线的绘制方法。

任务实施

☞ 工作准备

1. 仪器

分析天平、台秤、酸式滴定管（棕色）、容量瓶、烧杯、锥形瓶（250mL）、量筒、洗瓶、微孔玻璃漏斗、棕色试剂瓶（500mL）、移液管（2mL、25mL）、水浴锅等。

2. 试剂

固体 $KMnO_4$、固体 $Na_2C_2O_4$（基准物质）、H_2SO_4（分析纯）、H_2SO_4 溶液（3mol/L）、H_2O_2 试样。

3. 实验原理

（1）高锰酸钾标准溶液的标定。市售高锰酸钾试剂常含有少量的 MnO_2 和其他杂质，它会加速 $KMnO_4$ 的分解，蒸馏水中微量的还原性物质也会与高锰酸钾反应。因此高锰酸钾标准溶液不能用直接法配制，必须经过标定。标定 $KMnO_4$ 溶液的基准物质有 $H_2C_2O_4 \cdot 2H_2O$、$Na_2C_2O_4$、As_2O_3 和纯铁丝等。其中 $Na_2C_2O_4$ 不含结晶水，容易提纯，不易吸湿，无毒，因此是常用的基准物质。

动画 5-3　高锰酸钾标定原理

标定时，在热的硫酸溶液中，$KMnO_4$ 和 NaC_2O_4 发生如下反应：

$$2MnO_4^- + 5C_2O_4^{2-} + 16H^+ = 2Mn^{2+} + 10CO_2\uparrow + 8H_2O$$

反应开始较慢，待溶液中产生 Mn^{2+} 后，由于 Mn^{2+} 的催化作用，促使反应速率加快。滴定中常以加热溶液的方法来提高反应速率。一般控制滴定温度在 75~85℃，若高于 90℃ 容易引起 $H_2C_2O_4$ 分解。

$KMnO_4$ 溶液本身有色，当溶液中 MnO_4^- 浓度约为 2×10^{-6} mol/L 时，人眼即可观察到粉红色，故 $KMnO_4$ 作滴定剂时，一般不加指示剂，而利用稍微过量的 $KMnO_4$ 使溶液呈现粉红色来指示终点的到达，$KMnO_4$ 称为自身指示剂。

根据基准物质的质量与滴定时所消耗的 $KMnO_4$ 溶液体积，计算出 $KMnO_4$ 溶液的准确浓度。

（2）双氧水含量的测定。双氧水，既有氧化性，又有还原性。在酸性溶液中，室温条件下，遇到氧化性比它更强的 $KMnO_4$ 时，可被氧化，其反应式为：

$$2MnO_4^- + 5H_2O_2 + 6H^+ = 2Mn^{2+} + 5O_2\uparrow + 8H_2O$$

用 $KMnO_4$ 标准溶液滴定 H_2O_2 溶液时，开始反应速率较慢，故应缓慢滴定，待有少量 Mn^{2+} 生成后，由于 Mn^{2+} 对反应有催化作用，因此随着 Mn^{2+} 的生成速度逐渐加快，但近终点时，溶液中 H_2O_2 的浓度很低，反应速率也比较慢。故临近终点时，滴定速度应慢些。当溶液由无色变为微红色时即终点。根据 $KMnO_4$ 标准溶液的用量可计算出样品中 H_2O_2 含量。

☞ 工作过程

1. 0.02mol/L $KMnO_4$ 标准溶液的配制与标定

（1）$KMnO_4$ 溶液的配制。取约 1.6g 固体 $KMnO_4$，置于 1000mL 烧杯中，加入 500mL 蒸馏水，用玻璃棒搅拌，使之溶解。盖上表面皿，加热至微沸并保持 1h，冷却后倒入棕色试剂瓶中，放于暗处静置两周后，用微孔玻璃漏斗过滤，滤液储存于棕色试剂瓶中，待标定。

微课 5-1　高锰酸钾标准溶液的制备

（2）$KMnO_4$ 溶液的标定。在分析天平上，用减量法称取已于 110℃ 下烘干恒重的基准物 $Na_2C_2O_4$ 0.15～0.20g（准确至 0.0001g），置于 250mL 锥形瓶中，加新煮沸并放冷的蒸馏水 30mL 使之溶解。再加入 10mL 3mol/L H_2SO_4 溶液，加热至 75～85℃（有蒸汽冒出），趁热用待标定的 $KMnO_4$ 溶液滴定至溶液呈现淡红色，并保持 30s 不褪色即为终点，记录消耗高锰酸钾标准溶液的体积。平行测定 3 次，并做空白实验。

注意滴定速度，应在加入第一滴溶液红色褪去，再加入下一滴，以后可逐渐加快滴定速度。临近终点时，滴定速度要减慢，滴定结束后溶液的温度不低于 55℃。

2. 双氧水含量的测定

用减量法准确称取 0.8～1.0g 双氧水试样（质量分数约 30%），置于装有 200mL 蒸馏水的 250mL 容量瓶中，加水稀释至刻度线，充分摇匀。

微课 5-2　双氧水中过氧化氢的测定

用移液管准确移取上述稀释过的 H_2O_2 试液 25.00mL 于 250mL 锥形瓶中，加入 3mol/L 的 H_2SO_4 溶液 20mL，用 0.020mol/L $KMnO_4$ 标准溶液滴定至溶液呈粉红色，并保持 30s 不褪色即为终点。记录消耗 $KMnO_4$ 标准溶液的体积。平行测定 3 次，同时做空白实验。

☞ 数据记录与处理

1. 记录数据

（1）高锰酸钾标准溶液的标定结果见表 5-4。

表 5-4　高锰酸钾标准溶液的标定结果

项目	1	2	3
倾出前称量瓶与基准物 $Na_2C_2O_4$ 的质量/g			
倾出后称量瓶与基准物 $Na_2C_2O_4$ 的质量/g			
基准物 $Na_2C_2O_4$ 的质量/g			
$KMnO_4$ 溶液的初读数/mL			
$KMnO_4$ 溶液的终读数/mL			
消耗 $KMnO_4$ 标准溶液的体积/mL			
滴定管校正值/mL			
溶液温度补正值/(mL/L)			
实际消耗 $KMnO_4$ 标准溶液的体积/mL			
空白实验消耗 $KMnO_4$ 标准溶液的体积/mL			
$KMnO_4$ 标准溶液的浓度/(mol/L)			
平均浓度/(mol/L)			
相对极差/%			

（2）过氧化氢含量的测定见表 5-5。

表 5-5 过氧化氢含量的测定结果

项目	1	2	3
倾倒前称量瓶与样品的质量/g			
倾倒后称量瓶与样品的质量/g			
样品的质量/g			
$KMnO_4$ 标准溶液的初读数/mL			
$KMnO_4$ 标准溶液的终读数/mL			
消耗 $KMnO_4$ 标准溶液的体积/mL			
滴定管校正值/mL			
溶液温度补正值/(mL/L)			
实际消耗 $KMnO_4$ 标准溶液的体积/mL			
空白实验消耗 $KMnO_4$ 标准溶液的体积/mL			
$KMnO_4$ 标准溶液的准确浓度/(mol/L)			
$\omega_{H_2O_2}$ /%			
平均值/%			
相对极差/%			

2. 结果计算

(1) 高锰酸钾标准溶液的浓度:

$$c_{KMnO_4} = \frac{m_{Na_2C_2O_4}}{M_{Na_2C_2O_4}(V-V_0)\times 10^{-3}} \times \frac{2}{5}$$

式中　c_{KMnO_4}——$KMnO_4$ 标准溶液的浓度,mol/L;

　　　$m_{Na_2C_2O_4}$——基准物草酸钠的质量,g;

　　　V——滴定时消耗 $KMnO_4$ 标准溶液的体积,mL;

　　　V_0——空白实验消耗 $KMnO_4$ 标准溶液的体积,mL;

　　　$M_{Na_2C_2O_4}$——草酸钠的摩尔质量,g/mol。

(2) 试样中过氧化氢含量的计算:

$$\rho_{H_2O_2} = \frac{c_{KMnO_4}(V-V_0)M_{H_2O_2}}{V_{样}} \times \frac{5}{2}$$

式中　$\rho_{H_2O_2}$——过氧化氢的质量浓度,g/L;

　　　c_{KMnO_4}——$KMnO_4$ 标准溶液的浓度,mol/L;

　　　V——滴定时消耗 $KMnO_4$ 标准溶液的体积,mL;

　　　V_0——空白实验消耗 $KMnO_4$ 标准溶液的体积,mL;

　　　$M_{H_2O_2}$——H_2O_2 的摩尔质量,g/mol;

　　　$V_{样}$——双氧水样品的体积,mL。

☞ **注意事项**

① 移取 H_2O_2 时,注意安全,不可用嘴吸移液管的方法取试样。

② 滴定开始反应慢,故 $KMnO_4$ 标准溶液应逐滴加入,若滴定速度过快会使 $KMnO_4$ 在强酸性溶液中来不及与 H_2O_2 反应而发生分解,使测定结果偏低。

③ H_2O_2 溶液有很强的腐蚀性,防止溅到皮肤和衣物上。

一、氧化还原滴定曲线

在氧化还原滴定中,以滴定剂的加入量为横坐标,以电极电位为纵坐标所作的曲线,就是氧化还原滴定曲线。

氧化还原滴定曲线可通过实验测出的数据而绘制,有些简单的反应也可根据能斯特方程式,由两电对的条件电极电位计算滴定过程中溶液电位的变化,并描绘出滴定曲线,从滴定曲线上可找出化学计量点的电位和滴定突跃电位,这是确定终点的依据。

(一) 滴定过程中电极电位的计算

下面以在 1mol/L 的 H_2SO_4 溶液中,用 0.1000mol/L $Ce(SO_4)_2$ 溶液,滴定 20.00mL 0.1000mol/L $FeSO_4$ 溶液为例,说明可逆、对称氧化还原电对在滴定过程中电极电位的计算方法。

Ce^{4+} 滴定 Fe^{2+} 的反应式为:

$$Ce^{4+} + Fe^{2+} \rightleftharpoons Fe^{3+} + Ce^{3+}$$

滴定开始,体系中同时存在两个电对,即:

$$Fe^{3+} + e \rightleftharpoons Fe^{2+} \qquad E^{\ominus'}_{Fe^{3+}/Fe^{2+}} = 0.68V$$

$$Ce^{4+} + e \rightleftharpoons Ce^{3+} \qquad E^{\ominus'}_{Ce^{4+}/Ce^{3+}} = 1.44V$$

在滴定过程中每加入一定量的滴定剂,反应达到一个新的平衡,此时两电对的电极电位相等。因此,在滴定过程的不同阶段可选用任何便于计算的电对来计算体系的电位值。电对在滴定过程中电位的变化可计算如下:

滴定开始前,虽然是 0.1000mol/L 的 Fe^{2+} 溶液,但是由于空气中氧气的氧化作用,不可避免地会有痕量 Fe^{3+} 存在,组成 Fe^{3+}/Fe^{2+} 电对,但由于 Fe^{3+} 的浓度不定。所以此时的电位也就无法计算。

1. 滴定开始到化学计量点前,溶液中电极电位的计算

在化学计量点前,溶液中同时存在着 Fe^{3+}/Fe^{2+} 和 Ce^{4+}/Ce^{3+} 两个电对,因此加入的 Ce^{4+} 几乎全部被还原为 Ce^{3+},溶液中 Ce^{3+} 很多,溶液中 Ce^{4+} 很少,因而不易直接求得,故此时利用 Fe^{3+}/Fe^{2+} 电对计算溶液的电位比较方便。另外,为简便计算,采用 Fe^{3+}/Fe^{2+} 浓度的百分比来代替 $c_{Fe^{3+}}$ 和 $c_{Fe^{2+}}$ 之比,代入式(5-5)进行计算。

若加入 12.00mL 0.1000mol/L Ce^{4+} 标准溶液,则溶液中 Fe^{2+} 将有 60% 被氧化为 Fe^{3+},这时溶液中:

$$c_{Fe^{3+}} = \frac{12.00}{20.00} \times 100\% = 60\%$$

$$c_{Fe^{2+}} = \frac{20.00 - 12.00}{20.00} \times 100\% = 40\%$$

则得:$E_{Fe^{3+}/Fe^{2+}} = E^{\ominus'}_{Fe^{3+}/Fe^{2+}} = 0.059 \lg \frac{c_{Fe^{3+}}}{c_{Fe^{2+}}} = 0.68 + 0.059 \lg \frac{60\%}{40\%} = 0.69V$

同样可计算当加入 19.98mL Ce^{4+} 溶液时:$E_{Fe^{3+}/Fe^{2+}} = 0.68 + 0.059 \lg \frac{99.9\%}{0.1\%} = 0.86V$

化学计量点前任意一点的电极电位可按同样的方法求得。

2. 化学计量点时,溶液电极电位的计算

化学计量点时,已加入 20.00mL 0.1000mol/L Ce^{4+} 标准溶液,此时 Ce^{4+} 和 Fe^{2+} 都能定量地转变成 Ce^{3+} 和 Fe^{3+},溶液中未反应的 Ce^{4+} 和 Fe^{2+} 的浓度均很小,不易直接单独按某一电对来计算电极电位,由于反应达到平衡时两电对的电位相等,故可由两电对联立求得。

设:化学计量点的电极电位为 E_{sp}。

即:$E_{Ce^{4+}/Ce^{3+}} = E_{Fe^{3+}/Fe^{2+}} = E_{sp}$

故：$E_{sp} = E_{Ce^{4+}/Ce^{3+}} = 1.44 + 0.059 \lg \dfrac{c_{Ce^{4+}}}{c_{Ce^{3+}}}$，$E_{sp} = E_{Fe^{3+}/Fe^{2+}} = 0.68 + 0.059 \lg \dfrac{c_{Fe^{3+}}}{c_{Fe^{2+}}}$

将以上两式相加，整理后得：$2E_{sp} = 1.44 + 0.68 + 0.059 \lg \dfrac{c_{Ce^{4+}} c_{Fe^{3+}}}{c_{Ce^{3+}} c_{Fe^{2+}}}$

当达到计量点时，溶液中：$c_{Ce^{4+}} = c_{Fe^{2+}}$，$c_{Ce^{3+}} = c_{Fe^{3+}}$

此时：$\lg \dfrac{c_{Ce^{4+}} c_{Fe^{3+}}}{c_{Fe^{2+}} c_{Ce^{3+}}} = 0$

故：$E_{sp} = \dfrac{1.44 + 0.68}{2} = 1.06 \text{V}$

对于一般的可逆、对称的氧化还原反应，可用类似的方法求得化学计量点电极电位计算通式：

$$E_{sp} = \dfrac{n_1 E_1^{\ominus} + n_2 E_2^{\ominus}}{n_1 + n_2} \tag{5-8}$$

此式只适应于可逆、对称电对。对于不对称的电对，计算比较复杂，这里不作讨论。

3. 化学计量点后溶液电极电位的计算

溶液中 Fe^{2+} 几乎全部转化为 Fe^{3+}，Fe^{2+} 的浓度极小，不易直接求出，而 Ce^{4+} 过量，故此时以 Ce^{4+}/Ce^{3+} 电对计算电极电位比较方便。

$$E_{Ce^{4+}/Ce^{3+}} = 1.44 + 0.059 \lg \dfrac{c_{Ce^{4+}}}{c_{Ce^{3+}}}$$

当加入 20.02mL Ce^{4+} 时，即过量 0.1%，则：

$$E_{Ce^{4+}/Ce^{3+}} = 1.44 + 0.059 \lg \dfrac{0.1\%}{100\%} = 1.26 \text{V}$$

可按同样方法计算不同滴定点溶液的电位值。并将计算的结果列于表 5-6 中。

表 5-6 0.1000mol/L $Ce(SO_4)_2$ 标准溶液滴定 0.1000mol/L $FeSO_4$ 溶液时的电极电位变化

加入的 $Ce(SO_4)_2$ 溶液		剩余的 Fe^{2+} 百分数/%	过量的 Ce^{4+} 百分数/%	电位 E/V
体积 V/mL	百分数			
0.00	0.00	100.0		
2.00	10.0	90.0		0.62
10.00	50.0	50.0		0.68
18.00	90.0	10.0		0.74
19.80	99.0	1.0		0.80
19.98	99.9	0.1		0.86
20.00	100.0			1.06 ⎫
20.02	100.1		0.1	1.26 ⎬ 突跃
22.00	110.0		10.0	1.38
30.00	150.0		50.0	1.42
40.00	200.0		100.0	1.44

（二）氧化还原滴定曲线的绘制

根据表中所列数据，以滴定剂加入的比例为横坐标，电对的电位为纵坐标得动画 5-4 的滴定曲线。

二、滴定突跃的讨论

根据前面的计算可以看出:

(1) 从化学计量点前 Fe^{2+} 剩余 0.1‰到化学计量点后 Ce^{4+} 过量 0.1‰,电位增加了 1.26－0.86＝0.40V,有一个明显的突跃,与酸碱滴定曲线相似,曲线上有一个电位的突跃。

(2) 化学计量点附近电位突跃范围的大小与电子转移数和两电对的条件电极电位(或标准电极电位)的差值有关,两者差值越大,滴定突跃范围越大,反应越完全,越易准确滴定,反之滴定突跃范围就越小。

动画 5-4 氧化还原滴定曲线

(3) 对于 $n_1 = n_2$ 的氧化还原反应,化学计量点恰好处于滴定突跃的中心,在化学计量点附近滴定曲线是对称的。对于 $n_1 \neq n_2$ 对称电对的氧化还原反应,化学计量点不在滴定突跃中心,而是偏向电子得失较多的电对的一方。

(4) 对于可逆、对称的氧化还原电对,滴定比例达 50%时,溶液的电极电位等于被测物电对的条件电极电位,而滴定比例达 200%时,溶液的电极电位等于滴定剂电对的条件电极电位。

滴定突跃是判断氧化还原滴定的可能性和选择指示剂的依据。对于不可逆电对,计算所得的曲线与实际曲线有较大差异,所以滴定曲线都是由实验测定的。

三、高锰酸钾法

(一) 方法概述

以高锰酸钾为滴定剂的氧化还原滴定法称为高锰酸钾法。$KMnO_4$ 是一种强氧化剂(电极电位为 1.491V),它的氧化能力和还原产物都与溶液的酸度有关。

在强酸性溶液中,$KMnO_4$ 与还原剂作用时,被还原为 Mn^{2+},其半反应为:

$$MnO_4^- + 8H^+ + 5e \rightleftharpoons Mn^{2+} + 4H_2O \qquad E^{\ominus}_{MnO_4^-/Mn^{2+}} = 1.491V$$

在弱酸性、中性或弱碱性溶液中,$KMnO_4$ 与还原剂作用,则会生成褐色的水合二氧化锰($MnO_2 \cdot H_2O$)沉淀,妨碍滴定终点的观察,因此在这些条件下应用较少。

$$MnO_4^- + 2H_2O + 3e \rightleftharpoons MnO_2 \downarrow + 4OH^- \qquad E^{\ominus} = 0.58V$$

在强碱性溶液中,$KMnO_4$ 被还原为 MnO_4^{2-}:

$$MnO_4^- + e \rightleftharpoons MnO_4^{2-} \qquad E^{\ominus} = 0.564V$$

由此可见,高锰酸钾在强酸性溶液中有更强的氧化能力,同时生成无色的 Mn^{2+},便于终点的观察,因此高锰酸钾法一般在强酸性条件下使用。

为防止 Cl^-(具有还原性)和 NO_3^-(在酸性条件下具有氧化性)的干扰,强酸通常用浓度为 1~2mol/L 的 H_2SO_4,避免使用 HCl 或 HNO_3。但在用高锰酸钾法测定有机物时,大多数在碱性溶液中进行,因为在碱性溶液中氧化有机物的反应速率比在酸性溶液中更快。

1. 高锰酸钾法的优点

$KMnO_4$ 氧化能力强,应用范围广,许多还原性物质及有机物可用高锰酸钾标准溶液直接滴定,同时可间接测定一些氧化性物质,如 MnO_2 含量的测定;自身指示剂,无须另加指示剂。

2. 高锰酸钾法的缺点

$KMnO_4$ 标准溶液不能直接配制,且标准溶液不够稳定,不能久置,需经常标定;由于

$KMnO_4$ 氧化能力，能和很多还原性物质发生作用，测定选择性差，而且 $KMnO_4$ 与还原性物质反应历程复杂，常有副反应发生。

（二）高锰酸钾标准溶液的配制与标定（参考国家标准 GB/T 601—2016）

1. 高锰酸钾标准溶液的配制

由于市售高锰酸钾常含有少量杂质，并且具有吸水性强、氧化性强、本身易分解等特性，所以不能直接配制，必须先配制成近似浓度，再进行标定。

为了配制较稳定的高锰酸钾溶液，应采用下列措施：

（1）称取 3.3g 高锰酸钾，溶于 1050mL 水中。

（2）缓缓煮沸 15min，冷却，于暗处密闭放置 2 周。

（3）用已处理过的 4 号玻璃滤埚（在同样浓度的高锰酸钾溶液中缓缓煮沸 5min）过滤，储存于棕色瓶中。

2. 高锰酸钾标准溶液的标定

标定高锰酸钾常用基准物有 $Na_2C_2O_4$、$H_2C_2O_4 \cdot 2H_2O$、纯铁丝、铁铵矾、As_2O_4（有毒）等。其中 $Na_2C_2O_4$ 不含结晶水，易提纯，性质稳定，是最常用的基准物质。将 $Na_2C_2O_4$ 在 105～110℃ 下烘干 2h 后，冷却就可使用。

称取 0.25g 已于 105～110℃ 电烘箱中干燥至恒量的基准试剂 $Na_2C_2O_4$，溶于 100mL 硫酸溶液（8+92）中，用配制的高锰酸钾溶液滴定，近终点时加热至约 65℃，继续滴定至溶液呈粉红色，并保持 30s 不褪色，同时做空白试验。

标定时，在 H_2SO_4 溶液中，MnO_4^- 与 $C_2O_4^{2-}$ 反应式如下：

$$2MnO_4^- + 5C_2O_4^{2-} + 16H^+ = 2Mn^{2+} + 10CO_2\uparrow + 8H_2O$$

为了使反应能够定量地较快进行，标定应注意下列滴定条件。

（1）酸度：为了使滴定反应能够正常进行，溶液应保持足够的酸度，酸度不足会生成二氧化锰沉淀，酸度过高 $H_2C_2O_4$ 会分解。

（2）温度：室温下该反应缓慢，滴定临近终点温度约为 65℃，滴定时温度不高于 90℃，否则 $H_2C_2O_4$ 部分分解，使标定得到的溶液浓度偏高。

（3）滴定速度：先慢后快再慢。由于 MnO_4^- 与 $C_2O_4^{2-}$ 反应是自动催化反应。因此，滴定开始反应速度慢，特别第一滴，加入等褪色后再加入下一滴。随着滴定的进行，由于二氧化锰的生成，起了催化作用，反应速率加快，若开始加入少量 $MnSO_4$ 溶液，反应一开始就很快。

（4）滴定终点：溶液出现粉红色 30s 不褪色为终点。若时间过长，空气中的还原性气体及尘埃等杂质落入溶液中，能使 $KMnO_4$ 缓慢分解，粉红色消失。

（三）高锰酸钾法的应用

1. 双氧水中过氧化氢含量的测定

过氧化氢俗称双氧水，属于强氧化剂，作为生产加工助剂，具有消毒、杀菌、漂白等作用，在造纸、环保、食品、医药、纺织、矿业、农业废料加工等领域有广泛的应用。

近年来，随着食品行业的发展，对食品级双氧水的需求也越来越多，尤其是乳品行业，如无菌包装的纯牛奶、酸牛奶等，其无菌包装的消毒杀菌必须使用食品级双氧水。由于食品级双氧水的生产具有一定的技术难度，国内只有个别企业具备生产食品级双氧水的能力，因此食品行业所需的双氧水，绝大部分从国外进口，为了保证进口的双氧水质量，必须对其含量进行测定。双氧水中过氧化氢含量的测定常用氧化还原滴定法。

市售的双氧水有两种规格：一种是含量为 30% 的溶液，另一种是含量为 3% 的溶液。含量为 30% 的浓双氧水，具有较强的腐蚀性和刺激性，需稀释后方可测定。

双氧水遇到强氧化剂（如 $KMnO_4$）时，显示还原性。高锰酸钾在酸性溶液中，氧化 H_2O_2，其反应式为：

$$5H_2O_2 + 2MnO_4^- + 6H^+ \rightleftharpoons 2Mn^{2+} + 5O_2\uparrow + 8H_2O$$

因此测定双氧水中过氧化氢的含量时，可以用 $KMnO_4$ 标准溶液直接滴定，滴定反应可在 H_2SO_4 介质中，室温条件下顺利进行。开始反应速率慢，但不能加热，以防 H_2O_2 的分解，随后产生的 Mn^{2+} 可起催化作用，反应速率加快。因此滴定时应注意滴定速度。

由于 H_2O_2 不稳定，其工业品中一般加入某些有机物，如乙酰苯胺等作稳定剂，因稳定剂对滴定有干扰（能消耗 $KMnO_4$，使结果偏高），此时 H_2O_2 的测定宜采用碘量法或铈量法。

2. 软锰矿中 MnO_2 的测定

测定时，在酸性溶液中，一定过量的 $Na_2C_2O_4$ 与 MnO_2 在加热的条件下进行反应：

$$MnO_2 + C_2O_4^{2-} + 4H^+ \rightleftharpoons Mn^{2+} + 2CO_2\uparrow + 2H_2O$$

剩余的 $Na_2C_2O_4$ 趁热以高锰酸钾标准溶液滴定：

$$5C_2O_4^{2-} + 2MnO_4^- + 16H^+ \rightleftharpoons 2Mn^{2+} + 10CO_2\uparrow + 8H_2O$$

由 $Na_2C_2O_4$ 的质量及高锰酸钾标准溶液的消耗量计算 MnO_2 的含量，此法称为返滴定法。

3. 钙盐中钙的测定

Ca^{2+} 不具有氧化还原性，其含量的测定采用间接测定法。测定时首先将样品处理成溶液后，使 Ca^{2+} 进入溶液中，然后利用 Ca^{2+} 与 $C_2O_4^{2-}$ 生成微溶性 CaC_2O_4 沉淀，经过滤、洗涤后，将 CaC_2O_4 沉淀溶于热的稀 H_2SO_4 中，再用 $KMnO_4$ 标准溶液滴定溶液中的 $H_2C_2O_4$。由所消耗 $KMnO_4$ 标准溶液的体积和浓度间接计算钙的含量。其反应如下：

$$Ca^{2+} + C_2O_4^{2-} \rightleftharpoons CaC_2O_4\downarrow$$

$$CaC_2O_4 + 2H^+ \rightleftharpoons Ca^{2+} + H_2C_2O_4$$

$$5H_2C_2O_4 + 2MnO_4^- + 6H^+ \rightleftharpoons 2Mn^{2+} + 10CO_2\uparrow + 8H_2O$$

在沉淀 Ca^{2+} 时，为了得到大的易过滤、洗涤的晶形沉淀，必须选择适当的沉淀条件。通常将含 Ca^{2+} 溶液先用 HCl 酸化，然后加入过量 $(NH_4)_2C_2O_4$ 沉淀剂，再慢慢加入稀氨水，此时溶液中 H^+ 逐渐被中和，$C_2O_4^{2-}$ 浓度缓慢地增加，这样便可得到 CaC_2O_4 的粗晶形沉淀。最后 pH 值控制在 3.5~4.5，以防止难溶性钙盐的生成。沉淀经陈化、过滤、洗涤、酸化后，用 $KMnO_4$ 标准溶液进行滴定。

【例 5-5】 称取基准物 $Na_2C_2O_4$ 0.05000g 溶解在酸性溶液中，用 $KMnO_4$ 标准溶液滴定，到达终点时用去 48.00mL，计算 $KMnO_4$ 标准溶液的浓度。

解 $Na_2C_2O_4$ 与 $KMnO_4$ 溶液的反应为：

$$5C_2O_4^{2-} + 2MnO_4^- + 16H^+ \rightleftharpoons 2Mn^{2+} + 10CO_2\uparrow + 8H_2O$$

由反应方程式可知：$n_{KMnO_4} = \dfrac{2}{5} n_{Na_2C_2O_4}$

$$c_{KMnO_4} V_{KMnO_4} = \dfrac{2}{5} \times \dfrac{m_{Na_2C_2O_4}}{M_{Na_2C_2O_4}}$$

故 $KMnO_4$ 标准溶液的浓度为：

$$c_{KMnO_4} = \dfrac{2}{5} \times \dfrac{m_{Na_2C_2O_4}}{M_{Na_2C_2O_4} V_{KMnO_4}} = \dfrac{2}{5} \times \dfrac{0.05}{134.00 \times 48.00 \times 10^{-3}}$$

$$= 0.0031 mol/L$$

【例 5-6】 称取石灰石试样 0.5000g,将它溶解后沉淀为 CaC_2O_4,将沉淀过滤洗涤后溶于 H_2SO_4 中,用 0.02000mol/L 的 $KMnO_4$ 标准溶液滴定,到达终点时消耗 38.05mL,求石灰石中 $CaCO_3$ 的含量。

解 测定中的主要反应为:

$$Ca^{2+} + C_2O_4^{2-} = CaC_2O_4 \downarrow$$

$$CaC_2O_4 + 2H^+ = Ca^{2+} + H_2C_2O_4$$

$$5H_2C_2O_4 + 2MnO_4^- + 6H^+ = 2Mn^{2+} + 10CO_2 \uparrow + 8H_2O$$

由以上反应可知:$CaCO_3 \sim Ca^{2+} \sim CaC_2O_4 \sim \dfrac{5}{2} MnO_4^-$

因此 $n_{CaCO_3} = \dfrac{5}{2} n_{KMnO_4}$

所以 $w_{CaCO_3} = \dfrac{m_{Ca}}{m_{样}} = \dfrac{\dfrac{5}{2} \times c_{KMnO_4} V_{KMnO_4} M_{CaCO_3} \times 10^{-3}}{m_{样}} \times 100\%$

$= \dfrac{5 \times 0.02000 \times 38.05 \times 100.1 \times 10^{-3}}{2 \times 0.5000} \times 100\%$

$= 38.09\%$

学习小结

(1) 氧化还原滴定曲线:在氧化还原滴定中,以滴定剂的加入量为横坐标,以电极电位为纵坐标所作的曲线,就是氧化还原滴定曲线。

(2) 高锰酸钾法:以高锰酸钾为滴定剂的氧化还原滴定法称为高锰酸钾法,$KMnO_4$ 是一种强氧化剂(电极电位为 1.491V)它的氧化能力和还原产物都与溶液的酸度有关。

(3) 高锰酸钾标定应注意的滴定条件:①酸度;②温度;③滴定速度;④滴定终点。

想一想

高锰酸钾标定时,酸度、温度、滴定速度和滴定终点对标定结果有怎样的影响?

练一练测一测

一、选择题

1. 用草酸钠作基准物标定高锰酸钾溶液时,开始反应速率小,稍后,反应速率明显变快,这是( )起催化作用。
A. H^+ B. MnO_4^- C. Mn^{2+} D. CO_2

2. $KMnO_4$ 滴定所需的介质是( )。
A. 硫酸 B. 盐酸 C. 磷酸 D. 硝酸

二、填空题

1. $KMnO_4$ 在_____溶液中氧化性最强,其氧化有机物的反应大都在_____条件下进行,因为_____。

2. 利用电极电位可以判断氧化还原反应进行的_____、_____、_____。

3. 高锰酸钾在强酸介质中被还原为_____,在弱酸、中性或弱碱性介质中还原为_____,强碱性介质中还原为_____。

三、判断题

1. 溶液酸度越高,$KMnO_4$ 氧化能力越强,与 $Na_2C_2O_4$ 反应越完全,所以用 $Na_2C_2O_4$

标定 $KMnO_4$ 时，溶液酸度越高越好。（　　）

2. 用基准试剂草酸钠标定 $KMnO_4$ 溶液时，需将溶液加热至 75～85℃ 进行滴定。若超过此温度，会使测定结果偏低。（　　）

3. 由于 $KMnO_4$ 具有很强的氧化性，所以 $KMnO_4$ 法只能用于测定还原性物质。（　　）

四、简答题

1. $KMnO_4$ 标准溶液如何配置？用 $Na_2C_2O_4$ 标定 $KMnO_4$ 溶液时需控制哪些滴定条件？

2. $KMnO_4$ 滴定法，在酸性溶液中的反应常用 H_2SO_4 来酸化，而不用 HNO_3 和盐酸，为什么？

五、计算题

用 0.1200mol/L $KMnO_4$ 标准溶液滴定 10.00mL（密度为 1.010g/mL）双氧水，消耗 $KMnO_4$ 36.80mL，计算双氧水中 H_2O_2 的质量分数。

任务四　铁矿石中全铁含量的测定

任务要求

1. 掌握重铬酸钾标准溶液的配制及使用方法。
2. 熟练掌握重铬酸钾法滴定终点的确定方法。
3. 掌握重铬酸钾法测定全铁含量的基本原理及注意事项。

任务实施

☞ 工作准备

1. 仪器

分析天平、烧杯、容量瓶、酸式滴定管、表面皿、锥形瓶等。

2. 试剂

固体 $K_2Cr_2O_7$（基准物）、硫酸亚铁样品、浓盐酸溶液、盐酸溶液（1∶1）、10% $SnCl_2$ 溶液、$TiCl_3$ 溶液（取 $TiCl_3$ 10mL、用 5∶95 盐酸溶液稀释至 100mL）、硫/磷混合酸（H_2SO_4、H_3PO_4、H_2O 的体积比为 2∶3∶5）、25％钨酸钠溶液、二苯胺磺酸钠指示剂（0.2％的水溶液）。

3. 实验原理

重铬酸钾易提纯、性质稳定，可以用直接法配制成标准溶液，密闭，浓度可在较长时间内保持不变。

试样测定时，先用浓盐酸溶解样品，然后加入 $SnCl_2$ 将 Fe^{3+} 还原为 Fe^{2+}，以二苯胺磺酸钠为指示剂，用重铬酸钾标准溶液滴定生成的 Fe^{2+}。经典方法是用 $HgCl_2$ 氧化过量的 $SnCl_2$，除去 Sn^{2+} 的干扰，但 $HgCl_2$ 造成环境污染，本实验采用无汞定铁法。

☞ 工作过程

1. $K_2Cr_2O_7$ 标准溶液的配制

用分析天平准确称取基准物质 $K_2Cr_2O_7$ 约 1.4g（±0.0001g），置于 100mL 烧杯中，加入少量蒸馏水，溶解后，定量转移至 250mL 容量瓶中，并稀释至刻度线，充分摇匀。然后转移到试剂瓶中，贴上标签。

微课 5-3　重铬酸钾标准溶液的制备

2. 铁矿石铁的测定

矿样预先在 120℃烘箱中烘 1~2h，放入干燥器中冷却 30~40min 后，准确称取 0.23~0.30g 矿样 3 份于 250mL 锥形瓶中，用少量水湿润，加入 10mL 浓 HCl 溶液，盖上表面皿，加热使矿样溶解（残渣为白色或接近白色），若有带色不溶残渣，可滴加 $SnCl_2$ 使溶液呈现浅黄色。然后用洗瓶冲洗表面皿及瓶壁，并加 10mL 水、10~15 滴钨酸钠溶液。滴加 $TiCl_3$ 至溶液出现钨蓝。再加入蒸馏水 20~30mL，随后摇动溶液，使钨蓝被氧化，或滴加 $K_2Cr_2O_7$ 标准溶液至钨蓝刚好消失。加入 10mL 硫/磷混合酸及 5 滴二苯胺磺酸钠，立即用 $K_2Cr_2O_7$ 标准溶液滴定至溶液出现紫色，即为终点，记录数据。平行测定三次，同时做空白实验。根据高锰酸钾标准溶液的体积及浓度计算矿石中铁的含量。

视频 5-1　铁矿石中全铁含量测定

动画 5-5　重铬酸钾测定铁过程

☞ 数据记录与处理

1. 数据记录

数据记录见表 5-7。

表 5-7　数据记录

项目	1	2	3
称量样品前质量/g			
称量样品后质量/g			
铁矿石的质量/g			
滴定管体积的初读数/mL			
滴定管体积的终读数/mL			
消耗 $K_2Cr_2O_7$ 标准溶液的体积/mL			
滴定管校正值/mL			
溶液温度补正值/(mL/L)			
实际消耗 $K_2Cr_2O_7$ 标准溶液的体积/mL			
空白实验消耗 $K_2Cr_2O_7$ 标准溶液的体积/mL			
铁矿石中铁的含量/%			
铁矿石中铁的平均含量/%			
相对极差/%			

2. 结果计算

（1）重铬酸钾标准溶液浓度的计算

$$c_{K_2Cr_2O_7} = \frac{m}{M_{K_2Cr_2O_7} V} \times 1000$$

式中　$c_{K_2Cr_2O_7}$——$K_2Cr_2O_7$ 标准溶液的浓度，mol/L；

　　　　m——称量基准物 $K_2Cr_2O_7$ 的质量，g；

　　　　$M_{K_2Cr_2O_7}$——$K_2Cr_2O_7$ 的摩尔质量，g/mol；

　　　　V——$K_2Cr_2O_7$ 标准溶液的体积，mL。

（2）试样中铁含量的计算

$$w_{Fe} = \frac{6 \times c_{K_2Cr_2O_7}(V-V_0) \times 10^{-3} \times M_{Fe}}{m} \times 100\%$$

式中 $c_{K_2Cr_2O_7}$ ——$K_2Cr_2O_7$ 标准溶液的浓度，mol/L；

　　　V——滴定至终点时消耗 $K_2Cr_2O_7$ 标准溶液的体积，mL；

　　　V_0——空白实验消耗 $K_2Cr_2O_7$ 标准溶液的体积，mL；

　　　m——铁矿石试样的质量，g；

　　　M_{Fe}——Fe 的摩尔质量，g/mol。

一、重铬酸钾法

（一）概述

重铬酸钾法是以重铬酸钾作为标准溶液进行滴定的氧化还原滴定法。重铬酸钾也是一种较强的氧化剂，在酸性溶液中，重铬酸钾与还原剂作用时被还原为 Cr^{3+}，其半反应为：

$$Cr_2O_7^{2-} + 14H^+ + 6e \rightleftharpoons 2Cr^{3+} + 7H_2O \qquad E^{\ominus} = 1.33V$$

Cr^{3+} 在中性、碱性条件下容易水解，所以滴定必须在酸性溶液中进行。

（二）特点

从电极电位看重铬酸钾的氧化能力比高锰酸钾稍弱一些，应用范围不如高锰酸钾法广泛，但重铬酸钾法具有如下的许多优点：

（1）重铬酸钾容易提纯。在 140~150℃ 时干燥后，可直接称量，直接配制成标准溶液。

（2）重铬酸钾标准溶液非常稳定，可长期保存在密闭容器里，其浓度不变。

（3）由于氧化能力弱于高锰酸钾，因此可在 HCl 溶液中滴定，不受 Cl^- 还原作用的影响。

（4）应用重铬酸钾法滴定，重铬酸钾自身不能作指示剂，需要加入具有氧化还原能力的氧化还原指示剂来确定终点。常用指示剂有二苯胺磺酸钠或邻苯氨基苯甲酸等。

二、重铬酸钾标准溶液的配制

（一）直接配制法

重铬酸钾易于提纯，通常将重铬酸钾在水中重结晶，于 140~150℃ 干燥 2h，即得到基准物。

1. 基准物 $K_2Cr_2O_7$ 质量的计算

根据所配制的标准溶液的浓度和体积算出所称取的基准物 $K_2Cr_2O_7$ 的质量。

2. 配制

用分析天平准确称取一定量的基准物 $K_2Cr_2O_7$，置于 100mL 烧杯中，加入少量蒸馏水，溶解后，定量转移至容量瓶中，并稀释至刻度线，充分摇匀。然后转移到试剂瓶中，贴上标签。

（二）间接配制法

若使用分析纯的 $K_2Cr_2O_7$ 试剂配制标准溶液，则需要先配制成近似浓度，然后再标定（参考国家标准 GB/T 601—2016）。

1. 配制

在托盘天平上称取一定质量的分析纯 $K_2Cr_2O_7$ 试剂，置于烧杯中，加入少量蒸馏水，溶解后，加水到所需体积，倾入试剂瓶，摇匀备用。

2. 标定

（1）标定原理：准确移取一定体积的重铬酸钾溶液，加入过量的 KI 和硫酸使其生成一定量的碘，再用已知准确浓度的 $Na_2S_2O_3$ 标准溶液滴定生成的碘，以淀粉指示剂指示终点，由 $Na_2S_2O_3$ 标准溶液的浓度和所消耗的体积，计算其准确浓度。其相关反应式如下：

$$Cr_2O_7^{2-} + 6I^- + 14H^+ = 2Cr^{3+} + 3I_2 + 7H_2O$$

$$I_2 + 2S_2O_3^{2-} = 2I^- + S_4O_6^{2-}$$

（2）反应条件：由于 $K_2Cr_2O_7$ 与 I^- 的反应速率较慢，为了使反应进行完全，应控制以下条件。

① 提高酸度。反应在较高酸度下进行，但酸度较大时，I^- 易被空气中的氧气氧化，一般控制 pH 值在 3.0～4.0 之间为宜。增大 I^- 的浓度，一般采用理论量的 2～3 倍，增大 I^- 的浓度，即可加快反应速率，同时由于 I^- 与生成的 I_2 作用生成 I_3^-，防止碘的挥发。

② 避光、控制反应时间。置于暗处，放置 10min 使之完全反应。

（3）浓度的计算：

$$c_{K_2Cr_2O_7} = \frac{(V_1 - V_0)c_{Na_2S_2O_3}}{6V_2}$$

式中 $c_{K_2Cr_2O_7}$——重铬酸钾标准溶液的浓度，mol/L；

V_1——硫代硫酸钠标准溶液的体积，mL；

V_0——空白实验消耗硫代硫酸钠标准溶液的体积，mL；

$c_{Na_2S_2O_3}$——硫代硫酸钠标准溶液的浓度，mol/L；

V_2——重铬酸钾溶液的体积，mL。

三、铁矿石中全铁含量的测定

用重铬酸钾法测定铁矿石中全铁含量常用的有氯化亚锡-氯化汞法；氯化亚锡-三氯化钛联合还原法；氯化亚锡-甲基橙指示剂法三种方法。

三种方法放入原理相似，但控制终点的方式不同。

（一）氯化亚锡-氯化汞法

试样一般用 HCl 加热分解，在热的浓 HCl 溶液中，用 $SnCl_2$ 将 Fe^{3+} 还原为 Fe^{2+}，过量的 $SnCl_2$ 用 $HgCl_2$ 氧化，此时溶液中析出 Hg_2Cl_2 丝状白色沉淀，然后在 1～2mol/L 的 H_2SO_4-H_3PO_4 混合酸介质中，以二苯胺磺酸钠作指示剂，用 $K_2Cr_2O_7$ 标准溶液滴定至溶液由浅绿色变为紫红色，即为终点。

其主要反应式为：

$$2Fe^{3+} + Sn^{2+} = 2Fe^{2+} + Sn^{4+}$$

$$Sn^{2+} + 2Hg^{2+} + 2Cl^- = Sn^{4+} + Hg_2Cl_2 \downarrow$$

$$6Fe^{2+} + Cr_2O_7^{2-} + 14H^+ = 6Fe^{3+} + 2Cr^{3+} + 7H_2O$$

在滴定前加入 H_2SO_4-H_3PO_4 的目的是：

（1）提供滴定所需的酸度条件。

（2）H_3PO_4 与 Fe^{3+} 生成无色而稳定的 $[Fe(HPO_4)_2]^-$，消除 Fe^{3+} 黄色的干扰。使滴定时溶液颜色的变化更加明显。

（3）降低了 Fe^{3+} 的浓度，即降低了 Fe^{3+}/Fe^{2+} 电对的电极电位，增大了化学计量点的突跃范围，使指示剂的变色范围落在滴定突跃范围之内。

此法简便、快捷、准确，但因还原用的汞有毒，引起环境污染，近几年来出现一些无汞测铁法。

（二）氯化亚锡-三氯化钛联合还原法

试样分解后，先用 $SnCl_2$ 将大部分 Fe^{3+} 还原，再以钨酸钠为指示剂，用 $TiCl_3$ 还原剩余的 Fe^{3+} 至蓝色的钨出现，此时表明 Fe^{3+} 已全部还原，稍过量的 $TiCl_3$ 在 Cu^{2+} 的催化下加水稀释，滴加稀 $K_2Cr_2O_7$ 至蓝色刚好褪去，以除去过量的 $TiCl_3$，以后的滴定步骤与前面的相同。

其主要反应式为：

$$2Fe^{3+} + Sn^{2+} = 2Fe^{2+} + Sn^{4+}$$

$$Fe^{3+}（剩余）+ Ti^{3+} = Fe^{2+} + Ti^{4+}$$

$$6Fe^{2+} + Cr_2O_7^{2-} + 14H^+ = 6Fe^{3+} + 2Cr^{3+} + 7H_2O$$

此法无毒，对环境没有污染。但精密度、准确度都不高。

（三）氯化亚锡-甲基橙指示剂法

样品溶解后加入甲基橙指示剂，趁热加入 $SnCl_2$，至溶液黄色消失，终点时稍微过量的 $SnCl_2$ 将橙红色的甲基橙还原为无色。

其主要反应式为：

$$2Fe^{3+} + Sn^{2+} = 2Fe^{2+} + Sn^{4+}$$

$$6Fe^{2+} + Cr_2O_7^{2-} + 14H^+ = 6Fe^{3+} + 2Cr^{3+} + 7H_2O$$

此法操作方便、简单，适应于中间控制分析。但分析结果偏高，精密度、准确度较差。

【例 5-7】 有 0.1000g 工业甲醇，在 H_2SO_4 介质中与 20.00mL 0.02000mol/L 的 $K_2Cr_2O_7$ 溶液反应完全后，用邻苯氨基苯甲酸为指示剂，用 0.01200mol/L 的 $(NH_4)_2Fe(SO_4)_2$ 溶液滴定剩余的 $K_2Cr_2O_7$，用去了 10.00mL。求试样中甲醇的质量分数。

解 在 H_2SO_4 介质中，甲醇被过量的 $K_2Cr_2O_7$ 氧化成 CO_2 和 H_2O，其反应式为：

$$CH_3OH + Cr_2O_7^{2-} + 8H^+ = CO_2\uparrow + 2Cr^{3+} + 6H_2O$$

过量的 $K_2Cr_2O_7$ 以 $(NH_4)_2Fe(SO_4)_2$ 溶液滴定，其反应式为：

$$Cr_2O_7^{2-} + 6Fe^{2+} + 14H^+ = 2Cr^{3+} + 6Fe^{3+} + 7H_2O$$

由反应式可知：

$$n_{CH_3OH} = n_{Cr_2O_7^{2-}} = \frac{1}{6}n_{Fe^{2+}}$$

与甲醇作用的 $K_2Cr_2O_7$ 物质的量等于加入 $K_2Cr_2O_7$ 的总物质的量减去与 Fe^{2+} 作用的 $K_2Cr_2O_7$ 物质的量。

$$w_{CH_3OH} = \frac{\left(c_{K_2Cr_2O_7} V_{K_2Cr_2O_7} - \frac{1}{6} \times c_{Fe^{2+}} V_{Fe^{2+}}\right)}{m_{样}} \times 100\%$$

$$= \frac{\left(0.02000 \times 20.00 - \frac{1}{6} \times 0.01200 \times 10.00\right) \times 10^{-3} \times 32.04}{0.1000} \times 100\%$$

$$= 12.18\%$$

学习小结

（1）重铬酸钾法是以重铬酸钾作为标准溶液进行滴定的氧化还原滴定法。重铬酸钾也是一种较强的氧化剂，在酸性溶液中，重铬酸钾与还原剂作用时被还原为 Cr^{3+}。

（2）从电极电位看重铬酸钾的氧化能力比高锰酸钾稍弱一些，应用范围不如高锰酸钾法广泛，但重铬酸钾法具有如下的许多优点：
① 重铬酸钾容易提纯。在 140~150℃时干燥后，可直接称量，直接配制成标准溶液。
② 重铬酸钾标准溶液非常稳定，可长期保存在密闭容器里，其浓度不变。
③ 由于氧化能力弱于高锰酸钾，因此可在 HCl 溶液中滴定，不受 Cl^- 还原作用的影响。
④ 应用重铬酸钾法滴定，重铬酸钾自身不能作指示剂，需要加入具有氧化还原能力的氧化还原指示剂来确定终点。常用指示剂有二苯胺磺酸钠或邻苯氨基苯甲酸等。

想一想

试比较酸碱滴定、配位滴定和氧化还原滴定的滴定曲线，说明它们的共性和特性。

练一练测一测

一、名词解释
1. 高锰酸钾法
2. 重铬酸钾法

二、填空题
1. $K_2Cr_2O_7$ 法与 $KMnO_4$ 法相比，具有许多优点：_____、_____、_____。
2. $K_2Cr_2O_7$ 法测定铁矿石中全铁含量时，采用_____还原法，滴定之前，加入 H_3PO_4 的目的有二：一是_____，二是_____。

三、判断题
1. $K_2Cr_2O_7$ 标准溶液滴定 Fe^{2+} 既能在硫酸介质中进行，又能在盐酸介质中进行。（ ）
2. 用于重铬酸钾法中的酸性介质只能是硫酸，而不能用盐酸。（ ）

四、简答题
以 $K_2Cr_2O_7$ 标定 $Na_2S_2O_3$ 浓度时使用间接碘量法，能否采用 $K_2Cr_2O_7$ 直接滴定 $Na_2S_2O_3$？为什么？

五、计算题
1. 将 0.1963g 分析纯 $K_2Cr_2O_7$ 试剂溶于水，酸化后加入过量 KI，析出的 I_2 需用 33.61mL $Na_2S_2O_3$ 溶液滴定。计算 $Na_2S_2O_3$ 溶液的浓度。
2. 称取铁矿石试样 0.2000g，溶于盐酸后用 $SnCl_2$ 处理成 Fe^{2+}，用 0.008400mol/L 的 $K_2Cr_2O_7$ 标准溶液滴定，到达终点时消耗 $K_2Cr_2O_7$ 标准溶液 26.78mL，计算铁矿石 Fe_2O_3 的含量。

任务五　胆矾中 $CuSO_4 \cdot 5H_2O$ 含量的测定

任务要求

1. 掌握碘量法的基本原理、滴定条件。
2. 掌握直接碘量法的操作步骤及注意事项。
3. 掌握淀粉指示剂的变色原理。
4. 掌握间接碘量法测定胆矾中 $CuSO_4 \cdot 5H_2O$ 的含量的基本原理和方法。

任务实施

☞ **工作准备**

1. 仪器

分析天平、碱性滴定管（50mL）、碘量瓶（250mL）等。

2. 试剂

$CuSO_4 \cdot 5H_2O$ (C.P.)；$Na_2S_2O_3$（固体）；基准物 $K_2Cr_2O_7$；HAc（6mol/L）；KI（固体，A.R.）；淀粉指示剂（5g/L）；H_2SO_4 溶液（1mol/L）；H_2SO_4（20%）；NH_4HF_2 溶液（20%）；KSCN（10%）等。

微课 5-4 胆矾中铜含量的测定方案设计

3. 实验原理

(1) $Na_2S_2O_3$ 标定原理：标定 $Na_2S_2O_3$ 常用的基准物是 $K_2Cr_2O_7$，标定时采用置换滴定法，先将 $K_2Cr_2O_7$ 与过量的 KI 作用，再用 $Na_2S_2O_3$ 标准溶液滴定析出的 I_2，以淀粉为指示剂，溶液由蓝色变为亮绿色即为终点。

其反应式为：

$$Cr_2O_7^{2-} + 14H^+ + 6I^- = 3I_2 + 2Cr^{3+} + 7H_2O$$
$$I_2 + 2S_2O_3^{2-} = S_4O_6^{2-} + 2I^-$$

必须注意，淀粉指示剂在临近终点时加入，若过早加入，溶液中还剩余很多的 I_2，大量的 I_2 被淀粉牢固地吸附，不易完全放出，使终点难以确定。因此，必须在滴定至近终点（溶液呈现浅绿色）时，再加入淀粉指示剂。

(2) 测定原理：在弱酸性溶液中（pH=3~4），Cu^{2+} 与过量 I^- 作用生成难溶性的 CuI 沉淀并定量析出 I_2。生成的 I_2 可用 $Na_2S_2O_3$ 标准溶液滴定，以淀粉溶液为指示剂，滴定至溶液的蓝色刚好消失即为终点。其反应式为：

$$2Cu^{2+} + 4I^- = 2CuI\downarrow + I_2$$
$$I_2 + 2S_2O_3^{2-} = S_4O_6^{2-} + 2I^-$$

由所消耗的 $Na_2S_2O_3$ 标准溶液的体积及浓度即可求出样品中硫酸铜的含量。

☞ **工作过程**

1. $c_{Na_2S_2O_3} = 0.1mol/L$ $Na_2S_2O_3$ 溶液的配制

用托盘天平称取一定量的市售硫代硫酸钠于烧杯中，再加入少量的 Na_2CO_3，加水溶解后，盖上表面皿，缓缓煮沸 10min，冷却后置于暗处密闭静置两周后过滤，待标定。

2. $Na_2S_2O_3$ 标准溶液的标定

准确称取基准物 $K_2Cr_2O_7$ 0.12~0.15g 于 250mL 碘量瓶中，加 25mL 煮沸并冷却的蒸馏水溶解，加入 2g 固体碘化钾及 20mL 20% 的 H_2SO_4 溶液，立即盖上碘量瓶塞，摇匀，瓶口加少量蒸馏水密封，防止 I_2 挥发。在暗处放置 5min，打开瓶盖，同时用蒸馏水冲洗瓶盖

微课 5-5 硫代硫酸钠标准溶液的制备

磨口及碘量瓶内壁，加 150mL 煮沸并冷却的蒸馏水稀释，然后立即用待标定的 $Na_2S_2O_3$ 标准溶液滴定至溶液出现淡黄色时（近终点），加 3mL 5g/L 的淀粉指示剂，继续滴定至溶液由蓝色变为亮绿色即为终点，记录消耗 $Na_2S_2O_3$ 标准溶液的体积。平行测定三次，同时做空白实验。

3. 胆矾中 $CuSO_4 \cdot 5H_2O$ 含量的测定

准确称取 $CuSO_4 \cdot 5H_2O$ 样品 0.5~0.6g，置于 250mL 碘量瓶中，加入 1mol/L 的 H_2SO_4 溶液 1mL 和蒸馏水 100mL 使其溶解，加入 20% NH_4HF_2 溶液 10mL 及固体 KI 3g，迅速盖上瓶盖，摇匀，水封。于暗处放置 10min，此时出现 CuI 白色沉淀。

打开瓶盖,用少量蒸馏水冲洗瓶盖磨口,及碘量瓶内壁,然后立即用 0.1mol/L $Na_2S_2O_3$ 标准溶液滴定至溶液显浅黄色(近终点),加 3mL 5g/L 的淀粉指示剂,继续滴定至溶液显浅蓝色时,加入 10%KSCN 或 NH_4SCN 溶液 10mL,继续用 $Na_2S_2O_3$ 标准溶液滴定至溶液蓝色恰好消失即为终点,此时溶液为 CuSCN 悬浮液,记录消耗 $Na_2S_2O_3$ 溶液的体积。平行测定三次,同时做空白实验。根据所消耗 $Na_2S_2O_3$ 标准溶液的体积,计算出铜的百分含量。

☞ 数据记录与处理

1. 数据记录

(1) 硫代硫酸钠标准溶液的标定结果见表 5-8。

表 5-8　硫代硫酸钠标准溶液的标定结果

项目	1	2	3
称取样品前质量/g			
称取样品后质量/g			
$K_2Cr_2O_7$ 的质量/g			
滴定管体积初读数/mL			
滴定管体积终读数/mL			
消耗 $K_2Cr_2O_7$ 标准溶液的体积/mL			
滴定管校正值/mL			
溶液温度补正值/(mL/L)			
实际消耗 $Na_2S_2O_3$ 标准溶液的体积/mL			
空白实验消耗 $Na_2S_2O_3$ 标准溶液的体积/mL			
$Na_2S_2O_3$ 标准溶液的浓度/(mol/L)			
$Na_2S_2O_3$ 标准溶液的平均浓度/(mol/L)			
相对极差/%			

(2) 胆矾中 $CuSO_4 \cdot 5H_2O$ 含量的测定结果见表 5-9。

表 5-9　胆矾中 $CuSO_4 \cdot 5H_2O$ 含量的测定结果

项目	1	2	3
称取样品前质量/g			
称取样品后质量/g			
硫酸铜样品的质量/g			
滴定管体积初读数/mL			
滴定管体积终读数/mL			
消耗 $Na_2S_2O_3$ 标准溶液的体积/mL			
滴定管校正值/mL			
溶液温度补正值/(mL/L)			
实际消耗 $Na_2S_2O_3$ 标准溶液的体积/mL			
空白消耗 $Na_2S_2O_3$ 标准溶液的体积/mL			
$Na_2S_2O_3$ 标准溶液的浓度/(mol/L)			
胆矾中 $CuSO_4 \cdot 5H_2O$ 的含量/%			
平均值/%			
相对极差/%			

2. 结果计算

(1) 硫代硫酸钠标准溶液浓度的计算:

$$c_{Na_2S_2O_3} = \frac{m_{K_2Cr_2O_7}}{M_{K_2Cr_2O_7}(V_1-V_0)\times 10^{-3}} \times 6$$

式中 $c_{Na_2S_2O_3}$——硫代硫酸钠标准溶液的浓度,mol/L;
$m_{K_2Cr_2O_7}$——称取重铬酸钾基准试剂的质量,g;
$M_{K_2Cr_2O_7}$——$K_2Cr_2O_7$ 的摩尔质量,g/mol;
V_1——硫代硫酸钠标准溶液的体积,mL;
V_0——空白实验消耗硫代硫酸钠标准溶液的体积,mL。

(2) 胆矾中 $CuSO_4 \cdot 5H_2O$ 含量的计算:

$$w_{CuSO_4 \cdot 5H_2O} = \frac{c_{Na_2S_2O_3} \times (V_1 - V_0) \times 10^{-3} \times M_{CuSO_4 \cdot 5H_2O}}{m} \times 100\%$$

式中 $w_{CuSO_4 \cdot 5H_2O}$——胆矾中 $CuSO_4 \cdot 5H_2O$ 的质量分数,%;
$c_{Na_2S_2O_3}$——硫代硫酸钠标准滴定溶液的浓度,mol/L;
V_1——滴定时实验消耗硫代硫酸钠标准溶液的体积,mL;
V_0——空白实验消耗硫代硫酸钠标准溶液的体积,mL;
$M_{CuSO_4 \cdot 5H_2O}$——$CuSO_4 \cdot 5H_2O$ 的摩尔质量,g/mol;
m——称取试样的质量,g。

▶ 注意事项

① 淀粉溶液必须在接近终点时加入,否则容易引起淀粉溶液凝聚,并且吸附在淀粉中的 I_2 不易释放,影响测定。

② 滴定时摇动锥形瓶要注意,在大量的 I_2 存在时不要剧烈摇动溶液,以免 I_2 挥发。在加入淀粉后的滴定应充分摇动以防 I_2 的吸附。

③ 为了避免误差,平行操作时,不能同时于待测溶液中加 KI,应一份一份地操作,不可放置时间过长,防止 KI 被空气氧化,整个滴定操作要适当快一些。

④ 滴定完成的溶液放置后会变蓝色。是由于空气氧化溶液中的 I^- 生成少量的 I_2 所致。

⑤ 若无碘量瓶,可用锥形瓶盖上表面皿代替。

⑥ 加入 KI 后,不必放置,应立即滴定,以防 CuI 沉淀对 I_2 的吸附太牢。

相关知识

一、碘量法

(一) 概述

碘量法也是常用的氧化还原滴定法之一,它是以 I_2 的氧化性和 I^- 的还原性为基础的氧化还原滴定法。由于固体 I_2 的溶解度很小且易挥发,通常将 I_2 溶解在 KI 溶液中,此时 I_2 在溶液中以 I_3^- 的形式存在。

$$I_2 + I^- \rightleftharpoons I_3^-$$

为了方便和明确化学计量关系,一般仍将 I_3^- 简写成 I_2。用 I_3^- 滴定的基本反应为:

$$I_2 + 2e \rightleftharpoons 2I^- \quad E^{\ominus} = 0.545V$$

由 $E^{\ominus}$ 值可知,I_2 是一种较弱的氧化剂,可与较强的还原剂作用,而 I^- 是一种中强度的还原剂,能与许多氧化剂作用,因此,碘量法可以用直接或间接两种方式进行滴定。

1. 直接碘量法(碘滴定法)

电极电位比 $E^{\ominus}_{I_2/I^-}$ 低的还原性物质,可用 I_2 标准溶液直接滴定,这种方法叫作直接碘量法。可测定一些强还原性物质，如钢铁中硫含量的测定，SO_2 用水吸收后，可用 I_2 标准溶液直接滴定，其反应为：

$$I_2 + SO_2 + 2H_2O \Longrightarrow 2I^- + SO_4^{2-} + 4H^+$$

但是直接碘量法不能在碱性溶液中进行，如果溶液 pH 值大于 8，部分 I_2 要发生歧化反应，会带来测量误差，在酸性溶液中也只有少数还原能力强而不受 H^+ 浓度影响的物质才能发生定量反应，又由于 $E^{\ominus}_{I_2/I^-}$ 电位并不高，能直接用 I_2 标准溶液滴定的物质并不多，所以直接碘量法的应用受到一定的限制。

2. 间接碘量法（滴定碘法）

电极电位比 $E^{\ominus}_{I_2/I^-}$ 高的氧化性物质，可在一定条件下与 I^- 作用，定量析出 I_2，然后用 $Na_2S_2O_3$ 标准溶液滴定析出的 I_2，这种方法叫间接碘量法。如测定重铬酸钾时，在酸性溶液中 $K_2Cr_2O_7$ 与过量的碘化钾产生 I_2，再用 $Na_2S_2O_3$ 标准溶液滴定 I_2，其反应如下：

$$Cr_2O_7^{2-} + 6I^- + 14H^+ \Longrightarrow 2Cr^{3+} + 3I_2 + 7H_2O$$

$$I_2 + 2S_2O_3^{2-} \Longrightarrow 2I^- + S_4O_6^{2-}$$

微课 5-6　间接碘量法操作

凡是能与 KI 作用定量析出 I_2 的氧化性物质及能与过量的 I_2 在碱性介质中作用的有机物都可以用间接碘量法测定，常用于测量 Cu^{2+}、$C_2O_4^{2-}$、$Cr_2O_7^{2-}$、H_2O_2 等氧化性物质。所以，间接碘量法的应用较直接碘量法更为广泛。

（二）碘量法终点的确定

碘量法的终点常用淀粉指示剂来确定，在少量 I^- 的存在下，I_2 与淀粉反应形成蓝色吸附配位物，根据蓝色的出现或消失来指示终点。

直接碘量法的滴定终点是无色变蓝色，即 I_2 + 淀粉（无色）——→蓝色吸附配位物，间接碘量法的终点是蓝色变无色，即淀粉-I_2 的蓝色吸附配位物——→淀粉（无色）+ I^-。

在间接碘量法中，淀粉应在滴定到临近终点时加入，若加入过早，大量的 I_2 与淀粉结合影响 $Na_2S_2O_3$ 对 I_2 的还原，将带来终点误差。

淀粉溶液需要是新配制的，若放置过久，则与 I_2 的吸附配位物不显蓝色，而呈现紫色或红色，这种紫色或红色吸附配位物在用 $Na_2S_2O_3$ 滴定时褪色慢，且终点不敏锐。

（三）碘量法的条件

1. 防止 I_2 挥发和空气中的 O_2 氧化 I^-

碘量法误差主要来自两个方面，一是 I_2 容易挥发，二是在酸性溶液中 I^- 易被空气氧化，为此应采取适当的措施减小误差。

（1）防止 I^- 被空气中的 O_2 氧化的方法：

① 溶液的酸度不宜过高，因增加酸度，O_2 的氧化速率增大。

② 避免阳光直射，因为光及 Cu^{2+}、NO_2^- 等能促进空气中的 O_2 对 I^- 的氧化，因此应将析出碘的反应置于暗处并预先除去以上杂质。

③ 析出 I_2 后，不能让溶液放置过久。

④ 滴定速度适当快一点。

（2）防止 I_2 挥发应采取以下措施：

① 加入过量 KI（一般比理论值大 2~3 倍），KI 与 I_2 形成 I_3^-，以降低 I_2 的挥发性，提高淀粉指示剂的灵敏度。

② 反应时溶液的温度不能高，一般在室温下进行。因升高温度增大 I_2 的挥发性，降低

淀粉指示剂的灵敏度。

③ 滴定时不要剧烈摇动溶液，最好用带玻璃塞的锥形瓶（碘量瓶）。

2. 控制溶液的酸度

直接碘量法不能在强碱性溶液中进行，间接碘量法只能在弱酸性或近中性溶液中进行。如果在碱性溶液中会发生下列副反应：

$$S_2O_3^{2-} + 4I_2 + 10OH^- = 2SO_4^{2-} + 8I^- + 5H_2O$$

同时，I_2 在碱性溶液中还会发生歧化反应。

若在强酸性溶液中 $Na_2S_2O_3$ 溶液会发生分解。其反应如下：

$$S_2O_3^{2-} + 2H^+ = SO_2 + S\downarrow + H_2O$$

同时 I^- 在酸性溶液中容易被空气中的氧气氧化。

3. 注意淀粉指示剂的使用

间接碘量法应在接近终点时再加入淀粉指示剂，否则大量的 I_2 与淀粉结合，影响 $Na_2S_2O_3$ 对 I_2 的还原。

综上所述，碘量法具有测定范围广泛，既可测定氧化性物质，又可测定还原性物质；I_2/I^- 电对的可逆性好，副反应少；与其他氧化还原法不同，应用碘量法时不仅可在酸性溶液中滴定，还可在中性和弱碱性溶液中滴定；同时又有该方法的通用指示剂——淀粉等优点。因此，碘量法是一种应用范围十分广泛的滴定方法。

二、碘量法标准溶液的配制与标定

碘量法常用的标准溶液有硫代硫酸钠和碘标准溶液两种，下面分别介绍。

（一）硫代硫酸钠的配制与标定

固体 $Na_2S_2O_3 \cdot 5H_2O$ 容易风化潮湿，且含少量杂质，而且配制好 $Na_2S_2O_3$ 化学稳定性差，易分解，因此不能直接配制标准溶液，只能用间接法配制。$Na_2S_2O_3$ 标准溶液不稳定，浓度随时间而变化，其主要原因有以下几点：

1. 水中的 CO_2 的作用

$Na_2S_2O_3$ 在酸性溶液中会分解，能被溶解在水中的 CO_2 分解析出硫。

$$Na_2S_2O_3 + CO_2 + H_2O = NaHSO_3 + NaHCO_3 + S\downarrow$$

2. 水中的微生物的作用

微生物会消耗 $Na_2S_2O_3$，使它转化成 Na_2SO_3，这是 $Na_2S_2O_3$ 存放过程中浓度变化的主要原因。

$$Na_2S_2O_3 = Na_2SO_3 + S\downarrow$$

3. 空气中氧气的作用

空气中氧气可将其氧化：

$$2Na_2S_2O_3 + O_2 = 2Na_2SO_4 + 2S\downarrow$$

$Na_2S_2O_3$ 在微生物作用下分解，光照可加速该反应的进行。因此，在配制 $Na_2S_2O_3$ 标准溶液时应采用新煮沸（除氧、CO_2，杀菌）并冷却的蒸馏水，并加入少量 Na_2CO_3 使溶液呈弱碱性，可抑制细菌生长，为了防止 $Na_2S_2O_3$ 的分解，配制好的溶液保存在棕色瓶中，置于暗处放置 8~12 天后标定。若长期保持，每隔 1~2 月标定一次，如果发现溶液浑浊，应弃去重新配制。

标定 $Na_2S_2O_3$ 所用基准物有 $K_2Cr_2O_7$、KIO_3 等，采用间接碘量法标定，其中以 $K_2Cr_2O_7$ 最为常用。用 $K_2Cr_2O_7$ 或 KIO_3 为基准物标定时应注意下列几点：

（1）在酸性溶液中使 $K_2Cr_2O_7$ 与 KI 反应，溶液的酸度越大，反应速率越大，酸度太大 I^- 易被空气中的 O_2 氧化。所以溶液的酸度一般以 0.2～0.4mol/L 为宜。

（2）$K_2Cr_2O_7$ 与 KI 的反应慢，应将溶液在暗处放置一定时间（5min），待反应完全后再用 $Na_2S_2O_3$ 滴定。KIO_3 与 KI 反应快，不需要放置。

（3）KI 溶液不应含有 KIO_3。如果 KI 溶液呈黄色，或将溶液酸化后加入淀粉指示剂显蓝色，则应将 $Na_2S_2O_3$ 溶液滴定至无色后再使用。

（4）用 $Na_2S_2O_3$ 滴定前，先将溶液稀释。这样可降低溶液的酸度，防止 I^- 被空气氧化，减小 $Na_2S_2O_3$ 的分解作用，同时使 Cr^{3+} 的绿色减弱，便于终点的观察。

（5）在用淀粉为指示剂时，用 $Na_2S_2O_3$ 溶液滴定至溶液呈浅黄色时（大部分 I_2 已作用），加入淀粉指示剂，继续用 $Na_2S_2O_3$ 溶液滴定至蓝色刚好消失，即为终点。

滴定至终点后，如经过几分钟溶液变蓝，属于正常，这是由于空气中的 O_2 氧化 I^- 所引起的。如溶液迅速变蓝，说明反应不完全（放置时间不够），遇到这种情况应重新标定。

（二）碘标准溶液的配制与标定

用升华制得的纯碘可以直接配制成标准溶液，但由于碘在室温下的挥发性强，另外，碘蒸气对天平有一定的腐蚀作用，故不能在分析天平上准确称量，通常碘标准溶液多用分析纯碘间接配制。

由于碘几乎不溶于水，所以配制时将市售的纯碘与过量的 KI 放入研钵中加少量的水研磨，等溶解后再稀释到一定体积，溶液应储存在具有玻璃塞的棕色瓶中，避免与橡皮接触，防止日光照射、受热等。

视频 5-2　碘标准溶液的滴定

I_2 溶液的浓度可以用标准溶液 $Na_2S_2O_3$ 比较标定，也可以用基准物三氧化二砷（俗称砒霜，剧毒）标定。

1. 用 As_2O_3 作基准物标定

As_2O_3 难溶于水，但易溶于碱性溶液中，生成亚砷酸盐。先将一定准确量的 As_2O_3 溶解在 NaOH 溶液中，再用酸将其酸化，最后用 $NaHCO_3$ 将溶液调至 pH≈8，以淀粉为指示剂，终点时溶液由无色突变为蓝色。其相关反应为：

$$As_2O_3 + 6OH^- \rightleftharpoons 2AsO_3^{3-} + 3H_2O$$

$$H_3AsO_3 + I_2 + H_2O \rightleftharpoons H_3AsO_4 + 2I^- + 2H^+$$

亚砷酸与碘的反应是可逆的，为使反应快速定量的向右进行，可加 $NaHCO_3$，以保持溶液的 pH≈8.0。根据称取 As_2O_3 的质量、滴定时消耗 I_2 溶液的体积可计算出 I_2 标准溶液的浓度。

由于 As_2O_3 为剧毒物，一般常用已知浓度的 $Na_2S_2O_3$ 标准溶液标定 I_2 溶液。

2. 用 $Na_2S_2O_3$ 标准溶液"比较"标定

用 I_2 溶液滴定一定体积的 $Na_2S_2O_3$ 标准溶液，以淀粉为指示剂，终点由无色到蓝色。其滴定反应为：

$$I_2 + 2S_2O_3^{2-} \rightleftharpoons 2I^- + S_4O_6^{2-}$$

根据 $Na_2S_2O_3$ 标准溶液的用量和碘溶液的量，可计算出碘溶液的浓度。

三、碘量法的应用及计算示例

（一）铜矿石中铜的测定

在中性或弱酸性溶液中，给待测 Cu^{2+} 溶液中加入过量 I^-，则 Cu^{2+} 与过量 I^- 反应定量

析出 I_2 并生成 CuI 沉淀，析出 I_2 用 $Na_2S_2O_3$ 标准溶液滴定，其反应式为：

$$2Cu^{2+} + 4I^- = 2CuI\downarrow + I_2$$

$$I_2 + 2S_2O_3^{2-} = 2I^- + S_4O_6^{2-}$$

这里 I^- 既是还原剂（将 Cu^{2+} 还原为 Cu^+），又是沉淀剂（将 Cu^+ 沉淀为 CuI）还是配位剂（将 I_2 配位为 I_3^-）。生成的 I_2 用 $Na_2S_2O_3$ 标准溶液滴定，以淀粉为指示剂，以蓝色褪去为终点，这样就可计算出铜的含量。

反应加入过量的 KI，一方面可促使反应进行完全，另一方面形成 I_3^- 以增加 I_2 的溶解度。

由于 CuI 沉淀表面吸附 I_2 致使分析结果偏低，为此可在大部分 I_2 被 $Na_2S_2O_3$ 溶液滴定后，再加入 NH_4SCN 或 KSCN 使 CuI（$K_{sp} = 1.1 \times 10^{-12}$）沉淀转化为溶解度更小的 CuSCN（$K_{sp} = 4.8 \times 10^{-15}$）沉淀，把吸附的碘释放出来，从而提高测定结果的准确度。

为了防止铜盐水解，溶液的 pH 值一般控制在 3.0～4.0 之间。酸度过高，空气中的氧会氧化 I^- 而成 I_2，使测定结果偏高，酸度过低，Cu^{2+} 可能水解，使反应不完全，且反应速率变慢，终点拖后，结果偏低，同时 I_2 会发生歧化作用，一般用氨水使溶液接近中性，再加入 NH_4HF_2，使其生成稳定的 $[FeF_6]^{3-}$ 络离子，从而降低了 Fe^{3+}/Fe^{2+} 电对的电极电位，Fe^{3+} 失去了氧化 I^- 的能力，消除 Fe^{3+} 氧化 I^- 对测定的干扰，同时还可以控制溶液的酸度，保证间接碘量法所要求的条件。

为了避免大量的 Cl^- 与 Cu^{2+} 形成配位物，因此应用 H_2SO_4，不能用 HCl。

本法广泛用于铜合金、矿石、电镀液、炉渣中的铜及胆矾等试样中铜的含量的测定，具有快速、准确等优点。

（二）维生素C（药片）含量的测定

维生素 C 又称抗坏血酸，分子式为 $C_6H_8O_6$，分子量 176.13，是预防坏血病、促进身体健康的药品，也是分析化学中常用的掩蔽剂。

测定原理：维生素 C 分子中的烯二醇基具有显著的还原性，可被 I_2 氧化成二酮基，因而可用直接碘量法测定。

方法：把维生素 C 溶解在新煮沸且冷却的蒸馏水中，以醋酸酸化，加入淀粉指示剂，迅速用 I_2 标准溶液滴定至蓝色即为终点。

视频 5-3 维生素 C 的含量的测定

但要注意维生素 C 的还原性较强，在空气中易被氧化，因此操作要熟练，且酸化后立即滴定。由于蒸馏水中含有溶解氧，所以必须先煮沸，如果溶液中有易被 I_2 氧化的物质存在，则对该测定有干扰。

（三）漂白粉中有效氯的测定

漂白粉有效成分是次氯酸盐，具有漂白性和消毒作用。此外，漂白粉中含有 $CaCl_2$、$Ca(ClO_3)_2$ 和 CaO 等，用 CaCl(ClO) 表示，工业上评价的标准是用酸处理后释放出来的氯量称为有效成分，以 Cl% 来表示。

以间接碘量法来测定，在硫酸溶液中，漂白粉与过量 KI 作用产生 I_2，其反应式为：

$$ClO^- + 2I^- + 2H^+ = I_2 + Cl^- + H_2O$$

析出来的 I_2 用 $Na_2S_2O_3$ 标准溶液滴定。

【例 5-8】 分析铜矿试样 0.5000g，经处理成 Cu^{2+} 后，用间接碘量法测定，用去 0.1500mol/L 的 $Na_2S_2O_3$ 标准溶液 20.00mL，滴定至淀粉蓝色消失。计算铜矿石中 Cu_2O 的质量分数。

解 测定时有关反应式为：

$$2Cu^{2+} + 4I^- \rightleftharpoons 2CuI\downarrow + I_2$$

$$I_2 + 2S_2O_3^{2-} \rightleftharpoons 2I^- + S_4O_6^{2-}$$

由反应式可知：1mol Cu_2O～2mol Cu^{2+}～1mol I_2～2mol $Na_2S_2O_3$

即 $n_{Cu_2O} = \dfrac{1}{2} n_{Na_2S_2O_3}$

铜矿试样中 Cu_2O 的质量分数为：

$$w_{Cu_2O} = \dfrac{\dfrac{1}{2} \times c_{Na_2S_2O_3} V_{Na_2S_2O_3} M_{Cu_2O} \times 10^{-3}}{m_{样}} \times 100\%$$

$$= \dfrac{\dfrac{1}{2} \times 0.1500 \times 20.00 \times 143.1 \times 10^{-3}}{0.5000} \times 100\%$$

$$= 42.93\%$$

学习小结

（1）碘量法：碘量法是常用的氧化还原滴定法之一，它是以 I_2 的氧化性和 I^- 的还原性为基础的氧化还原滴定法。碘量法可以用直接或间接的两种方式进行滴定。

（2）碘量法的终点常用淀粉指示剂来确定，在少量 I^- 的存在下，I_2 与淀粉反应形成蓝色吸附配位物，根据蓝色的出现或消失来指示终点。

（3）碘量法的条件：①防止 I_2 挥发和空气中的 O_2 氧化 I^-；②控制溶液的酸度；③注意淀粉指示剂的使用。碘量法测定范围广泛，既可测定氧化性物质，又可测定还原性物质；I_2/I^- 电对的可逆性好，副反应少；与其他氧化还原法不同，应用碘量法时不仅可在酸性溶液中滴定，还可在中性和弱碱性溶液中滴定；同时又有该方法的通用指示剂——淀粉。

拓展链接

电位滴定技术

普通滴定法一般是依靠指示剂颜色变化来指示滴定终点，如果待测溶液有颜色或浑浊时，终点的指示就比较困难，或者根本找不到合适的指示剂。而电位滴定法（图5-1）是靠电极电位的突跃来指示滴定终点的。电位滴定法（potentiometrictitration）是指在滴定过程中通过测量电位变化以确定滴定终点的方法。在滴定到达终点前后，滴液中的待测离子浓度往往连续变化 n 个数量级，引起电位的突跃，被测成分的含量仍然通过消耗滴定剂的量来计算。

使用不同的指示电极，电位滴定法可以进行酸碱滴定、氧化还原滴定、配位滴定和沉淀滴定。酸碱滴定时使用 pH 玻璃电极为指示电极，在氧化还原滴定中，可以用铂电极作指示电极。在配位滴定中，若用 EDTA 作滴定剂，可以用汞电极作指示电极，在沉淀滴定中，若用硝酸银滴定卤素离子，可以用银电极作指示电极。在滴定过程

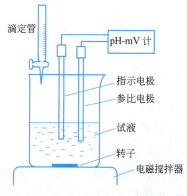

图5-1 电位滴定法装置示意图

中，随着滴定剂的不断加入，电极电位 E 不断发生变化，电极电位发生突跃时，说明滴定到达终点。用微分曲线比普通滴定曲线更容易确定滴定终点。如果使用自动电位滴定仪，在滴定过程中可以自动绘出滴定曲线，自动找出滴定终点，自动给出体积，滴定快捷方便。

电位滴定法比起用指示剂的容量分析法有许多优势，首先可用于有色或浑浊的溶液的滴定，使用指示剂是不行的；在没有或缺乏指示剂的情况下，用此法解决；还可用于浓度较稀的试液或滴定反应进行不够完全的情况；灵敏度和准确度高，并可实现自动化和连续测定。因此用途十分广泛。

想一想

碘量法的主要误差来源有哪些？如何消除？

练一练测一测

一、名词解释

1. 碘量法
2. 标准电极电位
3. 条件电极电位

二、选择题

1. 在间接碘量法测定中，下列操作正确的是（　　）。

A. 边滴定边快摇动

B. 加入过量 KI，并在室温和避免阳光直射的条件下滴定

C. 在 70~80℃恒温条件下滴定

D. 滴定一开始就加入淀粉指示剂

2. 在间接碘量法中，滴定终点的颜色变化是（　　）。

A. 蓝色恰好消失　　B. 出现蓝色　　C. 出现浅黄色　　D. 黄色恰好消失

3. 淀粉是一种（　　）指示剂。

A. 自身　　B. 氧化还原型　　C. 特殊　　D. 金属

三、填空题

1. 碘量法测定可用直接或间接两种方式。直接法以_____为标准液，测定_____物质。间接法以_____为标准溶液，测定_____物质。_____方式的应用更广一些。

2. 用淀粉作指示剂，当 I_2 被还原成 I^- 时，溶液呈_____色；当 I^- 被氧化成 I_2 时。溶液呈_____色。

3. 采用间接碘量法测定某铜盐的含量，淀粉指示剂应_____加入，这是为了_____。

4. 标定硫代硫酸钠一般可选_____作基准物，标定高锰酸钾溶液一般选用_____作基准物。

5. 碘在水中的溶解度小，挥发性强，所以配制碘标准溶液时，将一定量的碘溶于_____溶液。

四、判断题

1. 用间接碘量法测定试样时，最好在碘量瓶中进行，并应避免阳光照射，为减少与空气接触，滴定时不宜过度摇动。（　　）

2. 在碘量法中使用碘量瓶可以防止碘的挥发。（　　）

五、简答题

1. 配制好的 I_2 溶液应如何保存？写出有关化学方程式。

2. I_2 标准溶液滴定时为什么装在棕色酸式滴定管中？

六、计算题

1. 测定某样品中 $CaCO_3$ 的含量时，取样 0.2303g 溶于酸后加入过量的 $(NH_4)_2C_2O_4$ 使 Ca^{2+} 沉淀为 CaC_2O_4，过滤洗涤后用硫酸溶解，再用 0.04024mol/L $KMnO_4$ 完全滴定，用去 22.30mL，计算试样中 $CaCO_3$ 的含量。

2. 准确称取软锰矿试样 0.5261g，在酸性介质中加入 0.7050g 纯 $Na_2C_2O_4$。待反应完全后，过量的 $Na_2C_2O_4$ 用 0.02160mol/L $KMnO_4$ 标准溶液滴定，用去 30.47mL，计算软锰矿中 MnO_2 的含量。

知识要点

一、认识氧化还原滴定

1. 氧化还原滴定法

氧化还原滴定法是以氧化还原反应为基础的滴定分析法。根据所应用的氧化剂或还原剂，可以将氧化还原滴定法分为 $KMnO_4$ 法、$K_2Cr_2O_7$ 法、碘量法、铈量法、溴酸盐法和矾酸盐法等。

2. 条件电极电位

条件电极电位是指在一定介质条件下，氧化态和还原态的分析浓度都为 1mol/L 或二者浓度比值为 1 时，电对的实际电位。

$$\phi'^{\theta}_{Ox/Red} = \phi^{\theta}_{Ox/Red} + \frac{0.059}{n} \lg \frac{\gamma_{Ox}\alpha_{Red}}{\gamma_{Red}\alpha_{Ox}}$$

条件电极电位的大小反映了在外界因素影响下，氧化还原电对的实际氧化还原能力。

3. 氧化还原平衡常数

氧化还原反应进行的程度用条件平衡常数 K' 来衡量，K' 越大，反应越完全。条件平衡常数与条件电极电位的关系为

$$\lg K' = \frac{n_1 n_2 (\phi'^{\theta}_{Ox_1/Red_1} - \phi'^{\theta}_{Ox_2/Red_2})}{0.059}$$

通常，若 $\Delta\phi'^{\theta} \geqslant 0.4V$；反应的完全程度即能满足定量分析的要求。

4. 氧化还原反应进行的方向及影响因素

氧化还原反应是由较强的氧化剂与较强的还原剂相互作用，生成较弱的还原剂和较弱的氧化剂的过程。根据氧化还原反应电对的电极电位可大致判断氧化还原反应的方向。当溶液的条件改变，氧化还原电对的电极电位也受到影响，从而可能影响氧化还原反应的方向。影响氧化还原反应的方向的因素有：氧化剂、还原剂的浓度，生成沉淀，形成配合物等因素。

5. 氧化还原反应的速率及其影响因素

（1）反应物浓度：一般情况下，反应物浓度越大，反应速率越快。

（2）温度：对于多数反应，温度越高，反应速率越快。

（3）催化剂：可以提高反应速率。

二、认识氧化还原指示剂

1. 氧化还原滴定中指示剂的分类

（1）自身指示剂：如高锰酸钾溶液。

（2）专属指示剂：如淀粉用于碘量法。

（3）氧化还原指示剂：氧化还原滴定通用确定终点方法，如二苯胺磺酸钠。

2. 选择氧化还原指示剂的原则

指示剂的条件电极电位处于滴定突跃范围内。

三、过氧化氢含量的测定

1. 氧化还原滴定曲线

以加入的滴定剂体积为横坐标,以滴定过程中体系的电极电位为纵坐标所绘制的曲线。

2. 氧化还原滴定曲线的突跃范围

氧化还原滴定曲线的突跃范围大小主要取决于两电对的条件电极电位之差。

3. 高锰酸钾法

(1) 基本反应:$MnO_4^- + 8H^+ + 5e^- \rightleftharpoons Mn^{2+} + 4H_2O$。

(2) 标准溶液:$KMnO_4$ 溶液,间接法配制,常用 $Na_2C_2O_4$ 基准物质标定。

(3) 指示剂:$KMnO_4$ 溶液自身。

(4) 终点颜色:粉红色,30s 不消失即可。

(5) 标定条件:酸度;温度;滴定速度;滴定终点。

(6) 应用:双氧水中过氧化氢含量的测定;软锰矿中 MnO_2 的测定;钙盐中钙的测定。

四、铁矿石中全铁含量的测定

1. 重铬酸钾法

(1) 基本反应:$Cr_2O_7^{2-} + 14H^+ + 6e^- \rightleftharpoons 2Cr^{3+} + 7H_2O$。

(2) 标准溶液:$K_2Cr_2O_7$ 溶液,直接法配制。

(3) 测定条件:强酸性。

2. 应用示例:铁矿石中全铁含量的测定

常用的有氯化亚锡-氯化汞法、氯化亚锡-三氯化钛联合还原法、氯化亚锡-甲基橙指示剂法。

五、胆矾中 $CuSO_4 \cdot 5H_2O$ 含量的测定

1. 碘量法

(1) 直接碘量法

① 基本反应:$I_2 + 2e \longrightarrow 2I^-$。

② 标准溶液:I_2 溶液,间接法配制,As_2O_3 基准物质标定或 $Na_2S_2O_3$ 比较法标定。

③ 指示剂及加入时间:淀粉,滴定前加入。

④ 终点颜色:蓝色出现。

⑤ 测定条件:酸性、中性或弱碱性。

(2) 间接碘量法

① 基本反应:$I_2 + 2S_2O_3^{2-} \rightleftharpoons 2I^- + S_4O_6^{2-}$。

② 标准溶液:I_2 溶液;$Na_2S_2O_3$ 溶液,间接法配制,$K_2Cr_2O_7$ 基准物质标定。

③ 指示剂及加入时间:淀粉,临近终点时加入。

④ 终点颜色:蓝色消失。

⑤ 测定条件:中性或弱酸性。

2. 碘量法的应用示例

铜矿石中铜的测定;维生素 C(药片)含量的测定;漂白粉中有效氯的测定。

学习情境六
沉淀滴定分析

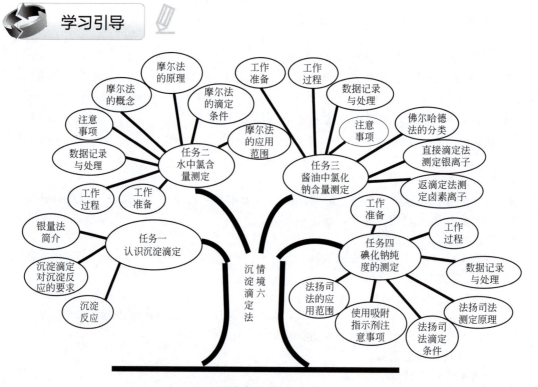

沉淀滴定分析知识树

任务一　认识沉淀滴定

任务要求

1. 掌握沉淀反应基本原理。

2. 掌握溶度积规则。
3. 掌握沉淀滴定对沉淀反应的要求。
4. 了解银量法及其分类。

一、沉淀反应

沉淀是难溶性物质从溶液中析出的过程，产生沉淀的化学反应称为沉淀反应。物质的沉淀和溶解是一个平衡过程，通常用溶度积常数 K_{sp} 来判断难溶盐是沉淀还是溶解。溶度积常数是指在一定温度下，在难溶电解质的饱和溶液中，组成沉淀的各离子浓度幂的乘积为一常数。例如：$A_mB_n(s) \rightleftharpoons mA^{n+}(aq) + nB^{m-}(aq)$

$$K_{sp} = [A^{n+}]^m [B^{m-}]^n$$

注：(1) K_{sp} 的大小主要决定于难溶电解质的本性，也与温度有关，而与离子浓度改变无关。

(2) 在一定温度下，K_{sp} 的大小可以反映物质的溶解能力和生成沉淀的难易。

二、溶度积规则

在某难溶电解质的溶液中，有关离子浓度幂的乘积称为离子积，用符号 Q_i 表示，

$$A_mB_n(s) \rightleftharpoons mA^{n+} + nB^{m-}$$

(1) $Q_i < K_{sp}$ 时，为不饱和溶液，若体系中有固体存在，固体将溶解直至饱和为止。所以 $Q_i < K_{sp}$ 是沉淀溶解的条件。

(2) $Q_i = K_{sp}$ 时，溶液是饱和溶液，体系处于动态平衡状态。

(3) $Q_i > K_{sp}$ 时，为过饱和溶液，有沉淀析出，直至饱和。所以 $Q_i > K_{sp}$ 是沉淀生成的条件。

三、沉淀滴定法

沉淀滴定法是以沉淀反应为基础的一种滴定分析方法。虽然沉淀反应很多，但是能用于滴定分析的沉淀反应必须符合下列几个条件：

(1) 沉淀反应必须迅速，并按一定的化学计量关系进行。
(2) 生成的沉淀应具有恒定的组成，而且溶解度必须很小。
(3) 有确定化学计量点的简单方法。
(4) 沉淀的吸附现象不影响滴定终点的确定。

由于上述条件的限制，能用于沉淀滴定法的反应并不多，目前有实用价值的主要是形成难溶性银盐的反应，例如：

$$Ag^+ + Cl^- \longrightarrow AgCl\downarrow \text{（白色）}$$
$$Ag^+ + SCN^- \longrightarrow AgSCN\downarrow \text{（白色）}$$

这种利用生成难溶银盐反应进行沉淀滴定的方法称为银量法。银量法主要用于测定 Cl^-、Br^-、I^-、Ag^+、CN^-、SCN^- 等离子及含卤素的有机化合物。

除银量法外，沉淀滴定法中还有利用其他沉淀反应的方法，例如：$K_4[Fe(CN)_6]$ 与 Zn^{2+}、四苯硼酸钠与 K^+ 形成沉淀的反应，都可用于沉淀滴定法。

$$2K_4[Fe(CN)_6] + 3Zn^{2+} = K_2Zn_3[Fe(CN)_6]_2 \downarrow + 6K^+$$

$$NaB(C_6H_5)_4 + K^+ = KB(C_6H_5)_4 \downarrow + Na^+$$

本章主要讨论银量法。根据滴定方式的不同，银量法可分为直接法和间接法。直接法是用 $AgNO_3$ 标准溶液直接滴定待测组分的方法。间接法是先于待测试液中加入一定量的 $AgNO_3$ 标准溶液，再用 NH_4SCN 标准溶液来滴定剩余的 $AgNO_3$ 溶液的方法。

根据确定滴定终点所采用的指示剂不同，银量法分为摩尔法、佛尔哈德法和法扬司法。

学习小结

（1）沉淀滴定法：以沉淀反应为基础的滴定分析方法。

（2）沉淀滴定的沉淀反应必须满足的条件：①反应速率快，生成沉淀的溶解度小；②反应按一定的化学式定量进行；③有准确确定理论终点的方法；④沉淀的吸附现象不影响滴定终点的确定。

（3）按滴定方式不同，银量法分为直接法和间接法。

（4）按指示剂不同，银量法分为摩尔法、佛尔哈德法和法扬司法。

想一想

1. 什么叫沉淀滴定法？沉淀滴定法所用的沉淀反应必须具备哪些条件？

2. 写出摩尔法、佛尔哈德法和法扬司法测定 Cl^- 的主要反应，并指出各种方法选用的指示剂和酸度条件。

练一练测一测

一、名词解释

1. 溶度积
2. 沉淀滴定
3. 银量法
4. 直接滴定法
5. 间接滴定法

二、单选题

1. 下列有关沉淀反应的叙述中，正确的是（   ）。

A. 由于 AgCl 水溶液的导电性很弱，所以它是弱电解质

B. 溶液中离子浓度的乘积就是该物质的溶度积

C. 溶度积大者，其溶解度就大

D. 用水稀释含有 AgCl 固体的溶液时，AgCl 的溶度积不变，其溶解度也不变

2. 下列有关离子积和溶度积的叙述中正确的是（   ）。

A. 当溶液中有关物质的离子积小于其溶度积时，该物质就会溶解

B. 混合离子的溶液中，能形成溶度积小的沉淀者一定先沉淀

C. 凡溶度积大的沉淀一定能转化成溶度积小的沉淀

D. 某离子沉淀完全，是指其完全变成了沉淀

3. 下列哪种物质可以用沉淀法进行分析（   ）。

A. 铬酸钾的含量分析　　　　　　　　B. 氯化钠的含量分析

C. 碳酸钠的含量分析　　　　　　　　D. 硝酸铵的含量分析

4. AgCl 与 AgI 的 K_{sp} 之比为 $2×10^6$，若将同一浓度的 Ag^+（10^{-5} mol/L）分别加到具

有相同氯离子和碘离子（浓度为 10^{-5} mol/L）的溶液中，则可能发生的现象是（　　）。

　　A. Cl^- 及 I^- 以相同量沉淀　　　　B. I^- 沉淀较多

　　C. Cl^- 沉淀较多　　　　　　　　　D. 不能确定

5. 沉淀完全是指溶液中离子浓度≤（　　）mol/L。

　　A. 10^{-4}　　　　B. 10^{-5}　　　　C. 10^{-6}　　　　D. 10^{-7}

6. 有关 AgCl 沉淀的溶解平衡，正确的说法是（　　）。

　　A. AgCl 沉淀的生成和溶解不断进行，但速率相等

　　B. AgCl 难溶于水，溶液中没有 Ag^+ 和 Cl^-

　　C. 升高温度，AgCl 沉淀的溶解度增大

　　D. 向 AgCl 沉淀中加入 NaCl 固体，其溶解度不变

7. 对于 A、B 两种难溶盐，若 A 的溶解度大于 B 的溶解度，则必有（　　）。

　　A. $K_{sp}(A) > K_{sp}(B)$　　　　　　B. $K_{sp}(A) < K_{sp}(B)$

　　C. $K_{sp}(A) \approx K_{sp}(B)$　　　　　　D. $K_{sp}(A)$ 和 $K_{sp}(B)$ 的大小关系不能确定

8. 微溶化合物 AB_2C_3 在溶液中的解离平衡是：$AB_2C_3 \rightleftharpoons A+2B+3C$。今用一定方法测得 C 浓度为 3.0×10^{-3} mol/L，则该微溶化合物的溶度积是（　　）。

　　A. 2.91×10^{-15}　　B. 1.16×10^{-14}　　C. 1.1×10^{-16}　　D. 6×10^{-9}

9. 微溶化合物 Ag_2CrO_4 在 0.0010mol/L $AgNO_3$ 溶液中的溶解度比在 0.0010mol/L K_2CrO_4 溶液中的溶解度（　　）。

　　A. 大　　　　　B. 小　　　　　C. 相等　　　　　D. 大一倍

10. 银量法不可测定下列哪种离子。（　　）

　　A. F^-　　　　B. Zn^{2+}　　　　C. Ba^{2+}　　　　D. SO_4^{2-}

11. 已知 AgCl、Ag_2CrO_4、$Ag_2C_2O_4$ 和 AgBr 的溶度积常数分别为 1.56×10^{-10}、1.1×10^{-12}、3.4×10^{-11} 和 5.0×10^{-13}。在下列难溶银盐的饱和溶液中，Ag^+ 离子浓度最大的是（　　）。

　　A. AgCl　　　　B. Ag_2CrO_4　　　　C. $Ag_2C_2O_4$　　　　D. AgBr

三、多选题

1. AgCl 在 HCl 溶液中的溶解度，随 HCl 的浓度增大，先是减小然后又逐渐增大，最后超过其在纯水中的溶解度，这是由于（　　）。

　　A. 开始减小是由于酸效应　　　　　B. 开始减小是由于同离子效应

　　C. 开始减小是由于配位效应　　　　D. 开始增大是由于配位效应

2. 沉淀滴定法所用的沉淀反应必须具备哪些条件。（　　）

　　A. 沉淀的溶解度必须很小　　　　　B. 反应快速，不易形成过饱和溶液

　　C. 有确定终点的简便方法　　　　　D. 反应能定量进行

3. 银量法沉淀滴定中，与滴定突跃的大小有关的是（　　）。

　　A. Ag^+ 的浓度　　　　　　　　　B. Cl^- 的浓度

　　C. 沉淀的溶解度　　　　　　　　　D. 指示剂的浓度

4. 下列叙述中不正确的是（　　）。

　　A. 混合离子的溶液中，能形成溶度积小的沉淀者一定先沉淀

　　B. 某离子沉淀完全，是指其完全变成了沉淀

　　C. 凡溶度积大的沉淀一定能转化成溶度积小的沉淀

　　D. 当溶液中有关物质的离子积小于其溶度积时，该物质就会溶解

5. 沉淀滴定按照滴定方式的不同，分为（　　）法。

　　A. 直接滴定　　　B. 中和滴定　　　C. 间接滴定　　　D. 离子滴定

6. 沉淀滴定法可以测定下列哪些阳离子。（　　　）
A. Zn^{2+}　　　　B. K^+　　　　C. Ag^+　　　　D. Cu^{2+}

7. 银量法可以测定下列哪些阴离子。（　　　）
A. I^-　　　　B. Cl^-　　　　C. F^-　　　　D. SCN^-

四、填空题

1. 沉淀滴定法是以＿＿＿＿＿为基础的滴定分析方法，最常用的是利用＿＿＿＿＿的反应进行滴定的方法，即＿＿＿＿法。

2. 根据＿＿＿＿＿的不同，银量法分为＿＿＿＿＿、＿＿＿＿＿、＿＿＿＿＿3种方法。根据滴定方式的不同，银量法分为＿＿＿＿＿、＿＿＿＿＿2种方法。

3. 银量法可用于测定＿＿＿＿＿、＿＿＿＿、＿＿＿＿＿、＿＿＿＿ 等离子及一些含卤素的化合物。

五、判断题

1. 溶度积的大小决定于物质本身的性质和温度，而与浓度无关。（　　）

2. 因为 Ag_2CrO_4 的溶度积（$K_{sp}=2.0\times 10^{-12}$）比 $AgCl$ 的溶度积（$K_{sp}=1.6\times 10^{-10}$）小得多，所以 Ag_2CrO_4 必定比 $AgCl$ 更难溶于水。（　　）

3. $AgCl$ 在 1mol/L $NaCl$ 的溶液中，由于盐效应的影响，使其溶解度比其在纯水中要略大一些。（　　）

4. 所谓沉淀完全，就是用沉淀剂把溶液中某一离子除净。（　　）

5. 在沉淀滴定中，生成的沉淀的溶解度越大，滴定的突跃范围就越大。（　　）

6. $AgNO_3$ 优级纯试剂可以用直接法配制标准溶液。（　　）

7. 标定 $AgNO_3$ 溶液最常用的基准物质是基准试剂 $NaCl$。（　　）

8. 用水稀释 $AgCl$ 的饱和溶液后，$AgCl$ 的溶度积和溶解度都不变。（　　）

9. 用 Ba^{2+} 沉淀 SO_4^{2-} 时，溶液中存在着大量的 KNO_3，能使 $BaSO_4$ 溶解度增大。（　　）

10. 银量法测定需采用返滴定方式的是佛尔哈德法测 Cl^-。（　　）

六、计算题

称取 $NaCl$ 基准试剂 0.1773g，溶解后加入 30.00mL $AgNO_3$ 标准溶液，过量的 Ag^+ 需要 3.20mL NH_4SCN 标准溶液滴定至终点。已知 20.00mL $AgNO_3$ 标准溶液与 21.00mL NH_4SCN 标准溶液能完全作用，计算 $AgNO_3$ 和 NH_4SCN 溶液的浓度各为多少？（已知 $M_{NaCl}=58.44g/mol$）

任务二　水中氯含量测定

📎 任务要求

1. 掌握硝酸银溶液的配制方法。
2. 掌握摩尔法的基本原理。
3. 掌握摩尔法测定水中氯含量的工作过程。

📎 任务实施

☞ 工作准备

1. 仪器

（1）烧杯（100mL）。

(2) 棕色试剂瓶（装硝酸银溶液）。
(3) 棕色滴定管（50mL）。
(4) 锥形瓶（150mL 或 250mL）。
(5) 滴瓶（120mL）。
(6) 洗瓶等其他常规器皿。

2. 试剂

(1) 固体试剂 $AgNO_3$（分析纯）。
(2) 固体试剂 NaCl（基准物质，在 500~600℃ 灼烧至恒重）。
(3) K_2CrO_4 指示液（50g/L，即 5%）。配制：称取 5g K_2CrO_4 溶于少量水中，滴加 $AgNO_3$ 溶液至红色不褪，混匀。放置过夜后过滤，将滤液稀释至 100mL。
(4) 铬酸钾（K_2CrO_4）。
(5) 氢氧化钠（NaOH）。
(6) 酚酞（$C_2OH_{14}O_4$）。
(7) 硝酸（HNO_3）。
(8) 乙醇（CH_3CH_2OH）：纯度≥95%。
(9) 待测水样。

3. 试剂的配制方法

(1) 铬酸钾溶液（5%）：称取 5g 铬酸钾，加水溶解，并定容到 100mL。
(2) 铬酸钾溶液（10%）：称取 10g 铬酸钾，加水溶解，并定容到 100mL。
(3) 氢氧化钠溶液（0.1%）：称取 0.1g 氢氧化钠，加水溶解，并定容到 100mL。
(4) 硝酸溶液（1+3）：将 1 体积的硝酸加入 3 体积水中，混匀。
(5) 酚酞乙醇溶液（1%）：称取 1g 酚酞，溶于 60mL 乙醇中，用水稀释至 100mL。
(6) 乙醇溶液（80%）：84mL 95% 乙醇与 15mL 水混匀。

视频 6-1 铬酸钾指示剂的配制

视频 6-2 硝酸银溶液的配制（粗配）

视频 6-3 硝酸银标准溶液的标定

☞ 工作过程

一、配制标定硝酸银标准溶液

1. 配制硝酸银标准滴定溶液（0.1mol/L）

称取 17g 硝酸银，溶于少量硝酸溶液中，转移到 1000mL 棕色容量瓶中，用不含氯的蒸馏水稀释至刻度，摇匀，转移到棕色试剂瓶中储存。

2. 标定硝酸银标准滴定溶液（0.1mol/L）

称取经 500~600 ℃ 灼烧至恒重的基准试剂氯化钠 0.05~0.10g（精确至 0.1mg），于 250mL 锥形瓶中。用约 70mL 蒸馏水溶解，加入 1mL 5% 铬酸钾溶液，边摇动边用硝酸银标准滴定溶液滴定，颜色由黄色变为橙黄色或砖红色（保持 1min 不褪色）。记录消耗硝酸银标准滴定溶液的体积。

二、测定水样中氯离子含量

1. 测定 pH6.5～10.5 的试液

移取 50.00mL 试液，于 250mL 锥形瓶中，加入 50mL 水和 1mL 铬酸钾溶液（5%）。滴加 1～2 滴硝酸银标准滴定溶液，此时，滴定液应变为棕红色，如不出现这一现象，应补加 1mL 铬酸钾溶液（10%），再边摇动边滴加硝酸银标准滴定溶液，颜色由黄色变为橙黄色或砖红色（保持 1min 不褪色）。记录消耗硝酸银标准滴定溶液的体积 V。

视频 6-4 水样中氯离子含量的测定（摩尔法）

2. 测定 pH＜6.5 的试液

移取 50.00mL 试液，于 250mL 锥形瓶中，加 50mL 水和 0.2mL 酚酞乙醇溶液，用氢氧化钠溶液滴定至微红色，加 1mL 铬酸钾溶液（10%），再边摇动边滴加硝酸银标准滴定溶液，颜色由黄色变为橙黄色或砖红色（保持 1min 不褪色），记录消耗硝酸银标准滴定溶液的体积 V。同时做空白试验，记录消耗硝酸银标准滴定溶液的体积 V_0。

☞ **数据记录与处理**

1. 数据记录

(1) 硝酸银标准溶液配制和标定数据见表 6-1。

表 6-1 硝酸银标准溶液配制和标定数据记录表

项目	1	2	3
倾样前 m_{NaCl}/g			
倾样后 m_{NaCl}/g			
基准物 m_{NaCl}/g			
滴定管初读数/mL			
滴定管终读数/mL			
实际消耗体积 V_{AgNO_3}/mL			
空白消耗体积 V_0/mL			
c_{AgNO_3}/(mol/L)			
平均 c_{AgNO_3}/(mol/L)			
极差			
相对极差/%（≤0.15%）			

(2) 水中氯离子测定数据见表 6-2。

表 6-2 水中氯离子测定数据记录表

项目	1	2	3
水样体积/mL			
滴定管初读数/mL			
滴定管终读数/mL			
实际消耗体积 V_{AgNO_3}/mL			
空白消耗体积 V_0/mL			

续表

项目	1	2	3
c_{Cl^-}/(mol/L)			
平均 c_{Cl^-}/(mol/L)			
极差			
相对极差/%(≤0.15%)			

2. 结果计算

(1) 硝酸银浓度计算公式

$$c_{AgNO_3} = \frac{\dfrac{m_{NaCl}}{M_{NaCl}}}{V_{AgNO_3} - V_0} \times 1000 \tag{6-1}$$

式中　m_{NaCl}——基准物质 NaCl 的质量，g；

c_{AgNO_3}——硝酸银标准溶液浓度，mol/L；

M_{NaCl}——基准物质 NaCl 的摩尔质量，58.44g/mol；

V_{AgNO_3}——硝酸银标准溶液的实际消耗体积，mL；

V_0——空白实验消耗硝酸银标准溶液体积，mL。

(2) 样品中氯离子浓度计算公式

$$c_{Cl^-} = \frac{c_{AgNO_3} \times (V_{AgNO_3} - V_0)}{V_{样}} \times 100 \tag{6-2}$$

式中　c_{Cl^-}——样品中氯原子浓度，mol/L；

c_{AgNO_3}——硝酸银标准溶液浓度，mol/L；

V_{AgNO_3}——硝酸银标准溶液消耗的实际体积，mL；

V_0——空白实验消耗硝酸银标准溶液体积，mL；

$V_{样}$——水样体积，mL。

☞ 注意事项

① $AgNO_3$ 试剂及其溶液具有腐蚀性，会破坏皮肤组织，注意切勿接触皮肤及衣服。

② 配制 $AgNO_3$ 标准溶液的蒸馏水应无 Cl^-，否则配成的 $AgNO_3$ 溶液会出现白色浑浊，不能使用。

③ 实验完毕后，盛装 $AgNO_3$ 溶液的滴定管应先用蒸馏水洗涤 2~3 次后，再用自来水洗净，以免 AgCl 沉淀残留于滴定管内壁。

相关知识

一、摩尔法——铬酸钾作指示剂法

铬酸钾作指示剂法（摩尔法）是以 K_2CrO_4 为指示剂，在中性或弱碱性介质中用 $AgNO_3$ 标准溶液测定卤素含量的方法。

（一）原理

以测定 Cl^- 为例，K_2CrO_4 作指示剂，用 $AgNO_3$ 标准溶液滴定，其反应为：

$$Ag^+ + Cl^- \rightleftharpoons AgCl \downarrow \quad (白色)$$
$$2Ag^+ + CrO_4^{2-} \rightleftharpoons Ag_2CrO_4 \downarrow \quad (砖红色)$$

这个方法的依据是多级沉淀原理，由于 AgCl 的溶解度比 Ag_2CrO_4 的溶解度小，因此在用 $AgNO_3$ 标准溶液滴定时，AgCl 先析出沉淀，当滴定剂 Ag^+ 与 Cl^- 达到化学计量点时，微过量的 Ag^+ 与 CrO_4^{2-} 反应析出砖红色的 Ag_2CrO_4 沉淀，指示滴定终点的到达。

(二) 滴定条件

1. 指示剂作用量

用 $AgNO_3$ 标准溶液滴定 Cl^-，指示剂 K_2CrO_4 的用量对于终点指示有较大的影响，CrO_4^{2-} 浓度过高或过低，Ag_2CrO_4 沉淀的析出会过早或过迟，就会产生一定的终点误差。因此要求 Ag_2CrO_4 沉淀应该恰好在滴定反应的化学计量点时出现。化学计量点时 $[Ag^+]$ 为：

$$[Ag^+] = [Cl^-] = \sqrt{K_{sp,AgCl}} = \sqrt{3.2 \times 10^{-10}} \text{ mol/L} = 1.8 \times 10^{-5} \text{ mol/L}$$

若此时恰有 Ag_2CrO_4 沉淀，则：

$$[CrO_4^{2-}] = \frac{K_{sp,Ag_2CrO_4}}{[Ag^+]^2} = 5.0 \times 10^{-12}/(1.8 \times 10^{-5})^2 \text{ mol/L} = 1.5 \times 10^{-2} \text{ mol/L}$$

在滴定时，由于 K_2CrO_4 显黄色，当其浓度较高时颜色较深，不易判断砖红色的出现。为了能观察到明显的终点，指示剂的浓度以略低一些为好。实验证明，滴定溶液中 $c_{K_2CrO_4}$ 为 5×10^{-3} mol/L 是确定滴定终点的适宜浓度。

显然，K_2CrO_4 浓度降低后，要使 Ag_2CrO_4 析出沉淀，必须多加些 $AgNO_3$ 标准溶液，这时滴定剂就过量了，终点将在化学计量点后出现，但由于产生的终点误差一般都小于 0.1%，不会影响分析结果的准确度。但是如果溶液较稀，如用 0.01mol/L 或者更低浓度的 $AgNO_3$ 标准溶液滴定 0.01mol/L 浓度以下的 Cl^- 溶液，滴定误差可达 0.6%，严重影响分析结果的准确度，应做指示剂空白试验进行校正。

2. 滴定时的酸度

在酸性溶液中，CrO_4^{2-} 有如下反应：

$$2CrO_4^{2-} + 2H^+ \rightleftharpoons 2HCrO_4^- \rightleftharpoons Cr_2O_7^{2-} + H_2O$$

因而降低了 CrO_4^{2-} 的浓度，使 Ag_2CrO_4 沉淀出现过迟，甚至不会沉淀。

在强碱性溶液中，会有棕黑色 Ag_2O 沉淀析出：

$$2Ag^+ + 2OH^- \rightleftharpoons Ag_2O \downarrow + H_2O$$

因此，摩尔法只能在中性或弱碱性（pH=6.5~10.5）溶液中进行。若溶液酸性太强，可用 $Na_2B_4O_7 \cdot 10H_2O$ 或 $NaHCO_3$ 中和；若溶液碱性太强，可用稀 HNO_3 溶液中和；而在有 NH_4^+ 存在时，滴定的 pH 范围应控制在 6.5~7.2 之间。

3. 应用范围

摩尔法主要用于测定 Cl^-、Br^- 和 Ag^+，如氯化物、溴化物纯度测定以及天然水中氯含量的测定。当试样中 Cl^- 和 Br^- 共存时，测得的结果是它们的总量。若测定 Ag^+，应采用返滴定法，即向 Ag^+ 的试液中加入过量的 NaCl 标准溶液，然后再用 $AgNO_3$ 标准溶液滴定剩余的 Cl^-，若直接滴定，先生成的 Ag_2CrO_4 转化为 AgCl 的速率缓慢，滴定终点难以确定。摩尔法不宜测定 I^- 和 SCN^-，因为滴定生成的 AgI 和 AgSCN 沉淀表面会强烈吸附 I^- 和 SCN^-，使滴定终点过早出现，造成较大的滴定误差。

摩尔法的选择性较差，凡能与 CrO_4^{2-} 或 Ag^+ 生成沉淀的阳、阴离子均干扰滴定。前者

如 Ba^{2+}、Pb^{2+}、Hg^{2+} 等；后者如 SO_4^{2-}、PO_4^{3-}、AsO_4^{3-}、S^{2-}、$C_2O_4^{2-}$ 等。

二、硝酸银滴定液的配制和标定

（一）0.1mol/L $AgNO_3$ 溶液的配制

1. 直接配制法

精密称取在 110℃ 干燥至恒重的基准物质 $AgNO_3$ 固体约 4.3g（称量至 0.001g），用少量蒸馏水溶解，定量转移至 250mL 的棕色容量瓶中，加水稀释至刻度线，摇匀。其浓度的计算公式为：

$$c_{AgNO_3} = \frac{m_{AgNO_3} \times 10^3}{V_{AgNO_3} M_{AgNO_3}}$$

微课 6-1　硝酸银标准溶液的制备方案设计

2. 间接配制法

用托盘天平称取 4.3g $AgNO_3$ 于烧杯中，加蒸馏水溶解并稀释至 250mL 后，转入棕色试剂瓶中，摇匀，置于暗处，待标定。

（二）0.1mol/L $AgNO_3$ 溶液的标定

精密称取干燥至恒温的基准物质 NaCl 约 0.15g（称量至 0.0001g），置于锥形瓶中加 50mL 蒸馏水使其溶解，再加入 50g/L 的 K_2CrO_4 指示剂 1mL，在不断振摇下，用 0.1mol/L $AgNO_3$ 滴定液滴定至出现砖红色沉淀即为终点。做空白试验，$AgNO_3$ 的浓度按下式计算：

$$c_{AgNO_3} = \frac{m_{NaCl} \times 10^3}{(V_{AgNO_3} - V_{空}) M_{NaCl}}$$

值得注意的是，$AgNO_3$ 见光易分解，所以应贮于棕色试剂瓶，避光保存。若放置时间较长，应重新标定。因为 $AgNO_3$ 具有腐蚀性，标定时必须将 $AgNO_3$ 盛放在酸式滴定管中。为了减少方法误差，其标定方法最好与测定样品的方法相同。

学习小结

（1）摩尔法原理：利用分级沉淀原理，先生成白色 AgCl 沉淀，当滴定剂 Ag^+ 与 Cl^- 达到化学计量点时，微过量的 Ag^+ 与 CrO_4^{2-} 反应析出砖红色的 Ag_2CrO_4 沉淀，指示滴定终点到达。

（2）摩尔法测定卤素离子时，所用铬酸钾指示剂浓度控制在约 0.005mol/L。

（3）摩尔法测定卤素离子时，溶液 pH 值控制在 6.5～10.5。

（4）摩尔法测定卤素离子时，滴定时需要剧烈摇动并避光滴定。

想一想

1. 如果采用摩尔法测定水中氯离子时，pH 值过高或者过低会产生什么影响？
2. 摩尔法测 Ag^+ 为什么要用返滴定？

练一练测一测

一、名词解释

1. 摩尔法
2. 基准试剂
3. 返滴定

二、单选题

1. 摩尔法确定终点的指示剂是（　　）。
   A. $K_2Cr_2O_7$　　　　B. K_2CrO_4　　　　C. $NH_4Fe(SO_4)_2$　　　　D. $AgNO_3$

2. 摩尔法测定 Cl^-，终点时溶液中出现（　　）的沉淀。
   A. 黄绿　　　　B. 粉红　　　　C. 白色　　　　D. 砖红

3. 摩尔法不适宜测定（　　）。
   A. Cl^-　　　　B. Br^-　　　　C. Ag^+　　　　D. I^-

4. 摩尔法测定 Cl^- 时，溶液的 pH＝4，其测定结果（　　）。
   A. 偏高　　　　B. 偏低　　　　C. 无影响　　　　D. 不确定

5. 摩尔法测定 Cl^- 时，要求介质 pH 值为 6.5～10.5，若酸度过高，则会产生（　　）。
   A. AgCl 沉淀不完全　　　　　　　　B. AgCl 吸附 Cl^- 的作用增强
   C. Ag_2CrO_4 的沉淀不易形成　　　　D. AgCl 的沉淀易胶溶

6. 摩尔法不能用于碘化物中碘的测定，主要因为（　　）。
   A. AgI 的溶解度太小　　　　　　　　B. AgI 的吸附能力太强
   C. AgI 的沉淀速率太慢　　　　　　　D. 没有合适的指示剂

7. 关于以 K_2CrO_4 为指示剂的摩尔法，下列说法正确的是（　　）。
   A. 指示剂 K_2CrO_4 的量越少越好
   B. 滴定应在弱酸性介质中进行
   C. 本法可测定 Cl^- 和 Br^-，但不能测定 I^- 或 SCN^-
   D. 摩尔法的选择性较强

8. 用摩尔法测定时，阳离子（　　）不能存在。
   A. K^+　　　　B. Na^+　　　　C. Ba^{2+}　　　　D. Mg^{2+}

9. 摩尔法不适用测定（　　）组离子。
   A. Cl^- 和 Br^-　　　B. Br^- 和 I^-　　　C. I^- 和 SCN^-　　　D. Cl^- 和 SCN^-

10. 准确移取电镀液 2.00mL，加水 100mL 用摩尔法以 0.1023mol/L $AgNO_3$ 滴定耗去 2.70mL，则电镀液中 NaCl 含量（g/L）为（　　）。
    A. 807　　　　B. 80.7　　　　C. 8.07　　　　D. 0.00807

三、多选题

1. 下列关于摩尔法测定的叙述中，正确说法为（　　）。
   A. 指示剂 K_2CrO_4 的用量越多越好
   B. 滴定时应剧烈摇动，以便 AgX 将吸附的 X^- 释放出来
   C. 硝酸银的浓度越低越好
   D. 与 Ag^+ 形成沉淀或配合物的阴离子干扰测定

2. 用摩尔法测定时，干扰测定的阴离子是（　　）。
   A. Na^+　　　　B. NO_3^-　　　　C. $C_2O_4^{2-}$　　　　D. S^{2-}

3. 摩尔法测定天然水中的 Cl^-，酸度控制为（　　）。
   A. 酸性　　　　　　　　　　　　　　B. 碱性
   C. 中性至弱碱性范围　　　　　　　　D. pH 值为 6.5～10.5

4. 摩尔法可以测定下列哪种试样中氯离子的含量？（　　）
   A. NaCl　　　　B. $CaCl_2$　　　　C. $BaCl_2$　　　　D. KCl

5. 摩尔法测定 Cl^- 含量时，要求介质的 pH 值在 6.5～10.0 范围内，若酸度过高，则（　　）。

A. CrO_4^{2-} 浓度降低　　　　　　　　　B. AgCl 沉淀易形成溶胶
C. AgCl 沉淀吸附 Cl^- 增强　　　　　　D. Ag_2CrO_4 沉淀不易形成
E. AgCl 沉淀不完全
6. 用摩尔法不能测定的离子是（　　）。
A. Ag^+　　　　　B. I^-　　　　　C. Br^-　　　　　D. SCN^-
7. 下列物质中不呈砖红色的是（　　）。
A. AgCl　　　　B. Ag_2CrO_4　　　　C. AgSCN　　　　D. AgBr
8. 摩尔法测定氯离子含量时，试样中不能含（　　）。
A. Ba^{2+}　　　　B. Ag^+　　　　C. Fe^{3+}　　　　D. Pb^{2+}
9. 用沉淀滴定法测定银，下列方式中适宜的是（　　）。
A. 摩尔法返滴定过量的 Cl^-　　　　　B. 摩尔法直接滴定
C. 佛尔哈德法直接滴定　　　　　　　　D. 佛尔哈德法间接滴定
10. 摩尔法滴定 Cl^- 时需要注意的事项有（　　）。
A. 指示剂的用量要合适
B. 溶液的酸度控制在 6.5～10.5 范围
C. 终点前需要剧烈摇动
D. 硝酸银标准溶液要避光保存

四、填空题

1. 摩尔法是以_____为指示剂，用_____标准溶液进行滴定的银量法。
2. 摩尔法滴定中，终点出现的早晚与溶液中_____的浓度有关，若其浓度过高则终点_____出现，若浓度过低则终点_____出现。
3. 摩尔法测 Cl^- 是由于_____沉淀溶解度小于_____沉淀的溶解度，所以当用 $AgNO_3$ 溶液测定时，首先析出_____沉淀。
4. 摩尔法测定时，酸度必须适当，在酸性溶液中_____沉淀溶解；强碱性溶液中则生成_____沉淀。
5. 因 Ag_2CrO_4 转化为 AgCl 速率_____，故不能以 Cl^- 为滴定剂滴定 Ag^+，用摩尔法测定 Ag^+ 时，应采用_____法。

五、判断题

1. 摩尔法中指示剂 K_2CrO_4 的浓度过大时，终点将推迟。　　　　　　　　（　　）
2. 摩尔法测定 Cl^- 含量时，试液中不能含有 Ba^{2+}。　　　　　　　　　　（　　）
3. 用摩尔法测定 Cl^- 或 Br^- 含量时，滴定过程中锥形瓶要充分摇动。　（　　）
4. 用摩尔法可测定 Ag^+ 含量，具体做法是在试液中加入过量准确体积和浓度的 NaCl 溶液，再用 $AgNO_3$ 标准溶液回滴过量的 Cl^-。　　　　　　　　　　　　　　　　　（　　）
5. 用摩尔法不能测定 SCN^-。　　　　　　　　　　　　　　　　　　　　（　　）
6. 摩尔法适用的 pH 值范围为 5.6～10.5。　　　　　　　　　　　　　　　（　　）
7. 摩尔法测定离子含量时，试样中也能含有 Fe^{3+}。　　　　　　　　　　（　　）
8. pH＝4 时用摩尔法测定氯离子含量，结果是忽高忽低。　　　　　　　　（　　）
9. 摩尔法可以测定 I^-。　　　　　　　　　　　　　　　　　　　　　　　（　　）
10. 不论是哪种类型的沉淀，在沉淀时都应在热溶液中进行。　　　　　　（　　）
11. 银量法只能用于 Ag^+ 离子含量的测定。　　　　　　　　　　　　　　（　　）

六、计算题

1. 称取 1.9221g 分析纯 KCl 加水溶解后，在 250mL 容量瓶中定容，取出 20.00mL 用

$AgNO_3$ 溶液滴定,用去 18.30 mL,求 $AgNO_3$ 溶液的浓度。

2. 有生理盐水 10.00mL,加入 K_2CrO_4 指示剂,以 0.1043mol/L $AgNO_3$ 标准溶液滴定至出现砖红色,用去 $AgNO_3$ 标准溶液 14.58mL,计算生理盐水中 NaCl 的质量浓度。

任务三 酱油中氯化钠含量测定

任务要求

1. 掌握佛尔哈德法的基本原理。
2. 掌握间接滴定法数据的处理。
3. 掌握采用佛尔哈德法测定酱油中氯化钠含量的工作过程。

任务实施

☞ 工作准备

1. 仪器
(1) 100mL 比色管或容量瓶。
(2) 50mL 滴定管。
(3) 20mL、25mL 移液管。
(4) 250mL 锥形瓶。
(5) 10mL、100mL 量筒。
(6) 滤纸、漏斗等常规器皿。

2. 试剂
(1) 铁铵矾 $[NH_4Fe(SO_4)_2 \cdot 12H_2O]$:分析纯。
(2) 硫氰酸钾 (KSCN):分析纯。
(3) 硝酸 (HNO_3):分析纯。
(4) 硝酸银 ($AgNO_3$):分析纯。
(5) 乙醇 (CH_3CH_2OH):纯度≥95%。
(6) 标准品:基准物质氯化钠 (NaCl),纯度≥99.8%。

3. 试剂配制
(1) 铁铵矾饱和溶液:称取 50g 铁铵矾,溶于 100mL 水中,如有沉淀物,用滤纸过滤。
(2) 硝酸溶液 (1+3):将 1 体积的硝酸加入 3 体积水中,混匀。
(3) 乙醇溶液 (80%):84mL 95%乙醇与 15mL 水混匀。
(4) 标准溶液配制及标定:
① 硝酸银标准滴定溶液 (0.1mol/L)。称取 17g 硝酸银,溶于少量硝酸中,转移到 1000mL 棕色容量瓶中,用水稀释至刻度,摇匀,转移到棕色试剂瓶中储存。或购买有证书的硝酸银标准滴定溶液。
② 硫氰酸钾标准滴定溶液 (0.1mol/L)。称取 9.7g 硫氰酸钾,溶于水中,转移到 1000mL 容量瓶中,用水稀释至刻度,摇匀。或购买经国家认证并授予标准物质证书的硫氰酸钾标准滴定溶液。

☞ 工作过程

1. 硝酸银标准滴定溶液 (0.1mol/L) 和硫氰酸钾标准滴定溶液 (0.1mol/L) 的标定
称取经 500~600℃ 灼烧至恒重的氯化钠 0.10g (精确至 0.1mg),于烧杯中,用约

40mL 水溶解，并转移到 100mL 容量瓶中。加入 5mL 硝酸溶液，边剧烈摇动边加入 20.00mL（V_1）0.1mol/L 硝酸银标准滴定溶液，用水稀释至刻度，摇匀。在避光处放置 5min，用快速滤纸过滤，弃去最初滤液 10mL。准确移取滤液 50.00mL 于 250mL 锥形瓶中，加入 2mL 铁铵矾饱和溶液，边摇动边滴加硫氰酸钾标准滴定溶液，滴定至出现淡棕红色，保持 1min 不褪色。记录消耗硫氰酸钾标准滴定溶液的体积（V_2）。按式(6-3)、式(6-4)、式(6-5) 分别计算硫氰酸钾标准滴定溶液的准确浓度（c_1）和硝酸银标准滴定溶液的准确浓度（c_2）。

2. 硝酸银标准滴定溶液与硫氰酸钾标准滴定溶液体积比的确定

移取 0.1mol/L 硝酸银标准滴定溶液 20.00mL（V_3）于 250mL 锥形瓶中，加入 30mL 水、5mL 硝酸溶液和 2mL 铁铵矾饱和溶液，边摇动边滴加硫氰酸钾标准滴定溶液，滴定至出现淡棕红色，保持 1min 不褪色，记录消耗硫氰酸钾标准滴定溶液的体积（V_4）。

$$F = \frac{V_3}{V_4} = \frac{c_1}{c_2} \tag{6-3}$$

式中　F——硝酸银标准滴定溶液与硫氰酸钾标准滴定溶液的体积比；
　　　V_3——确定体积比（F）时，硝酸银标准滴定溶液的体积，mL；
　　　V_4——确定体积比（F）时，硫氰酸钾标准滴定溶液的体积，mL；
　　　c_1——硫氰酸钾标准滴定溶液浓度，mol/L；
　　　c_2——硝酸银标准滴定溶液浓度，mol/L。

$$c_2 = \frac{\frac{m_0}{0.05844}}{V_1 - 2V_2 F} \tag{6-4}$$

式中　c_2——硝酸银标准滴定溶液浓度，mol/L；
　　　m_0——氯化钠的质量，g；
　　　V_1——沉淀氯化物时加入的硝酸银标准滴定溶液体积，mL；
　　　V_2——滴定过量的硝酸银消耗硫氰酸钾标准滴定溶液的体积，mL；
　　　F——硝酸银标准滴定溶液与硫氰酸钾标准滴定溶液的体积比；
　　　0.05844——与 1.00mL 硝酸银标准滴定溶液（$c_{AgNO_3} = 1.000$mol/L）相当的氯化钠的质量，g。

$$c_1 = c_2 F \tag{6-5}$$

式中　c_1——硫氰酸钾标准滴定溶液浓度，mol/L；
　　　c_2——硝酸银标准滴定溶液浓度，mol/L；
　　　F——硝酸银标准滴定溶液与硫氰酸钾标准滴定溶液的体积比。

3. 酱油中氯化钠含量的测定

（1）氯化物的沉淀。移取 50.00mL 试液，氯化物含量较高的样品，可减少取样体积，于 100mL 比色管中。加入 5mL 硝酸溶液。在剧烈摇动下，用酸式滴定管滴加 20.00～40.00mL 硝酸银标准滴定溶液，用水稀释至刻度，在避光处静置 5min。用快速滤纸过滤，弃去 10mL 最初滤液。加入硝酸银标准滴定溶液后，如不出现氯化银凝聚沉淀，而呈现胶体溶液时，应在定容、摇匀后，置沸水浴中加热数分钟，直至出现氯化银凝聚沉淀。取出，在冷水中迅速冷却至室温，用快速滤纸过滤，弃去 10mL 最初滤液。

（2）过量硝酸银的滴定。移取 50.00mL 滤液于 250mL 锥形瓶中，加入 2mL 铁铵矾饱和溶液。边剧烈摇动边用 0.1mol/L 硫氰酸钾标准滴定溶液滴定，淡黄色溶液出现乳白色沉淀，终点时变为淡棕红色，保持 1min 不褪色。记录消耗硫氰酸钾标准滴定溶液的体积（V_5）。

（3）空白试验。用 50mL 水代替 50.00mL 滤液，准确加入沉淀试样氯化物时，滴加 0.1mol/L 硝酸银标准滴定溶液体积的二分之一，同样品测定一样操作，记录消耗硝酸银标准滴定溶液的体积（V_0）。

☞ 数据记录与处理

1. 食品中氯化物的含量计算

食品中氯化物的含量以质量分数 ω 表示，按下式计算：

$$\omega = \frac{0.05844(V_0 - V_5)c_1 K}{m} \times 100\% \tag{6-6}$$

式中　ω——试样中氯化物的含量（以氯化钠计），%；

0.05844——与 1.00mL 硝酸银标准滴定溶液（$c_{AgNO_3}=1.000\text{mol/L}$）相当的氯化钠的质量，g；

　　　c_1——硫氰酸钾标准滴定溶液浓度，mol/L；

　　　V_0——空白试验消耗的硝酸银标准滴定溶液体积，mL；

　　　V_5——滴定试样时消耗 0.1mol/L 硫氰酸钾标准滴定溶液的体积，mL；

　　　K——样品稀释倍数；

　　　m——试样质量，g。

注意：当氯化物含量≥1%时，结果保留三位有效数字；当氯化物含量<1%时，结果保留两位有效数字。

2. 精密度

在重复性条件下获得的两次独立测试结果的绝对差值不得超过算术平均值的 5%。

佛尔哈德法

佛尔哈德法（铁铵矾作指示剂）：是在酸性介质中，以铁铵矾 $[NH_4Fe(SO_4)_2 \cdot 12H_2O]$ 作指示剂来确定滴定终点的一种银量法。根据滴定方式的不同，佛尔哈德法分为直接滴定法和返滴定法两种。

1. 直接滴定法测定 Ag^+

在含有 Ag^+ 的 HNO_3 介质中，以铁铵矾作指示剂，用 NH_4SCN 标准溶液直接滴定，当滴定到化学计量点时，微过量的 SCN^- 与 Fe^{3+} 结合生成红色的 $[FeSCN]^{2+}$ 即为滴定终点。其反应是

$$Ag^+ + SCN^- \Longrightarrow AgSCN\downarrow（白色）\quad K_{sp,AgSCN}=2.0\times10^{-12}$$
$$Fe^{3+} + SCN^- \Longrightarrow [FeSCN]^{2+}（红色）\quad K_{稳}=200$$

微课 6-2　烧碱中氯含量的测定（佛尔哈德法）

由于指示剂中的 Fe^{3+} 在中性或碱性溶液中将形成 $Fe(OH)^{2+}$ 等深色配合物，碱度再大，还会产生 $Fe(OH)_3$ 沉淀，因此滴定应在酸性（$0.1\sim1\text{mol/L}$）溶液中进行。

用 NH_4SCN 溶液滴定 Ag^+ 溶液时，生成的 AgSCN 沉淀能吸附溶液中的 Ag^+，使 Ag^+ 浓度降低，以致红色的出现略早于化学计量点。因此在滴定过程中需剧烈摇动，使被

吸附的 Ag^+ 释放出来。

此法的优点在于可用来直接测定 Ag^+，并可在酸性溶液中进行滴定。

2. 返滴定法测定卤素离子

佛尔哈德法测定卤素离子（如 Cl^-、Br^-、I^- 和 SCN^-）时应采用返滴定法。即在酸性（HNO_3 介质）待测溶液中，先加入已知过量的 $AgNO_3$ 标准溶液，再用铁铵矾作指示剂，用 NH_4SCN 标准溶液回滴剩余的 Ag^+（HNO_3 介质）。反应如下：

$$Ag^+ + Cl^- = AgCl\downarrow \text{（白色）}$$
（硝酸银过量）

$$Ag^+ + SCN^- = AgSCN\downarrow \text{（白色）}$$
（剩余硝酸银量的反应）

终点指示反应：$Fe^{3+} + SCN^- = [FeSCN]^{2+}$（红色）

用佛尔哈德法测定 Cl^-，滴定到临近终点时，经摇动后形成的红色会褪去，这是因为 AgSCN 的溶解度小于 AgCl 的溶解度，加入的 NH_4SCN 将与 AgCl 发生沉淀转化反应：

$$AgCl + SCN^- = AgSCN\downarrow + Cl^-$$

沉淀的转化速率较慢，滴加 NH_4SCN 形成的红色随着溶液的摇动而消失。这种转化作用将继续进行到 Cl^- 与 SCN^- 浓度之间建立一定的平衡关系，才会出现持久的红色，无疑滴定已多消耗了 NH_4SCN 标准滴定溶液。为了避免上述现象的发生，通常采用以下措施：

（1）试液中加入一定过量的 $AgNO_3$ 标准溶液之后，将溶液煮沸，使 AgCl 沉淀凝聚，以减少 AgCl 沉淀对 Ag^+ 的吸附。滤去沉淀，并用稀 HNO_3 充分洗涤沉淀，然后用 NH_4SCN 标准滴定溶液回滴滤液中的过量 Ag^+。

（2）在滴入 NH_4SCN 标准溶液之前，加入有机溶剂硝基苯或邻苯二甲酸二丁酯或 1,2-二氯乙烷。用力摇动后，有机溶剂将 AgCl 沉淀包住，使 AgCl 沉淀与外部溶液隔离，阻止 AgCl 沉淀与 NH_4SCN 发生转化反应。此法方便，但硝基苯有毒。

（3）提高 Fe^{3+} 的浓度以减小终点时 SCN^- 的浓度，从而减小上述误差（实验证明，一般溶液中 $c_{Fe^{3+}} = 0.2 mol/L$ 时，终点误差将小于 0.1%）。

佛尔哈德法在测定 Br^-、I^- 和 SCN^- 时，滴定终点十分明显，不会发生沉淀转化，因此不必采取上述措施。但是在测定碘化物时，必须先加入过量 $AgNO_3$ 溶液之后再加入铁铵矾指示剂，以免 I^- 对 Fe^{3+} 的还原作用而造成误差。强氧化剂和氮的氧化物以及铜盐、汞盐都与 SCN^- 作用，因而干扰测定，必须预先除去。

学习小结

（1）佛尔哈德法指示剂：铁铵矾 $[NH_4Fe(SO_4)_2 \cdot 12H_2O]$。

（2）佛尔哈德法基本原理：①直接滴定法测定 Ag^+。在含有 Ag^+ 的 HNO_3 介质中，以铁铵矾作指示剂，用 NH_4SCN 标准溶液直接滴定，当滴定到化学计量点时，微过量的 SCN^- 与 Fe^{3+} 结合生成红色的 $[FeSCN]^{2+}$ 即为滴定终点。②返滴定法测定卤素离子。在酸性（HNO_3 介质）待测溶液中，先加入已知过量的 $AgNO_3$ 标准溶液，再用铁铵矾作指示剂，用 NH_4SCN 标准溶液回滴剩余的 Ag^+（HNO_3 介质）。

（3）佛尔哈德法直接滴定 Ag^+ 时需要注意，滴定过程中需剧烈摇动，以释放被吸附的 Ag^+。

（4）佛尔哈德法返滴定法测定 Cl^- 时需要注意：试液中加入一定过量的 $AgNO_3$ 标准溶液之后，将溶液煮沸，滤去沉淀再滴定；或在滴入 NH_4SCN 标准溶液之前，加入硝基苯等有机溶剂将 AgCl 沉淀包住，阻止 AgCl 沉淀与 NH_4SCN 发生转化反应；提高 Fe^{3+} 的浓度以减小终点时 SCN^- 的浓度，也可降低沉淀转化带来的误差。

（5）佛尔哈德法返滴定法测定 I^- 时需要注意：必须先加入过量 $AgNO_3$ 溶液之后再加入铁铵矾指示剂，以免 I^- 对 Fe^{3+} 的还原作用而造成误差。

想一想

为什么用佛尔哈德法测定 Cl^- 时，引入误差的概率比测定 Br^- 或 I^- 时大？

练一练测一测

一、名词解释

1. 佛尔哈德法
2. 直接滴定法
3. 返滴定法

二、单选题

1. 用佛尔哈德法滴定 Cl^- 的含量时，既没有将 AgCl 沉淀滤去，也未加硝基苯保护沉淀，结果将（　　）。
   A. 偏高　　　　B. 偏低　　　　C. 无影响　　　　D. 不确定
2. 指出下列条件适用于佛尔哈德法的是（　　）。
   A. pH＝6.5～10　　　　　　　　B. K_2CrO_4 作指示剂
   C. 滴定酸度为 0.1～1mol/L　　　D. 以荧光黄为指示剂
3. 佛尔哈德法中，应用的指示剂是（　　）。
   A. 硫酸亚铁铵　　B. 铁铵矾　　C. 铬酸钾　　D. 重铬酸钾
4. 佛尔哈德法中控制溶液酸度采用的酸是（　　）。
   A. HCl　　B. H_3PO_4　　C. H_2SO_4　　D. HNO_3
5. 佛尔哈德法滴定时，下列操作正确的是（　　）。
   A. 直接法测定时，近终点应轻微摇动锥形瓶
   B. 该滴定应在中性溶液中进行
   C. 直接法测定时，近终点应剧烈摇动锥形瓶
   D. 返滴定测定时应轻摇动锥形瓶
6. 用铁铵矾指示剂法测定 Cl^- 时，若不加硝基苯等保护沉淀，分析结果会（　　）。
   A. 偏高　　　　B. 偏低　　　　C. 准确　　　　D. 不影响
7. 采用佛尔哈德法测定水中 Ag^+ 含量时，终点颜色为（　　）。
   A. 红色　　　　B. 纯蓝色　　　　C. 黄绿色　　　　D. 蓝紫色
8. 以铁铵矾为指示剂，用硫氰酸铵标准滴定溶液滴定银离子时，应在下列何种条件下进行（　　）。
   A. 酸性　　　　B. 弱酸性　　　　C. 碱性　　　　D. 弱碱性
9. 以铁铵矾为指示剂的银量法叫（　　）。
   A. 摩尔法　　B. 罗丹明法　　C. 佛尔哈德法　　D. 法扬司法
10. 用佛尔哈德法测定下列物质的纯度时，引入误差的比率最大的是（　　）。
    A. NaCl　　B. NaBr　　C. NaI　　D. NaSCN

三、多选题

1. 佛尔哈德法中的返滴定法可用来测定（　　　）。
   A. Br^-　　　　B. SCN^-　　　　C. Ag^+　　　　D. Cl^-

2. 佛尔哈德法滴定时，下列操作错误的是（　　　）。
   A. 直接法测定时，近终点应轻微摇动锥形瓶
   B. 该滴定应在酸性溶液中进行
   C. 返滴定法测定时，首先应加入硝基苯
   D. 返滴定测定时，在有白色沉淀生成后加入硝基苯

3. 佛尔哈德法的干扰物质有（　　　）。
   A. 铜盐　　　　B. 草酸盐　　　　C. 强氧化剂　　　　D. 磷酸盐

4. 佛尔哈德法终点观察时，大量的（　　）有色离子会影响终点的观察。
   A. Cu^+　　　　B. Cu^{2+}　　　　C. Co^{2+}　　　　D. Fe^{3+}

5. 佛尔哈德法测定 Cl^- 时，可采取下列哪些措施避免 AgCl 转化为 AgSCN。（　　　）
   A. 煮沸，使 AgCl 凝聚，过滤 AgCl，避免沉淀转化
   B. 加入少量有机溶剂
   C. 提高 Fe^{3+} 的浓度
   D. 控制酸度为 $0.1\sim1.0mol/L\ HNO_3$

6. 佛尔哈德法测定下列哪些离子时可以在加入硝酸银之前加入指示剂。（　　　）
   A. 溴离子　　　　B. 氯离子　　　　C. 碘离子　　　　D. 硫氰酸根离子

7. 佛尔哈德法测定 Cl^- 时，可加入下列哪些试剂避免 AgCl 转化为 AgSCN。（　　　）
   A. 硝基苯　　　　　　　　　　B. 1,2-二氯乙烷
   C. 邻苯二甲酸二丁酯　　　　　D. 石油醚

8. 在下列滴定方法中，哪些是沉淀滴定采用的方法。（　　　）
   A. 摩尔法　　　　B. 碘量法　　　　C. 佛尔哈德法　　　　D. 高锰酸钾法

9. 佛尔哈德法直接滴定法不能测定哪些离子。（　　　）
   A. 氯离子　　　　B. 碘离子　　　　C. 银离子　　　　D. 溴离子

10. 佛尔哈德法返滴定法测定 Cl^- 需要用到哪些标准溶液。（　　　）
    A. 硝酸银标准溶液　　　　　　B. 氢氧化钠标准溶液
    C. 硫氰酸铵标准溶液　　　　　D. 高锰酸钾标准溶液

11. 下列哪些酸试剂不适合佛尔哈德法控制溶液酸度。（　　　）
    A. 盐酸　　　　B. 硫酸　　　　C. 磷酸　　　　D. 硝酸

12. 佛尔哈德法能测定哪些离子。（　　　）
    A. 银离子　　　　B. 氯离子　　　　C. 溴离子　　　　D. 碘离子

13. 在下列情况下的分析测定结果偏高的是（　　　）。
    A. pH＝4 时用铬酸钾指示剂法测定 Cl^-
    B. 试样中含有铵盐，在 pH＝10 时用铬酸钾指示剂法测定 Cl^-
    C. 用铁铵矾指示剂法测定 I^- 时，先加入铁铵矾指示剂，再加入过量 $AgNO_3$ 后才进行测定
    D. 用铁铵矾指示剂法测定 Cl^- 时，未加硝基苯

四、填空题

1. 佛尔哈德法是以＿＿＿＿＿＿指示剂的银量法。该方法可分为＿＿＿＿＿＿法和＿＿＿＿＿＿法，测定 Ag^+ 的含量应采用＿＿＿＿＿＿法。

2. 返滴定法测定卤化物或硫氰酸盐时，应先加入一定量过量的＿＿＿＿＿＿标准溶液，

再用_____为指示剂，用_____标准溶液滴定剩余的_____。

3. 返滴定法测定 Cl^- 含量时，终点出现红色，摇动试液，红色消失，这是因为_____的溶解度小于_____的溶解度，在滴定终点发生了_____，这样测定的结果会_____。

4. 返滴定法测定 I^- 含量时，指示剂必须在加入过量_____溶液后才能加入，否则_____将氧化_____而造成结果_____（偏高、偏低）。

5. 与摩尔法相比，佛尔哈德法最大的优点是抗干扰能力_____，终点_____观察，该方法的_____高，应用广泛。

6. 沉淀滴定法中，铁铵矾指示剂法测定 Cl^- 时，为保护 AgCl 沉淀不被溶解，需加入_____试剂。

7. 佛尔哈德法终点颜色从白色变为_____色。

8. 佛尔哈德法为避免 Fe^{3+} 水解，溶液酸度应控制在_____范围内，一般使用_____介质。

9. 采用佛尔哈德法返滴定卤素离子时，需要加一定量且过量的硝酸银标准溶液后，将溶液加热煮沸，使_____沉淀凝聚后过滤除去。

五、判断题

1. 佛尔哈德法是以 NH_4SCN 为标准滴定溶液，铁铵矾为指示剂，在稀硝酸溶液中进行滴定。（　　）

2. 铁铵矾指示剂法可直接用于测定氯离子。（　　）

3. 佛尔哈德法中，提高 Fe^{3+} 的浓度，可减小终点时 SCN^- 的浓度，从而减小滴定误差。（　　）

4. 用佛尔哈德法测定 Cl^-，滴定到临近终点时，经摇动后形成的红色会褪去，这是因为 AgSCN 的溶解度小于 AgCl 的溶解度，加入的 NH_4SCN 将与 AgCl 发生沉淀转化反应。（　　）

5. 用佛尔哈德法测定 Cl^- 时，如果生成的 AgCl 沉淀不分离除去或加以隔离，AgCl 沉淀可转化为 AgSCN 沉淀。（　　）

6. 佛尔哈德法的条件是滴定酸度为 0.1～1 mol/L。（　　）

7. 用铁铵矾作指示剂的沉淀滴定反应，可以在中性或碱性条件下进行。（　　）

8. 用佛尔哈德法测定 Cl^-，但没有加硝基苯，结果偏低。（　　）

9. 在酸性溶液中，Fe^{3+} 可氧化 I^-，所以，佛尔哈德法不能测定 I^-。（　　）

10. 用佛尔哈德法测定 Br^- 时，生成的 AgBr 沉淀不分离除去或加以隔离即可直接滴定。（　　）

六、问答题

银量法根据确定终点所用指示剂的不同可分为哪几种方法？它们分别用的指示剂是什么？又是如何指示滴定终点的？

任务四　碘化钠纯度测定

任务要求

1. 掌握吸附指示剂的变色原理。
2. 掌握法扬司法测定碘化钠纯度的工作过程。
3. 掌握法扬司法的注意事项。

任务实施

☞ 工作准备

一、任务描述

碘化钠为白色结晶或颗粒。无臭，味咸而微苦。有潮解性。在空气和水溶液中逐渐析出碘而变黄或棕。加热到64.3℃能溶于自身的结晶水中。有刺激性。碘化钠是制造无机碘化物和有机碘化物的原料。在医药上用作祛痰剂和利尿剂，也用于治疗甲状腺肿病。可用作照相胶片感光剂，碘的助溶剂，也用于配制碘乳剂等。

二、仪器和试剂

1. 仪器

（1）烧杯（100mL）。

（2）棕色试剂瓶（装硝酸银溶液）。

（3）棕色滴定管（50mL）。

（4）锥形瓶（150mL或250mL）。

（5）滴瓶（120mL）。

（6）洗瓶等其他常规器皿。

2. 试剂

（1）0.1 mol/L $AgNO_3$ 标准溶液。

（2）5%醋酸溶液。

（3）5%淀粉溶液。

（4）0.5%曙红指示剂。

（5）待测碘化钠样品。

3. 试剂的配制方法

（1）0.1mol/L $AgNO_3$ 标准溶液：称取17g硝酸银，溶于少量硝酸中，转移到1000mL棕色容量瓶中，用水稀释至刻度，摇匀，转移到棕色试剂瓶中储存，摩尔法标定浓度。或购买有证书的硝酸银标准滴定溶液。

（2）5%醋酸溶液：5mL冰醋酸与95mL水混匀。

（3）5%淀粉溶液：称取5g可溶性淀粉，用少量水润湿搅拌，然后倒入约95mL煮沸的蒸馏水中，继续加热煮沸2min，冷却。现配现用。

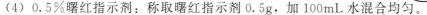

微课6-3 碘化钠样品纯度测定（法扬司法）

（4）0.5%曙红指示剂：称取曙红指示剂0.5g，加100mL水混合均匀。

☞ 工作过程

称取0.2g样品，精确至0.001g，溶于100mL水中，加10mL 5%醋酸溶液，以及三滴5%曙红钠盐指示剂，加入5%淀粉溶液2mL，用0.1mol/L的硝酸银标准溶液于暗处避光滴定至沉淀呈玫红色。平行测定三次。碘化钾的质量分数 ω，数值以"%"表示。

☞ 数据记录与处理

1. 碘化钠的质量分数计算

碘化钠的质量分数 ω，数值以"%"表示。计算公式：

$$\omega = \frac{VcM}{1000m} \times 100 \tag{6-7}$$

式中 V——硝酸银标准溶液滴定体积，mL；

　　　c——硝酸银标准溶液滴定浓度，mol/L；

　　　M——碘化钠摩尔质量，149.89g/mol；

　　　m——样品质量，g。

2. 碘化钠纯度测定结果

碘化钠纯度测定数据见表 6-3。

表 6-3 碘化钠纯度测定数据记录表

项目	1	2	3
c_{AgNO_3}/(mol/L)			
m_{KI}(倾样前)/g			
m_{KI}(倾样后)/g			
V_{AgNO_3}/mL			
ω_{NaI}/%			
ω_{NaI}(平均)/%			
极差/%			
极差与平均值之比/%			

☞ **注意事项**

① 滴定液中被滴定离子的浓度不能太低。常用 $AgNO_3$ 标准溶液的浓度为 0.05～0.1mol/L。被测样品也需要有一定的浓度。

② 保持沉淀呈胶体状态。用糊精或淀粉等高分子化合物作为保护剂，可以防止卤化银沉淀凝聚。

③ 控制溶液酸度在合适范围。酸度的大小与指示剂的离解常数有关，离解常数大，酸度可以大些。

④ 避免强光照射，以防止卤化银沉淀分解。

⑤ 注意吸附指示剂的选择，按照卤化银对卤化物和几种吸附指示剂的吸附能力的次序（I^-＞SCN^-＞Br^-＞曙红＞Cl^-＞荧光黄）进行选择。

 相关知识

一、吸附指示剂法的原理和条件

法扬司法（吸附指示剂法）：是以硝酸银为滴定液，以吸附指示剂确定滴定终点，用以测定卤素离子的银量法。

1. 原理

吸附指示剂是一类有机染料，它的阴离子在溶液中易被带正电荷的胶状沉淀吸附，吸附后结构改变，从而引起颜色的变化，指示滴定终点的到达。

现以 $AgNO_3$ 标准溶液滴定 Cl^- 为例，说明指示剂荧光黄的作用原理。

荧光黄是一种有机弱酸，用 HFI 表示，在水溶液中可离解为荧光黄阴离子 FI⁻，呈黄绿色：HFI ⇌ FI⁻ + H⁺。

在化学计量点前，生成的 AgCl 沉淀在过量的 Cl⁻ 溶液中，AgCl 沉淀吸附 Cl⁻ 而带负电荷，形成的（AgCl）·Cl⁻ 不吸附指示剂阴离子 FI⁻，溶液呈黄绿色，见图 6-1。

到达化学计量点时，微过量的 AgNO₃ 可使 AgCl 沉淀吸附 Ag⁺ 形成（AgCl）·Ag⁺ 而带正电荷，此带正电荷的（AgCl）·Ag⁺ 吸附荧光黄阴离子 FI⁻，结构发生变化呈现粉红色，使整个溶液由黄绿色变成粉红色，指示终点的到达。见图 6-2。

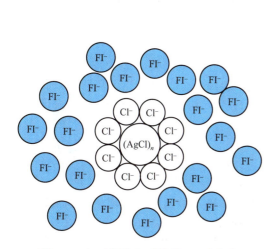

图 6-1　AgCl 沉淀在过量的 Cl⁻ 溶液中

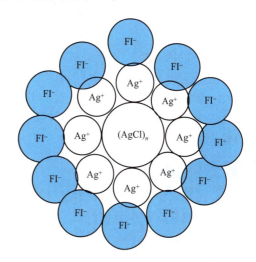

图 6-2　带正电荷的（AgCl）·Ag⁺ 吸附荧光黄阴离子 FI⁻

$$（AgCl）·Ag^+ + FI^- \xrightarrow{吸附} （AgCl）·Ag·FI$$
$$（黄绿色）\qquad\qquad （粉红色）$$

2. 使用吸附指示剂的注意事项

为了使终点变色敏锐，应用吸附指示剂时需要注意以下几点：

(1) 保持沉淀呈胶体状态。由于吸附指示剂的颜色变化发生在沉淀微粒表面上，因此，应尽可能使卤化银沉淀呈胶体状态，具有较大的表面积。为此，在滴定前应将溶液稀释，并加糊精或淀粉等高分子化合物作为保护剂，以防止卤化银沉淀凝聚。

(2) 控制溶液酸度。常用的吸附指示剂大多是有机弱酸，而起指示剂作用的是它们的阴离子。酸度大时，H⁺ 与指示剂阴离子结合成不被吸附的指示剂分子，无法指示终点。酸度的大小与指示剂的离解常数有关，离解常数越大，酸度越大。例如荧光黄 $pK_a \approx 7$，适用于 pH=7～10 的条件下进行滴定，若 pH<7 荧光黄主要以 HFI 分子形式存在，不被吸附。

(3) 避免强光照射。卤化银沉淀对光敏感，易分解，析出银使沉淀变为灰黑色，影响滴定终点的观察，因此在滴定过程中应避免强光照射。

(4) 吸附指示剂的选择。沉淀胶体微粒对指示剂离子的吸附能力，应略小于对待测离子的吸附能力，否则指示剂将在化学计量点前变色。但不能太小，否则终点出现过迟。卤化银对卤化物和几种吸附指示剂的吸附能力的次序如下：

I⁻ > 三甲基二碘荧光黄 > SCN⁻ > Br⁻ > 曙红 > Cl⁻ > 荧光黄

因此，滴定 Cl⁻ 不能选曙红，而应选荧光黄。表 6-4 中列出了几种常用的吸附指示剂及其应用。

表 6-4 常用吸附指示剂及其应用

指示剂	被测离子	滴定剂	滴定条件	终点颜色变化
荧光黄	Cl^-、Br^-、I^-	$AgNO_3$	pH 7~10	黄绿→粉红
二氯荧光黄	Cl^-、Br^-、I^-	$AgNO_3$	pH 4~10	黄绿→红
曙红	Br^-、SCN^-、I^-	$AgNO_3$	pH 2~10	橙黄→红紫
溴酚蓝	生物碱盐类	$AgNO_3$	弱酸性	黄绿→灰紫
甲基紫	Ag^+	NaCl	酸性溶液	黄红→红紫

二、应用范围

法扬司法可用于测定 Cl^-、Br^-、I^- 和 SCN^- 及生物碱盐类（如盐酸麻黄碱）等。测定 Cl^- 常用荧光黄或二氯荧光黄作指示剂，而测定 Br^-、I^- 和 SCN^- 常用曙红作指示剂。此法终点明显，方法简便，但反应条件要求较严，应注意溶液的酸度、浓度及胶体的保护等。

学习小结

（1）法扬司法指示剂：吸附指示剂，如曙红指示剂、荧光黄指示剂等。

（2）法扬司法基本原理：化学计量点前，吸附指示剂不被吸附，呈现指示剂阴离子颜色，化学计量点后，微过量的银离子使卤化银沉淀吸附银离子带正电荷，此时沉淀胶体吸附指示剂的阴离子，使指示剂结构发生改变，导致溶液颜色变化，指示终点到达。

（3）法扬司法使用过程注意事项：①保持沉淀呈胶体状态；②控制溶液酸度；③避免强光照射。

（4）吸附指示剂的选择原则：沉淀胶体微粒对指示剂离子的吸附能力，应略小于对待测离子的吸附能力。卤化银对卤化物和几种吸附指示剂的吸附能力的次序如下：

I^-＞三甲基二碘荧光黄＞SCN^-＞Br^-＞曙红＞Cl^-＞荧光黄

想一想

1. 如果测定 Cl^- 时以曙红为指示剂，分析结果偏高还是偏低，请分析原因。

2. 选用荧光黄为指示剂，酸度需要控制的范围为多大？酸度过高或者过低会有什么影响？

练一练测一测

一、名词解释

吸附指示剂

二、填空题

1. 法扬司法是利用_____指示剂确定终点的银量法。该指示剂被沉淀表面吸附以后，其结构发生改变，因而_____也随之改变。

2. 以荧光黄为指示剂，用 $AgNO_3$ 标准溶液滴定 Cl^-。计量点前，AgCl 吸附_____，而不吸附_____，溶液呈_____色；计量点后，_____被 AgCl 吸附而形成_____，它强烈吸附_____，使沉淀变为_____色。

3. 吸附指示剂吸附于沉淀表面而变色，所以沉淀的表面积越大，吸附能力越_____，终点的颜色变化越_____。

4. 选择吸附指示剂时，应使沉淀吸附_____的能力略小于沉淀吸附_____的能力。否则_____取代_____进入吸附层，使终点_____。

5. 法扬司法滴定中，溶液浓度不能_____，否则沉淀量过少观察终点_____。

6. 卤化银沉淀对卤离子和常用指示剂的吸附能力大小顺序是_____。

7. 法扬司法滴定时，溶液的酸度条件与指示剂_____的大小有关，其值越大，酸性越_____。

8. 法扬司法测定卤素离子时，要注意保持沉淀呈_____状态，一般先将溶液稀释，再加入_____、_____等作为胶体保护剂，防止沉淀凝聚。

9. 采用法扬司法测定卤素离子是需要_____滴定，以防止氯化银分解。

10. 采用法扬司法测定 I^- 离子时，最好选用_____指示剂，其酸度范围为_____。

三、单选题

1. 下列指示剂中不属于吸附指示剂的是（　　）。
   A. 酚酞　　　B. 二氯荧光黄　　　C. 溴甲酚绿　　　D. 曙红

2. 法扬司法中应用的指示剂其性质属于（　　）。
   A. 配位　　　B. 沉淀　　　C. 酸碱　　　D. 吸附

3. 下列测定中需要加热煮沸的有（　　）。
   A. 摩尔法测定 Cl^-　　　B. 以曙红为指示剂测定 I^-
   C. 佛尔哈德法直接测定 Ag^+　　　D. 佛尔哈德法返滴定测定 Cl^-

4. 下列滴定中，终点将提前出现的有（　　）。
   A. 摩尔法测定 Cl^-　　　B. 佛尔哈德法返滴定 Cl^- 没有加硝基苯
   C. 法扬司法测 Cl^- 以曙红为指示剂　　　D. 以荧光黄为指示剂在 pH=3 时测定 Cl^-

5. 用法扬司法测定 Cl^- 的含量时，曙红作指示剂，结果将（　　）。
   A. 偏高　　　B. 偏低　　　C. 无影响　　　D. 不确定

6. 用法扬司法测定 I^- 的含量时，曙红作指示剂，结果将（　　）。
   A. 偏高　　　B. 偏低　　　C. 无影响　　　D. 不确定

7. 用法扬司法测定 Cl^-，应选用的指示剂是（　　）。
   A. K_2CrO_4　　　B. 荧光黄　　　C. 曙红　　　D. $NH_4Fe(SO_4)_2$

8. 用法扬司法测定卤化物时，为使滴定终点变色明显，则应该（　　）。
   A. 使被测离子的浓度小一些
   B. 保持溶液为酸性
   C. 避光
   D. 胶粒对指示剂的吸附能力大于对被测离子的吸附能力

9. 在法扬司法测 Cl^-，常加入糊精，其作用是（　　）。
   A. 掩蔽干扰离子　　　B. 防止 AgCl 凝聚
   C. 防止 AgCl 沉淀转化　　　D. 防止 AgCl 感光

10. 采用法扬司法测定碘化钠含量时，采用曙红为指示剂，终点前后颜色变化是（　　）。
    A. 红色变黄色　　　B. 黄色变紫色　　　C. 黄绿色变蓝色　　　D. 橙色变红色

11. 吸附指示剂变色是因为（　　）。
    A. 指示剂阴离子被沉淀吸附后结构发生了变化
    B. 滴定前后溶液 pH 发生了变化
    C. 吸附指示剂被反应消耗掉了
    D. 吸附指示剂和沉淀形成了新的分子

四、多选题

1. 下列指示剂属于吸附指示剂的是（　　）。
   A. 曙红　　　　　B. 邻二氮菲亚铁　　C. 酚酞　　　　　D. 二氯荧光黄

2. 下列滴定中，需要加淀粉溶液的有（　　）。
   A. 摩尔法测定 Cl^-　　　　　　　　B. 佛尔哈德法直接测定 Ag^+
   C. 以荧光黄为指示剂测定 Cl^-　　　D. 以曙红为指示剂测定 I^-

3. 常用银量法有（　　）。
   A. 摩尔法　　　B. 法扬司法　　　C. 佛尔哈德法　　D. 高锰酸钾法

4. 采用法扬司法可以测定下列哪些离子（　　）。
   A. Ag^+　　　B. Ba^{2+}　　　C. Cl^-　　　D. I^-

5. 采用曙红做吸附指示剂测定碘化钠含量时需要注意的条件有（　　）。
   A. 避光　　　　　　　　　　　　　B. 碘离子浓度不能过低
   C. 加入糊精等防聚集物质　　　　　D. 控制溶液酸度在 10 以上

6. 采用法扬司法（曙红指示剂）测定碘化钠含量时需要准备的试剂有（　　）。
   A. 吸附指示剂　　　　　　　　　　B. 硝酸银标准溶液
   C. NH_4SCN 标准溶液　　　　　　D. 醋酸溶液

7. 采用法扬司法测定碘化钠含量时需要用到的仪器有（　　）。
   A. 透明滴定管　　B. 分析天平　　C. 锥形瓶　　　D. 棕色滴定管

8. 下列吸附指示剂吸附性排列顺序正确的有（　　）。
   A. $I^->SCN^-$　　　　　　　　　B. $SCN^->Br^->$曙红
   C. $Cl^->$荧光黄　　　　　　　　D. $Cl^->I^-$

9. 法扬司法中，滴定时充分摇动的作用是（　　）。
   A. 可以加快滴定速率　　　　　　　B. 促使胶体凝聚
   C. 加速吸附的可逆过程　　　　　　D. 使指示剂变色敏锐

10. 荧光黄做指示剂可以测定哪些离子。（　　）。
    A. SCN^-　　　B. Br^-　　　C. I^-　　　D. Cl^-

11. 用 $AgNO_3$ 标准溶液滴定碘化钠，以曙红为指示剂，滴定过程颜色的变化正确的是（　　）。
    A. 滴定前黄色溶液　　　　　　　　B. 滴定终点后黄绿色沉淀
    C. 滴定终点后玫红色沉淀　　　　　D. 滴定终点前橙红色溶液

12. 法扬司法测定 Cl^- 时，下列操作中正确的是（　　）。
    A. 选择曙红为指示剂　　　　　　　B. 在氨性溶液中进行滴定
    C. 加入淀粉溶液　　　　　　　　　D. 在中性溶液中进行滴定

13. 为保持沉淀呈胶体状态采取的措施是（　　）。
    A. 在适当的稀溶液条件下滴定　　　B. 加入糊精或淀粉
    C. 在较浓的溶液中进行滴定　　　　D. 加入适量电解质

五、判断题

1. 银量法中使用 $pK_a=5.0$ 的吸附指示剂测定卤素离子时，溶液酸度下限控制在 $pH>5$。（　　）
2. 法扬司法中吸附指示剂的 K_a 越大，滴定适用的 pH 越低。（　　）
3. 法扬司法测定 Cl^-，常加入糊精，其作用是防止 AgCl 凝聚。（　　）
4. 硝酸银标准溶液需保存在棕色瓶中。（　　）
5. 不同的指示剂离子被沉淀吸附的能力不同，在滴定时选择指示剂的吸附能力，应小

于沉淀对被测离子的吸附能力。（　　）

6. 卤化银对卤离子和几种常用吸附指示剂吸附能力的次序如下：I^-＞SCN^-＞Br^-＞曙红＞Cl^-＞荧光黄。（　　）

7. 标定 $AgNO_3$ 溶液最常用的基准物质是基准试剂 NaCl。（　　）

8. 在法扬司法中，为了使沉淀具有较强的吸附能力，通常加入适量的糊精或淀粉使沉淀处于胶体状态。（　　）

9. 法扬司法可以测定 F^- 等卤素离子。（　　）

知识要点

一、认识沉淀滴定

（1）以沉淀反应为基础的滴定分析法称为沉淀滴定法。

（2）目前使用较多的是利用生成难溶银盐反应进行的沉淀滴定法，称为银量法。银量法主要用于测定 Cl^-、Br^-、I^-、Ag^+、SCN^-、CN^- 等离子以及含卤素的有机化合物。

（3）根据确定终点的方法不同，银量法分为摩尔法、佛尔哈得法和法扬司法。

二、水中氯含量测定（摩尔法）

（1）原理：分级沉淀原理。

（2）标准溶液：$AgNO_3$ 溶液，具有腐蚀性，见光易分解，应贮于棕色试剂瓶，用基准试剂 NaCl 标定。

（3）指示剂：以 K_2CrO_4 为指示剂。

（4）终点颜色：砖红色沉淀。

（5）酸度：中性或者弱碱性条件。

（6）应用范围：主要用于测定 Cl^-、Br^-。

三、酱油中氯化钠含量测定（佛尔哈德法）

（1）标准溶液：$AgNO_3$ 溶液，NH_4SCN 溶液。

（2）指示剂：铁铵矾。

（3）终点颜色：红色的 $[FeSCN]^{2+}$。

（4）酸度：酸性介质中。

（5）注意事项：防止沉淀转化。

（6）应用范围：直接滴定法测定 Ag^+，返滴定法测定卤素离子和 SCN^-。

四、碘化钠纯度测定（法扬司法）

（1）原理：化学计量点前，吸附指示剂不被吸附，呈现指示剂阴离子颜色，化学计量点后，微过量的银离子使卤化银沉淀吸附银离子带正电荷，此时沉淀胶体吸附指示剂的阴离子，使指示剂结构发生改变，导致溶液颜色变化，指示终点到达。

（2）标准溶液：$AgNO_3$ 溶液。

（3）指示剂：吸附指示剂，如测定 Cl^- 常用荧光黄作指示剂，测定 Br^-、I^- 和 SCN^- 常用曙红作指示剂。

（4）终点颜色：黄绿色变成粉红色（以荧光黄指示剂为例）。

（5）酸度：与指示剂的离解常数有关。

（6）吸附指示剂的选择：沉淀胶体微粒对指示剂离子的吸附能力，应略小于对待测离子的吸附能力，否则指示剂将在化学计量点前变色。但不能太小，否则终点出现过迟。

（7）应用范围：可用于测定 Cl^-、Br^-、I^- 和 SCN^- 及生物碱盐类（如盐酸麻黄碱）等。

学习情境七
重量分析

学习引导

重量分析分析知识树

任务一 认识重量分析法

任务要求

1. 掌握重量分析法的特点和分类。
2. 掌握沉淀重量分析法对沉淀的要求。
3. 掌握影响沉淀完全和沉淀纯度的因素。

4. 了解沉淀的形成与沉淀条件的选择。

一、重量分析法概述

重量分析法是经典的定量分析方法，它采用适当的方法先将试样中待测组分与其他组分分离，然后用称量的方法测定该组分的含量。

1. 重量分析法的分类

根据分离方法的不同，重量分析法常分为沉淀法、气化法、电解法和提取法四大类。

（1）沉淀法是利用试剂与待测组分生成溶解度很小的沉淀，经过滤、洗涤、烘干或灼烧成为组成一定的物质，然后称其质量，再计算待测组分的含量。沉淀法测定准确度高，不需标准溶液，但是测定较慢，程序烦琐，不适用于微量组分的测定。例如，测定某样品的硫酸盐含量时，采用的就是沉淀重量法。

（2）气化法（又称挥发法）是利用物质的挥发性质，通过加热或其他方法使试样中的待测组分挥发逸出，然后根据试样质量的减少计算该组分的含量；或者用吸收剂吸收逸出的组分，根据吸收剂质量的增加计算该组分的含量。例如，样品中的湿存水或结晶水等挥发成分的测定多采用此法。

（3）电解法是利用电解的方法使待测金属离子在电极上还原析出，然后称量，根据电极增加的质量求得其质量。例如，电解法测定铜合金中铜的含量。

微课7-1 五水硫酸铜结晶水含量测定

（4）提取法是利用被测组分在两种互不相溶的溶剂中分配比的不同，加入某种提取剂使被测组分从原来的溶剂中定量地转入提取剂中，称量剩余物的质量，或将提出液中的溶剂蒸发除去，称量剩下的质量，以计算被测组分的含量。例如，样品中粗脂肪含量的定量测定中，常用乙醚（或石油醚）作提取剂，然后蒸发除去乙醚，干燥后称量，即可得样品中粗脂肪的含量。

2. 重量分析法的特点

重量分析法是用分析天平直接称量而获得分析结果的，不需要配制标准溶液和标定标准溶液的浓度，因而引入误差的机会较少，测定的结果比滴定分析法更准确可靠，相对误差约为 0.1%～0.2%，适用于测定含量大于 1% 的常量组分。目前主要用于原材料分析、标样检测和仲裁分析，校对其他分析方法准确度时，也常采用重量分析法。但是，重量分析法的最大缺点是操作烦琐、费时，也不适用于微量和痕量组分的测定。

本章讨论的是重量分析法中最常用的沉淀重量法。

二、沉淀重量分析法对沉淀的要求

利用沉淀重量法进行分析时，首先将试样分解为试液，然后加入适当的沉淀剂使其与被测组分发生沉淀反应，并以"沉淀形式"沉淀出来。沉淀经过滤、洗涤，在适当的温度下烘干或灼烧，转化为"称量形式"，再进行称量。根据称量形式的化学式计算被测组分在试样中的含量。"沉淀形式"和"称量形式"可能相同，也可能不同，例如：

$$Ba^{2+} \xrightarrow{沉淀} BaSO_4 \xrightarrow{灼烧} BaSO_4$$

被测组分　沉淀形式　称量形式

$$Fe^{3+} \xrightarrow{沉淀} Fe(OH)_3 \xrightarrow{灼烧} Fe_2O_3$$
被测组分　沉淀形式　称量形式

在重量分析法中，为获得准确的分析结果，沉淀形式和称量形式必须满足以下要求。

1. 对沉淀形式的要求

(1) 沉淀要完全，沉淀的溶解度要小，要求测定过程中沉淀的溶解损失不应超过分析天平的称量误差。一般要求溶解损失应小于 0.1mg。例如，测定 Ca^{2+} 时，以形成 $CaSO_4$ 和 CaC_2O_4 两种沉淀形式作比较，$CaSO_4$ 的溶解度较大（$K_{sp}=2.45\times10^{-5}$），CaC_2O_4 的溶解度较小（$K_{sp}=1.78\times10^{-9}$）。显然，用 $(NH_4)_2C_2O_4$ 作沉淀剂比用硫酸作沉淀剂沉淀的更完全。

(2) 沉淀必须纯净，并易于过滤和洗涤。沉淀纯净是获得准确分析结果的重要因素之一。颗粒较大的晶体沉淀（如 $MgNH_4PO_4 \cdot 6H_2O$）其表面积较小，吸附杂质的机会较少，因此沉淀较纯净，易于过滤和洗涤。颗粒细小的晶形沉淀（如 CaC_2O_4、$BaSO_4$），由于其比表面积大，吸附杂质多，洗涤次数也相应增多。非晶形沉淀［如 $Al(OH)_3$、$Fe(OH)_3$］体积庞大疏松、吸附杂质较多，过滤费时且不易洗净。对于这类沉淀，必须选择适当的沉淀条件以满足对沉淀形式的要求。

(3) 沉淀形式应易于转化为称量形式。沉淀经烘干、灼烧时，应易于转化为称量形式。例如 Al^{3+} 的测定，若沉淀为 8-羟基喹啉铝［$Al(C_9H_6NO)_3$］，在 130℃ 烘干后即可称量；而沉淀为 $Al(OH)_3$，则必须在 1200℃ 灼烧转变为无吸湿性的 Al_2O_3 后，方可称量。因此，测定 Al^{3+} 时前法比后法好。

2. 对称量形式的要求

(1) 称量形式的组成必须与化学式相符，即：必须有确定的化学组成，这是定量计算的基本依据。例如测定 PO_4^{3-}，可以形成磷钼酸铵沉淀，但组成不固定，无法利用它作为测定 PO_4^{3-} 的称量形式。若采用磷钼酸喹啉法测定 PO_4^{3-}，则可得到组成与化学式相符的称量形式。

(2) 称量形式要有足够的稳定性，不易吸收空气中的 CO_2、H_2O。例如测定 Ca^{2+} 时，若将 Ca^{2+} 沉淀为 $CaC_2O_4 \cdot H_2O$，灼烧后得到 CaO，易吸收空气中 H_2O 和 CO_2，因此，CaO 不宜作为称量形式。

(3) 称量形式的摩尔质量尽可能大，这样可增大称量形式的质量，以减小称量误差。例如在铝的测定中，分别用 Al_2O_3 和 8-羟基喹啉铝［$Al(C_9H_6NO)_3$］两种称量形式进行测定，若被测组分 Al 的质量为 0.1000g，则可分别得到 0.1888g Al_2O_3 和 1.7040g $Al(C_9H_6NO)_3$。两种称量形式由称量误差所引起的相对误差分别为 $\pm1\%$ 和 $\pm0.1\%$。显然，以 $Al(C_9H_6NO)_3$ 作为称量形式比用 Al_2O_3 作为称量形式测定 Al 的准确度高（提高了 10 倍）。

3. 沉淀剂的选择

根据上述对沉淀形式和称量形式的要求，选择沉淀剂时应考虑如下几点。

(1) 选用具有较好选择性的沉淀剂。所选的沉淀剂最好只能和待测组分生成沉淀，而与试液中的其他组分不起作用或与尽可能少的组分生成沉淀，干扰少，沉淀纯净。例如：丁二酮肟和 H_2S 都可以沉淀 Ni^{2+}，但在测定 Ni^{2+} 时常选用前者。又如沉淀锆离子时，选用在盐酸溶液中与锆有特效反应的苦杏仁酸作沉淀剂，这时即使有钛、铁、钡、铝、铬等十几种离子存在，也不发生干扰。

(2) 选用能与待测离子生成溶解度最小的沉淀的沉淀剂。所选的沉淀剂应能使待测组分沉淀完全。例如：生成难溶的钡的化合物有 $BaCO_3$、$BaCrO_4$、BaC_2O_4 和 $BaSO_4$。根据其溶解度可知，$BaSO_4$ 溶解度最小。因此以 $BaSO_4$ 的形式沉淀 Ba^{2+} 比生成其他难溶化合物好。

（3）尽可能选用易挥发或经灼烧易除去的沉淀剂。这样沉淀中带有的沉淀剂即便未洗净，也可以借烘干或灼烧而除去。一些铵盐和有机沉淀剂都能满足这项要求。例如：用氢氧化物沉淀 Fe^{3+} 时，选用氨水而不用 NaOH 作沉淀剂。

（4）选用溶解度较大的沉淀剂。用此类沉淀剂可以减少沉淀对沉淀剂的吸附作用。例如：利用生成难溶钡化合物沉淀 SO_4^{2-} 时，应选 $BaCl_2$ 作沉淀剂，而不用 $Ba(NO_3)_2$。因为 $Ba(NO_3)_2$ 的溶解度比 $BaCl_2$ 小，$BaSO_4$ 吸附 $Ba(NO_3)_2$ 比吸附 $BaCl_2$ 严重。

动画 7-1　沉淀形式与称量形式

有机沉淀剂选择性高，常能形成结构较好的晶形沉淀；沉淀溶解度小；吸附杂质少，沉淀较纯净，易于过滤和洗涤；称量形式的摩尔质量大；组成恒定；烘干后即可称重。因此，在可能的情况下，应尽量选择有机试剂作沉淀剂。

三、沉淀的完全程度及其影响因素

沉淀的完全程度直接影响沉淀分析法的准确度。因此，被测组分沉淀的越完全越好。但是，在水溶液中绝对不溶解的沉淀是不存在的，能达到重量分析要求溶解度的沉淀也是很少的。所以，必须了解沉淀的溶解度及其影响因素、优化沉淀条件，以提高沉淀分析法的准确度。

动画 7-2　硫酸钡沉淀形成

动画 7-3　氯化银沉淀溶解平衡

（一）沉淀的溶解度与溶度积

当水中存在 1∶1 型难溶化合物 MA 时，MA 溶解并达到饱和状态后，有下列平衡关系：

$$MA（固） \rightleftharpoons MA（水） \rightleftharpoons M^+ + A^-$$

在水溶液中，除了 M^+、A^- 外，还有未离解的分子状态的 MA。例如 AgCl 溶于水中：

$$AgCl（固） \rightleftharpoons AgCl（水） \rightleftharpoons Ag^+ + Cl^-$$

溶液中，MA（水）的量很小，可忽略不计，因此，溶解度 $S=[M^+]=[A^-]=\sqrt{K_{sp}}$。

对于 M_mA_n 型难溶化合物，其溶解平衡如下：

$$M_mA_n（固） \rightleftharpoons mM^{n+} + nA^{m-}$$
$$\qquad\qquad\qquad S \qquad mS \qquad nS$$

因此其溶度积表达式为：

$$K_{sp}=[M^{n+}]^m[A^{m-}]^n=(mS)^m(nS)^n=m^m n^n S^{m+n}$$

例如 $Ca_3(PO_4)_2$ 在水中存在如下关系：

$$Ca_3(PO_4)_2 \rightleftharpoons 3Ca^{2+} + 2PO_4^{3-}$$
$$\qquad\quad S \qquad\qquad 3S \qquad 2S$$

$$K_{sp}=[Ca^{2+}]^3[PO_4^{3-}]^2=(3S)^3(2S)^2=108S^5$$

$Ca_3(PO_4)_2$ 沉淀在水中的溶解度为：

$$S=\sqrt[(3+2)]{\frac{K_{sp}}{3^3\times2^2}}=\sqrt[5]{\frac{K_{sp}}{108}}$$

（二）影响沉淀溶解度的因素

影响沉淀溶解度的因素很多，如同离子效应、盐效应、酸效应、配位效应等。此外，温度、介质、沉淀结构和颗粒大小等对沉淀的溶解度也有影响。现分别进行讨论。

1. 同离子效应

组成沉淀晶体的离子称为构晶离子。当沉淀反应达到平衡后，如果向溶液中加入适当过量的含有某一构晶离子的试剂或溶液，则沉淀的溶解度减小，这种现象称为同离子效应。

例如以 $BaSO_4$ 重量法测 Ba^{2+} 时，若加入等物质的量的沉淀剂 SO_4^{2-}，则 $BaSO_4$ 的溶解度为：

$$S=[Ba^{2+}]=[SO_4^{2-}]=\sqrt{K_{sp}}=\sqrt{1.1\times10^{-10}}=1.0\times10^{-5}\,mol/L$$

在 200mL 溶液中 $BaSO_4$ 的损失量为：

$$1.0\times10^{-5}\times200\times233.4=0.5\,mg \quad 超过称量误差$$

若加入过量 H_2SO_4，使沉淀后溶液中的 $[SO_4^{2-}]=0.010\,mol/L$，则溶解度为：

$$S=[Ba^{2+}]=K_{sp}/[SO_4^{2-}]=1.1\times10^{-8}\,mol/L$$

在 200mL 溶液中的损失量为：

$$1.1\times10^{-8}\times200\times233.4=0.0005\,mg \quad 远远小于称量误差$$

因此，在实际分析中，常加入过量沉淀剂，利用同离子效应，使被测组分沉淀完全。但沉淀剂过量太多，可能引起盐效应、酸效应及配位效应等副反应，反而使沉淀的溶解度增大。

2. 盐效应

沉淀反应达到平衡时，由于强电解质的存在或加入其他强电解质，使沉淀的溶解度增大，这种现象称为盐效应。例如：$AgCl$、$BaSO_4$ 在 KNO_3 溶液中的溶解度比在纯水中大，而且溶解度随 KNO_3 浓度增大而增大。

产生盐效应的原因是由于离子的活度与溶液中加入的强电解质的浓度有关，当强电解质的浓度增大到一定程度时，因离子强度增大，会使离子活度系数明显减小。而在一定温度下 K_{sp} 为一常数，因而必然要增大沉淀的溶解度，才能使 K_{sp} 保持不变。

动画 7-4　盐效应对沉淀溶解度的影响

例如，$PbSO_4$ 在不同浓度的 Na_2SO_4 溶液中溶解度的变化情况见表 7-1。

表 7-1　$PbSO_4$ 在不同浓度的 Na_2SO_4 溶液中溶解度的变化情况

$c_{Na_2SO_4}$/(mol/L)	S_{PbSO_4}/(mol/L)	效应情况
0	0.15	同离子效应占主导地位
0.001	0.024	同离子效应占主导地位
0.01	0.016	同离子效应占主导地位
0.02	0.014	同离子效应占主导地位
0.04	0.013	同离子效应占主导地位
0.100	0.016	盐效应占主导地位
0.200	0.023	盐效应占主导地位

因此，在利用同离子效应降低沉淀溶解度的同时，应考虑由于过量沉淀剂的加入而引起

的盐效应。一般情况下,沉淀剂过量 50%～100% 是合适的,如果沉淀剂是不易挥发的,则以过量 20%～30% 为宜。

应该指出,如果沉淀本身的溶解度很小,一般来讲,盐效应的影响很小,可以不予考虑。只有当沉淀的溶解度比较大,而且溶液的离子强度很高时,才考虑盐效应的影响。

3. 酸效应

由于酸度改变而使难溶化合物溶解度改变的现象称为酸效应。酸效应的发生主要是由于溶液中 H^+ 浓度的大小对弱酸、多元酸或难溶酸离解平衡的影响。因此,酸效应对于不同类型沉淀的影响情况不一样,若沉淀是强酸盐(如 $BaSO_4$、$AgCl$ 等)其溶解度受酸度影响不大,但对弱酸盐如 CaC_2O_4,则酸效应影响就很显著。如 CaC_2O_4 沉淀在溶液中有下列平衡:

$$CaC_2O_4 \rightleftharpoons Ca^{2+} + C_2O_4^{2-}$$
$$-H^+ \Updownarrow +H^+$$
$$HC_2O_4^- \underset{-H^+}{\overset{+H^+}{\rightleftharpoons}} H_2C_2O_4$$

当酸度较高时,沉淀溶解平衡向右移动,从而增加了沉淀溶解度。若知平衡时溶液的 pH,就可以计算酸效应系数,从而计算溶解度。

【例 7-1】 计算沉淀在 pH=5 和 pH=2 溶液中的溶解度。(已知 $H_2C_2O_4$ 的 $K_{a1}=5.9×10^{-2}$,$K_{a2}=6.4×10^{-5}$,$K_{sp,CaC_2O_4}=2.0×10^{-9}$)

解 pH=5 时,$H_2C_2O_4$ 的酸效应系数为:

$$\alpha_{C_2O_4(H)} = 1 + \frac{[H]}{K_2} + \frac{[H]^2}{K_1 K_2}$$
$$= 1 + 1.0×10^{-5}/(6.4×10^{-5}) + (1.0×10^{-5})^2/(6.4×10^{-5}×5.9×10^{-2}) = 1.16$$

因此 $S = [Ca^{2+}] = c_{C_2O_4^{2-}} = K_{sp}$,$\alpha_{C_2O_4(H)} = \dfrac{c_{C_2O_4^{2-}}}{[C_2O_4^{2-}]}$

$$K_{sp,CaC_2O_4} = [Ca^{2+}][C_2O_4^{2-}] = \frac{S^2}{\alpha_{C_2O_4(H)}}$$

$$S = \sqrt{2.0×10^{-9}×1.16} = 4.8×10^{-5} \text{ mol/L}$$

同理可求出 pH=2 时,CaC_2O_4 的溶解度为 $6.1×10^{-4}$ mol/L。

由上述计算可知 CaC_2O_4 在 pH=2 的溶液中的溶解度是 pH=5 的溶液中的溶解度约 13 倍。

为了防止沉淀溶解损失,对于弱酸盐沉淀,如碳酸盐、草酸盐、磷酸盐等,通常应在较低的酸度下进行沉淀。如果沉淀本身是弱酸,如硅酸($SiO_2 \cdot nH_2O$)、钨酸($WO_3 \cdot nH_2O$)等,易溶于碱,则应在强酸性介质中进行沉淀。如果沉淀是强酸盐如 AgCl 等,在酸性溶液中进行沉淀时,溶液的酸度对沉淀的溶解度影响不大。对于硫酸盐沉淀,例如 $BaSO_4$、$SrSO_4$ 等,由于 H_2SO_4 的 K_{a2} 不大,当溶液的酸度太高时,沉淀的溶解度也随之增大。如果沉淀是氢氧化物应在碱性溶液进行沉淀,否则会引起损失。

4. 配位效应

进行沉淀反应时,若溶液中存在能与构晶离子生成可溶性配合物的配位剂,则可使沉淀溶解度增大,这种现象称为配位效应。

配位剂主要来自两方面,一是沉淀剂本身就是配位剂,二是加入的其他试剂。

例如用 Cl^- 沉淀 Ag^+ 时,得到 AgCl 白色沉淀,若向此溶液加入氨水,则因 NH_3 配位形成 $[Ag(NH_3)_2]^+$,使 AgCl 的溶解度增大,甚至全部溶解。如果在沉淀 Ag^+ 时,加入

过量的 Cl^-，则 Cl^- 能与 AgCl 沉淀进一步形成 $AgCl_2^-$ 和 $AgCl_3^{2-}$ 等配离子，也使 AgCl 沉淀逐渐溶解。这时 Cl^- 沉淀剂本身就是配位剂。由此可见，在用沉淀剂进行沉淀时，应严格控制沉淀剂的用量，同时注意外加试剂的影响。

【例 7-2】 计算 AgBr 在 0.10mol/L NH_3 溶液中的溶解度为纯水中的多少倍？已知 $K_{sp,AgBr}=5.0\times10^{-13}$，$Ag(NH_3)_2^+$ 的 $\beta_1=10^{3.32}$，$\beta_2=10^{7.23}$。

解 （1）纯水中

$$S_1=\sqrt{K_{sp}}=\sqrt{5.0\times10^{-13}}=7.1\times10^{-7}\text{ mol/L}$$

（2）在 0.10 mol/L NH_3 溶液中

$$[Br^-]=S_2,c_{Ag^+}=[Ag^+]+[Ag(NH_3)^+]+[Ag(NH_3)_2^+]=S_2$$

$$\alpha_{Ag(NH_3)}=\frac{c_{Ag^+}}{[Ag^+]}[Ag^+][Br^-]=K_{sp}$$

$$\frac{S_2}{\alpha_{Ag(NH_3)}}S_2=K_{sp},\quad S_2=\sqrt{K_{sp}\alpha_{Ag(NH_3)}}$$

$$\alpha_{Ag(NH_3)}=1+\beta_1[NH_3]+\beta_2[NH_3]^2=1+10^{3.32}\times0.10+10^{7.23}\times(0.10)^2=1.7\times10^5$$

$$S_2=\sqrt{K_{sp}\alpha_{Ag(NH_3)}}=\sqrt{5.0\times10^{-13}\times1.7\times10^5}=2.9\times10^{-4}\text{ mol/L}$$

$$S_2/S_1=2.9\times10^{-4}/(7.1\times10^{-7})=4.1\times10^2$$

配位效应使沉淀的溶解度增大的程度与沉淀的溶度积、配位剂的浓度和形成配合物的稳定常数有关。沉淀的溶度积越大，配位剂的浓度越大，形成的配合物越稳定，沉淀就越容易溶解。

综上所述，在实际工作中应根据具体情况来考虑哪种效应是主要的。对无配位反应的强酸盐沉淀，主要考虑同离子效应和盐效应，对弱酸盐或氢氧化物的沉淀，多数情况主要考虑酸效应。对于有配位反应且沉淀的溶度积又较大，易形成稳定配合物时，应主要考虑配位效应。

5. 其他影响因素

除上述因素外，温度、其他溶剂的存在、沉淀颗粒大小和结构等，都对沉淀的溶解度有影响。

（1）温度的影响。沉淀的溶解一般是吸热过程，其溶解度随温度升高而增大。因此，对于一些在热溶液中溶解度较大的沉淀，过滤洗涤必须在室温下进行，如 $MgNH_4PO_4$、CaC_2O_4 等。对于一些溶解度小，冷时又较难过滤和洗涤的沉淀，则采用趁热过滤，并用热的洗涤液进行洗涤，如 $Fe(OH)_3$、$Al(OH)_3$ 等。

（2）溶剂的影响。无机物沉淀大部分是离子型晶体，它们在有机溶剂中的溶解度一般比在纯水中要小。例如 $PbSO_4$ 沉淀在水中的溶解度为 $1.5\times10^{-4}\text{mol/L}$，而在 50%乙醇溶液中的溶解度为 $7.6\times10^{-6}\text{mol/L}$。

（3）沉淀颗粒大小和结构的影响。同一种沉淀，在质量相同时，颗粒越小，其总表面积越大，溶解度越大。由于小晶体比大晶体有更多的角、边和表面，处于这些位置的离子受晶体内离子的吸引力小，又受到溶剂分子的作用，容易进入溶液中。因此，小颗粒沉淀的溶解度比大颗粒沉淀的溶解度大。所以，在实际分析中，要尽量创造条件形成大颗粒晶体。

四、影响沉淀纯度的因素

（一）沉淀的形成

1. 沉淀的类型

沉淀按其物理性质的不同，可粗略地分为晶形沉淀和无定形沉淀两大类。

(1) 晶形沉淀。晶形沉淀是指具有一定形状的晶体，其内部排列规则有序，颗粒直径约为 $0.1\sim1\mu m$。这类沉淀的特点是：结构紧密，具有明显的晶面，沉淀所占体积小、沾污少、易沉降、易过滤和洗涤。例如：$MgNH_4PO_4$、$BaSO_4$ 等典型的晶形沉淀。

(2) 无定形沉淀。无定形沉淀是指无晶体结构特征的一类沉淀。如 $Fe_2O_3 \cdot nH_2O$、$Al_2O_3 \cdot nH_2O$ 是典型的无定型沉淀。无定型沉淀是由许多聚集在一起的微小颗粒（直径小于 $0.02\mu m$）组成的，内部排列杂乱无章、结构疏松、体积庞大、吸附杂质多，不能很好地沉降，无明显的晶面，难于过滤和洗涤。它与晶形沉淀的主要差别在于颗粒大小不同。

动画 7-5　沉淀的分类

介于晶型沉淀与无定型沉淀之间，颗粒直径在 $0.02\sim0.1\mu m$ 的沉淀如 AgCl 称为凝乳状沉淀，其性质也介于两者之间。

在沉淀过程中，究竟生成的沉淀属于哪一种类型，主要取决于沉淀本身的性质和沉淀的条件。

2. 沉淀形成过程

沉淀的形成过程是一个复杂的过程，一般来讲，沉淀的形成要经过晶核形成和晶核长大两个过程，简单表示如下：

(1) 晶核的形成。将沉淀剂加入待测组分的试液中，溶液是过饱和状态时，构晶离子由于静电作用而形成微小的晶核。晶核的形成可以分为均相成核和异相成核。

均相成核是指过饱和溶液中构晶离子通过缔合作用，自发地形成晶核的过程。不同的沉淀，组成晶核的离子数目不同。例如：$BaSO_4$ 的晶核由 8 个构晶离子组成，Ag_2CrO_4 的晶核由 6 个构晶离子组成。

异相成核是指在过饱和溶液中，构晶离子在外来固体微粒的诱导下，聚合在固体微粒周围形成晶核的过程。溶液中的"晶核"数目取决于溶液中混入固体微粒的数目。随着构晶离子浓度的增加，晶体将成长的大一些。

当溶液的相对过饱和程度较大时，异相成核与均相成核同时作用，形成的晶核数目多，沉淀颗粒小。

(2) 晶形沉淀和无定形沉淀的生成。晶核形成时，溶液中的构晶离子向晶核表面扩散，并沉积在晶核上，晶核逐渐长大形成沉淀微粒。在沉淀过程中，由构晶离子聚集成晶核的速率称为聚集速率；构晶离子按一定晶格定向排列的速率称为定向速率。如果定向速率大于聚集速率，溶液中最初生成的晶核不是很多，有更多的离子以晶核为中心，并有足够的时间依次定向排列长大，形成颗粒较大的晶形沉淀。反之聚集速率大于定向速率，则很多离子聚集成大量晶核，溶液中没有更多的离子定向排列到晶核上，于是沉淀就迅速聚集成许多微小的颗粒，因而得到无定形沉淀。

定向速率主要取决于沉淀物质的本性，极性较强的物质，如 $BaSO_4$、$MgNH_4PO_4$ 和 CaC_2O_4 等，一般具有较大的定向速率，易形成晶形沉淀。AgCl 的极性较弱，逐步生成凝乳状沉淀。氢氧化物，特别是高价金属离子的氢氧化物，如 $Fe(OH)_3$、$Al(OH)_3$ 等，由于含有大量水分子，阻碍离子的定向排列，一般生成无定形胶状沉淀。

聚集速率不仅与物质的性质有关，同时主要由沉淀的条件决定，其中最重要的是溶液中生成沉淀时的相对过饱和度。冯伟曼（Von Weimarn）曾用经验公式描述了沉淀生成的聚集速率 v 与溶液相对过饱和度的关系：

$$v = K\frac{(Q-S)}{S}$$

式中　Q——加入沉淀剂时溶质的瞬时总浓度；
　　　S——沉淀的溶解度；
　　　$(Q-S)$——过饱和度；
　　　K——沉淀性质、温度和介质等因素有关的常数。

聚集速率与溶液的相对过饱和度成正比，溶液相对过饱和度越大，聚集速率越大，晶核生成多，易形成无定形沉淀。反之，溶液相对过饱和度小，聚集速率小，晶核生成少，有利于生成颗粒较大的晶形沉淀。因此，通过控制溶液的相对过饱和度，可以改变形成沉淀颗粒的大小，有可能改变沉淀的类型。

（二）影响沉淀纯度的因素

在重量分析中，要求获得的沉淀应是纯净的。但是，沉淀从溶液中析出时，总会或多或少地夹杂溶液中的其他组分。因此必须了解影响沉淀纯度的各种因素，找出减少杂质混入的方法，以获得符合重量分析要求的沉淀。

影响沉淀纯度的主要因素有共沉淀现象和后沉淀现象（亦称继沉淀现象）。

1. 共沉淀

当沉淀从溶液中析出时，溶液中的某些可溶性组分也同时沉淀下来的现象称为共沉淀。共沉淀是引起沉淀不纯的主要原因，也是重量分析误差的主要来源之一。共沉淀现象主要有以下三类。

（1）表面吸附。由于沉淀表面离子电荷的作用力未达到平衡，因而产生自由静电力场。由于沉淀表面静电引力作用吸引了溶液中带相反电荷的离子，使沉淀微粒带有电荷，形成吸附层。带电荷的微粒又吸引溶液中带相反电荷的离子，构成电中性的分子。因此，沉淀表面吸附了杂质分子。例如：加过量 $BaCl_2$ 到 H_2SO_4 的溶液中，生成 $BaSO_4$ 晶体沉淀。沉淀表面上的 SO_4^{2-} 由于静电引力强烈地吸引溶液中的 Ba^{2+}，形成第一吸附层，使沉淀表面带正电荷。然后它又吸引溶液中带负电荷的离子，如 Cl^- 离子，构成电中性的双电层，如图 7-1 所示。双电层能随颗粒一起下沉，因而使沉淀被污染。

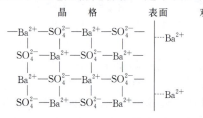

图 7-1　晶体表面吸附示意图

显然，沉淀的总表面积越大，吸附杂质就越多；溶液中杂质离子的浓度越高，价态越高，越易被吸附。由于吸附作用是一个放热反应，所以升高溶液的温度，可减少杂质的吸附。

（2）吸留和包藏。吸留是被吸附的杂质机械地嵌入沉淀中。包藏指母液机械地包藏在沉淀中。这些现象的发生，是由于沉淀剂加入太快，使沉淀急速生长，沉淀表面吸附的杂质来不及离开就被随后生成的沉淀所覆盖，使杂质离子或母液被吸留或包藏在沉淀内部。这类共沉淀不能用洗涤的方法将杂质除去，可以借改变沉淀条件或重结晶的方法来减免。

（3）混晶。当溶液杂质离子与构晶离子半径相近，晶体结构相同时，杂质离子将进入晶格排列中形成混晶。例如 Pb^{2+} 和 Ba^{2+} 半径相近，电荷相同，在用 H_2SO_4 沉淀 Ba^{2+} 时，Pb^{2+} 能够取代 $BaSO_4$ 中的 Ba^{2+} 进入晶格形成 $PbSO_4$ 与 $BaSO_4$ 的混晶共沉淀。又如 $AgCl$ 和 $AgBr$、$MgNH_4PO_4 \cdot 6H_2O$ 和 $MgNH_4AsO_4$ 等都易形成混晶。为了减免混晶的生成，最好在沉淀前先将杂质分离出去。

2. 后沉淀

在沉淀析出后，当沉淀与母液一起放置时，溶液中某些杂质离子可能慢慢地沉积到原沉淀上，放置时间越长，杂质析出的量越多，这种现象称为后沉淀。例如：Mg^{2+}存在时以$(NH_4)_2C_2O_4$沉淀Ca^{2+}、Mg^{2+}易形成稳定的草酸盐过饱和溶液而不立即析出。如果把形成CaC_2O_4沉淀过滤，则发现沉淀表面上吸附有少量镁。若将含有Mg^{2+}的母液与CaC_2O_4沉淀一起放置一段时间，则MgC_2O_4沉淀的量将会增多。

（三）提高沉淀纯度的方法

为了提高沉淀的纯度，可采用下列措施。

1. 采用适当的分析程序

当试液中含有几种组分时，首先应沉淀低含量组分，再沉淀高含量组分。反之，由于大量沉淀析出，会使部分低含量组分掺入沉淀，产生测定误差。

2. 改变杂质的形式

对于易被吸附的杂质离子，可采用适当的掩蔽方法或改变杂质离子价态来降低其浓度。例如：将SO_4^{2-}沉淀为$BaSO_4$时，Fe^{3+}易被吸附，可把Fe^{3+}还原为不易被吸附的Fe^{2+}或加酒石酸、EDTA等，使Fe^{3+}生成稳定的配离子，以减小沉淀对Fe^{3+}的吸附。

3. 选择沉淀条件

沉淀条件包括溶液浓度、温度、试剂的加入次序和速度、陈化与否等，对不同类型的沉淀，应选用不同的沉淀条件，以获得符合重量分析要求的沉淀。

4. 再沉淀

必要时将沉淀过滤、洗涤、溶解后，再进行一次沉淀。再沉淀时，溶液中杂质的量大为降低，共沉淀和继沉淀现象自然减小。

5. 选择适当的洗涤液洗涤沉淀

吸附作用是可逆过程，用适当的洗涤液通过洗涤交换的方法，可洗去沉淀表面吸附的杂质离子。例如：$Fe(OH)_3$吸附Mg^{2+}，用NH_4NO_3稀溶液洗涤时，被吸附在表面的Mg^{2+}与洗涤液的NH_4^+发生交换，吸附在沉淀表面的NH_4^+，可在燃烧沉淀时分解除去。

为了提高洗涤沉淀的效率，同体积的洗涤液应尽可能分多次洗涤，通常称为"少量多次"的洗涤原则。

6. 选择合适的沉淀剂

无机沉淀剂选择性差，易形成胶状沉淀，吸附杂质多，难于过滤和洗涤。有机沉淀剂选择性高，常能形成结构较好的晶形沉淀，吸附杂质少，易于过滤和洗涤。因此，在可能的情况下，尽量选择有机试剂作沉淀剂。

五、沉淀的形成与沉淀条件的选择

在重量分析中，为了获得准确的分析结果，要求沉淀完全、纯净、易于过滤和洗涤，并减小沉淀的溶解损失。因此，对于不同类型的沉淀，应当选用不同的沉淀条件。

1. 晶形沉淀

为了形成颗粒较大的晶形沉淀，采取以下沉淀条件。

（1）在适当稀、热溶液中进行。在稀、热溶液中进行沉淀，可使溶液中相对过饱和度保持较低，以利于生成大颗粒晶形沉淀。同时也有利于得到纯净的沉淀。对于溶解度较大的沉淀，溶液不能太稀，否则沉淀溶解损失较多，影响结果的准确度。在沉淀完全后，应将溶液冷却后再进行过滤。

（2）快搅慢加。在不断搅拌的同时缓慢滴加沉淀剂，可使沉淀剂迅速扩散，防止局部相对过饱和度过大而产生大量小颗粒沉淀。

（3）陈化。陈化是指沉淀完全后，将沉淀连同母液放置一段时间，使小晶粒变为大晶粒，不纯净的沉淀转变为纯净沉淀的过程。因为在同样条件下，小晶粒的溶解度比大晶粒大。在同一溶液中，对大晶粒为饱和溶液时，对小晶粒则为未饱和，小晶粒就要溶解直至达到饱和，此时大晶粒为过饱和，溶液中的构晶离子就在大晶粒上沉积，直至达到饱和。这时，小晶粒又未饱和，又要溶解。如此反复进行，小晶粒逐渐消失，大晶粒不断长大。

陈化过程不仅能使晶粒变大，而且能使沉淀变得更纯净。

加热和搅拌可以缩短陈化时间。但是陈化作用对伴随有混晶共沉淀的沉淀，不一定能提高纯度，对伴随有后沉淀的沉淀，不仅不能提高纯度，反而会降低纯度。

综上所述，得到晶形沉淀的条件可归纳为："稀、热、慢、搅、陈"。

2. 无定形沉淀

无定形沉淀的特点是结构疏松，比表面积大，吸附杂质多，溶解度小，易形成胶体，不易过滤和洗涤。对于这类沉淀，关键问题是创造适宜的沉淀条件来改善沉淀的结构，使之不致形成胶体，并且有较紧密的结构，便于过滤和减小杂质吸附。因此，无定形沉淀的沉淀条件是：

（1）在较浓的溶液中进行沉淀。在浓溶液中进行沉淀，离子水化程度小，结构较紧密，体积较小，容易过滤和洗涤。但在浓溶液中，杂质的浓度也比较高，沉淀吸附杂质的量也较多。因此，在沉淀完毕后，应立即加入热水稀释搅拌，使被吸附的杂质离子转移到溶液中。

（2）在热溶液中及电解质存在下进行沉淀。在热溶液中进行沉淀可防止生成胶体，并减少杂质的吸附。电解质的存在，可促使带电荷的胶体粒子相互凝聚沉降，加快沉降速率，电解质一般选用具有易挥发性的铵盐如 NH_4NO_3 或 NH_4Cl 等，它们在灼烧时均可挥发除去。有时在溶液中加入与胶体带相反电荷的另一种胶体来代替电解质，可使被测组分沉淀完全。例如测定 SiO_2 时，加入带正电荷的动物胶与带负电荷的硅酸胶体凝聚而沉降下来。

（3）趁热过滤洗涤，不需陈化。沉淀完毕后，趁热过滤，不要陈化，因为沉淀放置后逐渐失去水分，聚集得更为紧密，使吸附的杂质更难洗去。

洗涤无定形沉淀时，一般选用热、稀的电解质溶液作洗涤液，主要是防止沉淀重新变为胶体难于过滤和洗涤，常用的洗涤液有 NH_4NO_3、NH_4Cl 或氨水。

无定形沉淀吸附杂质较严重，一次沉淀很难保证纯净，必要时进行再沉淀。

由上述的讨论可得出无定形沉淀的条件为："浓、热、快、电、不陈"。

3. 均匀沉淀法

为改善沉淀条件，避免因加入沉淀剂使溶液局部相对过饱和度太大的现象，可采用均匀沉淀法，即利用化学反应逐步地、均匀地产生所需的沉淀剂，使沉淀在整个溶液中缓慢、均匀地析出，从而得到颗粒较大，易于过滤和洗涤的沉淀。例如，用 $C_2O_4^{2-}$ 沉淀 Ca^{2+} 时，在酸性溶液中加入 $H_2C_2O_4$，由于酸效应使 $[C_2O_4^{2-}]$ 较低而不析出 CaC_2O_4 沉淀。这时向溶液中加尿素并加热至 90℃ 左右，则尿素发生水解：

$$CO(NH_3)_2 + H_2O \Longrightarrow CO_2\uparrow + 2NH_3$$

水解产生的 NH_3 均匀地分布在整个溶液中，随着 NH_3 的不断产生，溶液的酸度降低，$C_2O_4^{2-}$ 离子浓度逐渐增大，最后均匀而缓慢地析出颗粒大、纯度高的 CaC_2O_4 沉淀。

均匀沉淀法是重量分析法的一种改进。很多沉淀采用均匀沉淀法后所得的沉淀颗粒较大，表面吸附杂质少，不必陈化，易过滤洗涤，但是它对于混晶和后沉淀没有多大改善，有时反而加重。同一般重量法一样，均匀沉淀法本身也有烦琐费时的缺点。

另外长时间煮沸溶液，沉淀易紧密沾在容器壁上不易取下，有时还要用溶剂溶解再沉淀，造成不必要的麻烦。

4. 有机沉淀剂

在重量分析中，选择合适的沉淀剂是获得符合要求的沉淀的重要手段。选用的沉淀剂必须使生成的沉淀具有最小的溶解度，并且沉淀剂要易挥发、溶解度大、选择性高。有机沉淀剂恰好能满足上述部分要求，成为沉淀重量法的一种选择。有机沉淀剂具有如下优点：

(1) 选择性高，有机试剂种类多，性质各不相同。

(2) 沉淀的溶解度小，有利于沉淀完全。

(3) 沉淀吸附杂质少。因为沉淀表面不带电荷，所以吸附无机杂质离子少，易于获得纯净的沉淀，且沉淀容易过滤和洗涤。

(4) 沉淀分子的摩尔质量（分子量）大，有利于提高分析结果的准确度。

(5) 有些有机沉淀物组成恒定，经烘干后即可称重，简化了重量分析操作。

但是有机沉淀剂也有一些缺点，如有些沉淀剂在水中的溶解度较小，容易夹杂在沉淀中。有些沉淀容易黏附于器皿壁或漂浮于溶液表面上，因而带来操作上的困难。另外有的沉淀组成仍不恒定，需要灼烧后恒重。

有机沉淀剂有两大类，一类为生成螯合物的沉淀剂，即与金属离子生成螯合物；另一类为生成缔合物的沉淀剂。

生成螯合物的沉淀剂至少应具有下列两种官能团，一种是酸性官能团，如—COOH、—OH、=NOH、—SH、—SO_3H 等，这类官能团与金属离子的反应类似于无机沉淀剂，即官能团的 H^+ 被金属离子置换；另一种是碱性官能团，如—NH_2、$\diagdown NH \diagup$、$\diagdown C=O$ 及 $\diagdown C=S$ 等，这类官能团具有未被共用的电子对，可以与金属离子形成配位键而配位。例如，8-羟基喹啉与 Al^{3+} 的配位，丁二酮肟与 Ni^{2+} 的配位。

生成缔合物的沉淀剂在水溶液中能电离出大体积的阳离子或阴离子，它们与带相反电荷的离子以较强的静电引力相结合，生成微溶性的离子缔合物沉淀（或称为正盐沉淀）。例如，四苯硼酸钠 $[B(C_6H_5)_4]^-$ 能与 K^+、NH_4^+、Ag^+ 等生成难溶盐，氯化四苯砷 $[(C_6H_5)_4AsCl]$ 能与 MnO_4^-、$HgCl_4^{2-}$ 生成离子缔合物。

学习小结

(1) 重量分析法是采用适当的方法先将试样中待测组分与其他组分分离，然后用称量的方法测定该组分的含量。

(2) 重量分析法中沉淀形式和称量形式必须满足一定的要求。

(3) 影响沉淀溶解度的因素很多，如同离子效应、盐效应、酸效应、配位效应等。此外，温度、介质、沉淀结构和颗粒大小等对沉淀的溶解度也有影响。

(4) 沉淀按其物理性质的不同，分为晶形沉淀和无定形沉淀两大类。影响沉淀纯度的主要因素有共沉淀现象和后沉淀现象。

想一想

1. 与滴定分析法相比较，重量分析法有哪些特点？
2. 重量分析法包括哪些方法？

练一练测一测

一、名词解释

1. 重量分析法　　2. 挥发重量法　　3. 沉淀重量法　　4. 沉淀形式

5. 称量形式 6. 晶形沉淀 7. 无定形沉淀 8. 共沉淀
9. 后沉淀 10. 陈化

二、单选题

1. 重量分析法与滴定分析法相比，它的缺点是（　　）。
A. 准确度高 B. 分析速度快 C. 操作简单 D. 分析周期长

2. 下列选项属于重量分析法特点的是（　　）。
A. 需要基准物质作参比
B. 需要配制标准溶液
C. 适用于微量组分的测定
D. 经过适当的方法处理，可直接通过测量得到分析结果

3. 重量分析法一般是将待测组分与试样母液分离后称重，常用方法是（　　）。
A. 滴定法 B. 溶解法 C. 沉淀法 D. 萃取法

4. $BaSO_4$ 沉淀在下列溶液中溶解度最大的是（　　）。
A. 0.1mol/L $BaCl_2$ 溶液 B. 0.1mol/L HCl 溶液
C. 0.1mol/L Na_2SO_4 溶液 D. 0.1mol/L H_2SO_4 溶液

5. CaF_2 在稀的 NaF 溶液中溶解度减小的原因是（　　）。
A. F^- 的同离子效应 B. F^- 的酸效应
C. Ca^{2+} 的配位效应 D. NaF 的盐效应

6. 某溶液中含有浓度相等的 F^-、Cl^-、Br^-、I^- 四种离子。当滴加 $AgNO_3$ 于此溶液中时，首先生成的沉淀是（　　）。
A. AgF B. AgCl C. AgBr D. AgI

7. 重量分析中的称量形式无须满足（　　）。
A. 溶解度小 B. 沉淀易于过滤 C. 化学组成恒定 D. 与沉淀形式一致

8. 以 $BaCl_2$ 作沉淀剂沉淀 SO_4^{2-} 时，溶液中含有少量杂质离子 Fe^{3+}、NO_3^-，则 $BaSO_4$ 沉淀表面优先吸附的是（　　）。
A. Fe^{3+} B. NO_3^- C. Ba^{2+} D. Cl^-

9. 在含有极少量的 Pb^{2+} 的溶液中进行 $BaSO_4$ 沉淀后，在 $BaSO_4$ 沉淀中发现有铅的原因是（　　）。
A. 表面吸附 B. 混晶 C. 吸留或包藏 D. 后沉淀

10. 下列哪种说法违背非晶形沉淀的条件（　　）。
A. 沉淀应在热溶液中进行 B. 沉淀应在浓的溶液中进行
C. 沉淀应在不断搅拌下迅速加入沉淀剂 D. 沉淀应放置过夜使沉淀陈化

11. 为了获得纯净而易过滤、洗涤的晶形沉淀（　　）。
A. 沉淀时的聚集速率大而定向速率小 B. 沉淀时的聚集速率小而定向速率大
C. 溶液的过饱和度要大 D. 溶液中相对过饱和度要小

三、填空题

1. 难溶电解质的饱和溶液中，离子活度的乘积称为_____，离子浓度的乘积称为_____。

2. 同离子效应可以_____沉淀的溶解度，盐效应可以_____沉淀的溶解度，酸效应可以_____沉淀的溶解度，配位效应可以_____沉淀的溶解度。（填增大、减小或无影响）

3. 沉淀的形成一般要经过_____和_____两个过程。

4. 如果聚集速率大而定向速率小，则得到_____沉淀。反之，如果定向速率大而聚集速率小，则得到_____沉淀。

5. 定向速率主要取决于沉淀物质的本性，_____较强的物质，如 $BaSO_4$、$MgNH_4PO_4$

和 CaC_2O_4 等，一般具有较大的定向速率，易形成_____。

6. 聚集速率与溶液的相对过饱和度成_____，溶液相对过饱和度_____，聚集速率越大，晶核生成多，易形成_____。

7. 引起沉淀沾污的原因主要是_____和_____。

8. 沉淀重量法，在进行沉淀反应时，某些可溶性杂质同时沉淀下来的现象叫_____现象，其产生原因有表面吸附、吸留和_____以及_____。

9. 表面吸附是由于_____。

10. 将晶形沉淀陈化的目的是_____。

11. 沉淀重量法中，选用的沉淀剂应该具有_____好、与待测离子形成沉淀的_____小，沉淀剂自身的_____大，并且易_____或经灼烧易_____。

四、判断题

1. 重量分析法的准确度较高，一般相对误差在 0.1%～0.2%。( )
2. 由于重量分析法的准确度较高，所以，它既适用于常量组分含量的测定，也适用于微量和痕量组分的测定。( )
3. 沉淀重量法测定中，要求沉淀形式与称量形式相同。( )
4. 沉淀重量法中的称量形式必须具有确定的化学组成。( )
5. 在沉淀形成的过程中，如果是定向速率大于聚集速率，则易于形成无定形沉淀。( )
6. 无定形沉淀要在较浓的热溶液中进行沉淀，而且加入沉淀剂的速度要适当快。( )
7. 当沉淀从溶液中析出时，溶液中的某些可溶性组分也同时沉淀下来混入沉淀中的现象称为后沉淀现象。( )
8. 后沉淀引入杂质的量，随着陈化的时间增大而增多。( )
9. 由于混晶带入到沉淀中的杂质通过洗涤是不能够除掉的。( )
10. 沉淀的陈化时间越长越好，这样得到的沉淀颗粒也就越大。( )

五、问答题

1. 重量分析法对沉淀的要求是什么？
2. 影响沉淀溶解度的因素有哪些？
3. 简述沉淀的形成过程。
4. $BaSO_4$ 和 $AgCl$ 的 K_{sp} 基本相等，但在相同条件下进行沉淀，为什么所得沉淀的形状不同？
5. 影响沉淀纯度的因素有哪些？如何提高沉淀的纯度？
6. 请说明沉淀表面吸附的选择规律。如何减小表面吸附的杂质？
7. 请说明晶形沉淀和无定形沉淀的沉淀条件。
8. 为什么要进行陈化？哪些情况不需要进行陈化？
9. 均匀沉淀法有何优点？
10. 有机沉淀剂较无机沉淀剂有何优点？有机沉淀剂必须具备什么条件？
11. 有机沉淀剂分哪些类型？反应机理如何？

任务二　重量分析法的基本操作

任务要求

1. 能正确使用重量分析法中的各种仪器。

2. 学会选择合适的滤纸、坩埚、漏斗。
3. 能进行晶形沉淀的制备、过滤、洗涤、灼烧及恒重。

任务实施

☞ 工作准备

1. 仪器

电子天平、烧杯、定量滤纸、漏斗、瓷坩埚等。

2. 试剂

氯化钡、硝酸银、盐酸、硫酸钠等。

☞ 工作过程

（1）样品的溶解和沉淀的制备。
（2）训练滤纸的折叠、过滤沉淀等技术。
（3）坩埚和坩埚钳的使用训练。
（4）训练干燥器的使用。
（5）训练沉淀的称量技术。

☞ 数据记录与处理

数据记录见表 7-2。

表 7-2　数据记录表

内容	平行样 1	平行样 2
（称量瓶＋试样质量）/g		
试样质量/g		
恒重后的瓷坩埚的质量/g		
（恒重后的瓷坩埚的质量＋沉淀物的质量）/g		
沉淀物的质量/g		
待测物的含量 w/％		
平均值/％		
相对极差/％		

☞ 注意事项

① 采用减量法称取试样。

② 瓷坩埚在恒重前应清洗干净。必要时，可加入稀盐酸于瓷坩埚中，煮沸 3～5min，然后清洗。

③ 沉淀物与待测物不一定是同一种物质，当不是同一种物质时，要根据它们之间的换算关系进行换算。

相关知识

沉淀重量分析法的基本操作包括：试样的称取及溶解、沉淀的产生、沉淀的过滤、洗涤、烘干、灼烧、称量形式的称量及结果的计算等步骤。操作烦琐、精细、费时。因此，为使沉淀完全、纯净，应根据沉淀的类型选择适宜的操作条件，把握每一个环节的每一个步骤，得到准确的分析结果。

一、样品的称取及溶解

1. 样品的称取

现场取样后先将样品均匀混合，进行缩分处理后，称量。称取的样品量要适宜，过多会产生大量的沉淀，使后续操作困难；过少则会产生较大的称量误差。一般沉淀称量形式的质量为：晶形沉淀 0.1～0.5g，非晶形沉淀 0.08～0.1g。

2. 样品的溶解

液体试样，可直接准确量取一定的体积放入干净的烧杯中进行分析。

固体试样，可根据试样的性质，采用水、酸、碱和熔融等方法进行溶解。一般情况下应先考虑水溶解，水不能溶解时再选用其他溶剂。

溶解前，应准备好清洁的烧杯、合适的搅拌棒和表面皿，烧杯底部和内壁不能有划痕。搅拌棒的长度应高出烧杯 5～7cm，表面皿的直径应大于烧杯口。

溶样时，若无气体产生，将样品倾入烧杯中，即可将溶剂沿杯壁倒入或沿玻璃棒下端流入烧杯中，边加边搅拌，待试样溶解后，盖上表面皿。若试样溶解时有气体产生，将样品倾入烧杯中，先用少量溶剂使样品试样完全溶解，再用洗瓶冲洗表面皿，洗液流入烧杯内，盖上表面皿。溶样时，若需要加热以促使样品溶解，应在水浴锅内或其他加热设备上进行并盖好表面皿，防止溶液爆沸或溅出，加热停止时，用洗瓶洗表面皿和烧杯内壁。溶解时需要用玻璃棒搅拌，此玻璃棒不能作为他用。

样品溶解后的试液必须是清澈透明，无残留物。若样品的溶解不完全，则会产生较大的分析误差，直接影响重量分析的结果准确性。

二、沉淀的产生

沉淀是将待测离子直接转化为沉淀形式，因此，在沉淀制备中，得到的沉淀是否完全和纯净是重量分析法的关键。

沉淀时，按各类沉淀的条件进行沉淀，通常沉淀在热溶液中进行。

根据晶形沉淀的条件，在操作时，应一手拿滴管，缓缓地滴加沉淀剂，另一手握玻璃棒不断搅拌溶液，搅拌时玻璃棒不要碰烧杯内壁和烧杯底，速度不宜过快，以免溶液溅出。加热时，应在水浴锅或电热板上进行，不得使溶液沸腾，否则会引起水溅或产生泡沫飞散造成被测物的损失。沉淀后，应检查沉淀是否完全，其方法是将沉淀静置一段时间，让沉淀下沉，带上层溶液澄清后，滴加一滴沉淀剂，观察交接面是否浑浊，若浑浊，则表明沉淀未完全，还需要加入沉淀剂；反之，如清亮则沉淀完全。此时，盖上表面皿，放置一段时间或在水浴上恒温静置 1h 左右，让沉淀陈化。

非晶形沉淀时，宜用较浓的沉淀剂溶液，加入沉淀剂的速度和搅拌的速度均可快一些，已获得致密的沉淀，沉淀完全后，要用热蒸馏水稀释，不必陈化。

三、沉淀的过滤与洗涤

在重量分析中将沉淀与母液分离，通常采用过滤技术。对于需要灼烧的沉淀，常用定量滤纸过滤；而对于过滤后只需烘干即可称量则采用微孔玻璃坩埚。用滤纸过滤采用的是常压过滤法，用微孔玻璃坩埚过滤采用减压过滤法。

（一）滤纸过滤的基本操作

1. 滤纸的选择

滤纸分定性和定量滤纸两种，重量分析中应当用定量滤纸（或称无灰滤纸）进行过滤。定量滤纸灼烧后灰分极少，其质量在 0.1mg 以下可忽略不计，如果灰分较重，应扣除空白。

滤纸的选择应根据沉淀的类型和沉淀的量的多少来进行。非晶形沉淀和粗大晶形的沉淀如 $Fe(OH)_3$、$Al(OH)_3$ 等不易过滤,应选用孔隙较大的快速滤纸,以免过滤太慢;中等粒度的晶形沉淀如 $ZnCO_3$ 等,可用中速滤纸;细晶形的沉淀如 $BaSO_4$、CaC_2O_4 等因易穿透滤纸,应选用最紧密的慢速滤纸。选择滤纸的直径大小应与沉淀的量相适应,沉淀的量应不超过滤纸圆锥的一半,同时滤纸上边缘应低于漏斗边缘 0.5～1cm,以免沉淀爬出。表 7-3 和表 7-4 分别是常用国产定量滤纸的类型和灰分质量。

表 7-3　常用国产定量滤纸的型号与性质

类型	滤纸盒上带标志	滤速/(s/100mL)	适用范围
快速	白色	60～100	粗粒结晶及无定形沉淀,如 $Fe(OH)_3$
中速	蓝色	100～160	中等粒度沉淀,如 $ZnCO_3$,大部分硫化物
慢速	红色	160～200	细粒状沉淀,如 $BaSO_4$、CaC_2O_4 等

表 7-4　国产定量滤纸的灰分质量

直径/cm	7	9	11	12.5
灰分/(g/张)	3.5×10^{-5}	5.5×10^{-5}	8.5×10^{-5}	1.0×10^{-4}

2. 漏斗的选择

用于重量分析中的漏斗应该是长颈漏斗,颈长为 15～20cm,漏斗锥体角应为 60°,颈的直径要小些,一般为 3～5mm,以便在颈内容易保留水柱,出口处磨成 45°角,如图 7-2 所示。其大小可根据滤纸的大小来选择。漏斗在使用前应洗净。

3. 滤纸的折叠和安放

(1) 滤纸的折叠。折叠滤纸的手要洗净擦干。滤纸的折叠如图 7-3 所示。先把滤纸对折并将折边按紧,然后再对折成一直角,锥顶不能有明显的折痕。把折成圆锥形的滤纸放入漏斗中。此时滤纸的上边缘应低于漏斗边缘 0.5～1cm,若高出漏斗边缘,可剪去一圈;滤纸也应与漏斗贴合紧密。为了保证贴合紧密,第二次折叠时折边不要按紧,先放入漏斗中试,若折叠角度不合适,可以稍稍改变滤纸折叠角度,直至与漏斗贴合紧密把第二次的折边折紧(滤纸尖角不要重折,以免破裂)。取出圆锥形滤纸,将半边为三层滤纸的外层折角撕下一块,这样可以使内层滤纸紧密贴在漏斗内壁上,撕下来的那一小块滤纸,不能弃去,留作擦拭烧杯内残留的沉淀用。

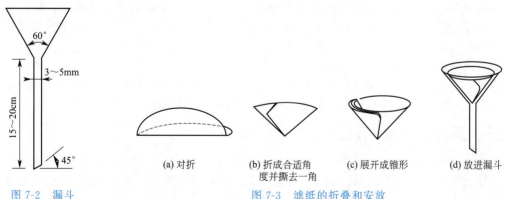

图 7-2　漏斗　　　　　　　图 7-3　滤纸的折叠和安放

(2) 做水柱。滤纸放入漏斗中,应使滤纸三层的一边放在漏斗出口短的一边,用手按紧使之密合,然后用洗瓶加水润湿全部滤纸。用干净手指轻压滤纸赶去滤纸与漏斗壁间的气泡,然后加水至滤纸边缘,此时漏斗颈内应全部充满水,形成水柱。滤纸上的水全部流尽后,漏斗颈内的水柱应仍能保住,这样过滤时漏斗颈内才能充满滤液,使加快过滤速度。

若水柱做不成，可用手指堵住漏斗下口，稍掀起滤纸多层的一边，用洗瓶向滤纸和漏斗间的空隙内加水，直到漏斗颈及锥体的一部分被水充满，然后边按紧滤纸边慢慢松开下面堵住出口的手指，此时水柱应该形成。如仍不能形成水柱，或水柱不能保持，则表示滤纸没有完全贴紧漏斗壁，或是因为漏斗颈不干净，必须重新放置滤纸或重新清洗漏斗；若漏斗颈确已洗净，则是因为漏斗颈太大。实践证明，漏斗颈太大的漏斗，是做不出水柱的，应更换漏斗。

做好水柱的漏斗应放在漏斗架上，下面用一个洁净的烧杯承接滤液，滤液可用做其他组分的测定。滤液有时是不需要的，但考虑到过滤过程中，可能有沉淀渗滤，或滤纸意外破裂，需要重滤，所以要用洗净的烧杯来承接滤液。为了防止滤液外溅，一般都将漏斗颈出口斜口长的一侧贴紧烧杯内壁。漏斗位置的高低，以过滤过程中漏斗颈的出口不接触滤液为度。

4. 倾泻法过滤和初步洗涤

首先要强调，过滤和洗涤一定要一次完成，不能间断，否则沉淀干涸黏结后，很难完全洗净。因此必须事先计划好时间，不能间断，特别是过滤胶状沉淀。

过滤一般分三个阶段进行，第一阶段采用倾泻法把尽可能多的清液先过滤掉，并将烧杯中的沉淀作初步洗涤，第二阶段把沉淀转移到漏斗上，第三阶段清洗烧杯和洗涤漏斗上的沉淀。

过滤时，为了避免沉淀堵塞滤纸的空隙，影响过滤速度，一般先采用倾泻法过滤，即倾斜静置烧杯，待沉淀下降后，先将上层清液倾入漏斗中，而不是一开始过滤就将沉淀和溶液搅混后过滤。

过滤操作如图 7-4 所示，将烧杯移到漏斗上方，轻轻提取玻璃棒，将玻璃棒下端轻碰一下烧杯内壁使悬挂的液滴流回烧杯中，将烧杯嘴与玻璃棒贴紧（烧杯离漏斗要近一些，不要太高，否则烧杯上移的高度超过烧杯的高度而使沉淀损失。），玻璃棒直立，下端对着三层滤纸的一边，并应尽可能接近，但不能接触滤纸或滤液，慢慢倾斜烧杯，使上层清液沿玻璃棒流入漏斗中，漏斗中的液面不要超过滤纸高度的 2/3，或使液面离滤纸上边缘约 5mm，以免少量沉淀因毛细管作用越过滤纸上缘，造成损失。

暂停倾注时，应沿玻璃棒将烧杯嘴往上提，逐渐使烧杯直立，等玻璃棒和烧杯由相互垂直变为几乎平行时，将玻璃棒离开烧杯嘴而移入烧杯中。这样才能避免留在棒端及烧杯嘴上的液体流到烧杯外壁上去。玻璃棒放回原烧杯时，勿将清液搅混，也不能靠在烧杯嘴处，因嘴处沾有少量沉淀，如此重复操作，直至上层清液倾完为止。过滤过程中，带有沉淀和溶液的烧杯放置方法如图 7-5 所示。当烧杯内的液体较少而不便倾出时，可将玻璃棒稍稍倾斜，使烧杯倾斜角度更大些，以便清液尽量流出。在过滤过程中，要注意检查滤液是否透明，如有浑浊，说明有穿滤现象。这时必须换另一洁净烧杯承接滤液，在原漏斗上将穿滤的滤液进行第二次过滤。如发现滤纸穿孔，则应更换滤纸重新过滤。而第一次用过的滤纸应保留。

在上层清液倾注完了以后，应在烧杯中作初步洗涤。选用什么洗涤液洗沉淀，应据沉淀的类型而定。

晶形沉淀：可用冷的稀的沉淀剂进行洗涤，由于同离子效应，可以减少沉淀的溶解损失。但是如沉淀剂为不挥发的物质，就不能用作洗涤液，此时可改用蒸馏水或其他合适的溶液洗涤沉淀。

无定形沉淀：用热的电解质溶液作洗涤液，以防止产生胶溶现象，大多采用易挥发的铵盐溶液作洗涤液。

对于溶解度较大的沉淀，采用沉淀剂加有机溶剂洗涤沉淀，可降低其溶解度。

洗涤时，沿烧杯内壁四周注入少量洗涤液，每次约 10～20mL，并注意清洗玻璃棒，使黏附着的沉淀集中在烧杯底部。用玻璃棒充分搅拌，静置，待沉淀沉降后，按上法倾注过滤，如此洗涤沉淀 3～4 次，每次应尽可能把洗涤液倾倒尽，再加第二份洗涤液。随时检查滤液是否透明不含沉淀颗粒，否则应重新过滤，或重做实验。

 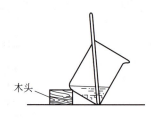 

图 7-4　倾泻法过滤　　　　　图 7-5　过滤时带沉淀和　　　　　图 7-6　最后少量
　　　　　　　　　　　　　　　溶液的烧杯放置方法　　　　　　　　沉淀的冲洗

5. 沉淀的转移

沉淀用倾泻法洗涤后，在盛有沉淀的烧杯中加入 10～15mL 洗涤液，搅拌混匀后，全部倾入漏斗中。如此重复 2～3 次，使大部分沉淀转移至漏斗中。然后按图 7-6 所示吹洗方法将沉淀洗至漏斗中，将玻璃棒横放在烧杯口上，玻璃棒下端比烧杯口长出 2～3cm，左手食指按住玻璃棒的较高地方，大拇指在前，其余手指在后，拿起烧杯，放在漏斗上方，倾斜烧杯使玻璃棒仍指向三层滤纸的一边，用右手以洗瓶冲洗烧杯壁上附着的沉淀，使洗涤液和沉淀沿玻璃棒全部流入漏斗中。吹洗过程中，应注意将烧杯底部高高翘起，吹洗动作自上而下，否则因毛细作用，又使沉淀爬上烧杯内壁。如果仍有少量沉淀牢牢地黏在烧杯内壁上而吹洗不下来时，可将烧杯放在桌上，用保存的小块滤纸擦拭玻璃棒，再放入烧杯中，用玻璃棒压住滤纸进行擦拭。擦拭后的滤纸块，用玻璃棒拨入漏斗中，用洗涤液再冲洗烧杯将残存的沉淀全部转入漏斗中。有时也可用淀帚如图 7-7 所示，擦洗烧杯上的沉淀，然后洗净淀帚。淀帚一般可自制，剪一段乳胶管，一端套在玻璃棒上，另一端用橡胶水黏合，用夹子夹扁晾干即成。

经吹洗、擦拭后的烧杯内壁，应在明亮处仔细检查是否吹洗、擦拭干净，包括玻璃棒、表面皿、淀帚和烧杯壁在内都要认真检查。若稍有沉淀痕迹，应再次擦拭、转移、吹洗，直到丝毫不附着沉淀为止。

6. 沉淀的洗涤

沉淀全部转移到滤纸上后，再在滤纸上进行最后的洗涤。这时要用洗瓶由滤纸边缘稍下一些地方螺旋形由上向下移动冲洗沉淀如图 7-8 所示。这样可使沉淀洗得干净且可将沉淀集中到滤纸锥体的底部，不可将洗涤液直接冲到滤纸中央沉淀上，以免沉淀外溅。

为了提高洗涤效果，洗涤沉淀采用"少量多次，尽量沥干"的方法，即每次加少量洗涤液，洗涤液尽量流干后，再加第二次洗涤液，这样可提高洗涤效率。洗涤次数一般都有规定，例如洗涤 8～10 次，或规定洗至流出液无 Cl^- 为止等。如果要求洗至无 Cl^- 为止，则洗几次以后，用小试管接取少量滤液，用硝酸酸化的 $AgNO_3$ 溶液检查滤液中是否还有 Cl^-，若无白色浑浊，即可认为已洗涤干净，否则需进一步洗涤。

(二) 微孔玻璃坩埚的基本操作

有些沉淀不能与滤纸一起包烧，因其易被还原，如 AgCl 沉淀。有些沉淀不能高温灼烧，只需烘干即可称量，如丁二肟镍沉淀、磷钼酸喹啉沉淀等，因而也不能用滤纸过滤，因为滤纸烘干后，质量改变很多，在这种情况下，应该用微孔玻璃坩埚（或微孔玻璃漏斗）过滤，如图 7-9 所示。

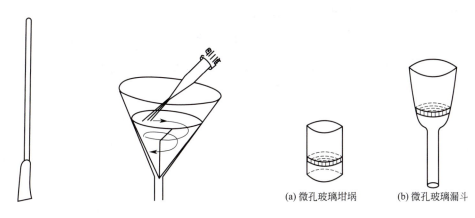

图 7-7　淀帚　　　　　图 7-8　洗涤沉淀　　　　　图 7-9　微孔玻璃坩埚及漏斗

这种滤器的滤板是用玻璃粉末在高温下熔结而成的。微孔玻璃坩埚规格及用途可参见表 7-5。

表 7-5　微孔玻璃坩埚规格及用途

坩埚代号	滤孔大小,微米	一般用途	与 G 牌号比较
$P_{1.6}$	<1.6	滤除细菌	相当 G_6
P_4	1.6～4	过滤极细颗粒沉淀	相当 G_5
P_{10}	4～10	过滤细颗粒沉淀	相当 G_{4A}
P_{16}	10～16	过滤细颗粒沉淀	相当 G_4
P_{40}	16～40	过滤一般晶形沉淀	相当 G_3
P_{100}	40～100	过滤较粗颗粒沉淀 过滤粗晶形颗粒沉淀	相当 G_2、G_1 和 G_{1A}
P_{160}	100～160		相当 G_0
P_{250}	160～250		相当 G_{00}

注：表中右边一栏为过去常用的旧牌号。

这种滤器在使用前，先用强酸（HCl 或 HNO_3）处理，然后再用水洗净。洗涤时通常采用抽滤法。如图 7-10 所示，在抽滤瓶口配一块稍厚的橡皮垫，垫上挖一孔，将微孔玻璃坩埚（或漏斗）插入圆孔中（市场上有这种橡皮垫出售），抽滤瓶的支管与水泵相连接。先将强酸倒入微孔玻璃坩埚（或漏斗）中，然后开水泵抽滤，当结束抽滤时，应先拔掉抽滤瓶支管上的胶管，再关闭水泵，否则水泵中的水会倒吸入抽滤瓶中。待酸抽洗结束后，直接用蒸馏水抽洗，不能先用自来水抽洗再用蒸馏水抽洗，否则自来水中的杂质会进入滤板。抽洗干净的这种滤器不能用手直接接触，可用洁净的软纸衬垫着拿取，将其放在洁净的烧杯中，盖上表面皿，置于烘箱中在烘沉淀的温度下烘干，直至恒重，置于干燥器中备用。

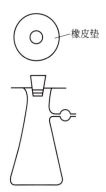

图 7-10　抽滤装置

微孔玻璃坩埚不能用来过滤不易溶解的沉淀（如二氧化硅等），否则沉淀将无法清洗；也不宜用来过滤浆状沉淀，因为它会堵塞滤板的细孔。

这种滤器耐酸不耐碱，因此，不可用强碱处理，也不适于过滤强碱溶液。

过滤时，所用装置和上述洗涤时装置相同，在开动水泵抽滤下，用倾泻法进行过滤，其操作与上述用滤纸过滤相同，不同之处是在抽滤下进行。

微孔玻璃坩埚用过后，先尽量倒出其中沉淀，再用适当的清洗剂清洗参见表7-6。不能用去污粉洗涤，也不要用坚硬的物体擦划滤板。

表 7-6 微孔玻璃坩埚常用清洗剂

沉淀物	清洗剂
油脂等各种有机物	先用四氯化碳等适当的有机溶剂洗涤，继用铬酸洗液洗
氯化亚铜、铁斑	含 $KClO_4$ 的热浓盐酸
汞渣	热浓 HNO_3
氯化银	氨水或 $Na_2S_2O_3$ 溶液
铝质、硅质残渣	先用 HF，继用浓 H_2SO_4 洗涤，随即用蒸馏水反复漂洗几次
二氧化锰	HNO_3-H_2O_2

（三）古氏坩埚

除了滤纸和微孔玻璃坩埚（或漏斗）以外，还有一种滤器是古氏坩埚，又称布氏坩埚。它是用陶瓷烧制的，其外形类似普通坩埚，也有盖，但底部有许多小孔，还有一块陶瓷筛板。其过滤物质是酸洗石棉。它适用于过滤对玻璃有腐蚀作用的物质。

市售的酸洗石棉使用前要作处理。可先用手将石棉稍作分散，再放在盐酸溶液（1+3）中浸泡，搅拌片刻后，再煮沸 20min；用布氏漏斗抽滤；并用纯水洗至中性。再用 100g/L 的碳酸钠溶液浸泡，并煮沸 20min，用布氏漏斗过滤，再用纯水洗涤。用酚酞检验到中性即可。

处理好的石棉用水调成糊状，如石棉中有分散不开的块状物，应拣出来，利用其沉降速度不一，将上层细纤维和水一起倾入另一烧杯中。

粗纤维用作底部铺垫，细纤维铺在表面。目前市售的酸洗石棉，其纤维长短、粗细各异，最好搭配使用。

铺设的厚度要适中，不能有可见的漏隙，抽滤的流速要适中，如铺得太厚会使流速太慢，浪费分析时间。

铺好后的坩埚，石棉层的表面应均匀平整，再用水洗涤，洗到流出液中无可见的细纤维即可。

转移和洗涤沉淀的方法与用滤纸过滤法相同。

四、沉淀的烘干、灼烧

沉淀的烘干和灼烧是在一个预先灼烧至质量恒定的坩埚中进行，因此，在沉淀的烘干和灼烧前，必须预先准备好坩埚。

1. 坩埚的准备

重量分析用的坩埚必须要进行恒重。恒重是指灼烧前后相邻两次的称重差值不大于 0.4mg。每次灼烧完毕从炉中取出后，都应在空气中稍冷后，再移入干燥器中，冷却至室温再称重。然后再灼烧、冷却、称量，直至恒重。注意每次灼烧、称量和放置的时间要保持一致。坩埚的准备具体操作如下：

先将瓷坩埚洗净，小火烤干或烘干，编号（可用含 Fe^{3+} 或 Co^{2+} 的蓝墨水在坩埚外壁上编号），然后在所需温度下，加热灼烧。灼烧可在高温电炉中进行。由于温度骤升或骤降常使坩埚破裂。最好将坩埚放入冷的炉膛中，逐渐升高温度，或者将坩埚在已升至较高温度的炉膛口预热一下，再放进炉膛中。一般在 800~950℃灼烧 30min（新坩埚需灼烧 1h）。从高温炉中取出坩埚时，应待坩埚红热退去后将坩埚移入干燥器中，将干燥器连同坩埚一起移至天平室，冷却至室温（约需 30min），取出称量。随后第二次灼烧，约 15~20min，冷却后称量。如果前后两次质量之差不大于 0.4mg，即可认为坩埚已达质量恒定（恒重），否则还需再灼烧，直至质量恒定为止。灼烧空坩埚时，灼烧的温度必须与以后灼烧沉淀的温度一致；在高温炉或烘箱中的位置必须每次一致；冷却的时间每次一致。这样才有利于恒重。

2. 沉淀的烘干和灼烧

烘干一般是在250℃以下进行。微孔玻璃坩埚（或漏斗）只需烘干即可称量，一般将微孔玻璃坩埚（或漏斗）连同沉淀放在表面皿上，然后放入烘箱中，根据沉淀性质确定烘干温度。一般第一次烘干时间要长些，约2h，第二次烘干时间可短些，约45min到1h，根据沉淀的性质具体处理。沉淀烘干后，取出坩埚（或漏斗），置干燥器中冷却至室温后称量。反复烘干、称量，直至质量恒定为止。

灼烧是在250℃以上高温下进行的处理，适用于滤纸过滤，灼烧是在预先已烧至恒重的坩埚中进行，其目的是烧去滤纸、除去洗涤剂，将沉淀烧成合乎要求的称量形式。滤纸烘干和灼烧的操作如下：

利用干净的玻璃棒把滤纸和沉淀从漏斗中取出，按图7-11所示，折卷成小包，把沉淀包卷在里。此时应特别注意，勿使沉淀有任何损失。将滤纸装进预先已恒重的空坩埚内，使滤纸层较多一边或滤纸包的尖端向下放入，可使滤纸灰化较易。按图7-12所示，斜置坩埚于泥三角上，盖上坩埚盖，然后如图7-13所示，将滤纸烘干并炭化，在此过程中必须防止滤纸着火，否则会使沉淀飞散而损失。若已着火，应立刻移开煤气灯，并将坩埚盖盖上，让火焰自熄。

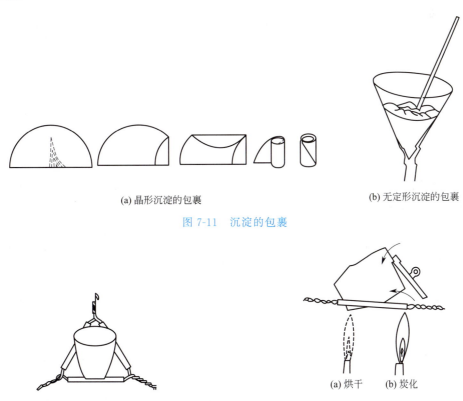

(a) 晶形沉淀的包裹　　　　　　　　　(b) 无定形沉淀的包裹

图7-11　沉淀的包裹

图7-12　坩埚斜置于泥三角上　　　　　图7-13　烘干和炭化

(a) 烘干　　(b) 炭化

当滤纸炭化后，可逐渐提高温度，并随时用坩埚钳转动坩埚，把坩埚内壁上的黑炭完全烧去，将炭烧成 CO_2 而除去的过程叫灰化。待滤纸灰化后，将坩埚放在高温电炉中于指定温度下灼烧。一般第一次灼烧时间为30～45min，第二次灼烧15～20min。每次灼烧完毕从炉内取出后，都需要在空气中稍冷，再移入干燥器中。沉淀冷却到室温后称量，然后再灼烧、冷却、称量，直至质量恒定。

3. 仪器设备的使用

（1）坩埚和坩埚钳。用滤纸过滤的沉淀，通常在坩埚中烘干、炭化、灼烧后进行称量。应用得最多的是瓷坩埚。重量分析中常用 30mL 的瓷坩埚灼烧沉淀。不能高温灼烧的沉淀，应用微孔玻璃坩埚或微孔玻璃漏斗。

坩埚钳，如图 7-14 所示，常用铁或铜合金制作，表面镀镍或铬，用来夹持热的坩埚和坩埚盖。使用坩埚钳前，要检查钳尖是否洗净，如有沾污必须处理（用细砂纸磨光）后才能使用。用坩埚钳夹取灼热坩埚时，必须预热。不用时坩埚钳要平放在台上，钳尖朝上，以免弄脏。

视频 7-1　干燥器的使用

夹持铂坩埚的坩埚钳尖端应包有铂片，以防高温时钳子的金属材料与铂形成合金，使铂变脆。

（2）干燥器。干燥器是具有磨口盖子的密闭厚壁玻璃器皿，常用以保存干坩埚、称量瓶、试样等物。它的磨口边缘涂一薄层凡士林，使之能与盖子密合，如图 7-15 所示。

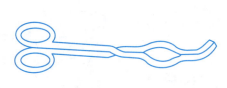 

图 7-14　坩埚钳　　　　　　　　　　图 7-15　干燥器

干燥器的底部盛放干燥剂，最常用的干燥剂是变色硅胶和无水氯化钙，其上搁置洁净的带孔瓷板。坩埚等即可放在瓷板上。

干燥剂吸收水分的能力都是有一定限度的。例如硅胶，20℃时，被其干燥过的 1L 空气中残留水分为 6×10^{-3} mg；无水氯化钙，25℃时，被其干燥过的 1L 空气中残留水分小于 0.36mg。因此，干燥器中的空气并不是绝对干燥的，只是湿度较低而已。

使用干燥器时应注意下列事项：

① 干燥剂不可放得太多，装到下室的一半即可，以免沾污坩埚底部。装入干燥剂时，按图 7-16 所示方法进行，即把干燥剂筛去粉尘后，用纸筒装入干燥器的底部，可使器壁不受沾污。

② 搬移干燥器时，要用双手拿着，用大拇指紧紧按住盖子，其他手指托住下沿，如图 7-17 所示，绝对禁止用单手捧其下部，以防盖子滑落。

③ 打开干燥器时，不能往上掀盖，应用左手按住干燥器，右手小心地把盖子稍微推开，如图 7-18 所示，等冷空气徐徐进入后，才能完全推开，盖子必须仰放在桌子上。

④ 不可将太热的物体放入干燥器中。

⑤ 有时较热的物体放入干燥器中后，空气受热膨胀会把盖子顶起来，为了防止盖子被打翻，应当用手按住，不时把盖子稍微推开（不到 1s），以放出热空气。

⑥ 灼烧或烘干后的坩埚和沉淀，在干燥器内不宜放置过久，否则会因吸收一些水分而使质量略有增加。

图 7-16　装干燥剂　　　　图 7-17　干燥器的搬移　　　　图 7-18　干燥器的开启与关闭

⑦ 干燥剂一般为变色硅胶，变色硅胶干燥时为蓝色（无水 Co^{2+} 色），受潮后变粉红色（水合 Co^{2+} 色），可以在 120℃下烘干受潮的硅胶待其变蓝色后反复使用，直至破碎不能用为止。常用的干燥剂见表 7-7。

表 7-7　常用干燥剂

干燥剂	25℃时，1L 干燥后的空气中残留的水分/mg	再生方法
$CaCl_2$（无水）	0.14～0.25	烘干
CaO	3×10^{-3}	烘干
NaOH（熔融）	0.16	熔融
MgO	8×10^{-3}	再生困难
$CaSO_4$（无水）	5×10^{-3}	于 230～250℃加热
H_2SO_4（95%～100%）	3×10^{-3}～0.30	蒸发浓缩
$Mg(ClO_4)_2$（无水）	5×10^{-4}	减压下，于 220℃加热
P_2O_5	$<2.5\times10^{-5}$	不能再生
硅胶	约 1×10^{-3}	于 110℃烘干

（3）电热干燥箱（又称烘箱）。对于不能和滤纸一起灼烧的沉淀，以及不能在高温下灼烧，只能在不太高的温度烘干后就称量的沉淀，可用已恒重的微孔玻璃坩埚过滤后，置于电热干燥箱中在一定温度下烘干。

实验室常用的电热鼓风干燥箱可控温 50～300℃，在此温度范围内可任意选定温度，并利用箱内的自动控制系统使温度恒定。

使用电热干燥箱时应注意的事项：

① 为保证安全操作，通电前必须检查是否断路或短路，箱体接地是否良好。

② 使用时，烘箱顶的排气孔应打开。

③ 加热温度不可超过烘箱的极限温度。

④ 不要经常打开烘箱，以免影响恒温。

⑤ 易挥发物（如苯、汽油、石油醚）和易燃物（如手帕、手套等）不能放入干燥箱中干燥。

（4）高温电炉（俗称马弗炉）。高温电炉常用于重量分析中灼烧沉淀和测定灰分等工作。其最高使用温度为 950℃，短时间可以用 1000℃，炉内的温度由带有继电器或温度自动控制器来控制。温度的测量采用热电偶高温计，它从炉后孔伸入炉腔内。

实验室中常用的温度控制器测温范围在 0～1100℃，不同沉淀所需灼烧温度及时间各不相同。

使用高温炉应注意的事项：
① 为保证安全操作，通电前应检查导线及接头是否良好，电炉与控制器必须接地可靠。
② 检查炉膛是否洁净和有无破损。
③ 欲进行灼烧的物质（包括金属及矿物）必须置于完好的坩埚或瓷皿内，用长坩埚钳送入（或取出），应尽量放在炉膛中间位置，切勿触及热电偶，以免将其折断。
④ 含有酸性、硫性挥发物质或为强烈氧化剂的化学药品应预先处理（用煤气灯或电炉预先灼烧），待其中挥发物逸尽后，才能置入炉内加热。
⑤ 旋转温度控制器的旋钮使指针指向所需温度，温度控制器的开关指向关。
⑥ 快速合上电闸，检查配电盘上指示灯是否已亮。
⑦ 打开温度指示器的开关，温度控制器的红灯即亮，表示高温电炉处于升温状态。当温度升到预定温度时，红灯、绿灯交替变换，表示电炉处于恒温状态。
⑧ 在加热过程中，切勿打开炉门；电炉使用过程中，切勿超过最高温度，以免烧毁电热丝。
⑨ 灼烧完毕，切断电源（拉闸），不能立即打开炉门。待温度降低至200℃左右时。才能打开炉门，取出灼烧物品，冷至60℃左右后，放入干燥器内冷至室温。
⑩ 长期搁置未使用的高温电炉，在使用前必须进行一次烘干处理，烘炉时间，从室温到200℃，4h；400～600℃，4h。

学习小结

（1）重量分析的基本操作包括：试样的称取及溶解、沉淀的产生、沉淀的过滤、洗涤、烘干和灼烧，称量形式的称取及结果的计算。

（2）重量分析操作烦琐、精细、费时，每个环节的每个操作步骤，都直接影响分析结果的准确性。因此，对于生成的晶形沉淀的操作，要做到："稀、热、慢、搅、陈"。而对于产生无定形沉淀，其操作的条件为："浓、热、快、电、不陈"。

（3）沉淀过滤时，应正确地选择定量滤纸，即：无定形沉淀选用快速滤纸，晶形沉淀选用慢速滤纸；采用"倾泻法"将沉淀转移到滤纸上，并利用同离子效应，采用"少量多次"的原则清洗滤纸上的沉淀；然后将清洗好的沉淀滤纸折叠好后，放入已恒重的空坩埚中，进行烘干、灼烧，使其转化为称量形式，最后将其恒重后，则可计算分析结果。

想一想

1. 简述沉淀重量分析法的流程。
2. 什么叫倾泻法过滤？洗涤沉淀时，为什么要少量多次，尽量沥干？

练一练测一测

一、名词解释
1. 称重   2. 恒重   3. 过滤   4. 烘干   5. 灰化   6. 灼烧

二、单选题
1. 用滤纸过滤时，玻璃棒下端（　　），并尽可能接近滤纸。
　A. 对着一层滤纸的一边　　　　B. 对着滤纸的锥顶
　C. 对着三层滤纸的一边　　　　D. 对着滤纸的边缘
2. 重量法测定铁时，过滤$Fe(OH)_3$沉淀应选用（　　）。
　A. 快速定量滤纸　B. 中速定量滤纸　C. 慢速定量滤纸　D. 玻璃砂芯坩埚
3. 过滤大颗粒的晶形沉淀应选用（　　）。

A. 快速定量滤纸　　B. 中速定量滤纸　　C. 慢速定量滤纸　　D. 玻璃砂芯坩埚
4. 只要烘干就可以称量的沉淀，选用（　　）过滤。
A. 玻璃砂芯坩埚　　B. 定量滤纸　　C. 定性滤纸　　D. 无灰滤纸
5. 当称量物高于室温时，应（　　）。
A. 立即称量　　　　　　　　　　B. 迅速称量
C. 在干燥器内冷至室温后称量　　D. 冷至40℃后快速称量
6. 下列瓷器中用于灼烧沉淀和高温处理试样的是（　　）。
A. 蒸发皿　　B. 坩埚　　C. 研钵　　D. 布氏漏斗
7. 沉淀重量法测定时，样品称取的质量要适宜。如果是晶形沉淀，一般称量形式的质量为（　　）。
A. 0.01～0.05g　　B. 0.1～0.5g　　C. 1.00～2.00g　　D. 2.00～5.00g
8. 沉淀重量法测定中，为了提高洗涤效率，应按照（　　）原则进行沉淀洗涤。
A. 洗涤一次完成　　B. 多量少次　　C. 多量多次　　D. 少量多次
9. 洗净干燥后的空坩埚灼烧恒重过程中，一般灼烧的温度为（　　）。
A. 400～500℃　　B. 500～600℃　　C. 600～700℃　　D. 800～900℃
10. 直接干燥法测定样品中水分时，达到恒重是指两次称重前后质量差不超过（　　）。
A. 0.0002g　　B. 0.002g　　C. 0.02g　　D. 0.2g

三、填空题
1. 一般沉淀称量形式的适宜质量是：晶形沉淀为_____，非晶形沉淀为_____。
2. 沉淀重量法中，对于固体试样的分解预处理，一般采用_____、_____、_____或_____等方法进行溶解。
3. 重量分析中将沉淀与母液分离，通常采用_____技术。
4. 需要灼烧的沉淀常用_____过滤，而对于过滤后需要烘干即可称量可采用_____。
5. 常压过滤法所使用的定量滤纸分为____、____和____三种，分别适用于____沉淀、____沉淀和____沉淀。
6. 由于滤纸的致密程度不同，一般非晶形沉淀如氢氧化铁等应选用____滤纸过滤；粗晶形沉淀应选用____滤纸过滤；较细小的晶形沉淀应选用____滤纸过滤。
7. 滤纸放入漏斗前，先折好，一边为____层，另一边为____层。放入漏斗后，用食指按住滤纸，加蒸馏水润湿，赶走气泡，使滤纸紧贴漏斗并使水充满漏斗颈形成____，以加快过滤速度。
8. 沉淀全部转移完全后，再在滤纸上进行_____，以除去全部杂质。
9. 重量分析法使用的坩埚，在测定过程中，必须要进行_____操作，以确保分析结果的准确性。
10. 沉淀经烘干或灼烧至_____后，由其质量即可计算出测定____。

四、判断题
1. 在进行沉淀时，沉淀剂不是越多越好，因为过多的沉淀剂可能会引起同离子效应，反而使沉淀的溶解度增加。　　　　　　　　　　　　　　　　　　　　（　　）
2. 晶形沉淀用热水洗涤，非晶形沉淀用冷水洗涤。　　　　　　　　　　　（　　）
3. 重量分析中对形成胶体的溶液进行沉淀时，可放置一段时间，以促使胶体微粒的胶凝，然后再过滤。　　　　　　　　　　　　　　　　　　　　　　　　（　　）
4. 无定形沉淀应该用热电解质溶液洗涤。　　　　　　　　　　　　　　　（　　）
5. 晶形沉淀应用快速滤纸过滤。　　　　　　　　　　　　　　　　　　　（　　）
6. 沉淀过滤应选用定性滤纸。　　　　　　　　　　　　　　　　　　　　（　　）

7. 为了获得纯净的沉淀,洗涤沉淀时洗涤的次数越多,每次用的洗涤液越多,则杂质含量越少,结果的准确度越高。   (   )

8. 根据同离子效应,在进行沉淀时,加入沉淀剂过量得越多,则沉淀越完全,所以沉淀剂过量越多越好。   (   )

9. 沉淀的过滤和洗涤一定要一次完成,不能间断。   (   )

10. 在沉淀重量分析法中,每次灼烧完毕从炉中取出后,应在空气中稍冷后,再移入干燥器中,冷却至室温后称重,直至恒重。   (   )

任务三　氯化钡含量的测定

任务要求

1. 了解测定 $BaCl_2 \cdot 2H_2O$ 中氯化钡的含量的原理和方法。
2. 掌握晶形沉淀的制备、过滤、洗涤、灼烧及恒重的基本操作技术。
3. 能正确测定 $BaCl_2 \cdot 2H_2O$ 中氯化钡的含量,并能根据实验数据正确计算结果。

任务实施

☞ 工作准备

1. 仪器
(1) 马弗炉、电炉。
(2) 电子分析天平。
(3) 瓷坩埚及坩埚钳。
(4) 干燥器。
(5) 定量滤纸(中、慢速)。
(6) 长颈玻璃漏斗。
(7) 烧杯等其他常规器皿。

2. 试剂
(1) H_2SO_4　1mol/L；0.1mol/L。
(2) HCl　2mol/L。
(3) HNO_3　2mol/L。
(4) $AgNO_3$　0.1mol/L。
(5) $BaCl_2 \cdot 2H_2O$ (A.R.)。

微课 7-2　瓷坩埚的准备

☞ 工作过程

1. 空坩埚的准备
将两只洁净的瓷坩埚放在 (850±20)℃的马弗炉中灼烧至恒重。第一次灼烧40min,第二次及以后每次灼烧20min。灼烧也可在煤气灯上进行。

2. 称样及沉淀的制备
准确称取一定量的氯化钡样品(自己计算)两份,分别置于400mL烧杯中,加入100mL水、3mL 2mol/L HCl 溶液,搅拌溶解,加热近沸。

另取4mL 1mol/L H_2SO_4 溶液两份于两个100mL烧杯中,加水30mL,加热至近沸,趁热将两份 H_2SO_4 溶液分别用小滴管逐滴地加

微课 7-3　称样及沉淀的制备

入两份热的氯化钡溶液中,并用玻璃棒不断搅拌,直至两份 H_2SO_4 溶液加完为止。待 $BaSO_4$ 沉淀下沉后,于上层清液中加入 1~2 滴 0.1mol/L H_2SO_4 溶液,仔细观察沉淀是否完全。沉淀完全后,盖上表面皿(切勿将玻璃棒拿出杯外),放置过夜陈化。也可将沉淀放在水浴或沙浴上,保温 40min 陈化,其间要搅动几次。

3. 沉淀的过滤和洗涤

用慢速或中速滤纸倾泻法过滤。用稀 H_2SO_4(用 1mL 1mol/L H_2SO_4 溶液加 100mL 水配成)洗涤 3~4 次,每次约 10mL。然后将沉淀定量转移到滤纸上,用淀帚由上到下擦拭烧杯内壁,并用折叠滤纸时撕下的小片滤纸擦拭杯壁,并将此小滤纸片放入漏斗中,再用稀 H_2SO_4 洗涤 4~6 次,直至洗涤液中不含 Cl^- 为止(检查方法:用试管收集 2mL 滤液,加 1 滴 2mol/L HNO_3 溶液酸化,加入 2 滴 $AgNO_3$ 溶液,若无白色浑浊产生,表示 Cl^- 已洗净)。

微课 7-4 沉淀的过滤和洗涤

微课 7-5 沉淀的灼烧和恒重

4. 沉淀的灼烧和恒重

将折叠好的沉淀滤纸包置于已恒重的瓷坩埚中,经烘干、炭化、灰化后,于(850±20)℃的马弗炉中灼烧至恒重。

☞ **数据记录与处理**

1. 数据记录

数据记录见表 7-8。

表 7-8 数据记录

内容	平行样品 1	平行样品 2
(称量瓶+试样的质量)/g		
(倾出试样后称量瓶+试样的质量)/g		
试样氯化钡盐的质量/g		
恒重的瓷坩埚的质量/g		
沉淀的质量/g		
氯化钡的含量 w/%		
平均值/%		
相对极差/%		

2. 结果计算

$$w_{BaCl_2} = (m_2 - m_1) \times \frac{M_{BaCl_2}}{M_{BaSO_4}} \times \frac{1}{m_{样}} \times 100\%$$

式中 w_{BaCl_2}——$BaCl_2$ 的质量分数,%;

m_1——空坩埚的质量,g;

M_{BaSO_4}——$BaSO_4$ 的摩尔质量,g/mol;

M_{BaCl_2}——$BaCl_2$ 的摩尔质量,g/mol;

m_2——坩埚和硫酸钡的质量,g;

$m_{样}$——样品的质量,g。

☞ **注意事项**

① 稀硫酸和样品溶液都必须加热至沸腾,并趁热滴加硫酸,加入硫酸的速度要慢并且要不断搅拌,否则形成的沉淀太细会穿透滤纸。

② 搅拌时玻璃棒不要碰烧杯底及内壁,以免划破烧杯壁,使沉淀黏附在烧杯壁上。

③ 搅拌用的玻璃棒直到过滤、洗涤完毕后才可取出。
④ 洗净的坩埚放置和移动都应使用坩埚钳，不得用手直接拿，以免污染坩埚。
⑤ 放置坩埚钳时，要将坩埚钳尖向上，以免污染坩埚钳。
⑥ 陈化时要盖上表面皿。
⑦ 为了避免恒重时产生误差，前后每次灼烧、放置和称量的时间保持一致。

一、$BaSO_4$ 重量法应用

$BaSO_4$ 重量法既可用于测定 Ba^{2+} 的含量，也可用于测定 SO_4^{2-} 的含量。

Ba^{2+} 可生成一系列微溶化合物，如 $BaCO_3$、BaC_2O_4、$BaCrO_4$、$BaHPO_4$、$BaSO_4$ 等，其中以 $BaSO_4$ 溶解度最小，100mL 溶液中，100℃时溶解 0.4mg，25℃时仅溶解 0.25mg。当过量沉淀剂存在时，溶解度大为减小，一般可以忽略不计。

$BaSO_4$ 重量法一般在 0.05mol/L 左右盐酸介质中进行沉淀，这是为了防止产生如 $BaCO_3$、$BaHPO_4$、$BaHAsO_4$ 沉淀以及防止生成 $Ba(OH)_2$ 共沉淀。同时，适当提高酸度，增加 $BaSO_4$ 在沉淀过程中的溶解度，以降低其相对过饱和度，有利于获得较好的晶形沉淀。

使用 $BaSO_4$ 沉淀重量法测定 Ba^{2+} 时，一般用稀 H_2SO_4 作沉淀剂。为了使 $BaSO_4$ 沉淀完全，H_2SO_4 必须过量。由于 H_2SO_4 在高温下可挥发除去，故沉淀带有的 H_2SO_4 不会引起误差，因此沉淀剂可过量 50%～100%。如果用 $BaSO_4$ 重量法测定 SO_4^{2-}，沉淀剂 $BaCl_2$ 只允许过量 20%～30%，因为 $BaCl_2$ 灼烧时不易挥发除去。而 $PbSO_4$、$SrSO_4$ 的溶解度均较小，Pb^{2+}、Sr^{2+} 对氯化钡的测定有干扰。NO_3^-、ClO_3^-、Cl^- 等阴离子和 K^+、Ca^{2+}、Fe^{3+} 等阳离子均可以引起共沉淀现象，故应严格控制沉淀条件，减少共沉淀现象，以获得纯净的 $BaSO_4$ 晶形沉淀。

以 $BaSO_4$ 的形式测定不纯的氯化钡的含量，试样称取量的多少直接影响后续步骤的操作与分析结果的准确度。称样量太多，在下一步中会得到大量的沉淀，使过滤和洗涤等操作发生困难；称样量太少，则称量误差及其他各个步骤中不可避免的误差将在测定数据中占据较大的比重，使分析结果的准确度下降。因此，根据晶型沉淀的要求，本实验称取 $BaCl_2 \cdot 2H_2O$ 的质量为 0.4～0.6g。

重量分析法常用于一些金属元素、非金属元素的测定。测定 $BaCl_2 \cdot 2H_2O$ 中氯化钡的含量时，由于在 Ba^{2+} 的难溶化合物中，晶型沉淀 $BaSO_4$ 的溶解度最小，并且稳定，符合重量分析对沉淀的要求。因此氯化钡含量的测定常用沉淀重量法。

二、重量分析的计算

分析结果计算可分为下列两种类型：
1. 称量形式与被测组分形式一样

$$w_{被测组分} = \frac{称量形式的质量}{试样的质量} \times 100\%$$

2. 称量形式与被测组分形式不一样

$$w_{被测组分} = \frac{称量形式的质量 \times F}{试样的质量} \times 100\%$$

$$换算因数\ F = \frac{a \times 被测组分的摩尔质量}{b \times 称量形式的摩尔质量}$$

式中，a、b 是使分子和分母中所含预测元素原子个数相等而考虑的系数。

学习小结

$BaSO_4$ 重量法既可用于测定 Ba^{2+} 的含量，也可用于测定氯化钡盐中氯化钡的含量。还可以测定 SO_4^{2-} 的含量。由于 $BaSO_4$ 属于晶型沉淀，故实验操作时，要体现"稀、热、慢、搅、陈"；另外，在保证沉淀完全的情况下，要保证定量转移完全；最后要特别注意恒重操作时，空坩埚和放有硫酸钡沉淀的坩埚的灼烧温度及在马弗炉中的位置的一致性。

想一想

1. 为什么要在稀热 HCl 溶液中且不断搅拌条件下逐滴加入沉淀剂来沉淀 $BaSO_4$？HCl 加入太多有何影响？

2. 为什么要在热溶液中沉淀 $BaSO_4$，但要在冷却后过滤？

练一练测一测

一、单选题

1. $BaSO_4$ 沉淀在下列溶液中溶解度最大的是（　　）。

A. $0.1mol/L\ BaCl_2$ 溶液　　　　　　B. $0.1mol/L\ HCl$ 溶液

C. $0.1mol/L\ Na_2SO_4$ 溶液　　　　　D. $0.1mol/L\ H_2SO_4$ 溶液

2. 将黄铁矿分解后，其中的硫沉淀为 $BaSO_4$，若以 $BaSO_4$ 的量换算 FeS_2 的含量，则换算因数为（　　）。

A. $\dfrac{2M_{FeS_2}}{M_{BaSO_4}}$　　　B. $\dfrac{M_{FeS_2}}{M_{BaSO_4}}$　　　C. $\dfrac{M_{FeS_2}}{2M_{BaSO_4}}$　　　D. $\dfrac{M_{BaSO_4}}{M_{FeS_2}}$

3. 已知经灼烧后的 $BaSO_4$（$M=233.4$）质量为 $0.3548g$，则其中含 Ba（$M=137.3$）的质量（以 g 计）为（　　）。

A. $0.1044g$　　　B. $0.05218g$　　　C. $0.5883g$　　　D. $0.2087g$

二、填空题

1. $BaSO_4$ 沉淀是_____沉淀，因此，$BaSO_4$ 沉淀法产生沉淀的操作条件是：_____、_____、_____、_____、_____。

2. $BaSO_4$ 沉淀采用的是_____将沉淀从烧杯中转移到滤纸上的。

3. 氯化钡含量的测定，被测组分形式和称量形式_____。

三、判断题

1. $BaSO_4$ 沉淀为强碱强酸盐的难溶化合物，所以其溶解度与酸度无关。（　　）

2. 沉淀 $BaSO_4$ 时，在盐酸存在下的热溶液中进行，目的是增大沉淀的溶解度。（　　）

3. 沉淀 $BaSO_4$ 应在热溶液中进行，然后要趁热过滤。（　　）

四、计算题

1. 计算下列换算因数：

	称量形式	被测组分
(1)	$BaSO_4$	$BaCl_2 \cdot 2H_2O$
(2)	Al_2O_3	Al
(3)	$Al(C_9H_6NO)_3$	Al_2O_3
(4)	Fe_2O_3	Fe_3O_4

2. 重量法测定 $BaCl_2 \cdot 2H_2O$ 中钡的含量，纯度约 90%，要求得到 $0.5g\ BaSO_4$，问应

称试样多少克？已知：$M_{BaCl_2 \cdot 2H_2O} = 244.27 \text{g/mol}$，$M_{BaSO_4} = 233.39 \text{g/mol}$。

3. 称取 0.3675g $BaCl_2 \cdot 2H_2O$ 试样，将钡沉淀为 $BaSO_4$，需用 0.5mol/L 的 H_2SO_4 溶液作沉淀剂，如沉淀剂过量 50%，需要加多少毫升？已知：$M_{BaCl_2 \cdot 2H_2O} = 244.27 \text{g/mol}$。

4. 向 100mL 含有 0.1000g Ba^{2+} 的溶液中，加入 50mL 0.010mol/L H_2SO_4 溶液。问溶液中还剩多少克的 Ba^{2+}？若沉淀用 100mL 纯水或 100mL 0.010mol/L H_2SO_4 溶液洗涤，假设洗涤时达到了沉淀溶解平衡，问各损失 $BaSO_4$ 多少克？已知：$M_{Ba} = 137.327 \text{g/mol}$，$K_{sp} = 1.1 \times 10^{-10}$，$M_{BaSO_4} = 233.39 \text{g/mol}$。

5. 称取某可溶性盐 0.3232g，用硫酸钡重量法测定其中含硫量，得 $BaSO_4$ 沉淀 0.2982g，若试样中的 S 用 SO_3 表示，计算试样含 SO_3 的质量分数。

6. 测定硅酸盐中 SiO_2 的质量分数，称取 0.4817g 试样，获得 0.2630g 不纯的 SiO_2（主要含有 Fe_2O_3、Al_2O_3）。将不纯的 SiO_2 用 H_2SO_4-HF 处理，使 SiO_2 转化为 SiF_4 除去，残渣经灼烧后质量为 0.0013g，计算试样中纯 SiO_2 的质量分数；若不经 H_2SO_4-HF 处理，杂质造成的误差有多少？

7. 称取含银的试样 0.2500g，用重量法测定时，得 AgCl 沉淀 0.2991g，问：
（1）若沉淀为 AgI，可得此沉淀多少克？
（2）试样中银的质量分数为多少？

8. 分析一磁铁矿 0.5000g，得 Fe_2O_3 质量 0.4980g，计算磁铁矿中：（1）Fe 的质量分数；（2）Fe_3O_4 的质量分数。

9. 称取某试样 0.5000g，经一系列分析步骤后得 NaCl 和 KCl 共 0.1803g，将此混合氯化物溶于水后，加入 $AgNO_3$，得 0.3904g AgCl。计算试样中 Na_2O 和 K_2O 的质量分数。

10. 称取风干的石膏试样 1.2023g，经烘干后得吸附水分 0.0208g，再经灼烧后又得结晶水 0.2424g，计算分析试样换算成干燥物质时的 $CaSO_4 \cdot 2H_2O$ 质量分数。

11. 称取 CaC_2O_4 和 MgC_2O_4 纯混合试样 0.6240g，在 500℃ 下加热，定量转化为 $CaCO_3$ 和 $MgCO_3$ 后为 0.4830g。(1) 计算试样中 CaC_2O_4 和 MgC_2O_4 的质量分数；(2) 若在 900℃ 加热该混合物，定量转化为 CaO 和 MgO 的重量各为多少克？

知识要点

一、认识重量分析

1. 定义

采用适当的方法先将试样中待测组分与其他组分分离，然后用称量的方法测定该组分的含量的分析方法称为重量分析法。

2. 分类

重量分析法分为沉淀重量法、汽化法和电解法，其中比较重要的是沉淀重量法。

3. 特点

方法准确度较高，一般测定的相对误差不大于 ±0.1%，但重量分析法操作繁杂，费时多。

二、沉淀重量法

1. 定义

利用试制与待测组分反应，生成溶解度很小的沉淀，经过滤、洗涤、烘干或灼烧成为组成一定的物质，然后称其质量，再计算待测组分含量的分析方法。

2. 沉淀形式和称量形式

利用沉淀重量法分析时，首先向试液中加入沉淀剂，使其与待测组分发生沉淀反应，并以"沉淀形式"沉淀出来，沉淀经过滤、洗涤、在适当温度下烘干或灼烧，转化为"称量形式"，再进行称量。

3. 沉淀剂的选择

要求：①选择性好；②与待测离子生成沉淀的溶解度小；③易挥发或经灼烧易除去；④本身溶解度较大。

4. 影响沉淀溶解度的因素

主要包括同离子效应、盐效应、酸效应、配位放应等，另外温度、溶剂、沉淀颗粒大小也会影响沉淀的溶解度。

5. 沉淀的类型

沉淀按其物理性质的不同，分为晶形沉淀和无定形沉淀两大类。

(1) 晶形沉淀（晶型沉淀）。是指具有一定形状的晶体，其内部排列规则有序，颗粒直径为 $0.1 \sim 1 \mu m$。其特点是：沉淀颗粒较大，结构紧密易过滤和洗涤。

(2) 无定形沉淀（无定型沉淀或非晶形沉淀或非晶型沉淀）。是指无晶体结构特征的一类沉淀。如 $Fe_2O_3 \cdot n H_2O$、$Al_2O_3 \cdot n H_2O$ 是典型的无定型沉淀。其特点是：沉淀颗粒较小（直径小于 $0.02 \mu m$），结构疏松。它与晶形沉淀的主要差别在于颗粒大小不同。

介于晶型沉淀与无定型沉淀之间，颗粒直径在 $0.02 \sim 0.1 \mu m$ 的沉淀，如 AgCl 称为凝乳状沉淀，其性质也介于两者之间。

在沉淀过程中，生成的沉淀属于哪一种类型，主要取决于沉淀本身的性质和沉淀的条件。

6. 沉淀形成过程

沉淀的形成过程是一个复杂的过程，一般来讲，沉淀的形成要经过晶核形成和晶核长大两个过程。

7. 影响沉淀纯度的因素

(1) 共沉淀现象：当沉淀从溶液中析出时，溶液中其他可溶性组分也同时沉淀下来的现象称为共沉淀。主要包括表面吸附、形成混晶和包藏（吸留）等。

(2) 后沉淀现象：沉淀析出后，在沉淀与母液一起放放置过程中，溶液中本来难以析出的某些离子可能慢沉淀到原沉淀表面上的现象称为后沉淀。

8. 沉淀的条件

(1) 晶形沉淀的沉淀条件："稀、热、慢、搅、陈"，即在稀、热溶液中，在不断搅拌下缓慢滴加沉淀剂，沉淀完全后将沉淀连同母液放置一段时间。

(2) 无定形沉淀的沉淀条件："浓、热、快、电、不陈"，即在浓、热溶液中，加入电解质作凝固剂，迅速加入沉淀剂，并不断搅拌，沉淀完全后趁热过滤。

三、重量分析的基本操作

重量分析的基本操作包括：试样的称取及溶解、沉淀的产生、沉淀的过滤、洗涤、烘干和灼烧，称量形式的称取及结果的计算。

重量分析操作繁琐、精细、费时，每个环节的每个操作步骤，都直接影响分析结果的准确性。因此，对于生成的晶形沉淀的操作，要做到："稀、热、慢、搅、陈"；而对于产生无定形沉淀，其操作的条件为："浓、热、快、电、不陈"。

沉淀过滤时，应正确地选择定量滤纸，即：无定形沉淀选用快速滤纸，晶形沉淀选用慢速滤纸；采用"倾斜法"将沉淀转移到滤纸上，并利用同离子效应，采用"少量多次"的原则清洗滤纸上的沉淀；然后将清洗好的沉淀滤纸折叠好后，放入已恒重的空坩埚中，进行烘干、灼烧，使其转化为称量形式，最后将其恒重后，则可计算分析结果。

四、氯化钡含量的测定

$BaSO_4$ 重量法既可用于测定 Ba^{2+} 的含量,也可以测定 SO_4^{2-} 的含量。由于 $BaSO_4$ 属于晶型沉淀,故实验操作时,要体现"稀、热、慢、搅、陈";另外,在保证沉淀完全的情况下,要保证定量转移完全;最后要特别注意恒重操作时,空坩埚和放有硫酸钡沉淀的坩埚的灼烧温度及在马弗炉中的位置的一致性。

本书每章设有项目评价表,请有需要的老师扫以下二维码下载。

项目评价表

附 录

附录一 常用基准物质的干燥条件和应用

名称	化学式	干燥后的组成	干燥条件/℃	标定对象
碳酸氢钠	$NaHCO_3$	Na_2CO_3	270~300	酸
十水合碳酸钠	$Na_2CO_3 \cdot 10H_2O$	Na_2CO_3	270~300	酸
硼砂	$Na_2B_4O_7 \cdot 10H_2O$	$Na_2B_4O_7 \cdot 10H_2O$	放在装有NaCl和蔗糖饱和溶液的密闭器皿中	酸
二水合草酸	$H_2C_2O_4 \cdot 2H_2O$	$H_2C_2O_4 \cdot 2H_2O$	室温空气干燥	碱或$KMnO_4$
邻苯二甲酸氢钾	$KHC_8H_4O_4$	$KHC_8H_4O_4$	110~120	碱
重铬酸钾	$K_2Cr_2O_7$	$K_2Cr_2O_7$	140~150	还原剂
溴酸钾	$KBrO_3$	$KBrO_3$	130	还原剂
碘酸钾	KIO_3	KIO_3	130	还原剂
铜	Cu	Cu	室温干燥器中保存	还原剂
三氧化二砷	As_2O_3	As_2O_3	室温干燥器中保存	还原剂
草酸钠	$Na_2C_2O_4$	$Na_2C_2O_4$	130	氧化剂
碳酸钙	$CaCO_3$	$CaCO_3$	110	EDTA
锌	Zn	Zn	室温干燥器中保存	EDTA
氯化钠	NaCl	NaCl	500~600	$AgNO_3$
氯化钾	KCl	KCl	500~600	$AgNO_3$
硝酸银	$AgNO_3$	$AgNO_3$	220~250	氯化物

附录二 弱酸在水中的离解常数（25℃、$I=0$）

弱酸	分子式	K_a	pK_a
砷酸	H_3AsO_4	6.3×10^{-3} (K_{a1})	2.20
		1.0×10^{-7} (K_{a2})	7.00
		3.2×10^{-12} (K_{a3})	11.50
亚砷酸	$HAsO_2$	6.0×10^{-10}	9.22
硼酸	H_3BO_3	5.8×10^{-10}	9.24
焦硼酸	$H_2B_4O_7$	1.0×10^{-4} (K_{a1})	4
		1.0×10^{-9} (K_{a2})	9

续表

弱酸	分子式	K_a	pK_a
碳酸	$H_2CO_3(CO_2+H_2O)$	$4.2\times10^{-7}(K_{a1})$	6.38
		$5.6\times10^{-11}(K_{a2})$	10.25
氢氰酸	HCN	6.2×10^{-10}	9.21
铬酸	H_2CrO_4	$1.8\times10^{-1}(K_{a1})$	0.74
		$3.2\times10^{-7}(K_{a2})$	6.50
氢氟酸	HF	6.6×10^{-4}	3.18
亚硝酸	HNO_2	5.1×10^{-4}	3.29
过氧化氢	H_2O_2	1.8×10^{-12}	11.75
磷酸	H_3PO_4	$7.6\times10^{-3}(>K_{a1})$	2.12
		$6.3\times10^{-8}(K_{a2})$	7.2
		$4.4\times10^{-13}(K_{a3})$	12.36
焦磷酸	$H_4P_2O_7$	$3.0\times10^{-2}(K_{a1})$	1.52
		$4.4\times10^{-3}(K_{a2})$	2.36
		$2.5\times10^{-7}(K_{a3})$	6.60
		$5.6\times10^{-10}(K_{a4})$	9.25
亚磷酸	H_3PO_3	$5.0\times10^{-2}(K_{a1})$	1.30
		$2.5\times10^{-7}(K_{a2})$	6.60
氢硫酸	H_2S	$1.3\times10^{-7}(K_{a1})$	6.88
		$7.1\times10^{-15}(K_{a2})$	14.15
硫酸氢根	HSO_4^-	$1.0\times10^{-2}(K_{a1})$	1.99
亚硫酸	$H_3SO_3(SO_2+H_2O)$	$1.3\times10^{-2}(K_{a1})$	1.90
		$6.3\times10^{-8}(K_{a2})$	7.20
偏硅酸	H_2SiO_3	$1.7\times10^{-10}(K_{a1})$	9.77
		$1.6\times10^{-12}(K_{a2})$	11.8
甲酸	HCOOH	1.8×10^{-4}	3.74
乙酸	CH_3COOH	1.8×10^{-5}	4.74
一氯乙酸	$CH_2ClCOOH$	1.4×10^{-3}	2.86
二氯乙酸	$CHCl_2COOH$	5.0×10^{-2}	1.30
三氯乙酸	CCl_3COOH	0.23	0.64
氨基乙酸盐	$^+NH_3CH_2COOH^-$	$4.5\times10^{-3}(K_{a1})$	2.35
	$^+NH_3CH_2COO^-$	$2.5\times10^{-10}(K_{a2})$	9.60
抗坏血酸	(结构式)	$5.0\times10^{-5}(K_{a1})$	4.30
		$1.5\times10^{-10}(K_{a2})$	9.82
乳酸	$CH_3CHOHCOOH$	1.4×10^{-4}	3.86
苯甲酸	C_6H_5COOH	6.2×10^{-5}	4.21
草酸	$H_2C_2O_4$	$5.9\times10^{-2}(K_{a1})$	1.22
		$6.4\times10^{-5}(K_{a2})$	4.19
d-酒石酸	CH(OH)COOH CH(OH)COOH	$9.1\times10^{-4}(K_{a1})$	3.04
		$4.3\times10^{-5}(K_{a2})$	4.37
邻苯二甲酸	(结构式)	$1.1\times10^{-3}(K_{a1})$	2.95
		$3.9\times10^{-6}(K_{a2})$	5.41
柠檬酸	CH_2-COOH $HO-C-COOH$ CH_2-COOH	$7.4\times10^{-4}(K_{a1})$	3.13
		$1.7\times10^{-5}(K_{a2})$	4.76
		$4.0\times10^{-7}(K_{a3})$	6.40

续表

弱酸	分子式	K_a	pK_a
苯酚	C_6H_5OH	1.1×10^{-10}	9.95
乙二胺四乙酸	(结构式，含四个CH₂COOH基团)	$0.1(K_{a1})$	0.9
		$3\times10^{-2}(K_{a2})$	1.6
		$1\times10^{-2}(K_{a3})$	2.0
		$2.1\times10^{-3}(K_{a4})$	2.67
		$6.9\times10^{-7}(K_{a5})$	6.17
		$5.5\times10^{-11}(K_{a6})$	10.26
8-羟基喹啉	(结构式)	$8\times10^{-6}(K_{a1})$	5.1
		$1\times10^{-9}(K_{a2})$	9.0
苹果酸	HO—CH—COOH CH₂—COOH	$4.0\times10^{-4}(K_{a1})$	5.1
		$8.9\times10^{-6}(K_{a2})$	9.0
水杨酸	(结构式)	$1.05\times10^{-3}(K_{a1})$	2.98
		$8\times10^{-14}(K_{a2})$	13.1
磺基水杨酸	(结构式)	$3\times10^{-3}(K_{a1})$	2.6
		$3\times10^{-12}(K_{a2})$	11.6
顺丁烯二酸	CH—COOH ‖ CH—COOH	$1.2\times10^{-2}(K_{a1})$	1.92
		$6.0\times10^{-7}(K_{a2})$	6.22

附录三 弱碱在水中的离解常数（25℃，$I=0$）

弱碱	分子式	K_b	pK_b
氨水	$NH_3\cdot H_2O$	1.8×10^{-5}	4.74
联氨	H_2NNH_2	$3.0\times10^{-6}(K_{b1})$	5.52
		$1.7\times10^{-15}(K_{b2})$	14.12
羟胺	NH_2OH	9.1×10^{-9}	8.04
甲胺	CH_3NH_2	4.2×10^{-4}	3.38
乙胺	$C_2H_5NH_2$	5.6×10^{-4}	3.25
二甲胺	$(CH_3)_2NH$	1.2×10^{-4}	3.93
二乙胺	$(C_2H_5)_2NH$	1.3×10^{-3}	2.89
乙醇胺	$HOCH_2CH_2NH_2$	3.2×10^{-5}	4.50
三乙醇胺	$(HOCH_2CH_2)_3N$	5.8×10^{-7}	6.24
六次甲基四胺	$(CH_2)_6N_4$	1.4×10^{-9}	8.85
乙二胺	$H_2NHC_2CH_2NH_2$	$8.5\times10^{-5}(K_{b1})$	4.07
		$7.1\times10^{-8}(K_{b2})$	7.15
吡啶	(结构式)	1.7×10^{-9}	8.77
邻二氮菲	(结构式)	6.9×10^{-10}	9.16

附录四 金属-无机配位体配合物的稳定常数
（在 25℃下，离子强度 $I=0$）

序号	配位体	金属离子	配位体数目 n	$\lg\beta_n$
1	NH_3	Ag^+	1,2	3.24,7.05
		Au^{3+}	4	10.3
		Cd^{2+}	1,2,3,4,5,6	2.65,4.75,6.19,7.12,6.80,5.14
		Co^{2+}	1,2,3,4,5,6	2.11,3.74,4.79,5.55,5.73,5.11
		Co^{3+}	1,2,3,4,5,6	6.7,14.0,20.1,25.7,30.8,35.2
		Cu^+	1,2	5.93,10.86
		Cu^{2+}	1,2,3,4,5	4.31,7.98,11.02,13.32,12.86
		Fe^{2+}	1,2	1.4,2.2
		Hg^{2+}	1,2,3,4	8.8,17.5,18.5,19.28
		Mn^{2+}	1,2	0.8,1.3
		Ni^{2+}	1,2,3,4,5,6	2.80,5.04,6.77,7.96,8.71,8.74
		Pd^{2+}	1,2,3,4	9.6,18.5,26.0,32.8
		Pt^{2+}	6	35.3
		Zn^{2+}	1,2,3,4	2.37,4.81,7.31,9.46
2	Br^-	Ag^+	1,2,3,4	4.38,7.33,8.00,8.73
		Bi^{3+}	1,2,3,4,5,6	2.37,4.20,5.90,7.30,8.20,8.30
		Cd^{2+}	1,2,3,4	1.75,2.34,3.32,3.70
		Ce^{3+}	1	0.42
		Cu^+	2	5.89
		Cu^{2+}	1	0.30
		Hg^{2+}	1,2,3,4	9.05,17.32,19.74,21.00
		In^{3+}	1,2	1.30,1.88
		Pb^{2+}	1,2,3,4	1.77,2.60,3.00,2.30
		Pd^{2+}	1,2,3,4	5.17,9.42,12.70,14.90
		Rh^{3+}	2,3,4,5,6	14.3,16.3,17.6,18.4,17.2
		Sc^{3+}	1,2	2.08,3.08
		Sn^{2+}	1,2,3	1.11,1.81,1.46
		Tl^{3+}	1,2,3,4,5,6	9.7,16.6,21.2,23.9,29.2,31.6
		U^{4+}	1	0.18
		Y^{3+}	1	1.32
3	Cl^-	Ag^+	1,2,4	3.04,5.04,5.30
		Bi^{3+}	1,2,3,4	2.44,4.7,5.0,5.6
		Cd^{2+}	1,2,3,4	1.95,2.50,2.60,2.80
		Co^{3+}	1	1.42
		Cu^+	2,3	5.5,5.7
		Cu^{2+}	1,2	0.1,0.6
		Fe^{2+}	1	1.17
		Fe^{3+}	2	9.8
		Hg^{2+}	1,2,3,4	6.74,13.22,14.07,15.07
		In^{3+}	1,2,3,4	1.62,2.44,1.70,1.60
		Pb^{2+}	1,2,3	1.42,2.23,3.23
		Pd^{2+}	1,2,3,4	6.1,10.7,13.1,15.7
		Pt^{2+}	2,3,4	11.5,14.5,16.0
		Sb^{3+}	1,2,3,4	2.26,3.49,4.18,4.72
		Sn^{2+}	1,2,3,4	1.51,2.24,2.03,1.48
		Tl^{3+}	1,2,3,4	8.14,13.60,15.78,18.00

续表

序号	配位体	金属离子	配位体数目 n	$\lg\beta_n$
3	Cl^-	Th^{4+}	1,2	1.38,0.38
		Zn^{2+}	1,2,3,4	0.43,0.61,0.53,0.20
		Zr^{4+}	1,2,3,4	0.9,1.3,1.5,1.2
4	CN^-	Ag^+	2,3,4	21.1,21.7,20.6
		Au^+	2	38.3
		Cd^{2+}	1,2,3,4	5.48,10.60,15.23,18.78
		Cu^+	2,3,4	24.0,28.59,30.30
		Fe^{2+}	6	35.0
		Fe^{3+}	6	42.0
		Hg^{2+}	4	41.4
		Ni^{2+}	4	31.3
		Zn^{2+}	1,2,3,4	5.3,11.70,16.70,21.60
5	F^-	Al^{3+}	1,2,3,4,5,6	6.11,11.12,15.00,18.00,19.40,19.80
		Be^{2+}	1,2,3,4	4.99,8.80,11.60,13.10
		Bi^{3+}	1	1.42
		Co^{2+}	1	0.4
		Cr^{3+}	1,2,3	4.36,8.70,11.20
		Cu^{2+}	1	0.9
		Fe^{2+}	1	0.8
		Fe^{3+}	1,2,3,5	5.28,9.30,12.06,15.77
		Ga^{3+}	1,2,3	4.49,8.00,10.50
		Hf^{4+}	1,2,3,4,5,6	9.0,16.5,23.1,28.8,34.0,38.0
		Hg^{2+}	1	1.03
		In^{3+}	1,2,3,4	3.70,6.40,8.60,9.80
		Mg^{2+}	1	1.30
		Mn^{2+}	1	5.48
		Ni^{2+}	1	0.50
		Pb^{2+}	1,2	1.44,2.54
		Sb^{3+}	1,2,3,4	3.0,5.7,8.3,10.9
		Sn^{2+}	1,2,3	4.08,6.68,9.50
		Th^{4+}	1,2,3,4	8.44,15.08,19.80,23.20
		TiO^{2+}	1,2,3,4	5.4,9.8,13.7,18.0
		Zn^{2+}	1	0.78
		Zr^{4+}	1,2,3,4,5,6	9.4,17.2,23.7,29.5,33.5,38.3
6	I^-	Ag^+	1,2,3	6.58,11.74,13.68
		Bi^{3+}	1,4,5,6	3.63,14.95,16.80,18.80
		Cd^{2+}	1,2,3,4	2.10,3.43,4.49,5.41
		Cu^+	2	8.85
		Fe^{3+}	1	1.88
		Hg^{2+}	1,2,3,4	12.87,23.82,27.60,29.83
		Pb^{2+}	1,2,3,4	2.00,3.15,3.92,4.47
		Pd^{2+}	4	24.5
		Tl^+	1,2,3	0.72,0.90,1.08
		Tl^{3+}	1,2,3,4	11.41,20.88,27.60,31.82
7	OH^-	Ag^+	1,2	2.0,3.99
		Al^{3+}	1,4	9.27,33.03
		As^{3+}	1,2,3,4	14.33,18.73,20.60,21.20
		Be^{2+}	1,2,3	9.7,14.0,15.2
		Bi^{3+}	1,2,4	12.7,15.8,35.2
		Ca^{2+}	1	1.3

续表

序号	配位体	金属离子	配位体数目 n	$\lg\beta_n$
7	OH^-	Cd^{2+}	1,2,3,4	4.17,8.33,9.02,8.62
		Ce^{3+}	1	4.6
		Ce^{4+}	1,2	13.28,26.46
		Co^{2+}	1,2,3,4	4.3,8.4,9.7,10.2
		Cr^{3+}	1,2,4	10.1,17.8,29.9
		Cu^{2+}	1,2,3,4	7.0,13.68,17.00,18.5
		Fe^{2+}	1,2,3,4	5.56,9.77,9.67,8.58
		Fe^{3+}	1,2,3	11.87,21.17,29.67
		Hg^{2+}	1,2,3	10.6,21.8,20.9
		In^{3+}	1,2,3,4	10.0,20.2,29.6,38.9
		Mg^{2+}	1	2.58
		Mn^{2+}	1,3	3.9,8.3
		Ni^{2+}	1,2,3	4.97,8.55,11.33
		Pa^{4+}	1,2,3,4	14.04,27.84,40.7,51.4
		Pb^{2+}	1,2,3	7.82,10.85,14.58
		Pd^{2+}	1,2	13.0,25.8
		Sb^{3+}	2,3,4	24.3,36.7,38.3
		Sc^{3+}	1	8.9
		Sn^{2+}	1	10.4
		Th^{3+}	1,2	12.86,25.37
		Ti^{3+}	1	12.71
		Zn^{2+}	1,2,3,4	4.40,11.30,14.14,17.66
		Zr^{4+}	1,2,3,4	14.3,28.3,41.9,55.3
8	NO_3^-	Ba^{2+}	1	0.92
		Bi^{3+}	1	1.26
		Ca^{2+}	1	0.28
		Cd^{2+}	1	0.40
		Fe^{3+}	1	1.0
		Hg^{2+}	1	0.35
		Pb^{2+}	1	1.18
		Tl^+	1	0.33
		Tl^{3+}	1	0.92
9	$P_2O_7^{4-}$	Ba^{2+}	1	4.6
		Ca^{2+}	1	4.6
		Cd^{3+}	1	5.6
		Co^{2+}	1	6.1
		Cu^{2+}	1,2	6.7,9.0
		Hg^{2+}	2	12.38
		Mg^{2+}	1	5.7
		Ni^{2+}	1,2	5.8,7.4
		Pb^{2+}	1,2	7.3,10.15
		Zn^{2+}	1,2	8.7,11.0
10	SCN^-	Ag^+	1,2,3,4	4.6,7.57,9.08,10.08
		Bi^{3+}	1,2,3,4,5,6	1.67,3.00,4.00,4.80,5.50,6.10
		Cd^{2+}	1,2,3,4	1.39,1.98,2.58,3.6
		Cr^{3+}	1,2	1.87,2.98
		Cu^+	1,2	12.11,5.18
		Cu^{2+}	1,2	1.90,3.00
		Fe^{3+}	1,2,3,4,5,6	2.21,3.64,5.00,6.30,6.20,6.10
		Hg^{2+}	1,2,3,4	9.08,16.86,19.70,21.70

续表

序号	配位体	金属离子	配位体数目 n	$\lg\beta_n$
10	SCN^-	Ni^{2+}	1,2,3	1.18,1.64,1.81
		Pb^{2+}	1,2,3	0.78,0.99,1.00
		Sn^{2+}	1,2,3	1.17,1.77,1.74
		Th^{4+}	1,2	1.08,1.78
		Zn^{2+}	1,2,3,4	1.33,1.91,2.00,1.60
11	$S_2O_3^{2-}$	Ag^+	1,2	8.82,13.46
		Cd^{2+}	1,2	3.92,6.44
		Cu^+	1,2,3	10.27,12.22,13.84
		Fe^{3+}	1	2.10
		Hg^{2+}	2,3,4	29.44,31.90,33.24
		Pb^{2+}	2,3	5.13,6.35
12	SO_4^{2-}	Ag^+	1	1.3
		Ba^{2+}	1	2.7
		Bi^{3+}	1,2,3,4,5	1.98,3.41,4.08,4.34,4.60
		Fe^{3+}	1,2	4.04,5.38
		Hg^{2+}	1,2	1.34,2.40
		In^{3+}	1,2,3	1.78,1.88,2.36
		Ni^{2+}	1	2.4
		Pb^{2+}	1	2.75
		Pr^{3+}	1,2	3.62,4.92
		Th^{4+}	1,2	3.32,5.50
		Zr^{4+}	1,2,3	3.79,6.64,7.77

附录五　金属-有机配位体配合物的稳定常数
（表中离子强度都是在有限的范围内，$I\approx 0$）

序号	配位体	金属离子	配位体数目 n	$\lg\beta_n$
1	乙二胺四乙酸 (EDTA) $[(HOOCCH_2)_2NCH_2]_2$	Ag^+	1	7.32
		Al^{3+}	1	16.11
		Ba^{2+}	1	7.78
		Be^{2+}	1	9.3
		Bi^{3+}	1	22.8
		Ca^{2+}	1	11.0
		Cd^{2+}	1	16.4
		Co^{2+}	1	16.31
		Co^{3+}	1	36.0
		Cr^{3+}	1	23.0
		Cu^{2+}	1	18.7
		Fe^{2+}	1	14.83
		Fe^{3+}	1	24.23
		Ga^{3+}	1	20.25
		Hg^{2+}	1	21.80
		In^{3+}	1	24.95
		Li^+	1	2.79
		Mg^{2+}	1	8.64
		Mn^{2+}	1	13.8
		$Mo(V)$	1	6.36
		Na^+	1	1.66

续表

序号	配位体	金属离子	配位体数目 n	$\lg\beta_n$
1	乙二胺四乙酸 (EDTA) $[(HOOCCH_2)_2NCH_2]_2$	Ni^{2+}	1	18.56
		Pb^{2+}	1	18.3
		Pd^{2+}	1	18.5
		Sc^{2+}	1	23.1
		Sn^{2+}	1	22.1
		Sr^{2+}	1	8.80
		Th^{4+}	1	23.2
		Tl^{3+}	1	22.5
		U^{4+}	1	17.50
		Y^{3+}	1	18.32
		Zn^{2+}	1	16.4
		Zr^{4+}	1	19.4
2	乙酸 CH_3COOH	Ag^+	1,2	0.73,0.64
		Ba^{2+}	1	0.41
		Ca^{2+}	1	0.6
		Cd^{2+}	1,2,3	1.5,2.3,2.4
		Ce^{3+}	1,2,3,4	1.68,2.69,3.13,3.18
		Co^{2+}	1,2	1.5,1.9
		Cr^{3+}	1,2,3	4.63,7.08,9.60
		Cu^{2+}(20℃)	1,2	2.16,3.20
		In^{3+}	1,2,3,4	3.50,5.95,7.90,9.08
		Mn^{2+}	1,2	9.84,2.06
		Ni^{2+}	1,2	1.12,1.81
		Pb^{2+}	1,2,3,4	2.52,4.0,6.4,8.5
		Sn^{2+}	1,2,3	3.3,6.0,7.3
		Tl^{3+}	1,2,3,4	6.17,11.28,15.10,18.3
		Zn^{2+}	1	1.5
3	乙酰丙酮 $CH_3COCH_2CH_3$	Al^{3+}(30℃)	1,2	8.6,15.5
		Cd^{2+}	1,2	3.84,6.66
		Co^{2+}	1,2	5.40,9.54
		Cr^{2+}	1,2	5.96,11.7
		Cu^{2+}	1,2	8.27,16.34
		Fe^{2+}	1,2	5.07,8.67
		Fe^{3+}	1,2,3	11.4,22.1,26.7
		Hg^{2+}	2	21.5
		Mg^{2+}	1,2	3.65,6.27
		Mn^{2+}	1,2	4.24,7.35
		Mn^{3+}	3	3.86
		Ni^{2+}(20℃)	1,2,3	6.06,10.77,13.09
		Pb^{2+}	2	6.32
		Pd^{2+}(30℃)	1,2	16.2,27.1
		Th^{4+}	1,2,3,4	8.8,16.2,22.5,26.7
		Ti^{3+}	1,2,3	10.43,18.82,24.90
		V^{2+}	1,2,3	5.4,10.2,14.7
		Zn^{2+}(30℃)	1,2	4.98,8.81
		Zr^{4+}	1,2,3,4	8.4,16.0,23.2,30.1
4	草酸 HOOCCOOH	Ag^+	1	2.41
		Al^{3+}	1,2,3	7.26,13.0,16.3
		Ba^{2+}	1	2.31
		Ca^{2+}	1	3.0

续表

序号	配位体	金属离子	配位体数目 n	$\lg\beta_n$
4	草酸 HOOCCOOH	Cd^{2+}	1,2	3.52,5.77
		Co^{2+}	1,2,3	4.79,6.7,9.7
		Cu^{2+}	1,2	6.23,10.27
		Fe^{2+}	1,2,3	2.9,4.52,5.22
		Fe^{3+}	1,2,3	9.4,16.2,20.2
		Hg^{2+}	1	9.66
		Hg_2^{2+}	2	6.98
		Mg^{2+}	1,2	3.43,4.38
		Mn^{2+}	1,2	3.97,5.80
		Mn^{3+}	1,2,3	9.98,16.57,19.42
		Ni^{2+}	1,2,3	5.3,7.64,~8.5
		Pb^{2+}	1,2	4.91,6.76
		Sc^{3+}	1,2,3,4	6.86,11.31,14.32,16.70
		Th^{4+}	4	24.48
		Zn^{2+}	1,2,3	4.89,7.60,8.15
		Zr^{4+}	1,2,3,4	9.80,17.14,20.86,21.15
5	乳酸 $CH_3CHOHCOOH$	Ba^{2+}	1	0.64
		Ca^{2+}	1	1.42
		Cd^{2+}	1	1.70
		Co^{2+}	1	1.90
		Cu^{2+}	1,2	3.02,4.85
		Fe^{3+}	1	7.1
		Mg^{2+}	1	1.37
		Mn^{2+}	1	1.43
		Ni^{2+}	1	2.22
		Pb^{2+}	1,2	2.40,3.80
		Sc^{2+}	1	5.2
		Th^{4+}	1	5.5
		Zn^{2+}	1,2	2.20,3.75
6	水杨酸 $C_6H_4(OH)COOH$	Al^{3+}	1	14.11
		Cd^{2+}	1	5.55
		Co^{2+}	1,2	6.72,11.42
		Cr^{2+}	1,2	8.4,15.3
		Cu^{2+}	1,2	10.60,18.45
		Fe^{2+}	1,2	6.55,11.25
		Mn^{2+}	1,2	5.90,9.80
		Ni^{2+}	1,2	6.95,11.75
		Th^{4+}	1,2,3,4	4.25,7.60,10.05,11.60
		TiO^{2+}	1	6.09
		V^{2+}	1	6.3
		Zn^{2+}	1	6.85
7	磺基水杨酸 $HO_3SC_6H_3(OH)COOH$	Al^{3+} (0.1mol/L)	1,2,3	13.20,22.83,28.89
		Be^{2+} (0.1mol/L)	1,2	11.71,20.81
		Cd^{2+} (0.1mol/L)	1,2	16.68,29.08
		Co^{2+} (0.1mol/L)	1,2	6.13,9.82
		Cr^{3+} (0.1mol/L)	1	9.56
		Cu^{2+} (0.1mol/L)	1,2	9.52,16.45
		Fe^{2+} (0.1mol/L)	1,2	5.9,9.9
		Fe^{3+} (0.1mol/L)	1,2,3	14.64,25.18,32.12
		Mn^{2+} (0.1mol/L)	1,2	5.24,8.24

续表

序号	配位体	金属离子	配位体数目 n	$\lg\beta_n$
7	磺基水杨酸 $HO_3SC_6H_3(OH)COOH$	Ni^{2+}(0.1mol/L)	1,2	6.42,10.24
		Zn^{2+}(0.1mol/L)	1,2	6.05,10.65
8	酒石酸 $(HOOCCHOH)_2$	Ba^{2+}	2	1.62
		Bi^{3+}	3	8.30
		Ca^{2+}	1,2	2.98,9.01
		Cd^{2+}	1	2.8
		Co^{2+}	1	2.1
		Cu^{2+}	1,2,3,4	3.2,5.11,4.78,6.51
		Fe^{3+}	1	7.49
		Hg^{2+}	1	7.0
		Mg^{2+}	2	1.36
		Mn^{2+}	1	2.49
		Ni^{2+}	1	2.06
		Pb^{2+}	1,3	3.78,4.7
		Sn^{2+}	1	5.2
		Zn^{2+}	1,2	2.68,8.32
9	丁二酸 $HOOCCH_2CH_2COOH$	Ba^{2+}	1	2.08
		Be^{2+}	1	3.08
		Ca^{2+}	1	2.0
		Cd^{2+}	1	2.2
		Co^{2+}	1	2.22
		Cu^{2+}	1	3.33
		Fe^{3+}	1	7.49
		Hg^{2+}	2	7.28
		Mg^{2+}	1	1.20
		Mn^{2+}	1	2.26
		Ni^{2+}	1	2.36
		Pb^{2+}	1	2.8
		Zn^{2+}	1	1.6
10	硫脲 $H_2NC(=S)NH_2$	Ag^+	1,2	7.4,13.1
		Bi^{3+}	6	11.9
		Cd^{2+}	1,2,3,4	0.6,1.6,2.6,4.6
		Cu^+	3,4	13.0,15.4
		Hg^{2+}	2,3,4	22.1,24.7,26.8
		Pb^{2+}	1,2,3,4	1.4,3.1,4.7,8.3
11	乙二胺 $H_2NCH_2CH_2NH_2$	Ag^+	1,2	4.70,7.70
		Cd^{2+}(20℃)	1,2,3	5.47,10.09,12.09
		Co^{2+}	1,2,3	5.91,10.64,13.94
		Co^{3+}	1,2,3	18.7,34.9,48.69
		Cr^{2+}	1,2	5.15,9.19
		Cu^+	2	10.8
		Cu^{2+}	1,2,3	10.67,20.0,21.0
		Fe^{2+}	1,2,3	4.34,7.65,9.70
		Hg^{2+}	1,2	14.3,23.3
		Mg^{2+}	1	0.37
		Mn^{2+}	1,2,3	2.73,4.79,5.67
		Ni^{2+}	1,2,3	7.52,13.84,18.33
		Pd^{2+}	2	26.90
		V^{2+}	1,2	4.6,7.5
		Zn^{2+}	1,2,3	5.77,10.83,14.11

续表

序号	配位体	金属离子	配位体数目 n	$\lg\beta_n$
12	吡啶 C_5H_5N	Ag^+	1,2	1.97,4.35
		Cd^{2+}	1,2,3,4	1.40,1.95,2.27,2.50
		Co^{2+}	1,2	1.14,1.54
		Cu^{2+}	1,2,3,4	2.59,4.33,5.93,6.54
		Fe^{2+}	1	0.71
		Hg^{2+}	1,2,3	5.1,10.0,10.4
		Mn^{2+}	1,2,3,4	1.92,2.77,3.37,3.50
		Zn^{2+}	1,2,3,4	1.41,1.11,1.61,1.93
13	甘氨酸 H_2NCH_2COOH	Ag^+	1,2	3.41,6.89
		Ba^{2+}	1	0.77
		Ca^{2+}	1	1.38
		Cd^{2+}	1,2	4.74,8.60
		Co^{2+}	1,2,3	5.23,9.25,10.76
		Cu^{2+}	1,2,3	8.60,15.54,16.27
		Fe^{2+}(20℃)	1,2	4.3,7.8
		Hg^{2+}	1,2	10.3,19.2
		Mg^{2+}	1,2	3.44,6.46
		Mn^{2+}	1,2	3.6,6.6
		Ni^{2+}	1,2,3	6.18,11.14,15.0
		Pb^{2+}	1,2	5.47,8.92
		Pd^{2+}	1,2	9.12,17.55
		Zn^{2+}	1,2	5.52,9.96

附录六 金属离子与氨羧配位剂配合物稳定常数的对数

金属离子	EDTA			EGTA		HEDTA	
	$\lg K_{MHL}$	$\lg K_{ML}$	$\lg K_{MOHL}$	$\lg K_{MHL}$	$\lg K_{ML}$	$\lg K_{ML}$	$\lg K_{MOHL}$
Ag^+	6.0	7.3					
Al^{3+}	2.5	16.1	8.1				
Ba^{2+}	4.6	7.8		5.4	8.4	6.2	
Bi^{3+}		27.9					
Ca^{2+}	3.1	10.7		3.8	11.0	8.0	
Ce^{3+}		16.0					
Cd^{2+}	2.9	16.5		3.5	15.6	13.0	
Co^{2+}	3.1	16.3			12.3	14.4	
Co^{3+}	1.3	36					
Cr^{3+}	2.3	23	6.6				
Cu^{2+}	3.0	18.8	2.5	4.4	17	17.4	
Fe^{2+}	2.8	14.3				12.2	5.0
Fe^{3+}	1.4	25.1	6.5			19.8	10.1
Hg^{2+}	3.1	21.8	4.9	3.0	23.2	20.1	
La^{3+}		15.4			15.6	13.2	
Mg^{2+}	3.9	8.7			5.2	5.2	
Mn^{2+}	3.1	14.0		5.0	11.5	10.7	
Ni^{2+}	3.2	18.6		6.0	12.0	17.0	
Pb^{2+}	2.8	18.0		5.3	13.0	15.5	
Sn^{2+}		22.1					
Sr^{2+}	3.9	8.6		5.4	8.5	6.8	

续表

金属离子	EDTA		EGTA			HEDTA	
	$\lg K_{MHL}$	$\lg K_{ML}$	$\lg K_{MOHL}$	$\lg K_{MHL}$	$\lg K_{ML}$	$\lg K_{ML}$	$\lg K_{MOHL}$
Th^{4+}		23.2					8.6
Ti^{3+}		21.3					
TiO^{2+}		17.3					
Zn^{2+}	3.0	16.5		5.2	12.8	14.5	

注：1. EDTA—乙二胺四乙酸。

2. EGTA—乙二醇双（2-氨基乙醚）四乙酸。

3. HEDTA—2-羟乙基乙二胺三乙酸。

附录七　标准电极电位表（25℃）

电极反应	$E^{\ominus}/V$	电极反应	$E^{\ominus}/V$
$F_2(气)+2H^++2e^-=\!\!=2HF$	3.06	$HAsO_2+3H^++3e^-=\!\!=As+2H_2O$	0.248
$O_3+2H^++2e^-=\!\!=O_2+H_2O$	2.07	$AgCl(固)+e^-=\!\!=Ag+Cl^-$	0.2223
$S_2O_8^{2-}+2e^-=\!\!=2SO_4^{2-}$	2.01	$SbO^++2H^++3e^-=\!\!=Sb+H_2O$	0.212
$H_2O_2+2H^++2e^-=\!\!=2H_2O$	1.77	$SO_4^{2-}+4H^++2e^-=\!\!=SO_2(水)+2H_2O$	0.17
$MnO_4^-+4H^++3e^-=\!\!=MnO_2(固)+2H_2O$	1.695	$Cu^{2+}+e^-=\!\!=Cu^+$	0.519
$PbO_2(固)+SO_4^{2-}+4H^++2e^-=\!\!=PbSO_4(固)+2H_2O$	1.685	$Sn^{4+}+2e^-=\!\!=Sn^{2+}$	0.154
$HClO_2+2H^++2e^-=\!\!=HClO+H_2O$	1.64	$S+2H^++2e^-=\!\!=H_2S(气)$	0.141
$HClO+H^++e^-=\!\!=1/2Cl_2+H_2O$	1.63	$Hg_2Br_2+2e^-=\!\!=2Hg+2Br^-$	0.1395
$Ce^{4+}+e^-=\!\!=Ce^{3+}$	1.61	$TiO^{2+}+2H^++e^-=\!\!=Ti^{3+}+H_2O$	0.1
$H_5IO_6+H^++2e^-=\!\!=IO_3^-+3H_2O$	1.60	$S_4O_6^{2-}+2e^-=\!\!=2S_2O_3^{2-}$	0.08
$HBrO+H^++e^-=\!\!=1/2Br_2+H_2O$	1.59	$AgBr(固)+e^-=\!\!=Ag+Br^-$	0.071
$BrO_3^-+6H^++5e^-=\!\!=1/2Br_2+3H_2O$	1.52	$2H^++2e^-=\!\!=H_2$	0.000
$MnO_4^-+8H^++5e^-=\!\!=Mn^{2+}+4H_2O$	1.51	$O_2+H_2O+2e^-=\!\!=HO_2^-+OH^-$	−0.067
$Au(Ⅲ)+3e^-=\!\!=Au$	1.50	$TiOCl^++2H^++3Cl^-+e^-=\!\!=TiCl_4^-+H_2O$	−0.09
$HClO+H^++2e^-=\!\!=Cl^-+H_2O$	1.49	$Pb^{2+}+2e^-=\!\!=Pb$	−0.126
$ClO_3^-+6H^++5e^-=\!\!=1/2Cl_2+3H_2O$	1.47	$Sn^{2+}+2e^-=\!\!=Sn$	−0.136
$PbO_2(固)+4H^++2e^-=\!\!=Pb^{2+}+2H_2O$	1.455	$AgI(固)+e^-=\!\!=Ag+I^-$	−0.152
$HIO+H^++e^-=\!\!=1/2I_2+H_2O$	1.45	$Ni^{2+}+2e^-=\!\!=Ni$	−0.246
$ClO_3^-+6H^++6e^-=\!\!=Cl^-+3H_2O$	1.45	$H_3PO_4+2H^++2e^-=\!\!=H_3PO_3+H_2O$	−0.276
$BrO_3^-+6H^++6e^-=\!\!=Br^-+3H_2O$	1.44	$Co^{2+}+2e^-=\!\!=Co$	−0.277
$Au(Ⅲ)+2e^-=\!\!=Au(I)$	1.41	$Tl^++e^-=\!\!=Tl$	−0.3360
$Cl_2(气)+2e^-=\!\!=2Cl^-$	1.3595	$In^{3+}+3e^-=\!\!=In$	−0.345
$ClO_4^-+8H^++7e^-=\!\!=1/2Cl_2+4H_2O$	1.34	$PbSO_4(固)+2e^-=\!\!=Pb+SO_4^{2-}$	0.3553
$Cr_2O_7^{2-}+14H^++6e^-=\!\!=2Cr^{3+}+7H_2O$	1.33	$SeO_3^{2-}+3H_2O+4e^-=\!\!=Se+6OH^-$	−0.366
$MnO_2(固)+4H^++2e^-=\!\!=Mn^{2+}+2H_2O$	1.23	$As+3H^++3e^-=\!\!=AsH_3$	−0.38
$O_2(气)+4H^++4e^-=\!\!=2H_2O$	1.229	$Se+2H^++2e^-=\!\!=H_2Se$	−0.40
$IO_3^-+6H^++5e^-=\!\!=1/2I_2+3H_2O$	1.20	$Cd^{2+}+2e^-=\!\!=Cd$	−0.403
$ClO_4^-+2H^++2e^-=\!\!=ClO_3^-+H_2O$	1.19	$Cr^{3+}+e^-=\!\!=Cr^{2+}$	−0.41
$Br_2(水)+2e^-=\!\!=2Br^-$	1.087	$Fe^{2+}+2e^-=\!\!=Fe$	−0.440
$NO_2+H^++e^-=\!\!=HNO_2$	1.07	$S+2e^-=\!\!=S^{2-}$	−0.48
$Br_3^-+2e^-=\!\!=3Br^-$	1.05	$2CO_2+2H^++2e^-=\!\!=H_2C_2O_4$	−0.49
$HNO_2+H^++e^-=\!\!=NO(气)+H_2O$	1.00	$H_3PO_3+2H^++2e^-=\!\!=H_3PO_2+H_2O$	−0.50
$VO_2^++2H^++e^-=\!\!=VO^{2+}+H_2O$	1.00	$Sb+3H^++3e^-=\!\!=SbH_3$	−0.51
$HIO+H^++2e^-=\!\!=I^-+H_2O$	0.99	$HPbO_2^-+H_2O+2e^-=\!\!=Pb+3OH^-$	−0.54
$NO_3^-+3H^++2e^-=\!\!=HNO_2+H_2O$	0.94	$Ga^{3+}+3e^-=\!\!=Ga$	−0.56
$ClO^-+H_2O+2e^-=\!\!=Cl^-+2OH^-$	0.89	$TeO_3^{2-}+3H_2O+4e^-=\!\!=Te+6OH^-$	−0.57
$H_2O_2+2e^-=\!\!=2OH^-$	0.88	$2SO_3^{2-}+3H_2O+4e^-=\!\!=S_2O_3^{2-}+6OH^-$	−0.58
$Cu^{2+}+I^-+e^-=\!\!=CuI(固)$	0.86	$SO_3^{2-}+3H_2O+4e^-=\!\!=S+6OH^-$	−0.66
$Hg^{2+}+2e^-=\!\!=Hg$	0.845	$AsO_4^{3-}+2H_2O+2e^-=\!\!=AsO_2^-+4OH^-$	−0.67

续表

电极反应	$E^{\ominus}/V$	电极反应	$E^{\ominus}/V$
$NO_3^- + 2H^+ + e^- \rightleftharpoons NO_2 + H_2O$	0.80	$BiO^+ + 2H^+ + 3e^- \rightleftharpoons Bi + H_2O$	0.32
$Ag^+ + e^- \rightleftharpoons Ag$	0.7995	$Hg_2Cl_2(固) + 2e^- \rightleftharpoons 2Hg + 2Cl^-$	0.2676
$Hg_2^{2+} + 2e^- \rightleftharpoons 2Hg$	0.793	$Ag_2S(固) + 2e^- \rightleftharpoons 2Ag + S^{2-}$	-0.69
$Fe^{3+} + e^- \rightleftharpoons Fe^{2+}$	0.771	$Zn^{2+} + 2e^- \rightleftharpoons Zn$	-0.763
$BrO^- + H_2O + 2e^- \rightleftharpoons Br^- + 2OH^-$	0.76	$2H_2O + 2e^- \rightleftharpoons H_2 + 2OH^-$	-8.28
$O_2(气) + 2H^+ + 2e^- \rightleftharpoons H_2O_2$	0.682	$Cr^{2+} + 2e^- \rightleftharpoons Cr$	-0.91
$AsO_3^- + 2H_2O + 3e^- \rightleftharpoons As + 4OH^-$	0.68	$HSnO_2^- + H_2O + 2e^- \rightleftharpoons Sn + 3OH^-$	-0.79
$2HgCl_2 + 2e^- \rightleftharpoons Hg_2Cl_2(固) + 2Cl^-$	0.63	$Se + 2e^- \rightleftharpoons Se^{2-}$	-0.92
$Hg_2SO_4(固) + 2e^- \rightleftharpoons 2Hg + SO_4^{2-}$	0.6151	$Sn(OH)_6^{2-} + 2e^- \rightleftharpoons HSnO_2^- + H_2O + 3OH^-$	-0.93
$MnO_4^- + 2H_2O + 3e^- \rightleftharpoons MnO_2 + 4OH^-$	0.588	$CnO^- + H_2O + 2e^- \rightleftharpoons Cn^- + 2OH^-$	-0.97
$MnO_4^- + e^- \rightleftharpoons MnO_4^{2-}$	0.564	$Mn^{2+} + 2e^- \rightleftharpoons Mn$	-1.182
$H_3AsO_4 + 2H^+ + 2e^- \rightleftharpoons HAsO_2 + 2H_2O$	0.559	$ZnO_2^{2-} + 2H_2O + 2e^- \rightleftharpoons Zn + 4OH^-$	-1.216
$I_3^- + 2e^- \rightleftharpoons 3I^-$	0.545	$Al^{3+} + 3e^- \rightleftharpoons Al$	-1.66
$I_2(固) + 2e^- \rightleftharpoons 2I^-$	0.5345	$H_2AlO_3^- + H_2O + 3e^- \rightleftharpoons Al + 4OH^-$	-2.35
$Mo(Ⅵ) + e^- \rightleftharpoons Mo(Ⅴ)$	0.53	$Mg^{2+} + 2e^- \rightleftharpoons Mg$	-2.37
$Cu^+ + e^- \rightleftharpoons Cu$	0.52	$Na^+ + e^- \rightleftharpoons Na$	-2.71
$4SO_2(水) + 4H^+ + 6e^- \rightleftharpoons S_4O_6^{2-} + 2H_2O$	0.51	$Ca^{2+} + 2e^- \rightleftharpoons Ca$	-2.87
$HgCl_4^{2-} + 2e^- \rightleftharpoons Hg + 4Cl^-$	0.48	$Sr^{2+} + 2e^- \rightleftharpoons Sr$	-2.89
$2SO_2(水) + 2H^+ + 4e^- \rightleftharpoons S_2O_3^{2-} + H_2O$	0.40	$Ba^{2+} + 2e^- \rightleftharpoons Ba$	-2.90
$Fe(CN)_6^{3-} + e^- \rightleftharpoons Fe(CN)_6^{4-}$	0.36	$K^+ + e^- \rightleftharpoons K$	-2.925
$Cu^{2+} + 2e^- \rightleftharpoons Cu$	0.337	$Li^+ + e^- \rightleftharpoons Li$	-3.042
$VO^{2+} + 2H^+ + 2e^- \rightleftharpoons V^{3+} + H_2O$	0.337		

附录八 部分氧化还原电对的条件电极电位（25℃）

电极反应	$E^{\ominus}/V$	介质
$Ce^{4+} + e^- \rightleftharpoons Ce^{3+}$	1.74	1mol/L HClO$_4$
	1.45	0.5mol/L H$_2$SO$_4$
	1.28	1mol/L HCl
	1.60	1mol/L HNO$_3$
$Co^{2+} + e^- \rightleftharpoons Co^+$	1.95	4mol/L HClO$_4$
	1.86	1mol/L HNO$_3$
$Cr_2O_7^{2-} + 14H^+ + 6e^- \rightleftharpoons 2Cr^{3+} + 7H_2O$	1.03	1mol/L HClO$_4$
	1.15	4mol/L H$_2$SO$_4$
	1.00	1mol/L HCl
$Fe^{3+} + e^- \rightleftharpoons Fe^{2+}$	0.75	1mol/L HClO$_4$
	0.70	1mol/L HCl
	0.68	1mol/L H$_2$SO$_4$
	0.51	1mol/L HCl
$Fe(CN)_6^{3-} + e^- \rightleftharpoons Fe(CN)_6^{4-}$	0.56	0.1mol/L HCl
	0.72	1mol/L HClO$_4$
$I_3^- + 2e^- \rightleftharpoons 3I^-$	0.545	0.5mol/L H$_2$SO$_4$
$Sn^{4+} + 2e^- \rightleftharpoons Sn^{2+}$	0.14	1mol/L HCl
	0.75	3.5mol/L HCl

附录九　难溶化合物的活度积（$K_{sp}^{\ominus}$）和溶度积（K_{sp}，25℃）

化合物	$I=0$		$I=0.1$	
	$K_{sp}^{\ominus}$	$pK_{sp}^{\ominus}$	K_{sp}	pK_{sp}
AgAc	2×10^{-3}	2.7	8×10^{-3}	2.1
AgCl	1.77×10^{-10}	9.75	3.2×10^{-10}	9.50
AgBr	4.95×10^{-13}	12.31	8.7×10^{-13}	12.06
AgI	8.3×10^{-17}	16.08	1.48×10^{-16}	15.83
Ag_2CrO_4	1.12×10^{-12}	11.95	5×10^{-12}	11.3
AgSCN	1.07×10^{-12}	11.97	2×10^{-12}	11.7
Ag_2S	6×10^{-50}	49.2	6×10^{-49}	48.2
Ag_2SO_4	1.58×10^{-5}	4.80	8×10^{-5}	4.1
$Ag_2C_2O_4$	1×10^{-11}	11.0	4×10^{-11}	10.4
Ag_3AsO_4	1.12×10^{-20}	19.95	1.3×10^{-19}	18.9
Ag_3PO_4	1.45×10^{-16}	15.84	2×10^{-15}	14.7
AgOH	1.9×10^{-8}	7.71	3×10^{-8}	7.5
$Al(OH)_3$（无定形）	4.6×10^{-33}	32.34	3×10^{-32}	31.5
$BaCrO_4$	1.17×10^{-10}	9.93	8×10^{-10}	9.1
$BaCO_3$	4.9×10^{-9}	8.31	3×10^{-8}	7.5
$BaSO_4$	1.07×10^{-10}	9.97	6×10^{-10}	9.2
BaC_2O_4	1.6×10^{-7}	6.79	1×10^{-6}	6.0
BaF_2	1.05×10^{-6}	5.98	5×10^{-6}	5.3
$Bi(OH)_2Cl$	1.8×10^{-31}	30.75		
$Ca(OH)_2$	5.5×10^{-6}	5.26	1.3×10^{-5}	4.9
$CaCO_3$	3.8×10^{-9}	8.42	3×10^{-8}	7.5
CaC_2O_4	2.3×10^{-9}	8.64	1.6×10^{-8}	7.8
CaF_2	3.4×10^{-11}	10.47	1.6×10^{-10}	9.8
$Ca_3(PO_4)_2$	1×10^{-26}	26.0	1×10^{-23}	23
$CaSO_4$	2.4×10^{-5}	4.62	1.6×10^{-4}	3.8
$CdCO_3$	3×10^{-14}	13.5	1.6×10^{-13}	12.8
CdC_2O_4	1.51×10^{-8}	7.82	1×10^{-7}	7.0
$Cd(OH)_2$（新析出）	3×10^{-14}	13.5	6×10^{-14}	13.2
CdS	8×10^{-27}	26.1	5×10^{-26}	25.3
$Ce(OH)_3$	6×10^{-21}	20.2	3×10^{-20}	19.5
$CePO_4$	2×10^{-24}	23.7		
$Co(OH)_2$（新析出）	1.6×10^{-15}	14.8	4×10^{-15}	14.4
CoS（α型）	4×10^{-21}	20.4	3×10^{-20}	19.5
CoS（β型）	2×10^{-25}	24.7	1.3×10^{-24}	23.9
$Cr(OH)_3$	1×10^{-31}	31.0	5×10^{-31}	30.3
CuI	1.10×10^{-12}	11.96	2×10^{-12}	11.7
CuSCN			2×10^{-13}	12.7
CuS	6×10^{-36}	35.2	4×10^{-35}	34.4
$Cu(OH)_2$	2.6×10^{-19}	118.59	6×10^{-19}	18.2
$Fe(OH)_2$	8×10^{-16}	15.1	2×10^{-15}	14.7
$FeCO_3$	3.2×10^{-11}	10.50	2×10^{-10}	9.7
FeS	6×10^{-18}	17.2	4×10^{-17}	16.4
$Fe(OH)_3$	3×10^{-39}	38.5	1.3×10^{-38}	37.9
Hg_2Cl_2	1.32×10^{-18}	17.88	6×10^{-18}	17.2
HgS（黑）	1.6×10^{-52}	51.8	1×10^{-51}	51
HgS（红）	4×10^{-53}	52.4		

续表

化合物	$I=0$		$I=0.1$	
	$K_{sp}^{\ominus}$	$pK_{sp}^{\ominus}$	K_{sp}	pK_{sp}
$Hg(OH)_2$	4×10^{-26}	25.4	1×10^{-25}	25.0
$KHC_4H_4O_6$	3×10^{-4}	3.5		
K_2PtCl_6	1.10×10^{-5}	4.96		
$La(OH)_3$(新析出)	1.6×10^{-19}	18.8	8×10^{-19}	18.1
$LaPO_4$			4×10^{-23}	22.4
$MgCO_3$	1×10^{-5}	5.0	6×10^{-5}	4.2
MgC_2O_4	8.5×10^{-5}	4.07	5×10^{-4}	3.3
$Mg(OH)_2$	1.8×10^{-11}	10.74	4×10^{-11}	10.4
$MgNH_4PO_4$	3×10^{-13}	12.6		
$MnCO_3$	5×10^{-10}	9.30	3×10^{-9}	8.5
$Mn(OH)_2$	1.9×10^{-13}	12.72	5×10^{-13}	12.3
MnS(无定形)	3×10^{-10}	9.5	6×10^{-9}	8.8
MnS(晶形)	3×10^{-13}	12.5		
$Ni(OH)_2$(新析出)	2×10^{-15}	14.7	5×10^{-15}	14.3
NiS(α型)	3×10^{-19}	18.5		
NiS(β型)	1×10^{-24}	24.0		
NiS(γ型)	2×10^{-26}	25.7		
$PbCO_3$	8×10^{-14}	13.1	5×10^{-13}	12.3
$PbCl_2$	1.6×10^{-5}	4.79	8×10^{-5}	4.1
$PbCrO_4$	1.8×10^{-14}	13.75	1.3×10^{-13}	12.9
PbI_2	6.5×10^{-9}	8.19	3×10^{-8}	7.5
$Pb(OH)_2$	8.1×10^{-17}	16.09	2×10^{-16}	15.7
PbS	3×10^{-27}	26.6	1.6×10^{-26}	25.8
$PbSO_4$	1.7×10^{-8}	7.78	1×10^{-7}	7.0
$SrCO_3$	9.3×10^{-10}	9.03	6×10^{-9}	8.2
SrC_2O_4	5.6×10^{-8}	7.25	3×10^{-7}	6.5
$SrCrO_4$	2.2×10^{-5}	4.65		
SrF_2	2.5×10^{-9}	8.61	1×10^{-8}	8.0
$SrSO_4$	3×10^{-7}	6.5	1.6×10^{-6}	5.8
$Sn(OH)_2$	8×10^{-29}	28.1	2×10^{-28}	27.7
SnS	1×10^{-25}	25.0		
$Th(C_2O_4)_2$	1×10^{-22}	22		
$Th(OH)_4$	1.3×10^{-45}	44.9	1×10^{-44}	44.0
$TiO(OH)_2$	1×10^{-29}	29	3×10^{-29}	28.5
$ZnCO_3$	1.7×10^{-11}	10.78	1×10^{-10}	10.0
$Zn(OH)_2$(新析出)	2.1×10^{-16}	15.68	5×10^{-16}	15.3
ZnS(α型)	1.6×10^{-24}	23.8		
ZnS(β型)	5×10^{-25}	24.3		
$ZrO(OH)_2$	6×10^{-49}	48.2	1×10^{-47}	47.0

附录十 常见的市售酸碱的浓度

酸(碱)	化学式	物质的量浓度/(mol/L)	质量浓度/(g/L)	质量分数/%	密度/(g/mL)
冰醋酸	CH_3COOH	17	1045	99.5	1.050
乙酸	CH_3COOH	6	376	36	1.045
甲酸	HCOOH	23	1080	90	1.200
盐酸	HCl	12	424	36	1.180

续表

酸(碱)	化学式	物质的量浓度/(mol/L)	质量浓度/(g/L)	质量分数/%	密度/(g/mL)
盐酸	HCl	2	105	10	1.050
硝酸	HNO_3	16	1008	71	1.420
硝酸	HNO_3	15	938	67	1.400
	HNO_3	13	837	61	1.370
高氯酸	$HClO_4$	12	1172	70	1.670
	$HClO_4$	9	923	60	1.540
磷酸	H_3PO_4	18	1445	85	1.700
硫酸	H_2SO_4	18	1776	96	1.840
氨水	$NH_3 \cdot H_2O$	15	251	28	0.898

参 考 文 献

[1] 张文英. 常量组分分析. 北京：化学工业出版社，2015.
[2] 尚华. 化学分析技术. 北京：中国纺织出版社，2013.
[3] 武汉大学与分子科学学院实验中心. 分析化学实验. 武汉：武汉大学出版社，2003.
[4] 武汉大学. 分析化学实验. 北京：高等教育出版社，2001.
[5] 北京大学化学系分析化学教研组. 基础分析化学实验. 北京：北京大学出版社，1997.
[6] 高职高专化学教材编写组. 分析化学实验. 北京：高等教育出版社，2002.
[7] 苗凤琴，于世林. 分析化学实验. 北京：化学工业出版社，2000.
[8] 周玉敏. 分析化学. 北京：化学工业出版社，2002.
[9] 黄一石，乔子荣. 定量化学分析. 北京：化学工业出版社，2004.
[10] 胡伟光，张文英. 定量化学分析实验. 北京：化学工业出版社，2004.
[11] 张小康. 化学分析基本操作. 北京：化学工业出版社，2000.